CAD/CAM/CAE 系列
入门与提高 丛书

SketchUp 2024 中文版
建筑设计
入门与提高

胡仁喜 张亭 ◎ 编著

清华大学出版社
北京

内 容 简 介

本书以 SketchUp 2024 中文版为软件平台，介绍各种 CAD 建筑设计方法。全书共 13 章，包括 SketchUp 2024 入门、常用绘图工具、编辑工具、材质工具、建筑施工工具、实用工具、交互工具、建筑构件插件、辅助建模插件、辅助编辑插件、别墅建模实例、乡村独栋屋建模实例以及高层住宅小区建模实例等内容。各章之间紧密联系，前后呼应。

本书面向初、中级用户以及对建筑设计比较了解的技术人员，旨在帮助读者用较短的时间快速、熟练地掌握使用 SketchUp 进行建筑设计的技巧，从而提高建筑设计质量。

为了方便广大读者更加形象直观地学习此书，本书提供了相应的资料，读者可以扫描二维码获取。内容包含全书实例操作过程和上机实验录屏讲解 MP4 文件以及实例源文件，总教学时长达 700 分钟。

本书封面贴有清华大学出版社防伪标签，无标签者不得销售。
版权所有，侵权必究。举报：010-62782989，beiqinquan@tup.tsinghua.edu.cn。

图书在版编目（CIP）数据

SketchUp 2024 中文版建筑设计入门与提高 / 胡仁喜，张亭编著． -- 北京：清华大学出版社，2025．6． -- (CAD/CAM/CAE 入门与提高系列丛书)． -- ISBN 978-7-302-69150-1

Ⅰ．TU201.4

中国国家版本馆 CIP 数据核字第 2025YU2899 号

责任编辑：秦　娜　赵从棉
封面设计：李召霞
责任校对：赵丽敏
责任印制：刘海龙

出版发行：清华大学出版社
网　　址：https://www.tup.com.cn, https://www.wqxuetang.com
地　　址：北京清华大学学研大厦 A 座　　邮　编：100084
社 总 机：010-83470000　　邮　购：010-62786544
投稿与读者服务：010-62776969, c-service@tup.tsinghua.edu.cn
质量反馈：010-62772015, zhiliang@tup.tsinghua.edu.cn

印 装 者：三河市科茂嘉荣印务有限公司
经　　销：全国新华书店
开　　本：185mm×260mm　　印　张：24.75　　字　数：568 千字
版　　次：2025 年 6 月第 1 版　　印　次：2025 年 6 月第 1 次印刷
定　　价：99.80 元

产品编号：089601-01

前言
Preface

　　21世纪是个数字化的多媒体时代,其中计算机的应用更是广泛,在建筑行业,计算机的应用亦然。社会的进步、科技的发展改善了设计师的工作条件,也改变了设计师的工作方式,从单一的手工绘图发展到现在运用计算机制图。过去的手绘图存在许多不足,如在绘制效果图方面,手绘使透视角度的选择很困难,往往花费不少时间,但透视效果不理想,色彩与材质修改困难,光影变化不真实等。所以计算机制图软件的产生在设计领域引起了一场革命。

　　SketchUp是由Google公司推出的一款设计类建模软件。SketchUp是一套令人耳目一新的设计软件,它给设计师带来边构思边创作的体验,效果直观,在设计中设计师能够享受到与他人直接交流的快乐。SketchUp简便易学且功能强大,一些不熟悉计算机建模的建筑师也可以很快掌握,它融合了铅笔画的优美与自然笔触,可以迅速地建构、显示、编辑三维建筑模型,同时也可以导出位图、DWG或DXF格式的2D矢量文件等尺寸正确的平面图形。

一、本书特点

☑ 作者权威

　　本书由Autodesk中国认证考试管理中心首席专家胡仁喜博士领衔编写,所有编者都是在高校从事计算机辅助设计教学研究多年的一线人员,具有丰富的教学实践与教材编写经验,能够准确地把握学生的心理与实际需求,前期出版的一些相关书籍经过市场检验很受读者欢迎。本书为编者多年的设计经验以及教学的心得体会的总结,力求全面、细致地展现SketchUp软件在建筑设计应用领域的各种功能和使用方法。

☑ 实例丰富

　　对于SketchUp这类专业软件在建筑设计领域应用的工具书,编写者力求避免空洞地介绍和描述,采取步步为营、逐个知识点用建筑设计实例演绎的方式,以帮助读者在实例操作过程中牢固地掌握软件功能。书中实例的种类也非常丰富,有知识点讲解的小实例,有几个知识点或全章知识点的综合实例,以及完整实用的工程案例。各种实例交错讲解,以期达到巩固读者理解的目的。

☑ 突出提升技能

　　本书从全面提升SketchUp实际应用能力的角度出发,结合大量的案例来讲解如何利用SketchUp软件进行建筑设计,使读者了解SketchUp并能够独立地完成各种建筑设计与制图。

　　本书中很多实例本身就是建筑设计项目案例,经过编写者精心提炼和改编,不仅可以保证读者能够学好知识点,更重要的是能够帮助读者掌握实际的操作技能,同时培养建筑设计实践能力。

二、基本内容

本书结合大量实例讲解用 SketchUp 2024 中文版绘制各种建筑模型的实例与技巧。全书共 13 章，分别介绍 SketchUp 2024 入门、常用绘图工具、编辑工具、材质工具、建筑施工工具、实用工具、交互工具、建筑构件插件、辅助建模插件、辅助编辑插件、别墅建模实例、乡村独栋屋建模实例以及高层住宅小区建模实例。各章之间紧密联系，前后呼应。

三、配套资源

本书提供二维码扫描下载学习配套资源，期望读者用最短的时间学会并精通这门技术。

☑ 配套教学视频

针对本书实例专门制作了 387 集教材实例同步微视频。读者可以先看视频，像看电影一样轻松愉悦地学习本书内容，然后对照课本加以实践和练习，从而可以大大提高学习效率。

☑ 全书实例的源文件和素材

本书附带了 154 个经典中小型案例，8 个大型综合工程应用案例，包含实例和练习实例的源文件与素材，读者可以安装 SketchUp 2024 软件，打开并使用它们。

四、其他服务

☑ 关于本书的技术问题或有关本书信息的发布

读者如遇到与本书有关的技术问题，可以将问题发到邮箱 714491436@qq.com，我们将及时回复。

☑ 安装软件的获取

按照本书中的实例进行操作练习，以及使用 SketchUp 进行建筑设计与制图时，需要事先在计算机上安装相应的软件。读者可从网络上下载相应软件，或者从当地数码城、软件经销商处购买。

本书由河北工业职业技术大学的胡仁喜博士和石家庄楚辉工程设计有限公司的张亭高级工程师编著，其中胡仁喜执笔编写了第 1~10 章，张亭执笔编写了第 11~13 章。

书中主要内容来自编写者几年来使用 SketchUp 的经验总结，也有部分内容取自国内外有关文献资料，由于时间仓促，加之水平有限，书中纰漏与失误在所难免，恳请广大读者批评指正。

编 者

2025 年 4 月

目 录

第1章 SketchUp 2024 入门 ... 1

1.1 默认工作界面 ... 2
- 1.1.1 标题栏 ... 2
- 1.1.2 菜单栏 ... 2
- 1.1.3 绘图区 ... 5
- 1.1.4 工具栏 ... 5
- 1.1.5 数值输入框 ... 9
- 1.1.6 状态栏 ... 9

1.2 显示设置 ... 10
- 1.2.1 选择 ... 10
- 1.2.2 边线设置 ... 10
- 1.2.3 平面设置 ... 13
- 1.2.4 背景设置 ... 15

1.3 视图变换 ... 16
- 1.3.1 视图显示形式 ... 16
- 1.3.2 "相机"工具栏 ... 16

1.4 对象的选择与切换视图 ... 19
- 1.4.1 选择对象 ... 19
- 1.4.2 切换视图 ... 22

1.5 初始绘图环境设置 ... 23
- 1.5.1 模型信息 ... 24
- 1.5.2 系统设置 ... 26

第2章 常用绘图工具 ... 32

2.1 直线类命令 ... 33
- 2.1.1 直线 ... 33
- 2.1.2 实例——绘制地板砖 ... 37
- 2.1.3 手绘线 ... 40
- 2.1.4 实例——绘制手绘花 ... 40

2.2 平面图形类命令 ... 41
- 2.2.1 绘制矩形 ... 41
- 2.2.2 实例——绘制书柜 ... 44
- 2.2.3 绘制多边形 ... 45

2.2.4 实例——绘制紫荆花 ··· 45
2.3 圆类命令 ··· 46
2.3.1 圆 ·· 46
2.3.2 实例——绘制哈哈猪 ··· 47
2.3.3 圆弧 ·· 48
2.3.4 实例——绘制勺子 ··· 50
2.3.5 扇形 ·· 51

第 3 章 编辑工具 ··· 52
3.1 二维编辑类命令 ··· 53
3.1.1 删除 ·· 53
3.1.2 实例——绘制花朵 ··· 55
3.1.3 移动 ·· 56
3.1.4 实例——绘制沙发 ··· 59
3.1.5 旋转 ·· 61
3.1.6 实例——绘制圆形桌椅 ··· 64
3.1.7 比例 ·· 66
3.1.8 实例——绘制喇叭 ··· 68
3.1.9 镜像 ·· 68
3.1.10 偏移 ·· 69
3.1.11 实例——绘制门 ··· 70
3.2 改变形状类命令 ··· 71
3.2.1 推/拉 ·· 72
3.2.2 实例——绘制台阶 ··· 74
3.2.3 路径跟随 ·· 76
3.2.4 实例——绘制栏杆 ··· 77

第 4 章 材质工具 ··· 82
4.1 材质类命令 ··· 83
4.1.1 颜料桶命令 ·· 83
4.1.2 实例——绘制凉亭 ··· 87
4.1.3 使用纹理图像命令 ··· 92
4.2 综合实例——绘制鱼缸 ··· 97

第 5 章 建筑施工工具 ··· 100
5.1 测量类命令 ··· 101
5.1.1 卷尺 ·· 101
5.1.2 实例——绘制小房子 ··· 103
5.1.3 量角器 ·· 106

	5.1.4 轴	107
	5.1.5 实例——绘制小台灯	108
5.2	标注类命令	110
	5.2.1 尺寸	110
	5.2.2 实例——标注小房子	114
	5.2.3 文本	116
	5.2.4 3D 文本	117
	5.2.5 实例——绘制保温桶	118

第 6 章 实用工具 ... 123

6.1	创建类命令	124
	6.1.1 创建群组	124
	6.1.2 实例——绘制茶几	127
	6.1.3 创建组件	130
	6.1.4 实例——绘制小花园	136
6.2	标记类命令	141
	6.2.1 "标记"工具栏	141
	6.2.2 "标记"面板	142
	6.2.3 实例——修改餐厅桌椅标记	143

第 7 章 交互工具 ... 149

7.1	导入命令	150
	7.1.1 导入 AutoCAD 文件	151
	7.1.2 导入 3DS 文件	153
	7.1.3 导入图片	153
	7.1.4 实例——利用 CAD 图形绘制住宅模型	154
7.2	导出命令	160
	7.2.1 导出三维模型	160
	7.2.2 导出二维图形	162
	7.2.3 实例——导出住宅模型的建筑图	164

第 8 章 建筑构件插件 ... 169

8.1	创建墙体	170
	8.1.1 绘制墙体	170
	8.1.2 实例——绘制住宅墙体	171
	8.1.3 玻璃幕墙	177
	8.1.4 拉线成面	180
	8.1.5 实例——绘制玻璃通道	180
8.2	切割墙体	184

		8.2.1 墙体开窗	184
		8.2.2 墙体开洞	185
		8.2.3 实例——绘制住宅门窗洞口	185
	8.3	创建辅助构件	188
		8.3.1 梯步拉伸	189
		8.3.2 绘制方形楼梯	190
		8.3.3 绘制双跑楼梯	190
		8.3.4 绘制转角楼梯	191
		8.3.5 线转栏杆	192
		8.3.6 实例——绘制公园	193

第 9 章 辅助建模插件 198

	9.1	创建几何形体	199
		9.1.1 创建立方体	199
		9.1.2 创建圆柱体	199
		9.1.3 创建圆环体	200
		9.1.4 创建棱柱体	201
		9.1.5 创建半球体	201
		9.1.6 创建几何球体	202
		9.1.7 实例——绘制圆形拱顶	203
	9.2	创建线面图形	205
		9.2.1 线倒圆角	205
		9.2.2 创建贝兹曲线	205
		9.2.3 实例——绘制异形顶	207
		9.2.4 自由矩形	208
		9.2.5 修复直线	208
		9.2.6 实例——绘制墙体	209
		9.2.7 选连续线	213
		9.2.8 焊接线条	214
		9.2.9 实例——绘制池塘	214
		9.2.10 生成面域	217

第 10 章 辅助编辑插件 218

	10.1	常用编辑工具	219
		10.1.1 形体弯曲	219
		10.1.2 实例——绘制廊架	220
		10.1.3 旋转缩放	222
		10.1.4 实例——绘制彩色标志	223
		10.1.5 Z 轴归零	225

	10.1.6 路径阵列	226
	10.1.7 镜像物体	226
	10.1.8 实例——绘制方向盘	227
10.2	推拉工具	230
	10.2.1 联合推拉	230
	10.2.2 实例——绘制垃圾桶	230
	10.2.3 法线推拉	232
	10.2.4 向量推拉	233

第11章 别墅建模实例 234

11.1	建模准备	235
	11.1.1 单位设定	235
	11.1.2 边线显示设定	236
	11.1.3 快捷键的设定	236
11.2	插入 CAD 图	238
	11.2.1 导入 CAD 图	238
	11.2.2 管理标记	240
11.3	创建墙体	244
	11.3.1 勾画并拉伸墙体	244
	11.3.2 绘制窗洞和门洞	247
	11.3.3 创建窗户和门	250
	11.3.4 楼板踏步以及栏杆的创建	256
	11.3.5 创建楼板	262
11.4	创建坡屋顶	263
11.5	创建屋顶层	268
11.6	创建正立面入口处造型和屋顶管道造型	268

第12章 乡村独栋屋建模实例 278

12.1	建模准备	279
	12.1.1 单位设定	279
	12.1.2 导入 CAD 图	280
	12.1.3 管理标记	282
12.2	创建立体模型	287
	12.2.1 勾画并拉伸墙体	287
	12.2.2 绘制窗洞和门洞	300
	12.2.3 创建窗户和门	309
	12.2.4 室外台阶和柱子的创建	316
	12.2.5 阳台以及栏杆的创建	317
	12.2.6 创建屋顶	323

12.2.7	创建雨篷	323
12.3	细化图形	325

第 13 章　高层住宅小区建模实例 　328

13.1	建模准备	329
13.1.1	单位设定	329
13.1.2	导入 CAD 图	329
13.1.3	管理标记	333
13.2	创建立体模型	338
13.2.1	勾画并拉伸墙体	338
13.2.2	创建屋顶	346
13.2.3	绘制窗洞和门洞	346
13.2.4	创建窗户和门	354
13.2.5	室外台阶和柱子的创建	368
13.2.6	创建装饰线	371
13.2.7	绘制其他楼	372
13.3	小区生长动画	375

二维码索引 　381

第1章

SketchUp 2024入门

内容简介

本章对 SketchUp 2024 的界面及基本设置进行简要介绍,可以使读者了解 SketchUp 2024 的默认工作界面、重点学习对象的选择,掌握视图变换和切换,为后面章节的学习打下基础。

内容要点

- 默认工作界面
- 显示设置
- 视图变换
- 对象的选择与切换视图
- 初始绘图环境设置

案例效果

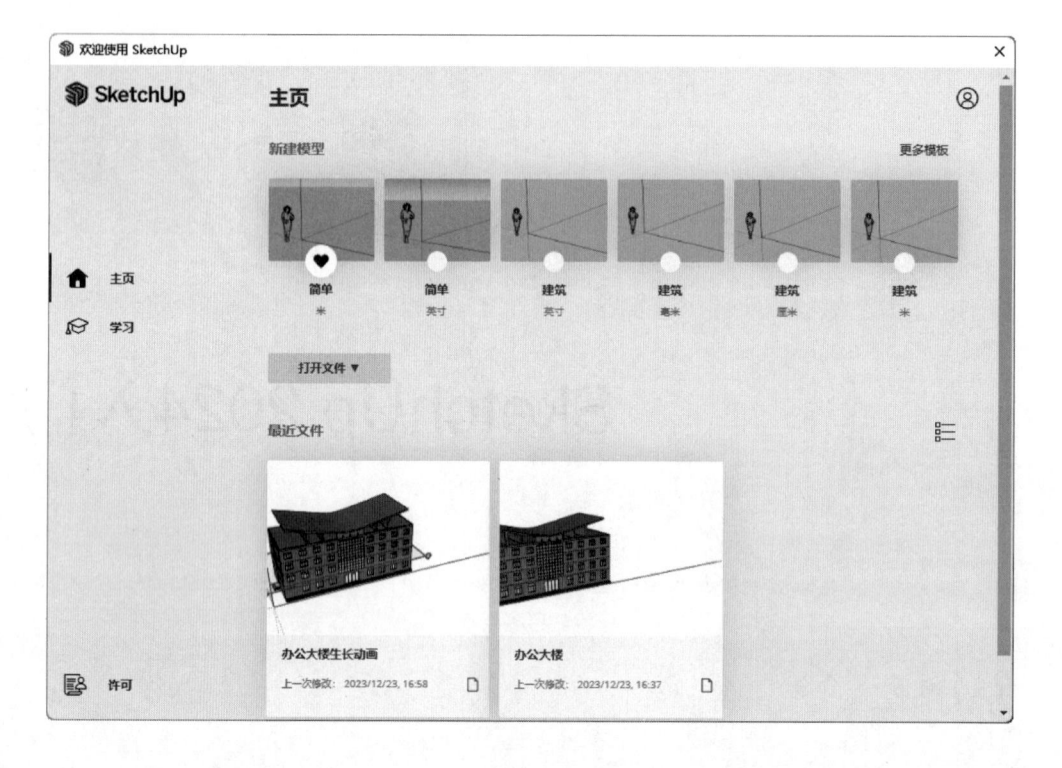

1.1 默认工作界面

双击桌面上的 图标,启动 SketchUp 2024,系统将打开"欢迎使用 SketchUp"对话框,如图 1-1 所示。在 SketchUp 中绘制的每个模型都是基于模板的,这些模板预先定义了模型的背景和单位。在"文件"面板上,有系统推荐的若干个模板,单击右侧的"更多模板"选项可以显示更多的模板,供用户选择使用。

这里我们选择第四个"建筑-毫米"模板,便可显示 SketchUp 2024 的默认工作界面,如图 1-2 所示。SketchUp 2024 的默认工作界面十分简洁,主要由标题栏、菜单栏、工具栏、绘图区、状态栏、数值输入框和默认面板组成。

1.1.1 标题栏

SketchUp 2024 默认工作界面的最上端是标题栏。标题栏中显示系统当前正在运行的应用程序和用户正在使用的图形文件。第一次启动 SketchUp 2024 时,标题栏中将显示"无标题-SketchUp",在启动时创建并打开的图形文件无标题,如图 1-2 所示。

1.1.2 菜单栏

菜单栏位于标题栏下方,同其他 Windows 操作系统中的菜单栏一样,包含绝大部分工具、设置和命令。默认包含"文件""编辑""视图""相机""绘图""工具""窗口""扩展

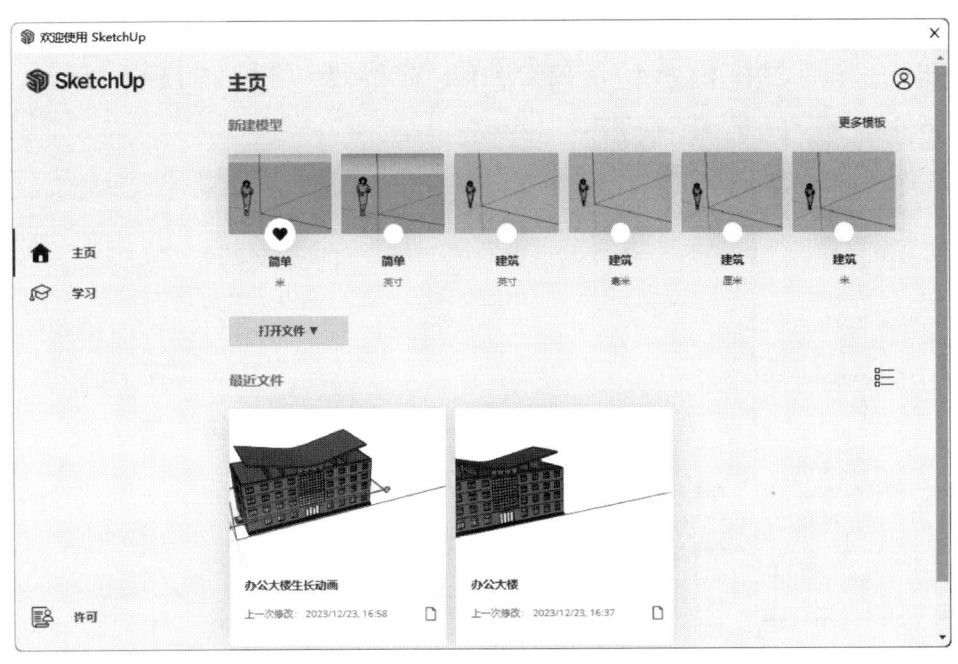

图1-1 "欢迎使用SketchUp"对话框

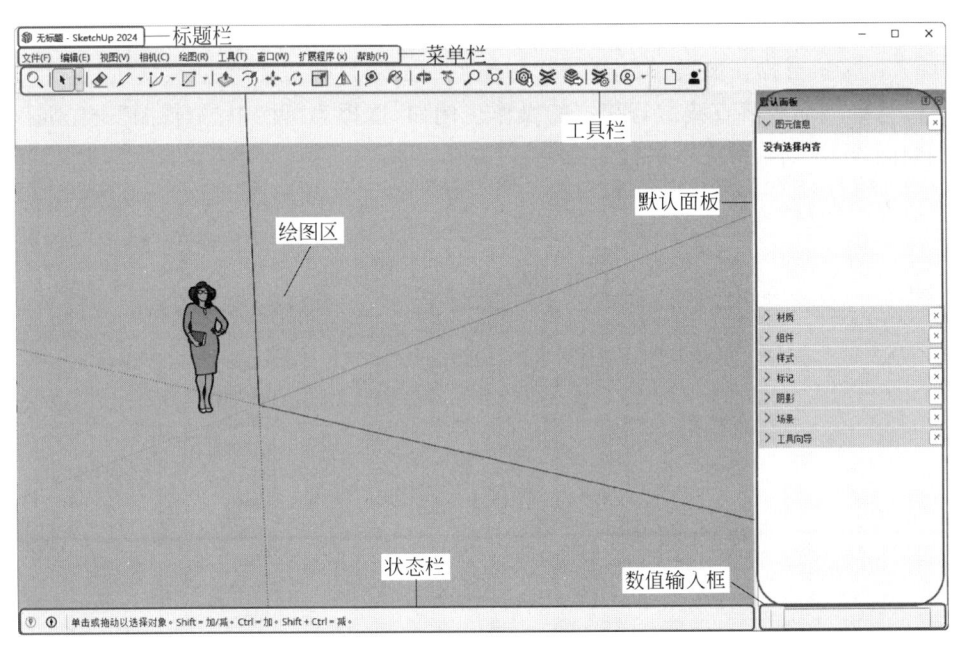

图1-2 SketchUp 2024中文版的默认工作界面

程序""帮助"9个菜单,这些菜单也是下拉式的,单击这些主菜单可以打开相应的子菜单以及次级子菜单,如图1-3所示。

一般来讲,SketchUp下拉菜单中的命令有以下3种。

(1) 带有子菜单的菜单命令。这种类型的菜单命令后面带有小三角按钮▶。例如,选择菜单栏中的"视图"→"表面类型"→"线框显示"命令,如图1-3所示,模型以线框模式显示,如图1-4所示。

· 3 ·

（2）打开对话框的菜单命令，后面带有省略号。例如，选择菜单栏中的"窗口"→"新建面板……"命令（如图1-5所示），系统就会打开"新建面板"对话框，如图1-6所示。

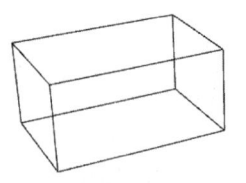

图1-4 线框显示

图1-3 带有子菜单的菜单命令

图1-5 选择"新建面板"命令

（3）直接执行操作的菜单命令。这种类型的命令后面既不带小三角按钮，也不带省略号，选择该命令将直接进行相应的操作。例如，选择菜单栏中的"视图"→"坐标轴"命令，如图1-7所示，系统将执行此命令。

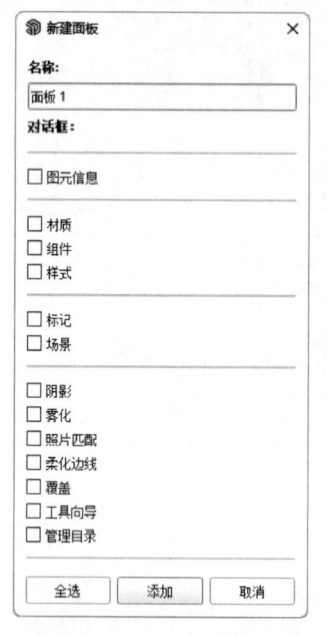

图1-6 "新建面板"对话框

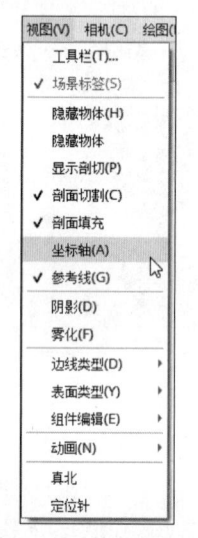

图1-7 选择"视图"→"坐标轴"命令

1.1.3 绘图区

绘图区是绘制图形的操作区域,它占据了默认工作界面的大部分空间。

1.1.4 工具栏

工具栏位于菜单栏下,用户可根据自己的喜好选择开启或关闭相应的工具栏,并且可以自定义工具栏附着的位置。

动手学——设置"标准"工具栏

【操作步骤】

(1)选择菜单栏中的"视图"→"工具栏"命令,如图 1-8 所示,系统将打开"工具栏"对话框,对话框中打钩的工具栏会在工作界面中显示。这里我们选中"标准"复选框,如图 1-9 所示,然后单击"关闭"按钮,系统将自动在界面中打开"标准"工具栏,如图 1-10 所示。

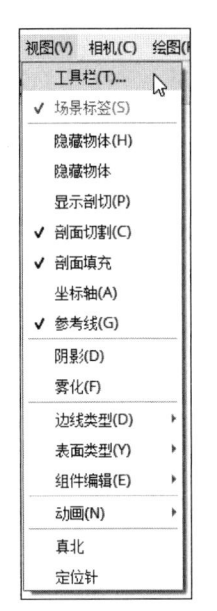

图 1-8 选择"工具栏"命令　　图 1-9 "工具栏"对话框

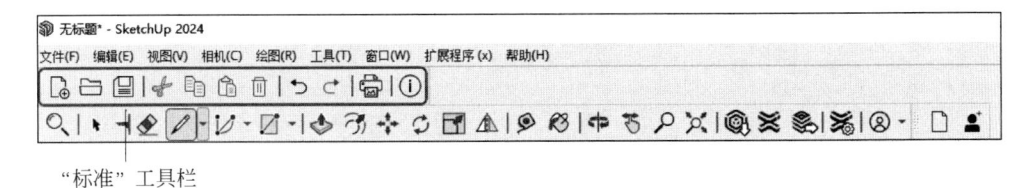

图 1-10 打开"标准"工具栏

(2)把光标移动到某个按钮上,稍停片刻即在该按钮的一侧显示相应的功能提示,此时,单击某个按钮就可以启动相应的命令。

(3)将光标放在标准工具栏最左侧,此时鼠标指针会变成"移动"按钮,如图 1-11 所示,可以拖动工具栏到绘图区中,使其变为浮动工具栏,如图 1-12 所示。

图 1-11 鼠标指针变为"移动"按钮

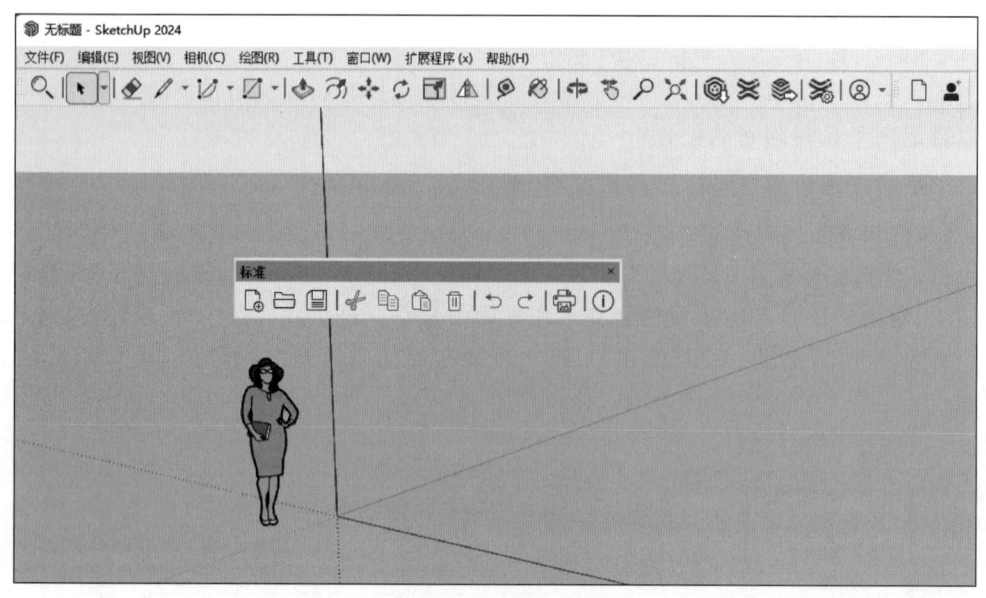

图 1-12 浮动工具栏

（4）将光标移动到"标准"工具栏中标题附近，按住鼠标左键并拖动鼠标到工作界面左侧，松开鼠标，"标准"工具栏将由浮动工具栏转变为固定工具栏，如图 1-13 所示。

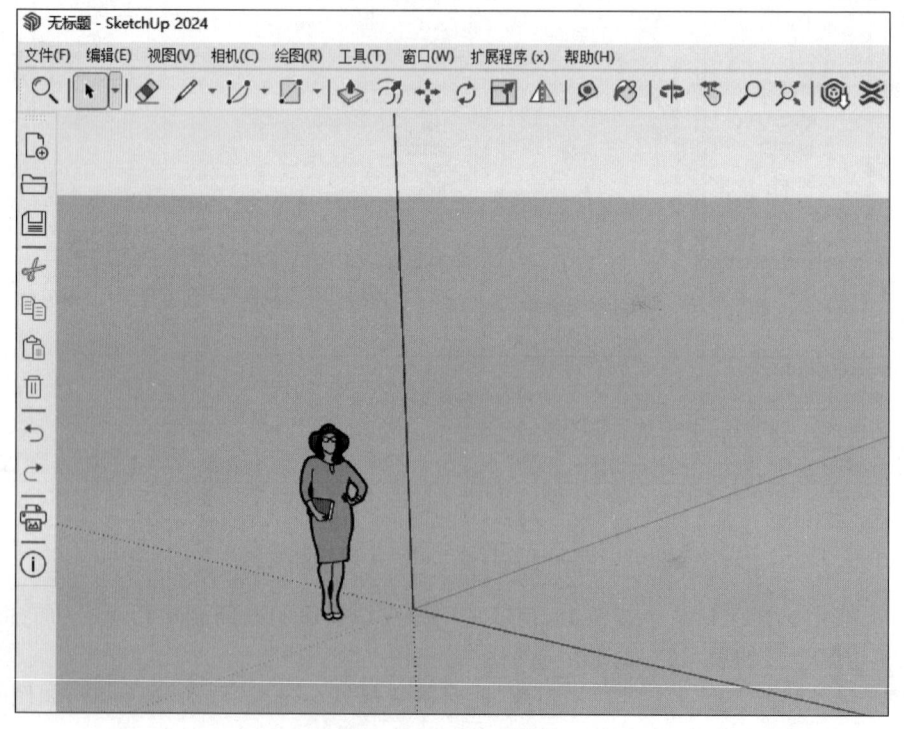

图 1-13 固定工具栏

（5）选择菜单栏中的"视图"→"工具栏"命令，打开"工具栏"对话框。取消选中"标准"复选框，如图1-14所示，单击"关闭"按钮，系统将自动在工作界面中关闭"标准"工具栏。

图1-14 取消选中"标准"复选框

1."标准"工具栏

"标准"工具栏包含与文件管理及绘图管理相关的工具以及打印选项，包括新建、打开、保存、剪切、拷贝、粘贴、删除、撤销、重复、打印和模型信息，如图1-15所示。

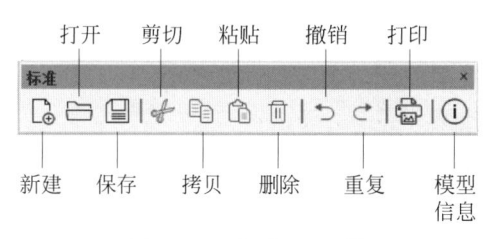

图1-15 "标准"工具栏

- 新建：创建新模型。
- 打开：打开现有模型，双击目标文件即可打开。
- 保存：设置文件保存路径和文件名，保存当前模型。
- 剪切：将当前内容剪切到剪切簿中。
- 拷贝：将当前内容复制到剪切簿中。
- 粘贴：粘贴剪切簿内容。
- 删除：删除选择的图元。
- 撤销：取消之前的操作。
- 重复：撤销一次操作后，再次执行该操作。
- 打印：打印当前模型。
- 模型信息：激活"模型信息"窗口。

2."使用入门"工具栏

SketchUp 2024的默认工作界面显示横向的"使用入门"工具栏，其中包含很多工具，如图1-16所示。

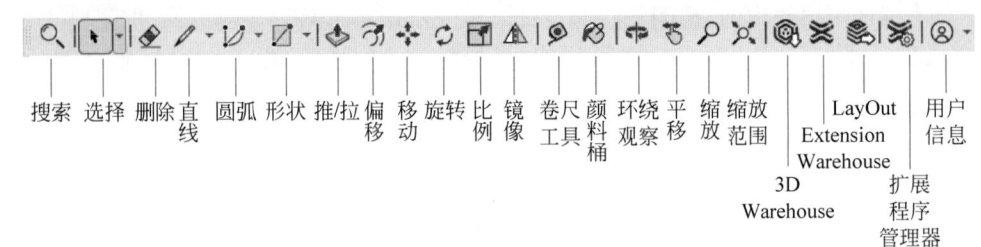

图 1-16 "使用入门"工具栏

工具栏图标对应名称（从左至右）：搜索、选择、删除、直线、圆弧、形状、推/拉、偏移、移动、旋转、比例、镜像、卷尺工具、颜料桶、环绕观察、平移、缩放、缩放范围、3D Warehouse、LayOut、Extension Warehouse、扩展程序管理器、用户信息

- 搜索：通过搜索来查找和激活工具。
- 选择：用于选择图元，同时按住 Ctrl 键，进行图元加选；同时按住 Ctrl＋Shift 键，进行图元减选；同时按住 Shift 键，进行图元加选/减选。
- 删除：单击需要删除的图元，将其删除。
- 直线：绘制边线或直线图元。
- 圆弧：绘制圆弧图元。
- 形状：绘制矩形、圆和多边形图元。
- 推/拉：拉伸平面图元以创建 3D 模型。
- 偏移：以离原始线相等的距离来复制线条。
- 移动：移动、复制或扭曲选定图元。
- 旋转：沿圆形的路径旋转、拉伸、扭曲或复制图元。
- 比例：以模型中其他图元为参照对选中图元进行尺寸大小调整、拉伸或扭曲。
- 镜像：反转或镜像图元。
- 卷尺工具：测量距离、创建引导线或调整模型缩放比例。
- 颜料桶：为图元指定材质和颜色。
- 环绕观察：通过调整相机的视角方向，对模型进行观察。
- 平移：垂直或水平移动视角，而模型的大小和比例不变。
- 缩放：将视角拉近或拉远，调整整个模型在视图中显示的大小。
- 缩放范围：调整缩放的范围。
- 3D Warehouse：打开 3D Warehouse。
- Extension Warehouse：向 SketchUp 添加扩展程序。
- LayOut：发送到 LayOut。
- 扩展程序管理器：打开"扩展程序管理器"对话框。
- 用户信息：登录或注销，或管理账户。

3．"绘图"工具栏

"绘图"工具栏包括直线、手绘线、矩形、圆、多边形和扇形等工具，如图 1-17 所示。

- 直线：绘制边线、线条、形状或轮廓线。
- 手绘线：绘制不规则的手绘或 3D 折线图元。
- 矩形：绘制矩形或正方形图元。

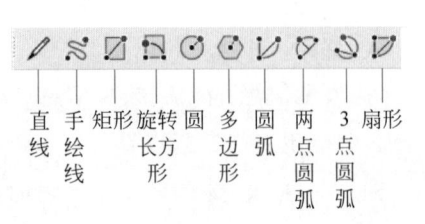

图 1-17 "绘图"工具栏（从左至右：直线、手绘线、矩形、旋转长方形、圆、多边形、两点圆弧、3 点圆弧、扇形）

8

- 旋转长方形：按照指定角度绘制长方形。
- 圆：绘制圆形图元。
- 多边形：绘制多边形图元。
- 圆弧：指定中心点、半径和终点绘制圆弧。
- 两点圆弧：通过定义端点和弧高绘制圆弧。
- 3 点圆弧：指定 3 个点来绘制圆弧。
- 扇形：通过定义中心点、半径和终点绘制扇形平面。

4．"编辑"工具栏

"编辑"工具栏包括移动、推/拉、旋转、路径跟随、缩放、镜像和偏移等工具，如图 1-18 所示。

- 路径跟随：沿指定路径拉伸平面。

5．"建筑施工"工具栏

"建筑施工"工具栏包括卷尺、尺寸、量角器、文本、轴和 3D 文本等工具，如图 1-19 所示。

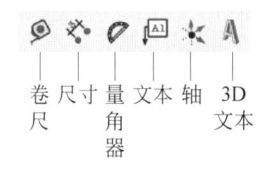

图 1-18　"编辑"工具栏　　　　图 1-19　"建筑施工"工具栏

- 卷尺：测量距离、创建引导线辅助设计或者调整模型比例。
- 尺寸：通过指定两个点来创建线性尺寸标注，展示两点之间的距离。
- 量角器：测量角度并创建具有指定角度的引导线。
- 文本：插入文字或者添加基于引线的详细信息。
- 轴：允许用户移动或重新定向整个模型或者单个组/组件的绘图轴，以便于从不同角度或方向进行设计和编辑。
- 3D 文本：创建具有立体感的 3D 文字效果，增加设计的视觉吸引力和深度感。

1.1.5　数值输入框

数值输入框显示绘制图形的尺寸信息，也可以通过直接输入数字来确定图元的尺寸。

1.1.6　状态栏

状态栏位于绘图区左下部，状态栏的左侧显示当前命令的提示信息和相关功能。进行不同的操作时，提示的信息也会不同。通常这些信息是对命令和工具进行的描绘和解释，帮助用户进行操作。

1.2 显示设置

通过设置相关参数,可以呈现类似于手绘草图风格的效果。

1.2.1 选择

SketchUp 2024 中没有单独的"选择"对话框,它包含在"样式"面板中。选择菜单栏中的"窗口"→"默认面板"→"样式"命令,弹出"样式"面板并同时打开"选择"选项栏,如图 1-20 所示。"选择"选项栏显示 SketchUp 中的样式,其中包括:Style Builder 竞赛获奖者、手绘边线、混合风格、照片建模、环境光遮蔽、直线、预设风格和颜色集。

单击"编辑"选项栏,其中有五个子选项组,分别是:边线设置 ⬜,平面设置 ⬜,背景设置 ⬜,水印设置 ⬜,建模设置 ⬜,如图 1-21 所示。

图 1-20 "选择"选项栏

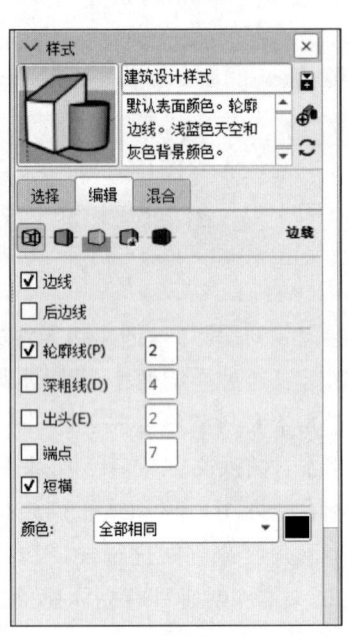

图 1-21 "编辑"选项栏

1.2.2 边线设置

"边线设置"选项组如图 1-22 所示,下面介绍其中选项。

1. "边线"选项

"边线"选项是控制模型是否显示边线的选项,若不使用"边线"选项则模型面与面交接之处没有边线,但是这样的模型立体感不强,看起来很模糊,如图 1-23 所示。所以一般这个选项已被默认勾选,效果如图 1-24 所示。

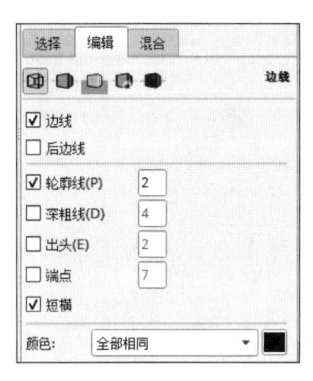

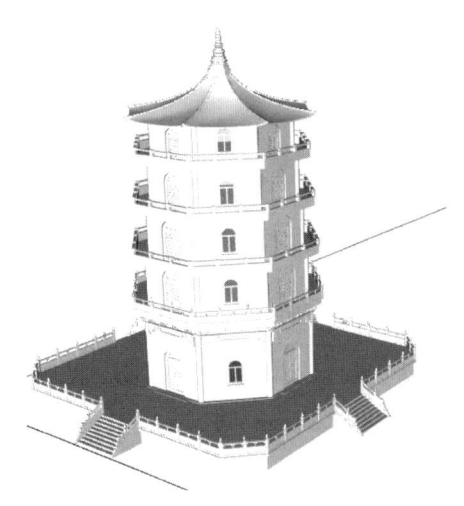

图 1-22　"边线设置"选项组　　　　图 1-23　没有显示边线的模型

2. "后边线"选项

"后边线"选项通常称为 X 射线模式，用于显示模型中无法直接看见的隐藏线，可与除线框模式外的其他模式组合使用。这在建模过程中比较常见，用于选中模型中无法直接选中的点。

3. "轮廓线"选项

轮廓线是指单个图元和其他图元在视图上相区分的线，如图 1-25 所示为选中"轮廓线"复选框后的模型。"轮廓线"后面的数字表示轮廓线的粗细程度，数字越大，轮廓线越粗。

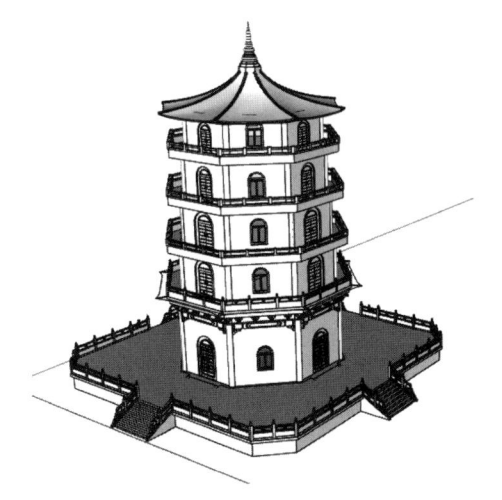

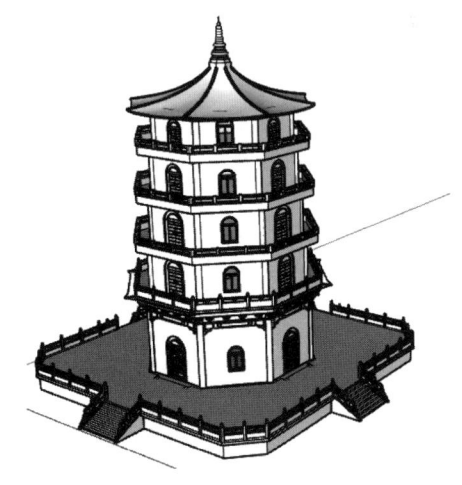

图 1-24　显示边线的模型　　　　图 1-25　显示轮廓线的模型

4. "深粗线"选项

这个选项是针对边线而言的，选中此复选框，所有的边线都会以粗线显示。粗细程度由其后面的数字控制，数字越大，边线越粗。如图 1-26 所示为深粗线为"20"的模型。

5."出头"选项

出头是边线在端头处时延长出去的部分,设置出头后看起来很有草图的感觉。后面的数字控制延长的长度,数字越大延长越多。如图 1-27 所示为出头线为"10"的模型。

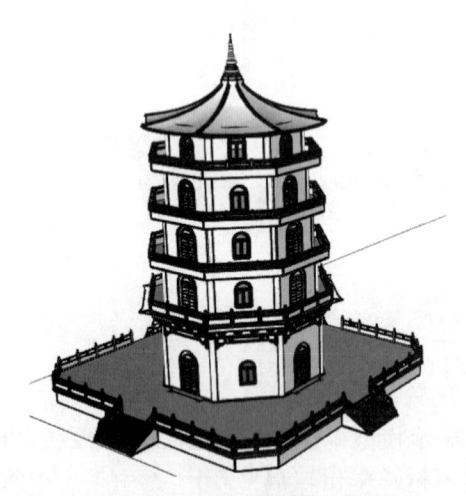

图 1-26　显示深粗线的模型　　　　图 1-27　显示出头的模型

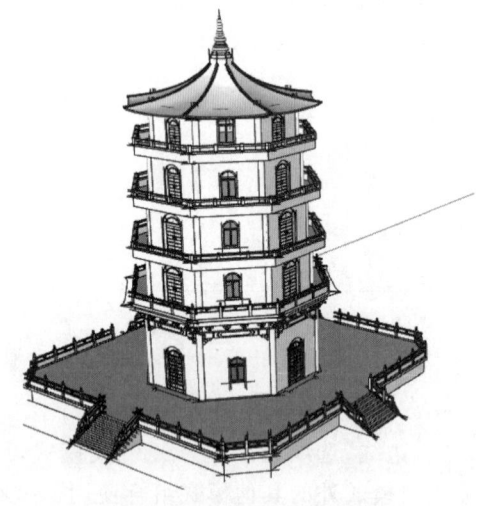

6."端点"选项

端点是凸显图元各条边线的端点部分,以将其加粗显示。如图 1-28 所示为端点线为"10"的模型。

7."短横"选项

短横是让模型边线显示为两条线,使整个模型显示草图效果。如图 1-29 所示为显示短横的模型。

图 1-28　显示端点的模型　　　　图 1-29　显示短横的模型

8．"颜色"选项

边线的颜色有三种显示模式：
- 全部相同：所有边线显示相同（颜色可自行调节），如图1-30所示为边线显示为黑色。
- 按材质：边线颜色是由群组或组件的材质来决定的，如图1-31所示。
- 按轴线：边线显示颜色是所在坐标轴方向的坐标轴颜色，不在坐标轴方向上的边线依然显示系统默认的黑色，如图1-32所示。

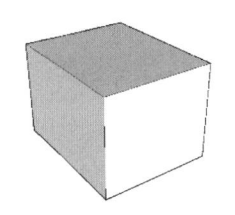

图1-30　边线显示黑色 　　　图1-31　边线显示材质颜色 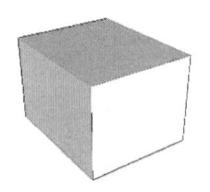　　　图1-32　边线显示坐标轴颜色

1.2.3　平面设置

"平面设置"选项组如图1-33所示，下面介绍其选项。

1．"正面颜色"（"背面颜色"）选项

单击"正面颜色"（"背面颜色"）后的颜色样本□（■），弹出"选择颜色"对话框，如图1-34所示。然后进行调节，建议保留默认颜色。

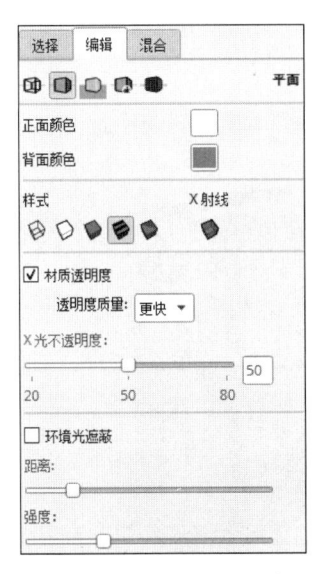

图1-33　"平面设置"选项组 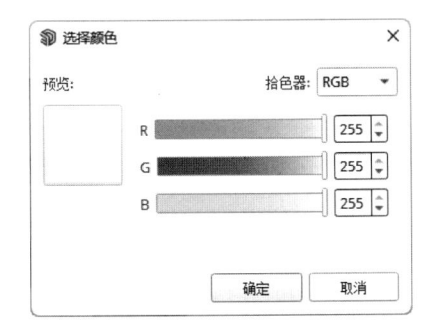　　　图1-34　"选择颜色"对话框

2．"样式"选项

这里所说的样式就是模型的显示模式，在SketchUp中，系统为模型定义了六种显示模式，单击图标就会切换到所对应的显示模式。"样式"区域中的六个图标和"样式"

工具栏中的六个图标作用是一样的。

下面分别介绍六种显示模式的效果：

(1) X 射线 ◐：在该模式下，模型中的面都将透明显示，一般用于对模型边线的修改。此模式可以和除线框模式以外的其他模式配合使用。如图 1-35 所示为 X 射线模式和贴图模式一起使用的效果。

(2) 线框模式 ◐：模型仅以线条形式组成，而不构成面，因此无法与 X 射线模式混合使用，也无法使用与面相关的编辑工具，如推拉工具，如图 1-36 所示。

☎ 注意：建模时经常会捕捉模型侧面或者背面的点或线，这种情况下使用 X 射线模式就可以不用旋转视图。

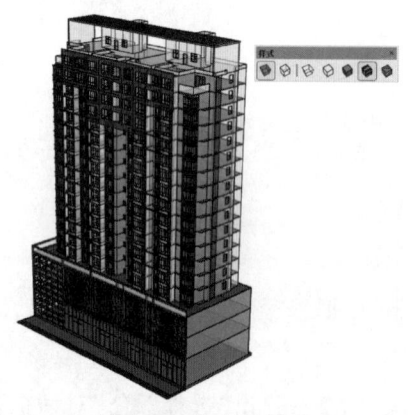

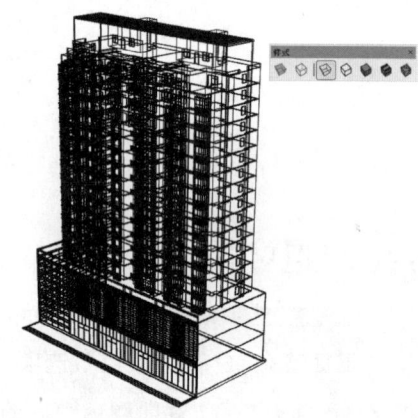

图 1-35　X 射线模式

图 1-36　线框模式

(3) 消隐模式 ◐：所有的面都将以背景色渲染，并遮盖位于其后的边线。适用于墨线打印，打印后可添加手绘效果，如图 1-37 所示。

(4) 着色模式 ◐：图元表面赋予的材质颜色将会显现出来，如图 1-38 所示。

图 1-37　消隐模式

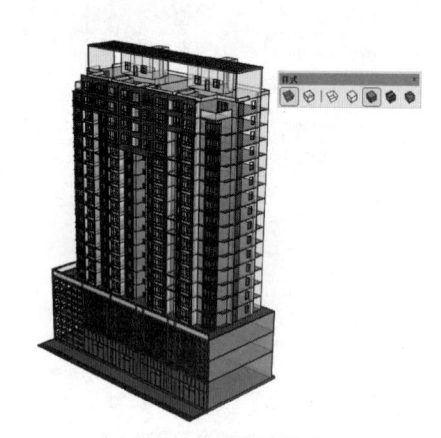

图 1-38　着色模式

(5) 贴图模式 ◐：图元表面赋予的贴图和材质都会显现出来，如图 1-39 所示，这种模式下显示速度会慢一些。

(6) 单色模式 ◐：图元的面将按照系统默认的正背面颜色来进行显示，如图 1-40 所示。

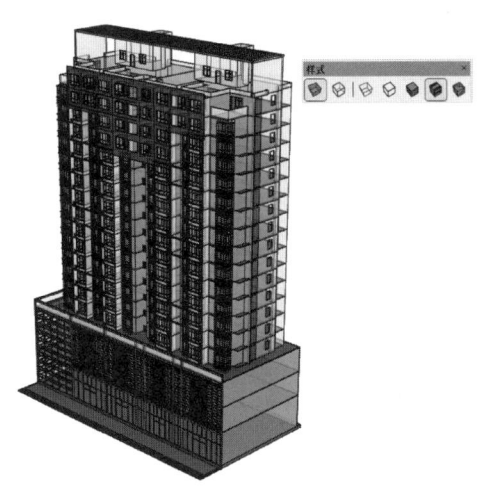

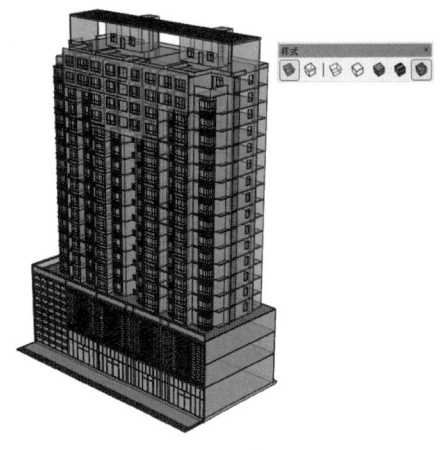

图 1-39　贴图模式　　　　　　　　　　　　图 1-40　单色模式

📞**注意**：着色模式只显示面的颜色而不会显示面上的贴图，如果在面上贴了一张图，就应选择材质贴图模式。

3．"材质透明度"选项

对于透明材质（如玻璃），建议选中该复选框。

4．"透明度质量"选项

透明度质量有两个选项：更快和更好。"更快"选项注重速度，但牺牲质量；"更好"选项注重质量，但影响速度。

1.2.4　背景设置

"背景设置"选项组如图 1-41 所示。用户可以选中"天空"和"地面"复选框，按自己的喜好来调节天空和地面颜色及地面的透明度。如图 1-42 所示为在使用默认颜色和透明度的情况下选中"天空"和"地面"复选框的场景效果。建议"背景"选项保留系统默认的白色，在绘制图形的过程中取消选中"天空"和"地面"复选框。

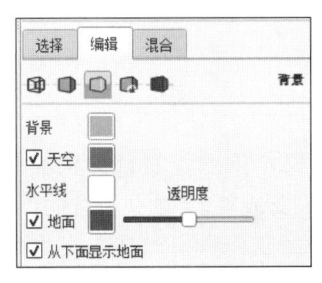

图 1-41　背景设置　　　　　　　　　　　　图 1-42　显示天空、地面效果

1.3 视图变换

SketchUp 的视窗是单一的，不像 3ds Max、Maya 等软件可以进行单视窗和多视窗切换。单一的工作界面非常简洁明快而且不浪费资源，但在绘制图形过程中经常会变换视图，以从不同角度绘制，所以视图变换工具起了很大的作用。

1.3.1 视图显示形式

在"相机"菜单中，SketchUp 中的视图有四种显示形式，如图 1-43 所示。

（1）平行投影：我们常说的轴测图显示就是平行投影显示。在轴测图模式中，所有的平行线在绘图窗口中保持水平。

（2）透视显示：透视模式是对人眼观察图元的方式的模拟。在透视模式下，模型中的平行线会消失于灭点处，所显示的图元会带透视变形。

（3）两点透视图：当视线处于水平时，模型就会生成两点透视，两点透视在 SketchUp 中可以直接生成。用户可根据需要选择不同的显示形式，但建议在绘制图形的过程中最好使用系统默认的"透视显示"，这样比较清晰直观。

（4）标准视图：标准视图是用于查看模型的预定义视图。标准视图可以帮助用户以不同的角度观察模型，并使其更易于编辑和浏览。标准视图包括顶视图、底视图、前视图、后视图、左视图、右视图以及等轴视图。

图 1-43 "相机"菜单

1.3.2 "相机"工具栏

系统工作界面显示的视图就是通过系统提供的相机镜头看见的模型图像，所以对相机的操作也会影响视图的显示。"相机"工具栏如图 1-44 所示。

下面分别介绍各种工具的使用方法。

图 1-44 "相机"工具栏

1. 环绕观察

照相机围绕模型旋转，便于观察模型外观及进行操作。系统默认的快捷键是鼠标中键，在进行视图旋转时按住鼠标中键（此时鼠标指针变成旋转视图工具的图标）移动鼠标即可。

注意：使用视图旋转工具进行视图操作时，模型的竖直边线会保持垂直状态，按住 Ctrl 键可以解除这一限制，但模型将会翻转。

2．平移

如果模型在电脑屏幕上不能完全显示，可以使用视图"平移"工具将要显示的部分移动到视线范围内（移动的只是视点，模型在场景中的坐标不发生改变，快捷键是一直按住 Shift＋鼠标中键）。

3．缩放

使用视图"缩放"按钮可以调整相机与模型之间的距离，以放大和缩小当前视图。

（1）拉近视点：选择此工具以后，在场景中按住鼠标左键，移动鼠标，视点就会拉近或者拉远，而图元在视图上会跟着放大或者缩小。

（2）视图居中：在视图缩放状态下双击视图，可居中显示双击位置，此操作有时可代替平移操作。

（3）改变视点相机的视野：选择视图放大工具以后，直接输入"＊＊deg"，比如输入"60deg"，那么视点相机的视野大小就变成60°。如图1-45所示为视野从30°变成60°前后的对比。

（4）改变视点相机镜头的焦距：选择视图放大工具以后，直接输入"＊＊mm"，比如，输入"25mm"，表示设置一个25mm的照相机镜头。如图1-46所示为相机镜头焦距分别为25mm和65mm的对比。

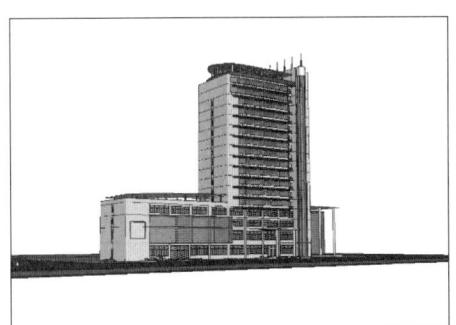

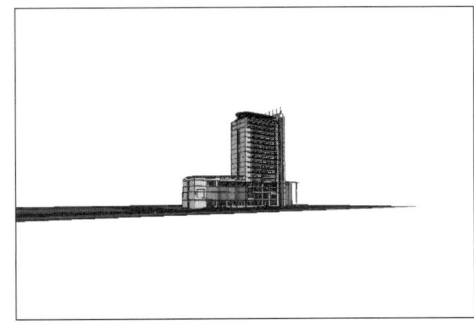

图1-45　30°视野和60°视野对比

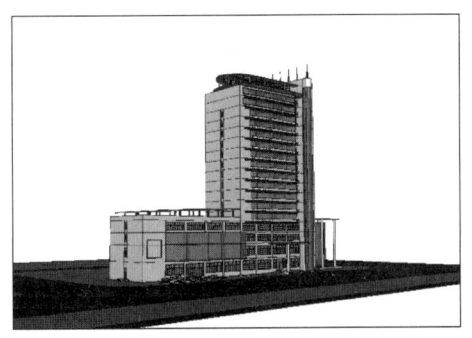

图1-46　25mm和65mm相机镜头焦距对比

4．缩放窗口

在建模的过程中，若想将局部进行放大，可以使用"缩放窗口"按钮。在要放大的区域单击两次拉出一个矩形，矩形包括的区域就会充满整个视图，如图1-47所示。

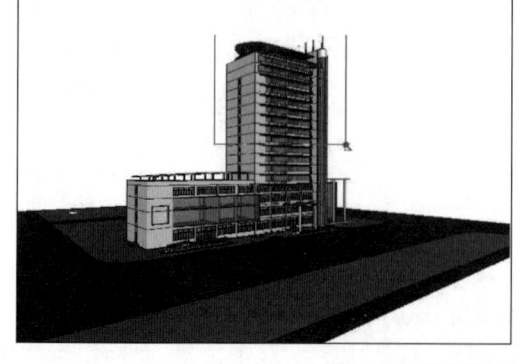

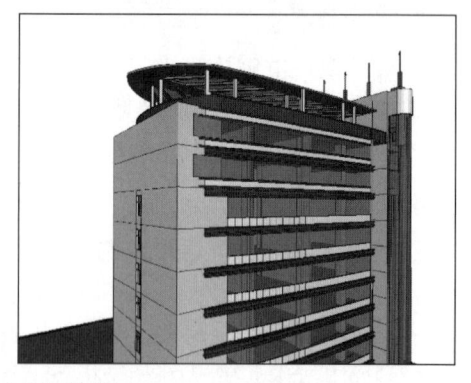

图 1-47 "缩放窗口"按钮的使用

5．缩放范围

使用缩放范围按钮可以调整视点与模型的距离，以使整个模型显示在绘图窗口中。

6．定位相机

1）相机位置的确定

此工具就是模拟人的视点高度。单击"相机"工具栏中的"定位相机"按钮，输入所要设置视点的高度，如 1700mm，就直接输入 1700，按 Enter 键。然后在放置视点的位置单击，视图就会切换到平面以上 1700mm 的地方。完成相机位置工具设置后，系统自动激活"观察"工具，如图 1-48 所示。

图 1-48 相机位置

2）视点的确定

单击"相机"工具栏中的"定位相机"按钮，单击确定视点位置，并按住鼠标左键拖动鼠标以确定视点的方向。

7．行走

(1) 单击"相机"工具栏中的"行走"按钮，在绘图窗口中任意位置单击作为视点移动的参考点，在单击的地方会出现黑色的十字标志。

(2)按住鼠标左键上下左右拖动进行观察。在移动鼠标时按住 Shift 键,可将前后移动切换为上下垂直移动,水平移动切换为垂直移动。按住 Ctrl 键可以加快移动速度。在漫游工具状态下按住鼠标中键可透明地执行"观察"操作。

1.4 对象的选择与切换视图

在 SketchUp 中单击空格键可以切换到选择命令,单击"视图"工具栏中的相关按钮可以对视图进行切换。

1.4.1 选择对象

习惯使用 AutoCAD 等软件的用户对于"选择"工具可能感觉十分不适应,因为在那些软件中没有执行命令或退出命令后,系统都会自动进入默认的"选择"状态,所以很多习惯那些软件的用户还没意识到"选择"是一种工具。但"选择"工具在 SketchUp 中却是一个很重要也最常用的工具,"选择"的快捷键设置为空格键,用户需要记住,这样可节省绘图的时间,提高工作效率。

【执行方式】
- 快捷命令:Space(空格键)。
- 菜单栏:工具→选择。
- 工具栏:使用入门→选择 ▶;大工具集→选择 ▶。

【操作步骤】

1. 一般选择

(1)执行相应操作或者单击键盘上的空格键,激活"选择"命令,鼠标指针将变成 ▶ 形状,如图 1-49 所示。

(2)此时在任意一条边上单击,可以将该边选中,选中的边将高亮显示,再单击另一条边,将选中另一条边。每次只能选中一个对象,如图 1-49 所示。

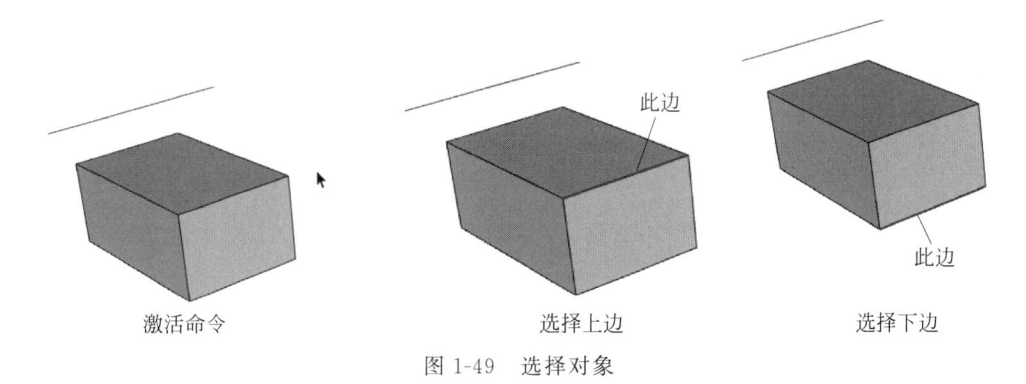

激活命令　　　　选择上边　　　　选择下边

图 1-49　选择对象

(3)在选择了一个对象后,如果想继续选择其他的对象,则按住 Ctrl 键不放,此时鼠标指针变成 ▶+ 形状,然后选择下一个对象,这样就可以选择两个或者多个对象,如图 1-50 所示。

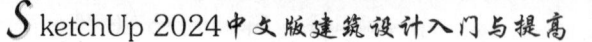

（4）需要将多余的对象进行去除时，则同时按住 Shift＋Ctrl 键，此时鼠标指针变成 形状，单击对象，进行减选，如图 1-51 所示。

（5）仅按住 Shift 键，此时鼠标指针变成 形状，单击选中的对象，可进行减选；单击未选中的对象，可进行加选。

（6）将光标移动到绘图区的空白区域单击，将取消对所有图形的选择。选择菜单栏中的"编辑"→"取消选择"命令或按快捷键 Ctrl＋T，也可取消当前选择，如图 1-52 所示。

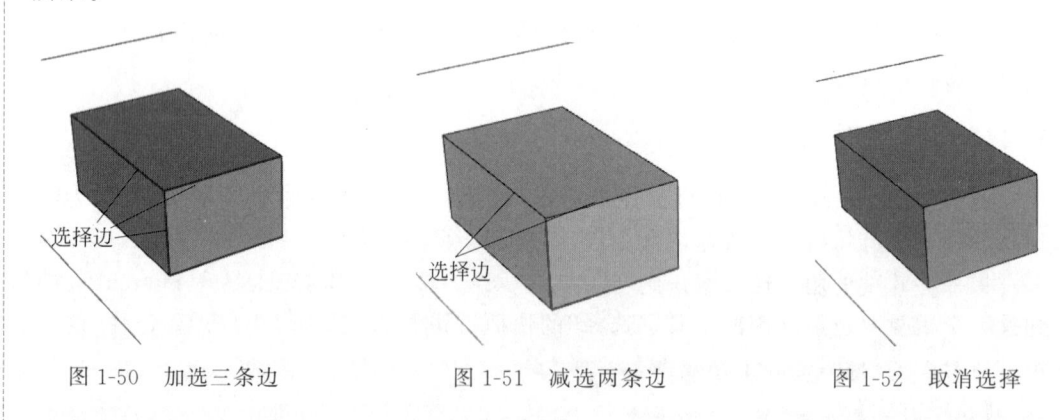

图 1-50　加选三条边　　　图 1-51　减选两条边　　　图 1-52　取消选择

（7）选择菜单栏中的"编辑"→"全选"命令或按快捷键 Ctrl＋A，可选中绘图区中所有可见实体。

2．窗选与叉选

（1）执行相应操作或者单击键盘上的空格键，激活"选择"命令，鼠标指针将变成 形状，如图 1-53 所示。

（2）窗选：在适当位置单击并拖动鼠标，注意方向从左向右，拉出一个实线矩形框，全部被框住的图元才能被选中，如图 1-53 所示。

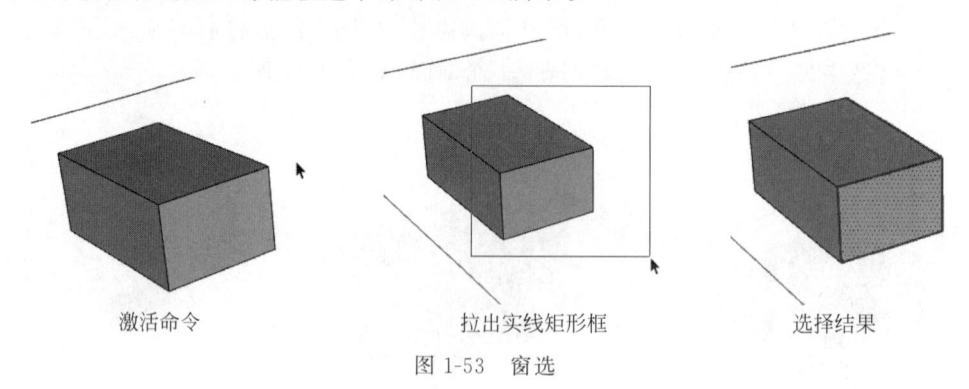

激活命令　　　　拉出实线矩形框　　　　选择结果
图 1-53　窗选

（3）将光标移动到绘图区的空白区域单击，取消对所有图形的选择。

（4）叉选：执行步骤（1）的操作，激活"选择"命令，然后在适当位置单击并拖动鼠标，注意方向从右向左，拉出一个虚线矩形框，与选择框相交的图元都将被选中，如图 1-54 所示。

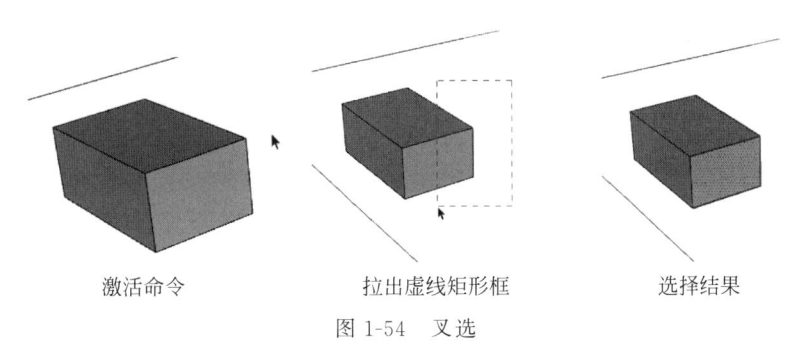

激活命令　　　　　　　　拉出虚线矩形框　　　　　　选择结果

图 1-54　叉选

3. 点选

在系统中,线是最小的可选择单位,面是由线构成的,可以通过点选,控制单击的数量,来选择相关面或线。

(1) 单击某个面,可以选中此面,选中后的面将会出现很多蓝色的小点。

(2) 双击一个面,可以将该面和组成该面的边线都选中,被选中的面出现很多蓝色的小点,线将以加粗的蓝色显示。

(3) 三击一个面,可以将与这个面相连的所有线、面都选中,如图 1-55 所示。

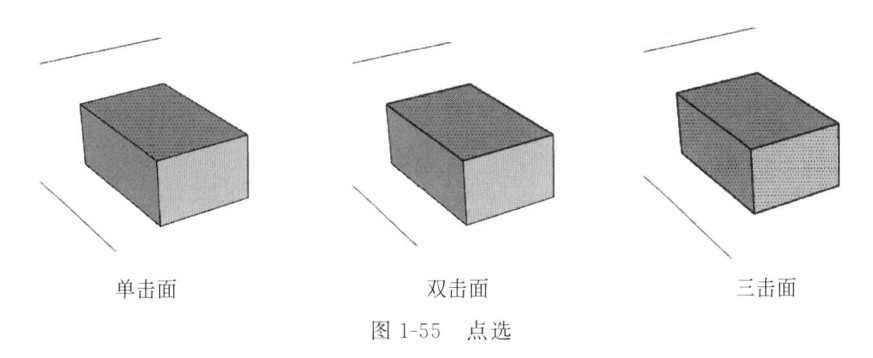

单击面　　　　　　　　　双击面　　　　　　　　　三击面

图 1-55　点选

教你一招

在"选择"状态,右击选中的对象,在弹出的快捷菜单中的"选择"二级菜单中可以进行当前图元的扩展选择。其中包括"连接的平面""连接的所有项""带同一标记的所有项""取消选择边线"和"反选",如图 1-56 所示。用户可根据需要自行选择。

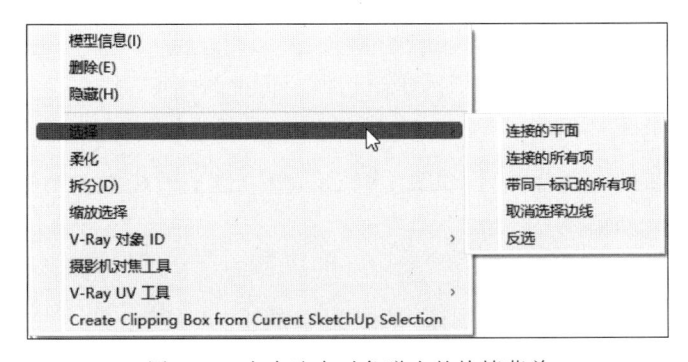

图 1-56　右击选中对象弹出的快捷菜单

21

1.4.2 切换视图

在SketchUp中主要通过"视图"工具栏对视图进行切换,如图1-57所示,单击某个工具将切换至相应的视图。

图1-57 "视图"工具栏

1. 轴测图

激活轴测图后,SketchUp会根据目前的视图状态生成接近于当前视角的等角视图,如图1-58所示。

注意:不同的视角方向会产生不同的等角视图,只有在轴测图显示模式下显示的等角视图才是正确的。用户如果要观察或导出准确的平面、立面或剖面图,必须在轴测图显示模式下进行。

2. 顶视图

在任何情况下单击这个按钮将切换到顶视图,如图1-59所示。在建立小区的模型时经常会调整视图到顶视图来查看模型的整体效果,这时只需要直接单击"顶视图"按钮就可以切换到顶视图。

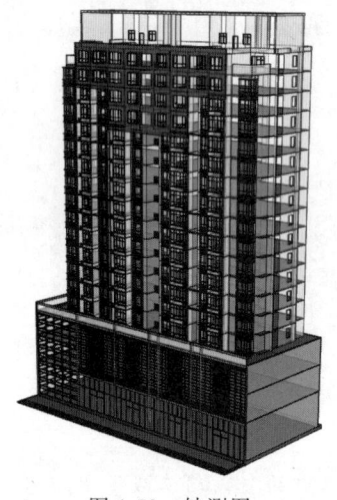

图1-58 轴测图

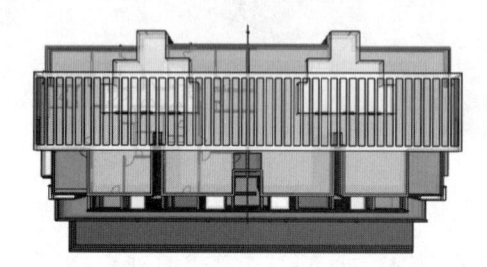

图1-59 顶视图

3. 前部

单击这个按钮切换到前视图,如图1-60所示。在建立正立面模型时经常会拉近视图,如果要查看正立面,单击"前部"按钮切换到正视图即可。

4. 右视图

单击这个按钮切换到右视图,如图1-61所示。在要查看模型右边情况时须单击此按钮。

5. 左视图

单击这个按钮就会切换到左视图,如图1-62所示。

6. 底视图

单击这个按钮就会切换到底视图,如图1-63所示。

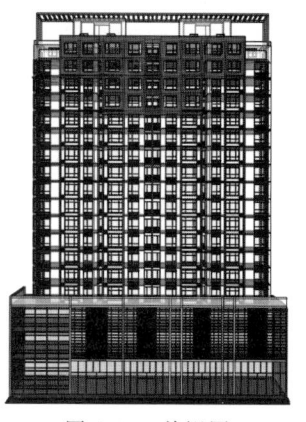

图 1-60　前视图

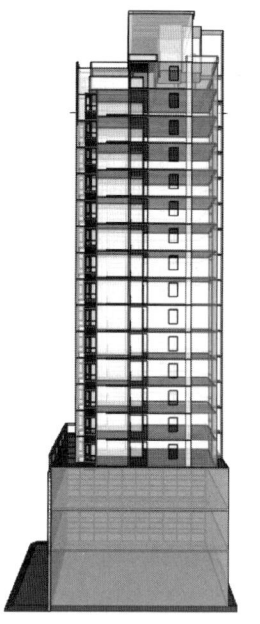

图 1-61　右视图

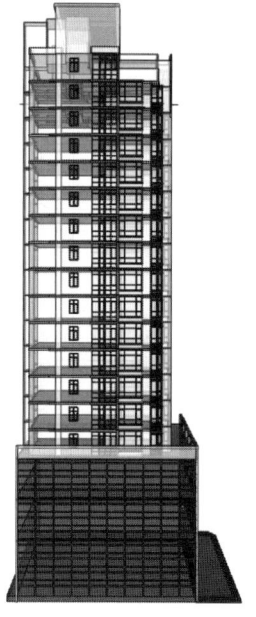

图 1-62　左视图

图 1-63　底视图

1.5　初始绘图环境设置

　　初始绘图环境设置是指用户为了保证绘制图形的准确性和简易性，在启动 SketchUp 后到绘制图形前进行设置或更改一些系统参数和显示模式等操作。其中主要包括模型信息设置和系统设置。

1.5.1 模型信息

选择菜单栏中的"窗口"→"模型信息"命令或者单击"标准"工具栏中的"模型信息"按钮①，弹出"模型信息"对话框，如图1-64所示。该对话框中包括版权信息、尺寸、单位、地理位置、动画、分类、绘制、统计信息、文本、文件和组件选项卡。一般首先设置"单位"选项卡，如图1-65所示，其他的选项卡都可以在需要时再进行设置。SketchUp中单位默认的格式是采用十进制，长度为毫米，精确度改为0mm；对捕捉长度和角度，用户可以根据自己的习惯和绘图中的需要自行进行设置。其他选项卡的设置如图1-66～图1-73所示。

图1-64 "模型信息"对话框

图1-65 "单位"选项卡

图1-66 "地理位置"选项卡

第1章 SketchUp 2024入门

图 1-67 "动画"选项卡

图 1-68 "分类"选项卡

图 1-69 "绘制"选项卡

图 1-70 "统计信息"选项卡

图 1-71 "文本"选项卡

图 1-72 "文件"选项卡

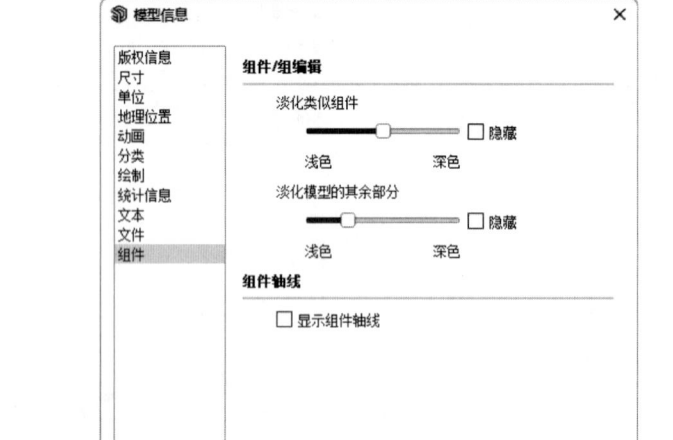

图 1-73 "组件"选项卡

1.5.2 系统设置

选择菜单栏中的"窗口"→"系统设置"命令,弹出"SketchUp 系统设置"对话框,如图 1-74 所示。在初始绘图环境中主要设置自动保存和快捷键。

1.自动保存设置

在"SketchUp 系统设置"对话框中选择"常规"选项卡,如图 1-74 所示,选中"创建备份"和"自动保存"复选框,然后设置自动保存时间。自动保存时间可根据用户绘图的需要进行设置。

图 1-74 "SketchUp 系统设置"对话框

2. 快捷键设置

切换至"快捷方式"选项卡，如图 1-75 所示。SketchUp 默认设置了部分命令的快捷键，但这些快捷键可以进行修改，这里以"选择"命令为例进行说明。

图 1-75 "快捷方式"选项卡

（1）拖动"功能"下拉列表框右边的滚动条，单击"工具（T）/选择（S）"选项。

（2）在选项卡中的"添加快捷方式"下面的文本框中按下要设置的快捷键空格键，单击右边的"添加"按钮 + ，完成对"选择"命令的快捷键设置，结果如图 1-76 所示。

图 1-76 设置快捷键

其他选项卡的设置如图1-77～图1-84所示。

图1-77 "辅助功能"选项卡

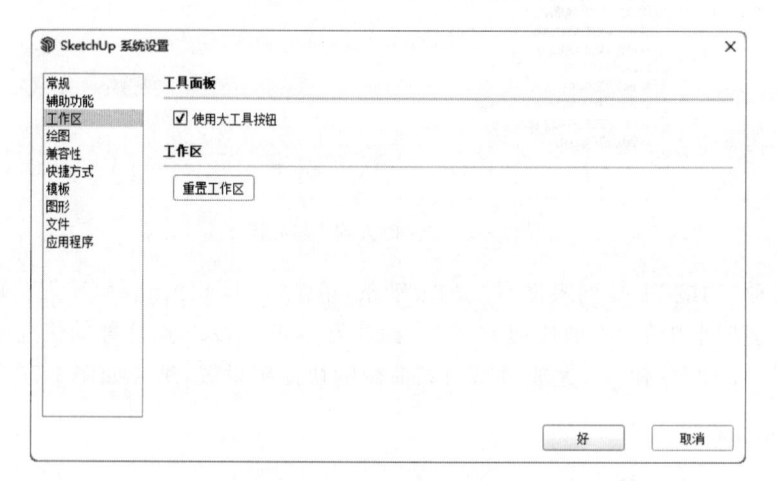

图1-78 "工作区"选项卡

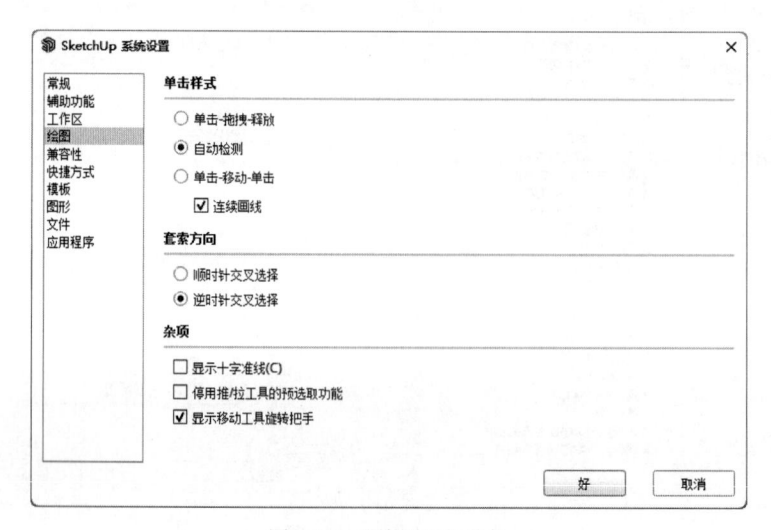

图1-79 "绘图"选项卡

第1章 SketchUp 2024入门

图 1-80 "兼容性"选项卡

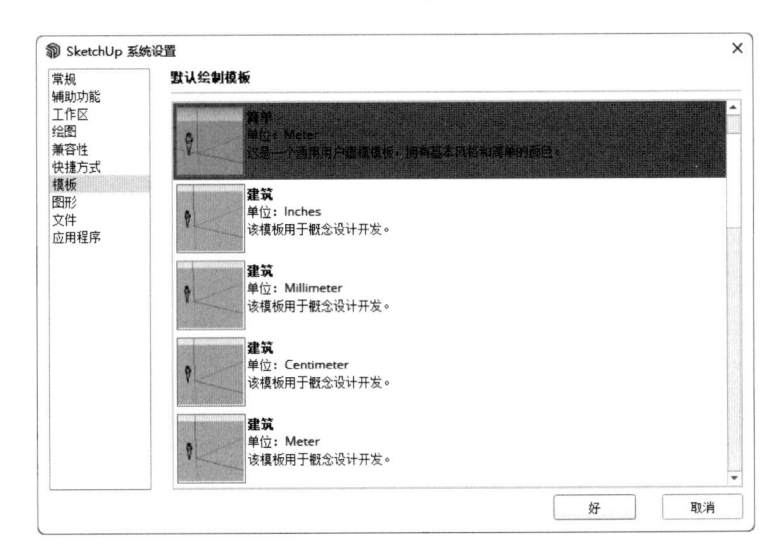

图 1-81 "模板"选项卡

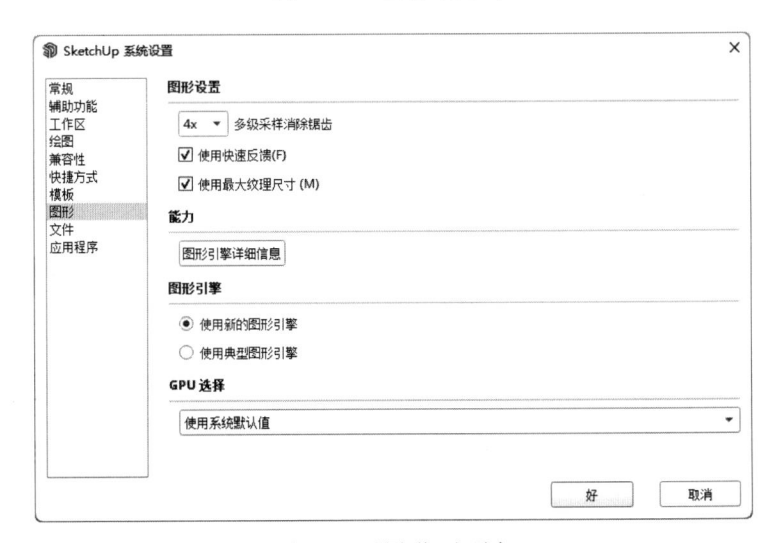

图 1-82 "图形"选项卡

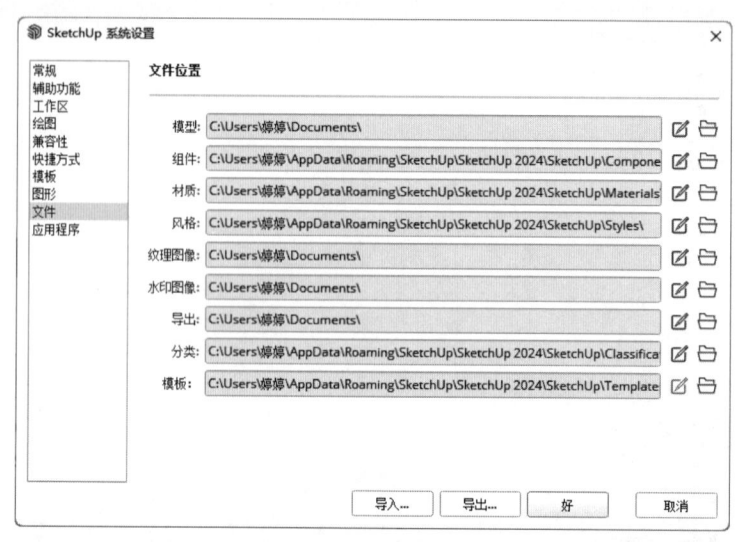

图 1-83 "文件"选项卡

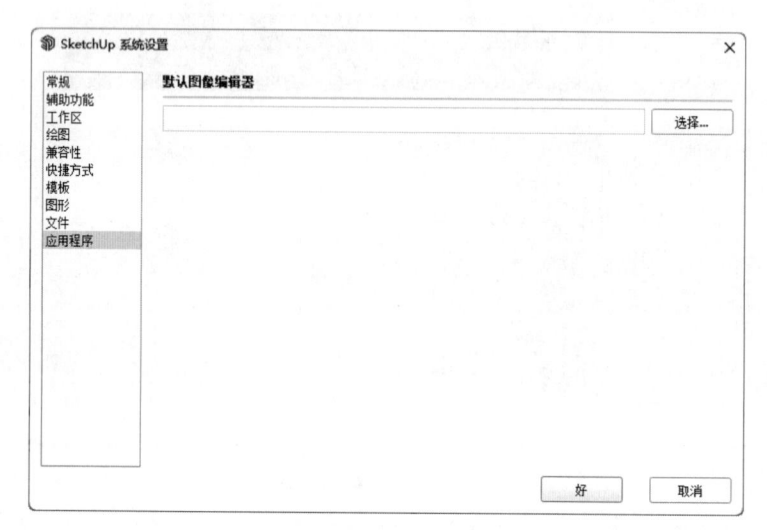

图 1-84 "应用程序"选项卡

3. 导入和导出快捷键

设置常用的快捷键之后，可以将快捷键导出，以便日后使用。

(1) 导出快捷键：单击"快捷方式"选项卡中的"导出"按钮，弹出"输出预置"对话框，如图 1-85 所示。设置文件名和导出路径，然后单击对话框中的"导出"按钮，完成快捷键的导出。

(2) 导入快捷键：单击"快捷方式"选项卡中的"导入"按钮，弹出"输入预置"对话框，如图 1-86 所示。选择导入文件和路径，然后单击对话框右下角的"导入"按钮，完成快捷键的导入。

☎ 注意：用户如果在初始绘图环境中没有设置自己熟悉的快捷键，则只有通过单击工具栏或菜单栏中的命令来进行绘图，这样绘图速度会很低；如果在初始绘图环境中先设置快捷键，绘图速度将大大增加。

图 1-85 "输出预置"对话框

图 1-86 "输入预置"对话框

第 2 章

常用绘图工具

内容简介

　　SketchUp 提供了大量的绘图工具，可以帮助用户完成二维图形的绘制。本章主要介绍下述内容：直线类命令、平面图形类命令和圆类命令。

内容要点

- 直线类命令
- 平面图形类命令
- 圆类命令

案 例 效 果

2.1 直线类命令

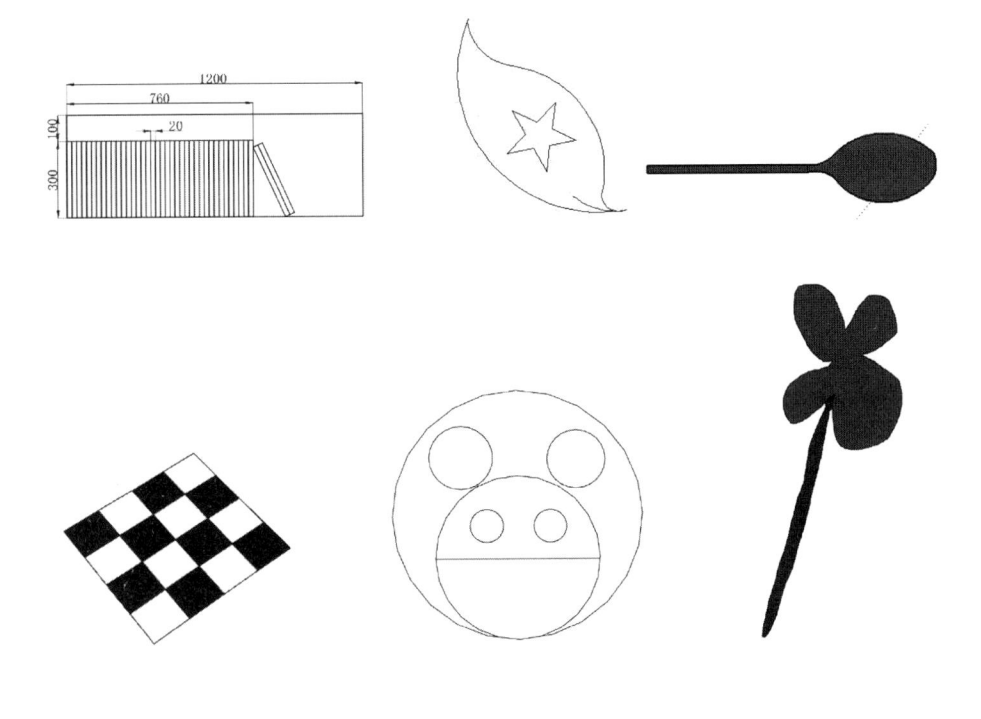

下面介绍直线和手绘线两个直线类命令，如图2-1所示。直线命令用于绘制直线、分割图形和修补图形，手绘线命令用于绘制凌乱的不规则的曲线。

直线类命令

图2-1 直线类命令

2.1.1 直线

无论多么复杂的图形，都是由点、直线、圆弧等以不同的间隔、颜色组合而成的。其中直线是绘图中最简单、最基本的一种图形单元，连续的直线可以组成折线，首尾相接的直线可以构成面。利用直线命令可以将图形进行分割，如果分割直线，那么相交的线段在交点处将被一分为二，可以对分割后的直线进行单独操作。如果分割平面，就会以直线为分界线，将平面一分为二。分割之后的图形还可以进行修补，再组合为一个图形。

【执行方式】
- 快捷命令：L。
- 菜单栏：绘图→直线→直线。

- 工具栏：使用入门→直线 ✏；绘图→直线 ✏。

【操作步骤】

1．绘制直线

（1）单击"绘图"工具栏中的"直线"按钮 ✏，在绘图区适当位置单击，确定线段的起始点。

（2）确定线段方向。如果线条呈现颜色，说明其方向与对应颜色的相应坐标轴相平行。按住键盘上的"→"键，加粗直线，如图 2-2 所示。

【教你一招】

按住键盘上的"→"键，直线进行加粗显示，可以绘制与绘图区红轴相平行的直线。

按住键盘上的"←"键，直线进行加粗显示，可以绘制与绘图区绿轴相平行的直线。

按住键盘上的"↑"键，直线进行加粗显示，可以绘制与绘图区蓝轴相平行的直线。

（3）绘制直线。绘图区右下角的数值输入框中显示当前线段的长度。在框中输入线段的长度 2100，如图 2-3 所示，按 Enter 键确认数值，再按 Esc 键结束命令，则绘制出一条长 2100mm 的、与红轴平行的直线，如图 2-4 所示。

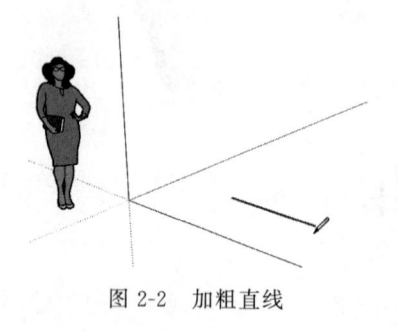

图 2-2　加粗直线

图 2-3　数据输入框

2．延伸直线

默认状态下，软件的捕捉和追踪都已经开启，因此单击"绘图"工具栏中的"直线"按钮 ✏，将光标移动到直线的端点，将自动捕捉端点，单击确定起点，线段变成红色线段时，在数据输入框中输入线段的长度 400，按 Enter 键确认数值，再按 Esc 键结束命令，结果如图 2-5 所示。

图 2-4　绘制长 2100mm 的、与红轴平行的直线

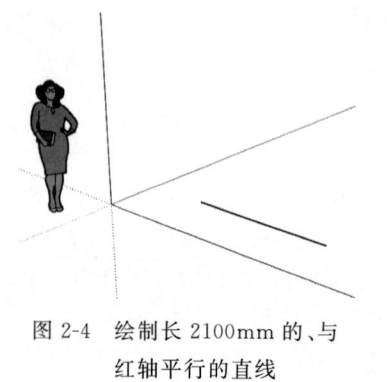

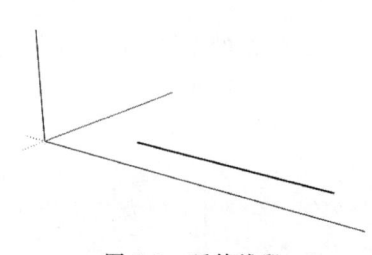

图 2-5　延伸线段

3．绘制直线封面

单击"绘图"工具栏中的"直线"按钮 ✎，绘制首尾相连的直线，同一平面上的闭合线将形成面闭合线，如图 2-6 所示。这些线必须在同一平面上，否则不能封面。

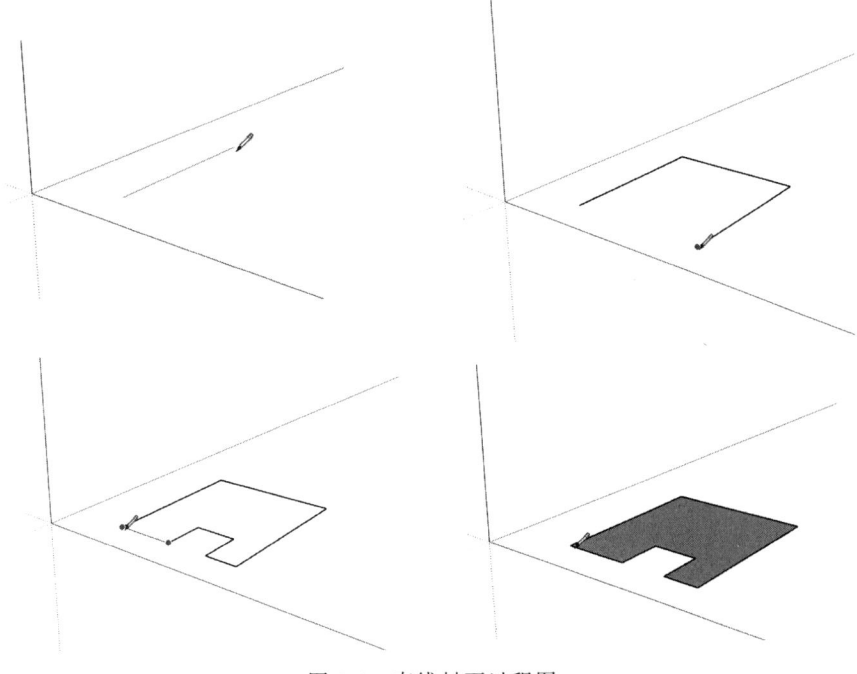

图 2-6　直线封面过程图

☎ **注意**：数值输入框对数值输入始终处于敏感状态，命令激活时，可不限次数输入直至满意。

利用延伸功能绘制的直线与之前的直线是两条独立直线。

4．直线的终点坐标

直线终点坐标可以指定为绝对坐标和相对坐标两种方式。

（1）绝对坐标：格式为[x,y,z]，表示以当前绘图坐标轴为基准的绝对坐标，如图 2-7 所示。

（2）相对坐标：格式为〈x,y,z〉，表示相对于线段起点的坐标，其中 x、y、z 是相对于线段起点的距离，如图 2-8 所示。

图 2-7　绝对坐标　　　　图 2-8　相对坐标

5．分割直线

（1）单击"绘图"工具栏中的"直线"按钮 ✎，绘制两条相交的直线，按 Esc 键结束命令。单击"绘图"工具栏中的"选择"按钮 ▶，叉选上侧直线，如图 2-9 所示，SketchUp 会自动在交点处断开直线，两部分可单独操作。

(2) 按 Delete 键，删除上侧直线，如图 2-10 所示。

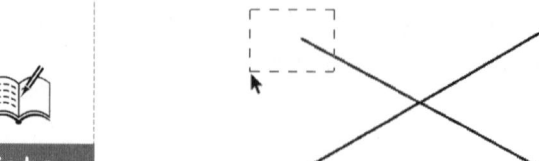

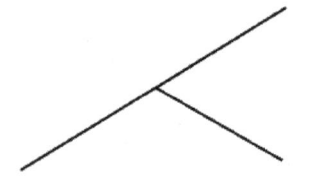

图 2-9　叉选上侧直线　　　　图 2-10　删除上侧直线

6. 分割平面

单击"绘图"工具栏中的"直线"按钮，沿矩形边线绘制直线，确定起点和终点。然后单击"绘图"工具栏中的"选择"按钮，点选图形，仅选中部分平面，则矩形平面被直线分成两部分，结果如图 2-11 所示。

注意：在 SketchUp 分割面中的线段显示为细线，说明面被此线分割；若显示粗线（轮廓线），则说明面未被此线分割。而且在 SketchUp 中一条线段只能分割一个面，不能同时分割多个面。

7. 修补平面

(1) 删除平面。按 Delete 键，删除选中平面，结果如图 2-12 所示。

(2) 修补平面。单击"绘图"工具栏中的"直线"按钮，沿被删除平面绘制直线，删除部分重显，如图 2-13 所示。

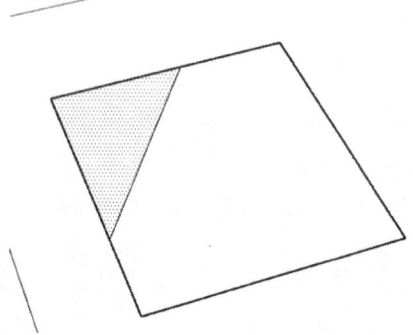

图 2-11　分割平面

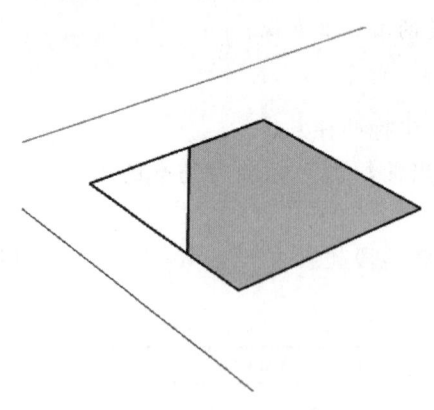

图 2-12　删除选中平面　　　　图 2-13　修补平面

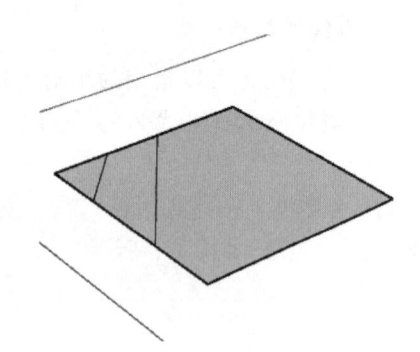

注意：选择直线后右击，从弹出的快捷菜单中选择"拆分"命令，输入"3"表示将线段三等分。等分数目也可以通过移动鼠标确定。将鼠标向左侧移动，增多等分点；向右侧移动，减少等分点，如图 2-14～图 2-16 所示。

图 2-14 三等分　　图 2-15 向左移动增加等分点　　图 2-16 向右移动减少等分点

2.1.2 实例——绘制地板砖

本节通过绘制地板砖的简单实例，重点学习"直线"命令。具体的绘制流程图如图 2-17 所示。

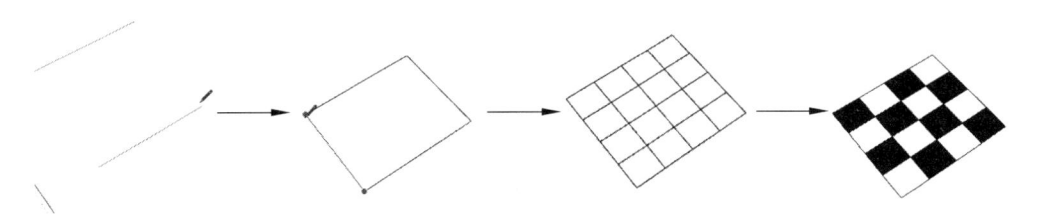

图 2-17 绘制地板砖流程图

源文件：源文件\第 2 章\绘制地板砖.skp

1. 设置背景

选择菜单栏中的"窗口"→"默认面板"→"样式"命令，弹出"样式"面板，单击"编辑"选项栏中的"背景设置"选项组，如图 2-18 所示，单击"背景"右侧的颜色样本，弹出"选择颜色"对话框，如图 2-19 所示。将拾色器设置为 RGB，数值分别设置为 255、255、255，单击"确定"按钮，将工作界面设置为白色，如图 2-20 所示。

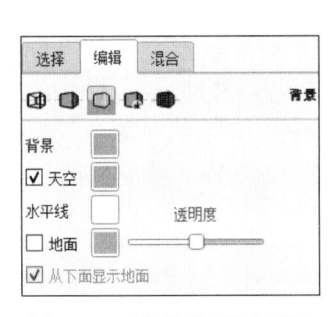

图 2-18 "背景设置"选项组　　图 2-19 "选择颜色"对话框

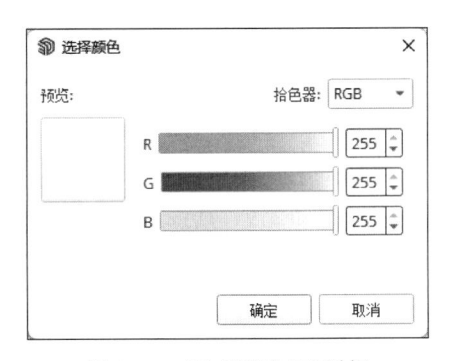

2. 调出"大工具集"和"视图"工具栏

（1）选择菜单栏中的"视图"→"工具栏"命令，软件将打开"工具栏"对话框，选中"大工具集"和"视图"复选框，然后单击"关闭"按钮，系统将自动在界面中打开"大工具集"和"视图"工具栏。

（2）调整工具栏的位置。选中浮动工具栏，按住鼠标左键并拖动鼠标到工作界面左侧，松开鼠标，将浮动工具栏转变为固定工具栏。

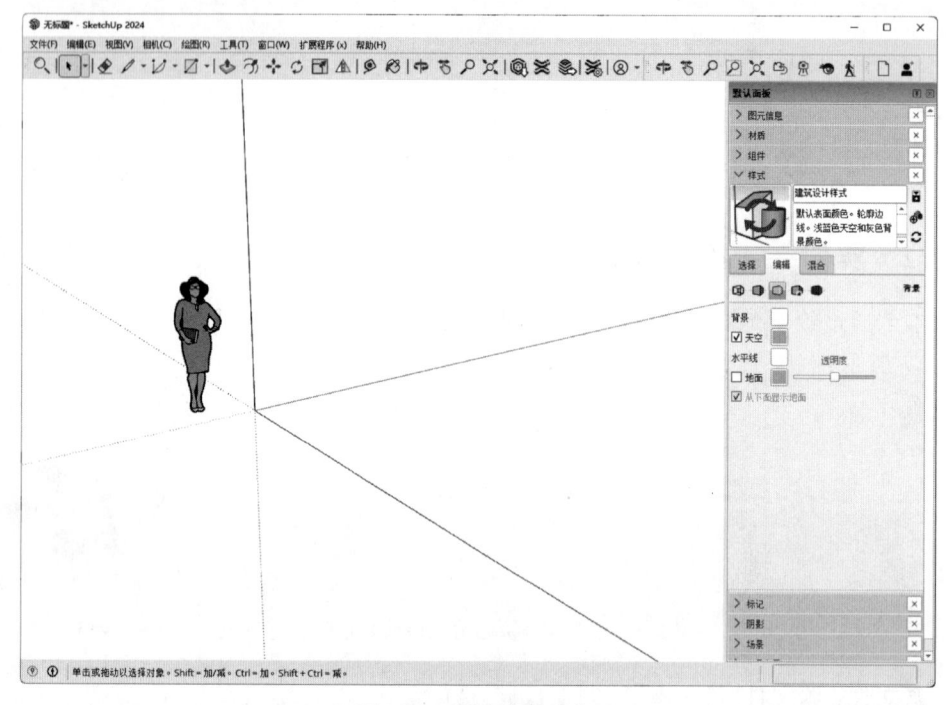

图 2-20　更改背景颜色

3. 保存模板

选择菜单栏中的"文件"→"另存为模板"命令，软件将打开"另存为模板"对话框，输入名称和文件名为 SketchUp，然后单击"保存"按钮，保存模板。

注意：保存的模板可以进行调用，节省绘图时间。

4. 绘制图形

（1）单击"视图"工具栏中的"轴测图"按钮，将视图转到轴测图。然后单击"绘图"工具栏中的"直线"按钮，在适当位置单击，确定直线的起点，移动鼠标，直线显示为绿色线段时，在长度控制框中输入线段的长度 350，绘制与绿轴平行的直线 1，如图 2-21 所示。

（2）继续移动鼠标，直线显示为红色线时，在长度控制框中输入数值 350，绘制与红轴平行的直线 2，如图 2-22 所示。

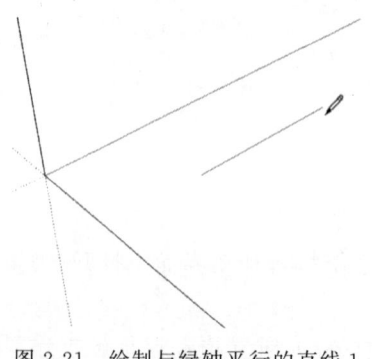

图 2-21　绘制与绿轴平行的直线 1 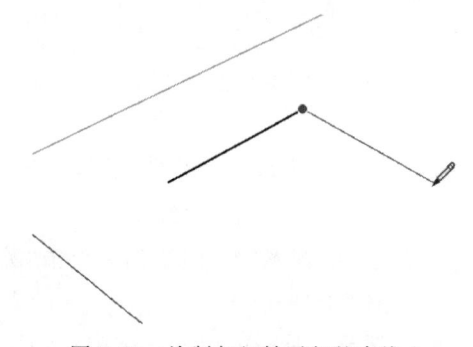　　　　图 2-22　绘制与红轴平行的直线 2

(3)继续移动鼠标,直线显示为绿色线时,同时显示红色追踪线时,单击确定终点,绘制直线3,此时绘制的直线不仅和绿轴平行而且长度也和第一条直线相同,如图2-23所示。

(4)继续移动鼠标,直线显示为红色线时,捕捉直线的起点位置,绘制直线4,此时不仅可以绘制与红轴平行的直线并且长度也和之前绘制的直线相同,如图2-24所示。

图2-23 绘制与绿轴平行的直线3 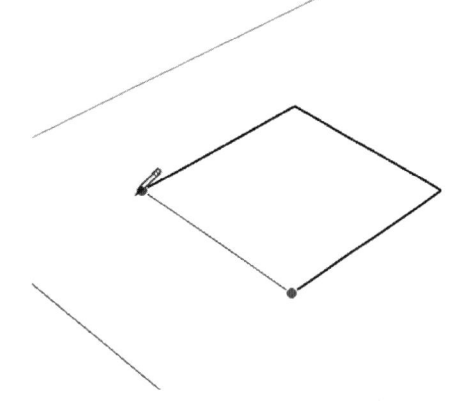　　　　图2-24 绘制与红轴平行的直线4

(5)单击"绘图"工具栏中的"选择"按钮,选中线段右击,在弹出的快捷菜单中选择"拆分"命令,如图2-25所示,滑动鼠标滚轮,在直线显示五个等分点时单击,将直线四等分,如图2-26所示。

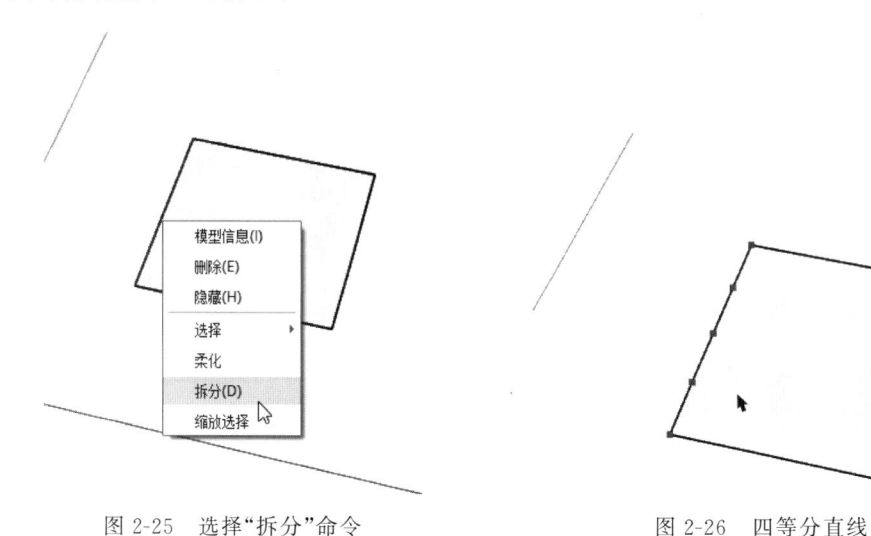

图2-25 选择"拆分"命令　　　　图2-26 四等分直线

(6)使用相同的方法,将剩余的直线进行拆分。

(7)单击"绘图"工具栏中的"直线"按钮,以等分点为起点和终点,绘制多条线段,如图2-27所示。

(8)单击"大工具集"工具栏中的"颜料桶"按钮("颜料桶"按钮在下面章节有详细介绍,这里不再阐述),为图形添加材质,结果如图2-28所示。

图 2-27　绘制直线　　　　　　　图 2-28　添加材质

2.1.3　手绘线

手绘线命令用于创建形状不规则的曲线。

【执行方式】
- 菜单栏：绘图→直线→手绘线。
- 工具栏：使用入门→手绘线 ; 绘图→手绘线 。

【操作步骤】

单击"绘图"工具栏中的"手绘线"按钮 ,鼠标指针将变成 形状,在适当位置单击,确定起点,如图 2-29 所示。按住鼠标并拖动,绘制图形,如图 2-30 所示。将光标移至起点位置单击,确定终点,最终绘制不规则面,如图 2-31 所示。

图 2-29　确定起点　　　　图 2-30　绘制图形　　　　图 2-31　绘制不规则面

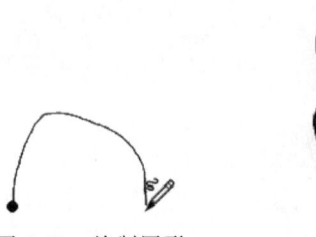

2.1.4　实例——绘制手绘花

本节通过手绘花的简单实例,重点学习"手绘线"命令。具体的绘制流程图如图 2-32 所示。

源文件：源文件\第 2 章\绘制手绘花.skp

（1）单击"绘图"工具栏中的"手绘线"按钮 ,鼠标指针将变成 形状,在适当位置单击,确定关键点,绘制花朵,如图 2-33 所示。

（2）单击"绘图"工具栏中的"手绘线"按钮 ,鼠标指针将变成 形状,在适当位置单击,确定关键点,绘制花枝,如图 2-34 所示。

（3）单击"大工具集"工具栏中的"颜料桶"按钮 ,为图形添加材质,结果如图 2-35 所示。

图 2-32 绘制手绘花流程图

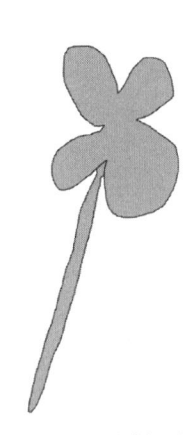

图 2-33 绘制花朵　　　图 2-34 绘制花枝　　　图 2-35 添加材质

2.2 平面图形类命令

下面介绍矩形、旋转长方形和多边形三个平面图形类命令,如图 2-36 所示。

平面图形类命令

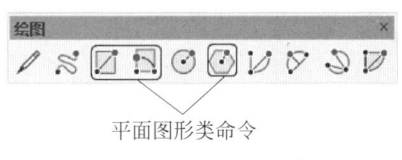

图 2-36 平面图形类命令

2.2.1 绘制矩形

矩形是最简单的封闭直线图形。在绘制时,只需定位两个对角点,就能生成规则的矩形。

【执行方式】

- 快捷命令:R。
- 菜单栏:绘图→形状→矩形。
- 工具栏:使用入门→矩形 /旋转长方形 ;绘图→矩形 /旋转长方形 。

【操作步骤】

1. 通过鼠标新建矩形

(1) 单击"绘图"工具栏中的"矩形"按钮 ▨，鼠标指针将变成 ✎ 形状，在适当位置单击，指定矩形的第一个角点，移动鼠标到适当位置单击，指定矩形的另外一个角点，系统将自动生成矩形平面，如图 2-37 所示。

(2) 按空格键，激活"选择"命令 ▸，选择平面。然后按 Delete 键，删除矩形平面，剩余矩形边线，如图 2-38 所示。

图 2-37　新建矩形平面　　　　图 2-38　矩形边线

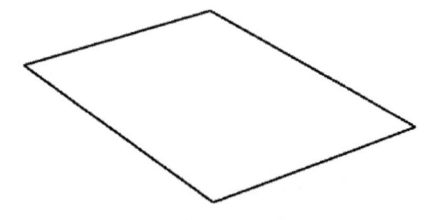

2. 输入尺寸值绘制矩形

(1) 单击"绘图"工具栏中的"矩形"按钮 ▨，鼠标指针将变成 ✎ 形状，在适当位置单击，确定矩形第一个角点。

(2) 绘制矩形时，它的尺寸会在数值输入框中动态显示，通过键盘在数值输入框中输入精确的数值，格式为"长,宽"。如：绘制长 2000mm、宽 3000mm 的矩形，在数值输入框输入"2000,3000"，逗号必须是英文输入法下的逗号，按 Enter 键确认数值，如图 2-39 所示。

【教你一招】

绘制图形时，仅输入数值，系统会使用"模型信息"对话框中设置的单位。当需要绘制其他单位的图形时，需要在数值输入框中输入长与宽的数值后加上单位。例如绘制长度和宽度均为 10m 的长方形，在数值输入框中输入"10m,10m"，如图 2-40 所示，按 Enter 键，软件自动生成图形。

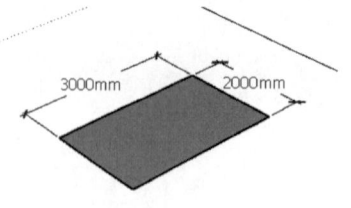

图 2-39　绘制矩形轮廓示意图　　　　图 2-40　输入尺寸

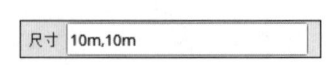

3. 绘制特殊矩形

绘制矩形时，若出现虚线对角线，同时带有"正方形"提示，则说明绘制的为正方形；如果出现的是"黄金分割"的提示，则说明绘制的为带黄金分割的矩形，如图 2-41 所示。

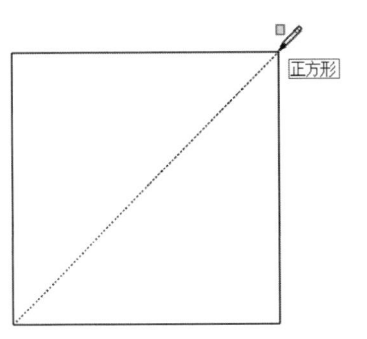

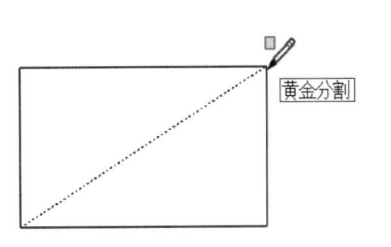

图 2-41　绘制特殊矩形

4. 绘制空间矩形

(1) 单击"绘图"工具栏中的"旋转长方形"按钮，鼠标指针变成 形状，在适当位置单击，确定矩形第一个角点。按住 Shift 键，将光标移动到适当位置单击，确定第二个角点和第三个角点，软件将自动生成矩形平面1，如图 2-42 所示。

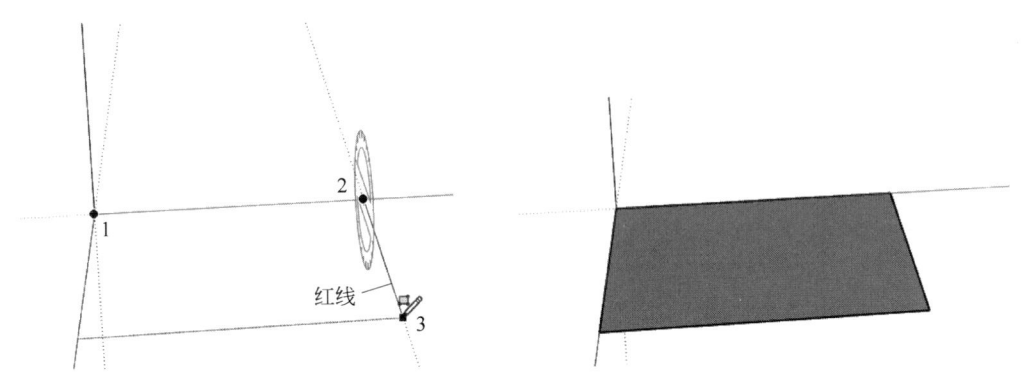

图 2-42　绘制矩形平面 1

(2) 单击"绘图"工具栏中的"旋转长方形"按钮，鼠标指针变成 形状，在适当位置单击，确定矩形第一个角点。按住 Shift 键，将光标移动到适当位置单击，确定第二个角点和第三个角点，软件将自动生成矩形平面2，如图 2-43 所示。

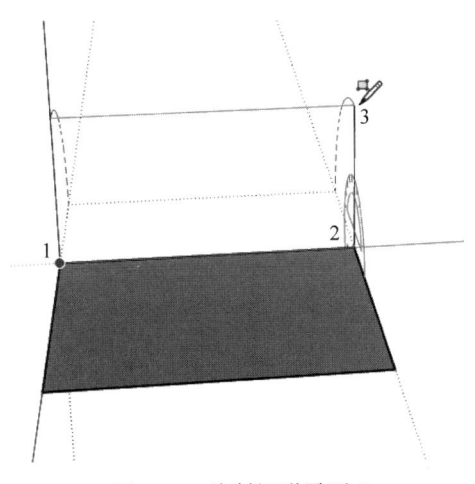

图 2-43　绘制矩形平面 2

(3) 绘制剩余平面,构成长方体,如图 2-44 所示。

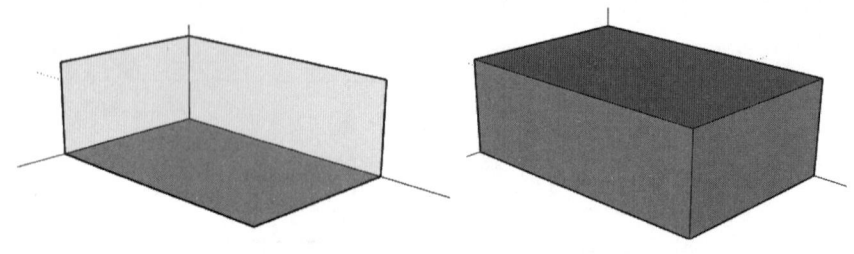

图 2-44　绘制剩余平面示意图

2.2.2　实例——绘制书柜

本实例通过书柜的绘制来重点学习"矩形"命令,具体的绘制流程图如图 2-45 所示。

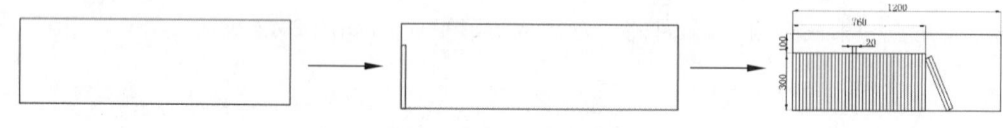

图 2-45　绘制书柜流程图

源文件：源文件\第 2 章\书柜.skp

(1) 单击"视图"工具栏中的"前部"按钮，将视图转到前视图。单击"绘图"工具栏中的"矩形"按钮，以坐标轴原点作为矩形第一个角点,在尺寸控制框中输入数值,绘制一个长 1200mm、宽 400mm 的矩形,如图 2-46 所示。

(2) 单击"绘图"工具栏中的"矩形"按钮，以步骤(1)绘制的矩形的左下角点为起点,绘制一个长 300mm、宽 20mm 的矩形,如图 2-47 所示。

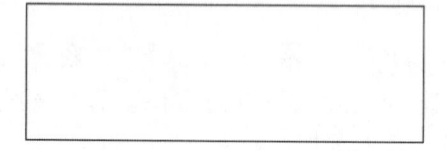

图 2-46　1200mm×400mm 的矩形

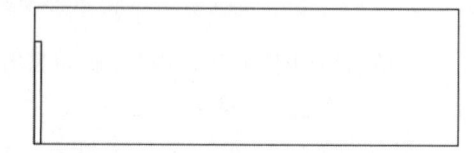

图 2-47　300mm×20mm 的矩形

(3) 单击"绘图"工具栏中的"矩形"按钮，以步骤(2)绘制矩形的右下角点为起点,继续绘制长 300mm、宽 20mm 的多个矩形,如图 2-48 所示。

(4) 单击"绘图"工具栏中的"直线"按钮，绘制书柜上的书,如图 2-49 所示。

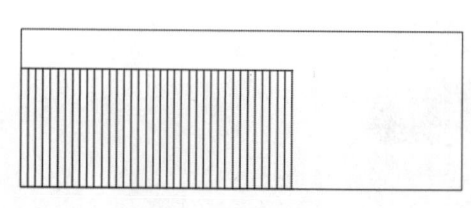

图 2-48　绘制多个矩形

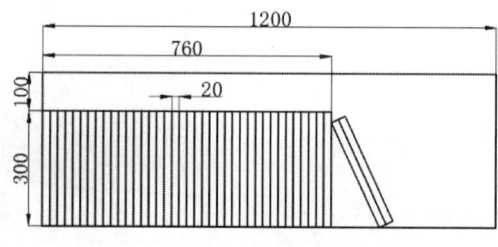

图 2-49　绘制直线

2.2.3 绘制多边形

正多边形是相对复杂的平面图形,利用SketchUp可以轻松地绘制出边数为3～100的任意边正多边形。

【执行方式】
- 菜单栏：绘图→形状→多边形。
- 工具栏：使用入门→多边形 ⊙；绘图→多边形 ⊙。

【操作步骤】

(1) 单击"绘图"工具栏中的"多边形"按钮 ⊙,在边数控制框中输入多边形边数,鼠标指针将变成 ⊙ 形状,在绘图区适当位置单击,确定中心点。

(2) 在半径控制框中输入半径,绘制多边形,如图2-50所示。

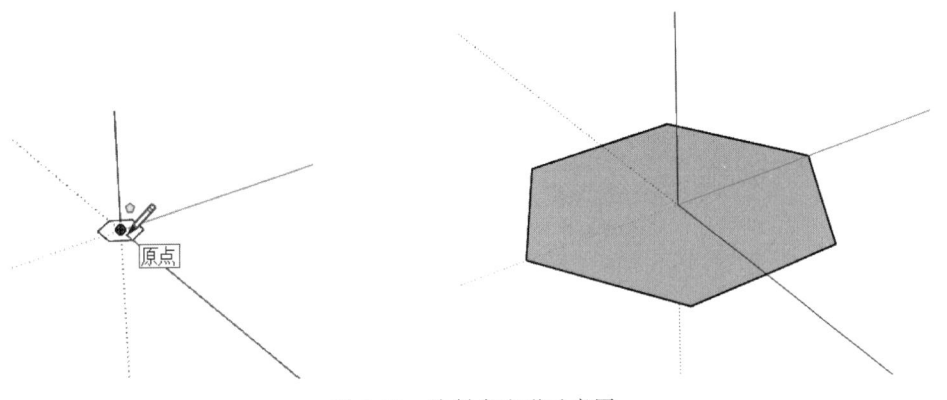

图 2-50 绘制多边形示意图

2.2.4 实例——绘制紫荆花

本实例通过紫荆花的绘制来重点学习"多边形"命令,具体的绘制流程图如图2-51所示。

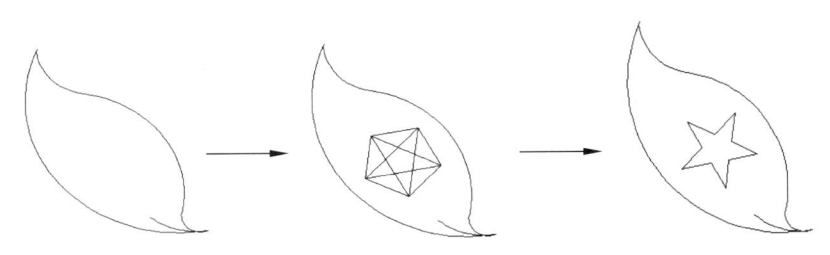

图 2-51 绘制紫荆花流程图

源文件：源文件\第2章\绘制紫荆花.skp

(1) 单击"绘图"工具栏中的"两点圆弧"按钮 ⊙,绘制花瓣外框,如图2-52所示。

(2) 单击"绘图"工具栏中的"多边形"按钮 ⊙,在边数控制框中输入多边形的边数5,在绘图区适当位置单击,确定中心点。移动鼠标单击确定半径,绘制五边形,如图2-53所示。

(3) 单击"绘图"工具栏中的"直线"按钮 ⊙,连接五边形的端点,形成五角星,如图2-54所示。

(4) 单击"绘图"工具栏中的"选择"按钮，并结合键盘上的 Delete 键，将五边形和多余的直线删除，完成紫荆花瓣的绘制，如图 2-55 所示。

图 2-52　花瓣外框　　　图 2-53　绘制五边形 　　　图 2-54　绘制五角星 　　　图 2-55　紫荆花瓣

2.3　圆类命令

圆类命令是绘制模型时经常使用的命令，包含圆、圆弧、扇形，如图 2-56 所示。

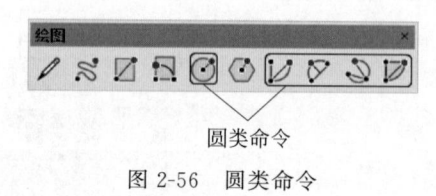

图 2-56　圆类命令

2.3.1　圆

"圆"命令广泛应用于各种设计，可以和其他命令一起使用组合成新的图形。

【执行方式】

- 快捷命令：C。
- 菜单栏：绘图→形状→圆。
- 工具栏：使用入门→圆；绘图→圆。

【操作步骤】

1．绘制圆形面

（1）执行相应操作，激活"圆"命令，鼠标指针将变成形状，在边数控制框中输入圆的边数，如图 2-57 所示。

（2）在适当位置单击，确定圆心，如图 2-58 所示。

（3）移动鼠标单击确定半径，或者在半径控制框中输入半径，绘制圆形面，如图 2-59 所示。

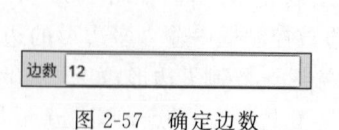

图 2-57　确定边数 　　　图 2-58　圆心 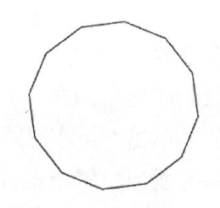　　　图 2-59　绘制圆形面

2．绘制圆形边线

（1）利用"选择"按钮 ▶ 选择圆面。

（2）按 Delete 键将圆面删除，得到圆的边线（与获取矩形边方法相似）。

☎ **注意**：SketchUp 中圆和弧线一样，是由一定数量的线段组成的，所以可以在绘制圆前后输入"数字 s"，来指定组成圆的段数，如"30s"就是指定此圆弧被分成 30 段。在 SketchUp 中，如果要设置"边数"，需要确定圆心后在半径控制框中输入"数字 s"，如图 2-60 所示，按 Enter 键，这样圆的段数就被重新定义。

图 2-60　更改圆的段数

2.3.2　实例——绘制哈哈猪

本实例利用"圆"命令绘制哈哈猪，绘制流程如图 2-61 所示。

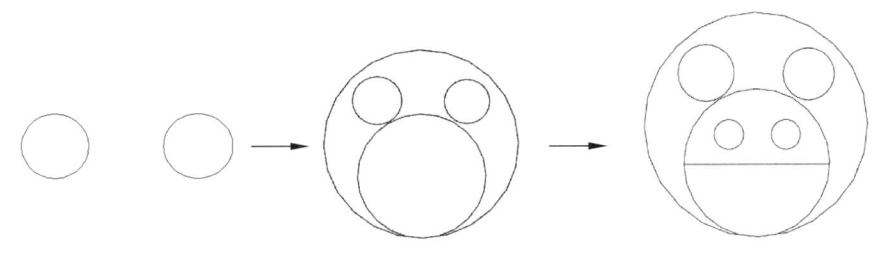

图 2-61　绘制哈哈猪流程图

源文件：源文件\第 2 章\绘制哈哈猪.skp

（1）绘制哈哈猪的两个眼睛。单击"绘图"工具栏中的"圆"按钮 ⊙，绘制圆，结果如图 2-62 所示。

（2）绘制哈哈猪的嘴巴。单击"绘图"工具栏中的"圆"按钮 ⊙，绘制圆，结果如图 2-63 所示。

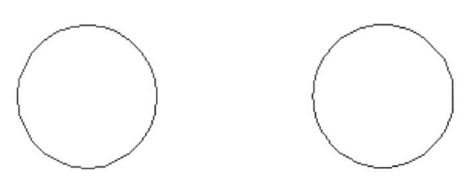

图 2-62　绘制哈哈猪的眼睛　　　图 2-63　绘制哈哈猪的嘴巴

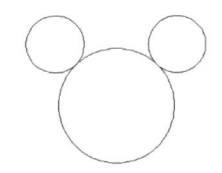

（3）绘制哈哈猪的头部。单击"绘图"工具栏中的"圆"按钮 ⊙，绘制圆，结果如图 2-64 所示。

（4）绘制哈哈猪的上下颌分界线。单击"绘图"工具栏中的"直线"按钮 ✏，以嘴巴圆形的两个象限点为端点绘制直线，结果如图 2-65 所示。

（5）绘制哈哈猪的鼻子。单击"绘图"工具栏中的"圆"按钮 ⊙，绘制圆，最终结果如图 2-66 所示。

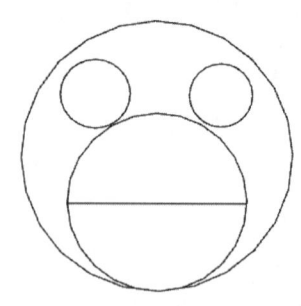

图 2-64　绘制哈哈猪的头部　　　图 2-65　绘制哈哈猪的上下颌分界线　　　图 2-66　绘制哈哈猪的鼻子

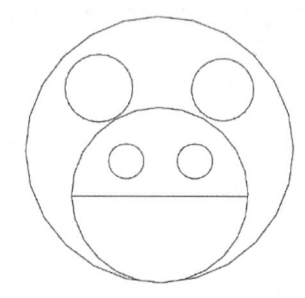

2.3.3　圆弧

圆弧是圆的一部分。在工程造型中,圆弧的使用比圆更普遍。通常强调的"流线型"造型或圆润的造型实际上就是圆弧造型。圆弧的绘制方法有很多种,图 2-67 所示为各种不同绘制方法的示意图。下面将在绘制方法和其后的实例中讲述几种具有代表性的绘制方法的具体操作过程。

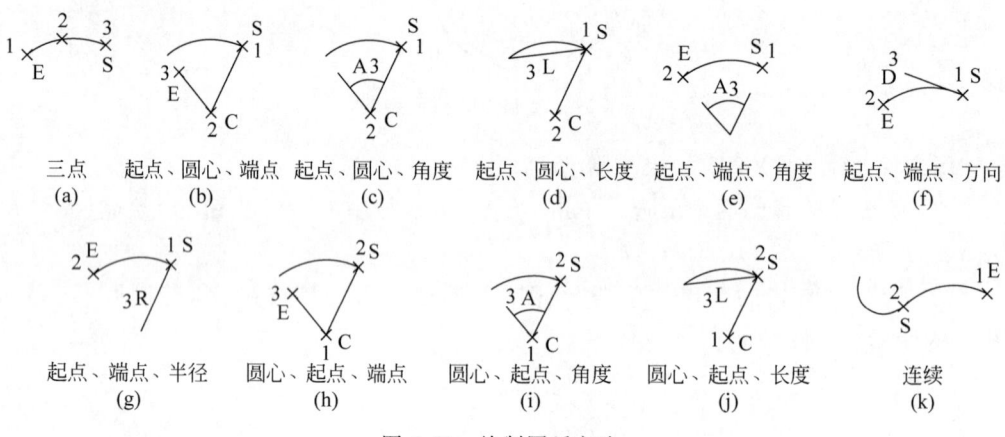

三点 (a)	起点、圆心、端点 (b)	起点、圆心、角度 (c)	起点、圆心、长度 (d)	起点、端点、角度 (e)	起点、端点、方向 (f)
起点、端点、半径 (g)	圆心、起点、端点 (h)	圆心、起点、角度 (i)	圆心、起点、长度 (j)	连续 (k)	

图 2-67　绘制圆弧方法

【执行方式】

- 菜单栏：绘图→圆弧→圆弧/两点圆弧/3 点圆弧。
- 工具栏：使用入门→圆弧 /两点圆弧 /3 点圆弧 ；绘图→圆弧 /两点圆弧 /3 点圆弧 。

【操作步骤】

1．绘制单段弧线

（1）激活"两点圆弧"命令,鼠标指针将变成 形状,在适当位置单击,确定圆弧起点。

（2）移动鼠标到适当位置单击,确定圆弧端点。

（3）向上侧或者向下侧移动鼠标,指定圆弧的方向,在弧高控制框中输入数值,确定弦高；或者在弧高控制框中输入半径数值加上字母"r",如"2500r",指定半径为 2500mm,绘制弧线,如图 2-68 所示。

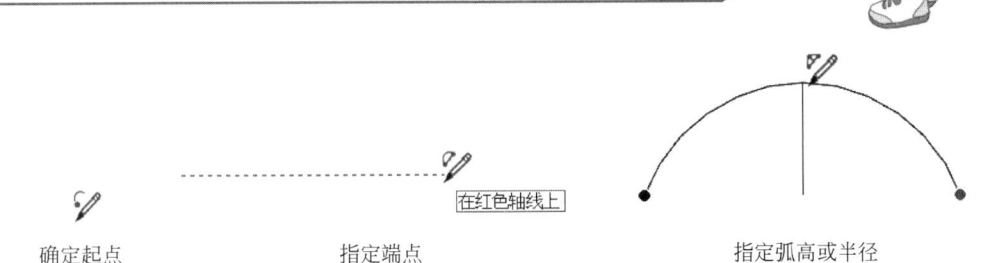

确定起点　　　　　　　指定端点　　　　　　　　　指定弧高或半径

图 2-68　绘制弧线示意图

注意：弧线绘制完成后可以输入"数字 s"，来重新指定弧线的段数，如"8s"就是指定此圆弧被分成 8 段。弧形的段数越多，弧形就越光滑逼真，但图形占有系统资源空间就越大，所以画弧线时一定要根据需要及时调整段数。

2．绘制连续（相切）弧线

（1）绘制 2 段圆弧。

（2）继续激活"圆弧"命令，绘制连续弧线。圆弧的起点指定为左侧圆弧的端点，然后移动鼠标，当弧线显示为青色并提示"顶点切线"时单击，确定端点，绘制相切圆弧，如图 2-69 所示。

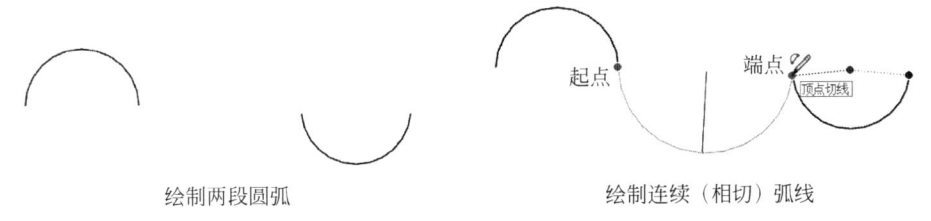

绘制两段圆弧　　　　　　　　　　绘制连续（相切）弧线

图 2-69　绘制连续（相切）弧线示意图

3．绘制半圆

在确定弦高时，如果提示"半圆"，单击即可绘制半圆。如图 2-70 所示。

4．绘制立面圆弧

在确定弦高时，按住键盘上的"↑"键，在适当位置单击，指定弦高，绘制立面圆弧，如图 2-71 所示。

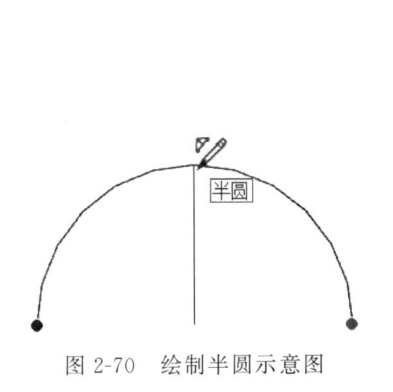

图 2-70　绘制半圆示意图　　　　　图 2-71　绘制立面圆弧示意图

5．其余两种圆弧命令

其余两种圆弧命令绘制方法和"两点圆弧"命令类似，用户可根据具体情况选择适当的命令进行绘制，这里不再赘述。

2.3.4 实例——绘制勺子

本实例利用"圆弧"命令绘制勺子，绘制流程如图 2-72 所示。

图 2-72 绘制勺子流程图

源文件：源文件\第 2 章\绘制勺子.skp

（1）单击"绘图"工具栏中的"矩形"按钮，在绘图区域任选一点为矩形起点，在尺寸控制框中输入"20,1"，绘制长 20mm、宽 1mm 的矩形，如图 2-73 所示。

图 2-73 绘制矩形

（2）单击"绘图"工具栏中的"两点圆弧"按钮，选取步骤(1)绘制的矩形右上角点为起点，在适当位置单击，确定端点和弧高，绘制第一段圆弧，如图 2-74 所示。

图 2-74 绘制第一段圆弧

（3）单击"绘图"工具栏中的"两点圆弧"按钮，选取步骤(2)绘制的圆弧端点为起点，在适当位置单击，确定端点和弧高，绘制第二段圆弧，如图 2-75 所示。

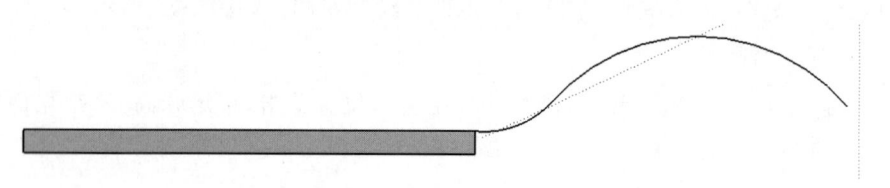

图 2-75 绘制第二段圆弧

（4）重复上述操作，绘制剩余圆弧。

（5）单击"大工具集"工具栏中的"颜料桶"按钮，为图形添加材质，结果如图 2-76 所示。

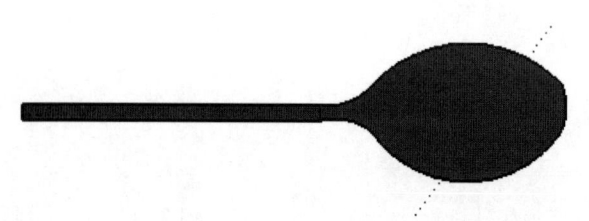

图 2-76 添加材质

2.3.5 扇形

"扇形"命令用于生成楔形面。逆时针为正值,顺时针为负值,也就是在角度控制框中输入的数值前加上负号,会顺时针绘制扇形;若仅输入数值,则会逆时针绘制扇形。

【执行方式】
- 菜单栏:绘图→圆弧→扇形。
- 工具栏:使用入门→扇形 ；大工具集→扇形 。

【操作步骤】

执行"扇形"命令,鼠标指针将变成 形状,在适当位置单击,确定起点,移动鼠标从而确定半径,按 Enter 键,最后确定角度,如图 2-77 所示。

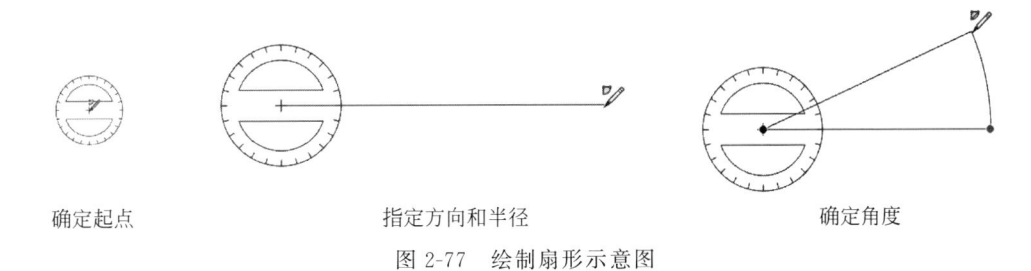

确定起点　　　　　　　指定方向和半径　　　　　　　确定角度

图 2-77　绘制扇形示意图

第3章

编辑工具

内容简介

图形绘制完毕,需要复审,找出疏漏或根据变化来修改图形,力求准确与完美,这就是图形的编辑与修改。本章介绍关于编辑工具的相关知识,可以使读者进一步完成复杂图形的绘制工作,并合理安排和组织图形,保证作图准确,提高设计和绘图的效率。本章主要介绍移动、旋转、推/拉、比例和偏移等命令。

内容要点

- 二维编辑类命令
- 改变形状类命令

第3章 编辑工具

案 例 效 果

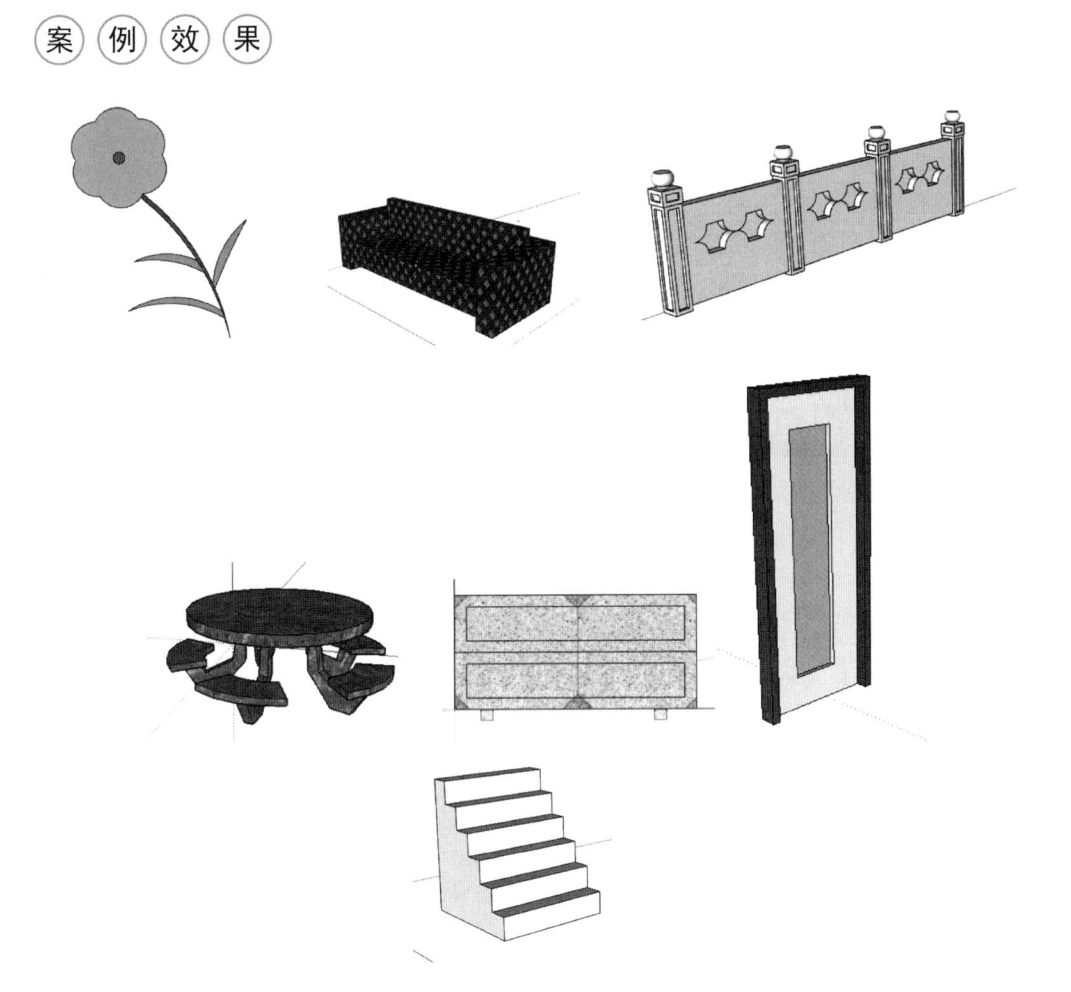

3.1 二维编辑类命令

使用二维编辑类命令可以改变图元的大小、数量、位置或者删除图元,利用软件的编辑功能,可以方便地编辑绘制的图元。二维编辑类命令如图 3-1 所示。

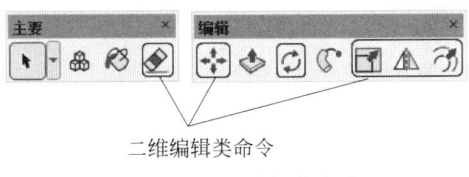

二维编辑类命令

图 3-1 二维编辑类命令

3.1.1 删除

"删除"命令主要用于删除多余和绘制错误的边线、辅助线以及实体对象。它的另一个功能是隐藏和柔化边线。

【执行方式】
- 菜单栏：工具→橡皮擦。
- 工具栏：大工具集→删除 ◆；使用入门→删除 ◆。

【操作步骤】

1. 删除边和面

激活"删除"命令，单击边线，将删除选中边线和与此边线相连的面，如图3-2所示。

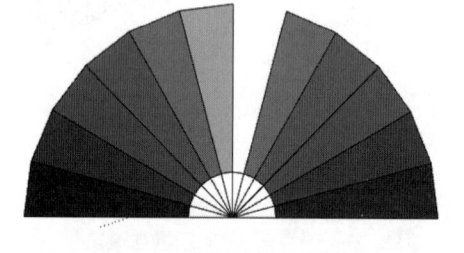

删除前　　　　　　　　　　删除边线

图 3-2　删除边线和面示意图

注意：在 SketchUp 中，面由线组成，面不能脱离线单独存在，所以删除边线时，与此边线相关联的面也同时被删除。若要删除 SketchUp 中的面可采用"选择"工具配合 Delete 键，或右击该面，在弹出的快捷菜单中选择"删除"命令，如图3-3所示。

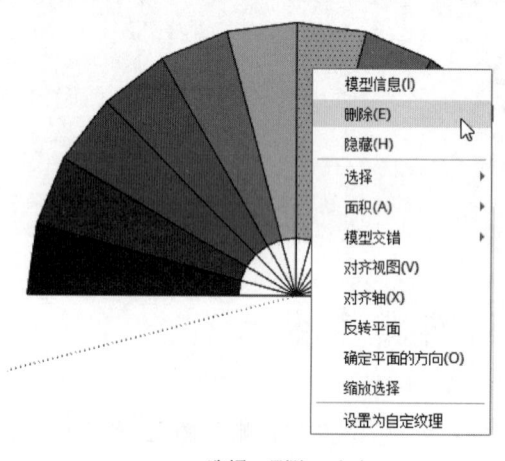

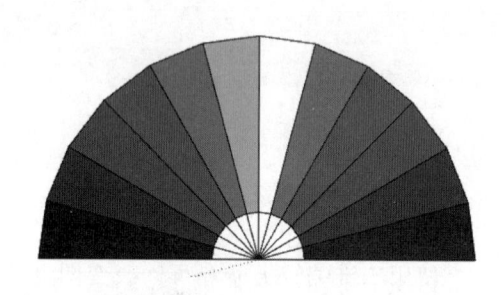

选择"删除"命令　　　　　　　　　删除面

图 3-3　删除面示意图

2. 隐藏边线

激活"删除"命令并按住 Shift 键，鼠标指针将变成 ◆ 形状，单击边线，隐藏边线，而不是删除，如图3-4所示；继续选择菜单栏中的"编辑"→"撤销隐藏"→"全部"命令，如图3-5所示，取消隐藏边线。

3. 柔化边线

激活"删除"命令并按住 Ctrl 键，鼠标指针

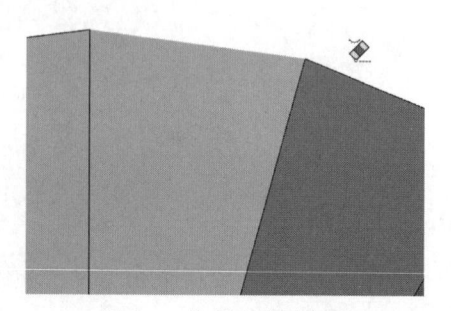

图 3-4　隐藏边线示意图

将变成 ◈ 形状，单击边线，柔化边线，如图 3-6 所示；若同时按住 Ctrl 键和 Shift 键，则取消边线柔化。

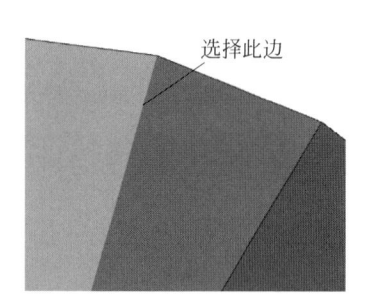

图 3-5　取消隐藏边线

图 3-6　柔化边线示意图

3.1.2　实例——绘制花朵

本实例通过绘制花朵学习使用"删除"命令，具体的绘制流程图如图 3-7 所示。

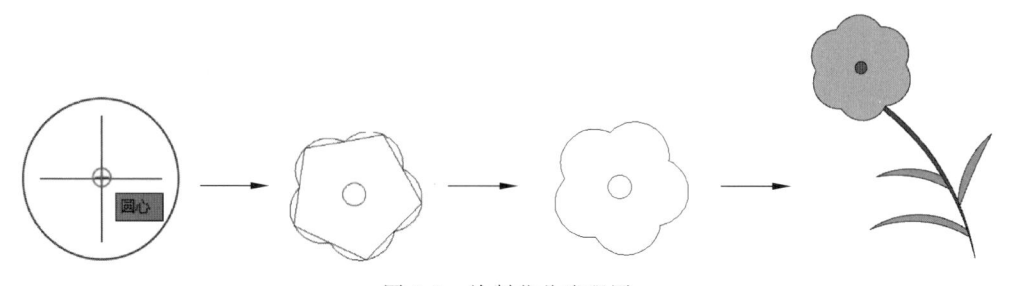

图 3-7　绘制花朵流程图

源文件：源文件\第 3 章\花朵.skp

（1）绘制花蕊。单击"绘图"工具栏中的"圆"按钮 ⊙，绘制花蕊，如图 3-8 所示。
（2）绘制正五边形。单击"绘图"工具栏中的"多边形"按钮 ⊙，以圆心为中心点绘制适当大小的正五边形，如图 3-9 所示。
（3）单击"绘图"工具栏中的"3 点圆弧"按钮 ⌒，分别捕捉最上斜边的中点、最上顶点和左上斜边中点为端点绘制花朵外轮廓雏形，如图 3-10 所示。
（4）使用同样的方法绘制另外 4 段圆弧，如图 3-11 所示。
（5）单击"使用入门"工具栏中的"删除"按钮 ◈，绘制的花朵如图 3-12 所示。

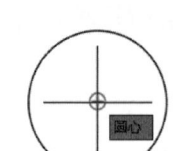

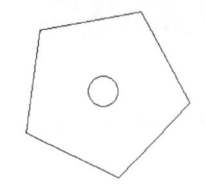

图 3-8　捕捉圆心　　　　　图 3-9　绘制正五边形

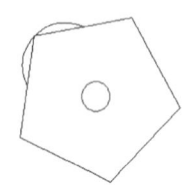

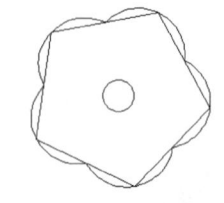

图 3-10　绘制圆弧　　图 3-11　绘制所有圆弧　　图 3-12　绘制花朵

（6）绘制枝叶。单击"绘图"工具栏中的"3 点圆弧"按钮，绘制枝叶，如图 3-13 所示。

（7）调整颜色。单击"大工具集"工具栏中的"颜料桶"按钮，为图形添加材质，结果如图 3-14 所示。

图 3-13　绘制枝叶　　　　　图 3-14　修改枝叶颜色

3.1.3　移动

"移动"命令不但可以移动选中的对象，还兼具复制功能。

【执行方式】

- 快捷命令：M。
- 菜单栏：工具→移动。
- 工具栏：大工具集→移动；使用入门→移动；编辑→移动。

【操作步骤】

1．移动图元

（1）按键盘上的空格键，激活"选择"命令，选择移动对象。

(2) 激活"移动"命令,在适当位置单击,确定起始点。

(3) 移动鼠标(移动鼠标的过程中,选中的对象也会随之移动),确定移动方向。

(4) 在数值控制框中输入移动距离,按 Enter 键确认数值,或者在指定位置单击,移动后的对象如图 3-15 所示。

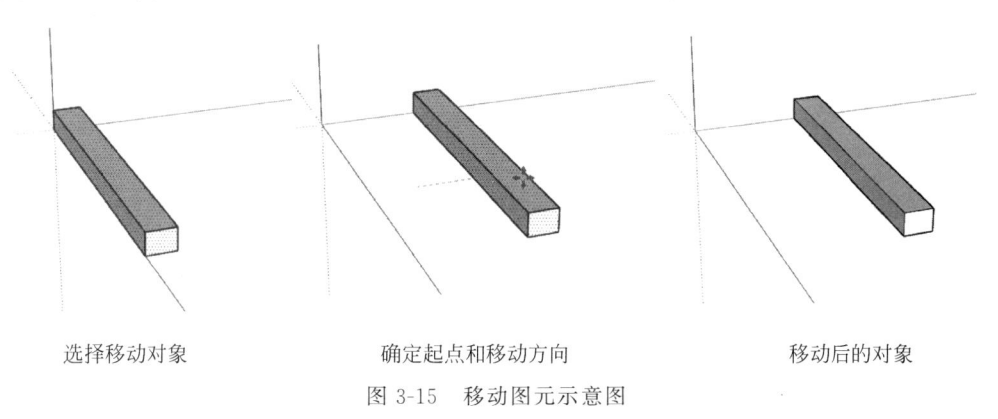

选择移动对象　　　　　　　确定起点和移动方向　　　　　　移动后的对象

图 3-15　移动图元示意图

2. 复制图元

(1) 按键盘上的空格键,激活"选择"命令,选择复制对象。

(2) 激活"移动"命令并按住 Ctrl 键,鼠标指针将变成 ✥ 形状,此时移动命令转换为复制命令。

(3) 指定复制的基点和第二点,确定复制的间距,复制对象,如图 3-16 所示。

(4) 按键盘上的 Esc 键退出命令。

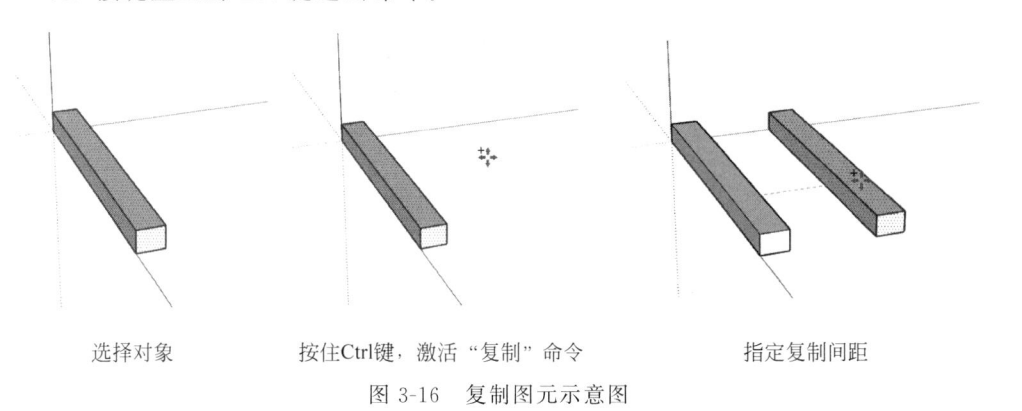

选择对象　　　　　按住Ctrl键,激活"复制"命令　　　　　指定复制间距

图 3-16　复制图元示意图

3. 阵列图元

(1) 选择复制的对象,激活"移动"命令并按住 Ctrl 键,指定复制的间距和方向,复制一份。

(2) 在数值控制框中输入"数字 *"或者" * 数字",如:" * 3"或者"3 *",然后按 Enter 键,确认阵列,以复制的间距和方向阵列 3 份,如图 3-17 所示。

(3) 当复制一份后,在数值控制框中输入"数字/"或者"/数字",例如"3/"或者"/3",会在复制距离内等分 3 份后阵列,如图 3-18 所示。

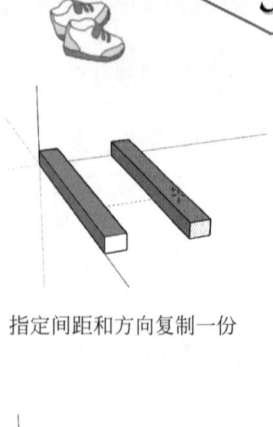

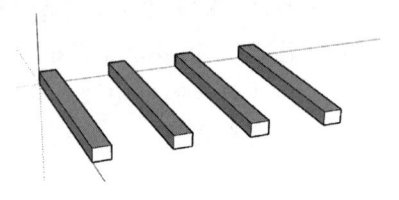

指定间距和方向复制一份　　　　　　输入数值　　　　　　　　复制3份阵列结果

图 3-17　阵列图元示意图 1

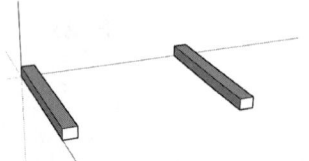

指定总长和方向复制一份　　　　　　输入数值　　　　　　　　等分3份阵列结果

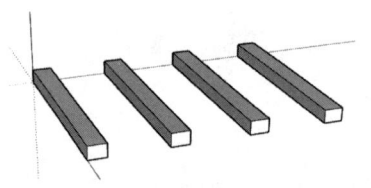

图 3-18　阵列图元示意图 2

4. 拉伸折叠图元

激活"移动"命令，选择图形单个边，进行移动，图形的其余部分也会相应拉伸。用这种方法建立或修改模型会起到"奇兵"的效果，如图 3-19 所示。

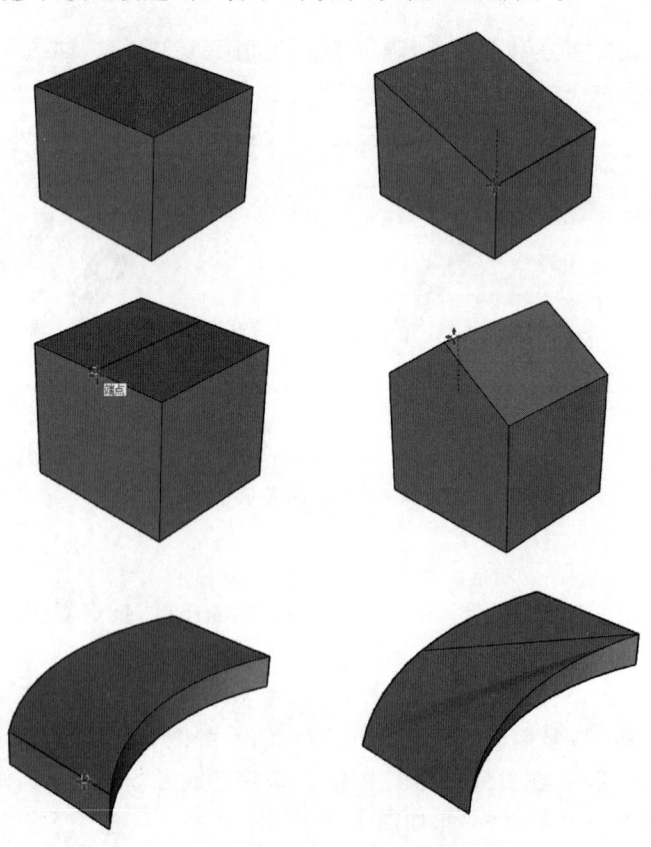

图 3-19　拉伸折叠图元示意图

5．不均匀推拉图元

激活"移动"命令,并按住 Alt 键,移动面上的闭合边线,会产生不均匀的推拉效果。以制作圆台、四方台为例,结果如图 3-20 所示。

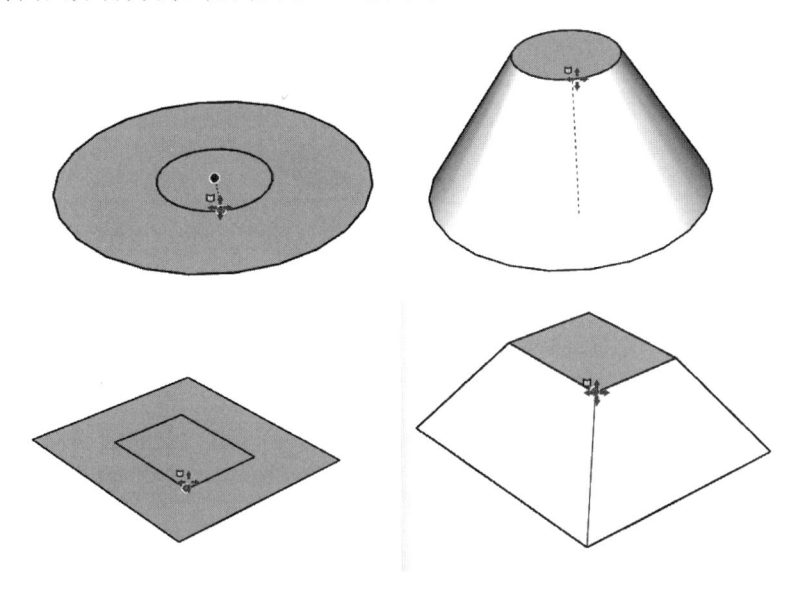

图 3-20　不均匀推拉图元示意图

注意：在 SketchUp 中,通过键盘的方向键可以锁定移动方向,左箭头键锁定绿色轴方向移动,上/下箭头键锁定蓝色轴方向移动,右箭头键锁定红色轴方向移动。

3.1.4　实例——绘制沙发

本实例通过绘制沙发来重点学习"移动"命令,绘制流程如图 3-21 所示。

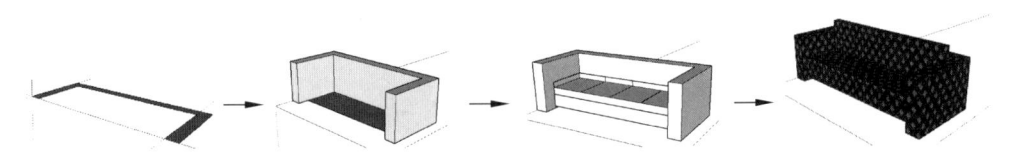

图 3-21　绘制沙发流程图

源文件：源文件\第 3 章\绘制沙发.skp

（1）单击"绘图"工具栏中的"直线"按钮 ，绘制连续线段,如图 3-22 所示。

（2）选中步骤(1)绘制的面,单击"编辑"工具栏中的"推/拉"按钮（"推/拉"按钮在下面章节有详细介绍,这里不再阐述）,向上拉伸,如图 3-23 所示。

（3）单击"绘图"工具栏中的"矩形"按钮 ，在步骤(2)拉伸的图形内部绘制矩形,如图 3-24 所示。

（4）选取步骤(3)绘制的面,单击"编辑"工具栏中的"推/拉"按钮 ，向上拉伸,如图 3-25 所示。

（5）选取步骤(4)绘制的长方体,单击"编辑"工具栏中的"移动"按钮 ，向上移动适当距离,如图 3-26 所示。

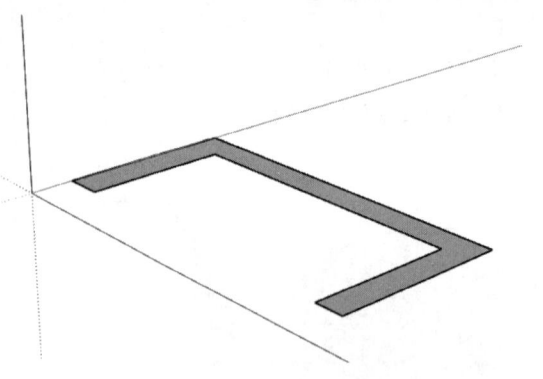

图 3-22 绘制连续线段

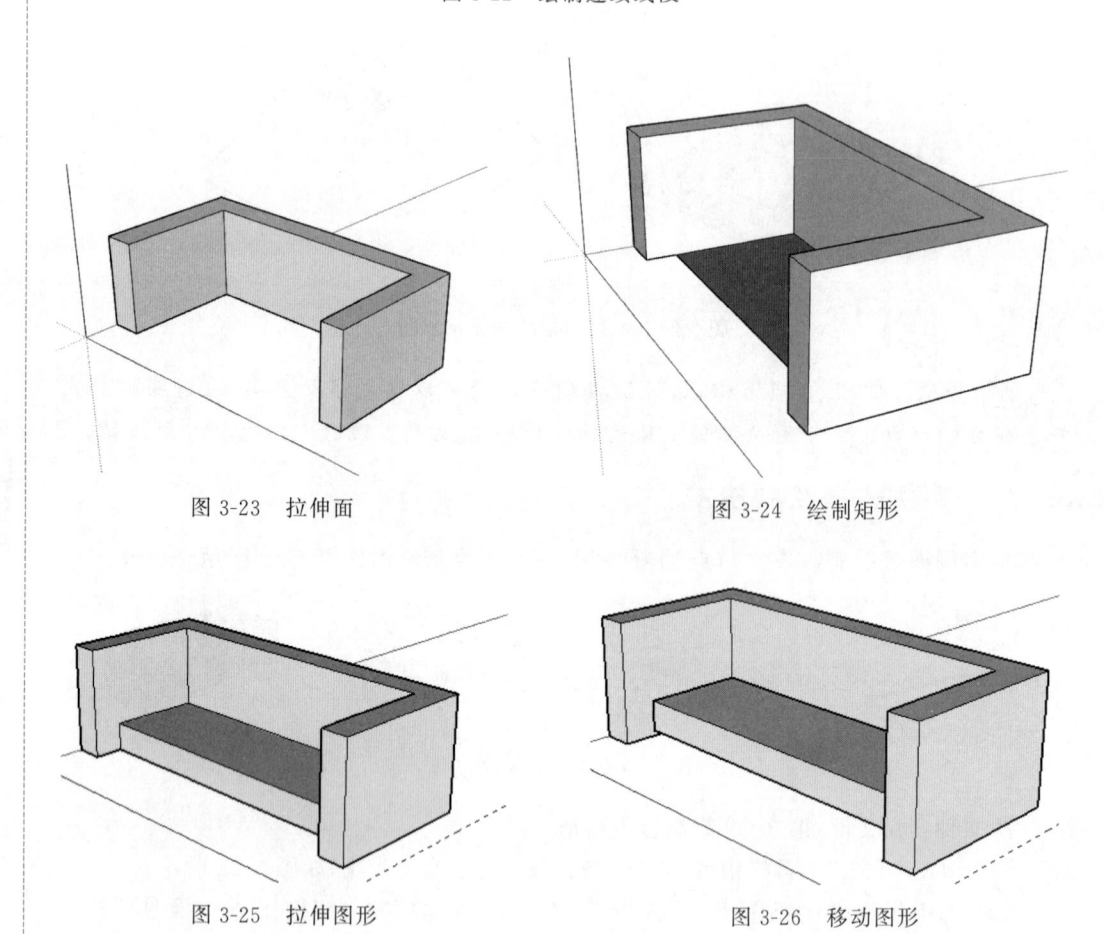

图 3-23 拉伸面　　　　　　　　图 3-24 绘制矩形

图 3-25 拉伸图形　　　　　　　图 3-26 移动图形

（6）选中内部长方体，单击"编辑"工具栏中的"移动"按钮 ✥，按住 Ctrl 键在适当位置单击，向上复制，如图 3-27 所示。

（7）单击"绘图"工具栏中的"直线"按钮 ✎，在长方体顶面绘制三段直线，分隔面，如图 3-28 所示。

（8）单击"编辑"工具栏中的"推/拉"按钮 ♦，选取分割面并向下拉伸，如图 3-29 所示。

（9）单击"使用入门"工具栏中的"删除"按钮 ✐，删除多余线段，如图 3-30 所示。

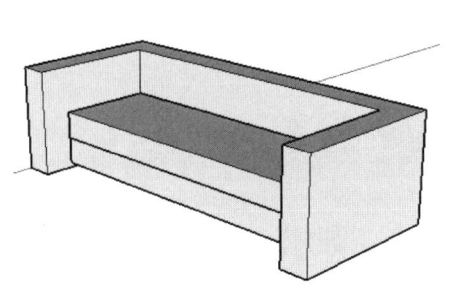

图 3-27 复制图形　　　　　　　　　图 3-28 绘制线

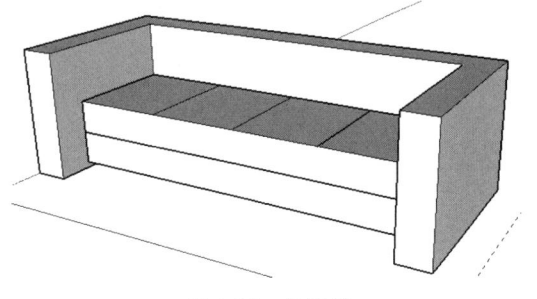

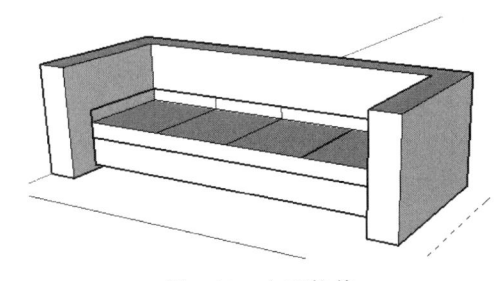

图 3-29 向下拉伸　　　　　　　　　图 3-30 擦除线段

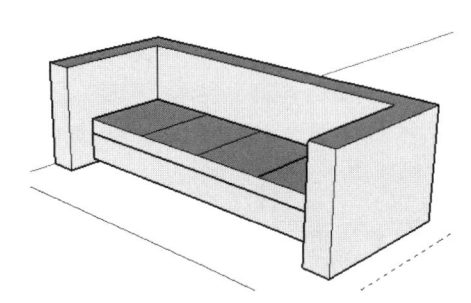

（10）利用上述方法,绘制出沙发靠背,如图 3-31 所示。

（11）单击"大工具集"工具栏中的"颜料桶"按钮,为图形添加材质,如图 3-32 所示。

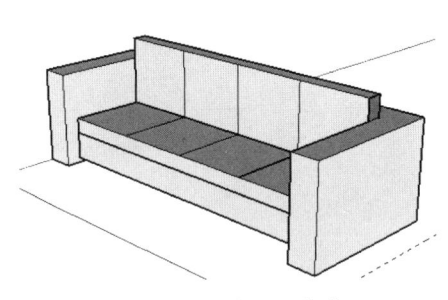

图 3-31 绘制沙发靠背　　　　　　　图 3-32 填充材质

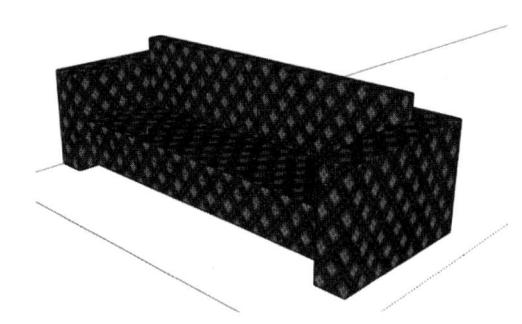

3.1.5 旋转

旋转命令用于对象的旋转,同时也可以完成复制。

【执行方式】

- 菜单栏：工具→旋转。
- 工具栏：使用入门→旋转 ；大工具集→旋转 ；编辑→旋转 。

【操作步骤】

1. 旋转线

（1）激活"选择"命令,选取边线。

(2)单击"编辑"工具栏中的"旋转"按钮 ⟳,鼠标指针将变成 ⟳ 形状,在直线端点单击,确定旋转中心。

(3)移动鼠标,在直线的另一个端点单击,确定旋转轴。

(4)输入角度,或者在适当位置单击,确定旋转角度,将线旋转,如图3-33所示。

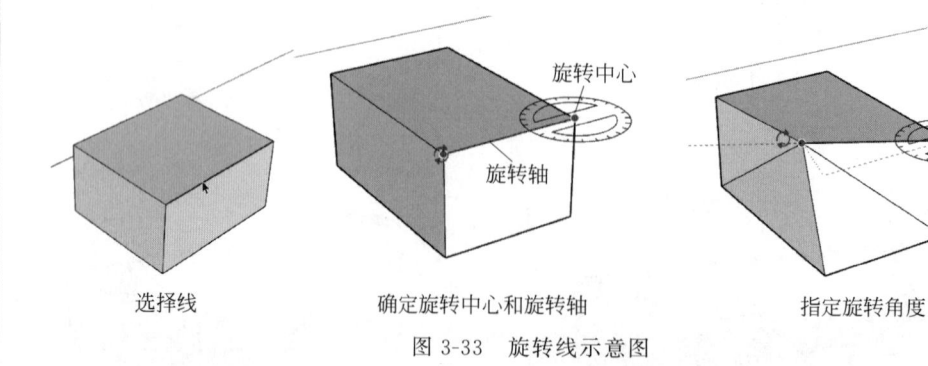

选择线　　　　　确定旋转中心和旋转轴　　　　　指定旋转角度

图3-33　旋转线示意图

2. 旋转面

(1)激活"选择"命令,双击上侧面,将其选中。

(2)单击"编辑"工具栏中的"旋转"按钮 ⟳,鼠标指针将变成 ⟳ 形状,在直线中点单击,确定旋转中心。

(3)移动鼠标,在适当位置单击,确定旋转轴。

(4)输入角度,或者在适当位置单击,确定旋转角度,将面旋转,如图3-34所示。

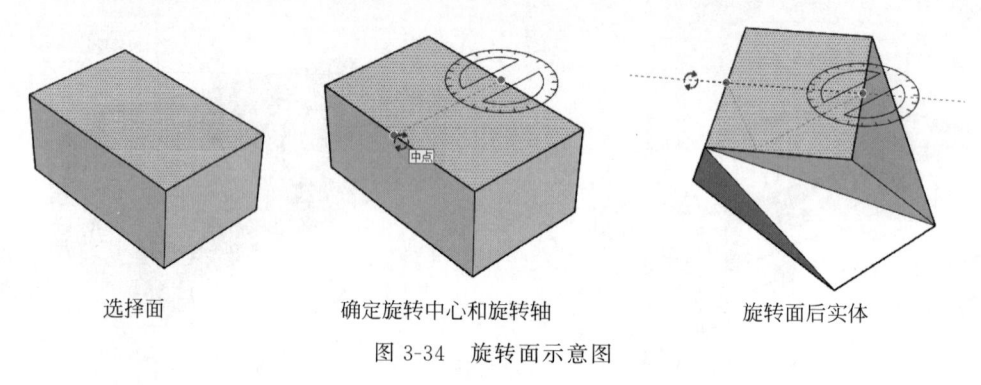

选择面　　　　　确定旋转中心和旋转轴　　　　　旋转面后实体

图3-34　旋转面示意图

3. 旋转实体

(1)激活"选择"命令,三击实体,选中所有图元。

(2)单击"编辑"工具栏中的"旋转"按钮 ⟳,鼠标指针将变成 ⟳ 形状,在直线中点单击,确定旋转中心(可在实体上,也可不在实体上)。

(3)移动鼠标从轮盘中间拉出虚线,将光标移动到合适位置单击,确定旋转轴。

(4)在角度控制框中输入旋转角度,或者移动鼠标,在适当位置单击,将实体旋转,如图3-35所示。

4. 环形阵列

(1)激活"选择"命令,选中常青树。

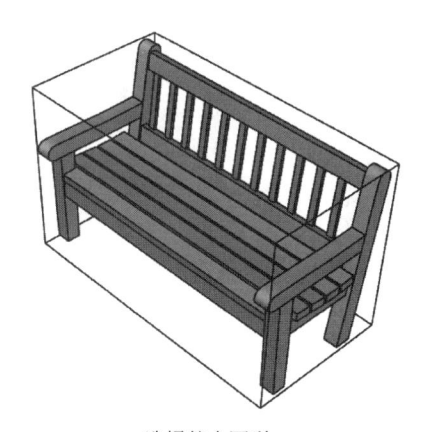

选择整个图形　　　　　　　　　　　指定旋转轴和旋转中心

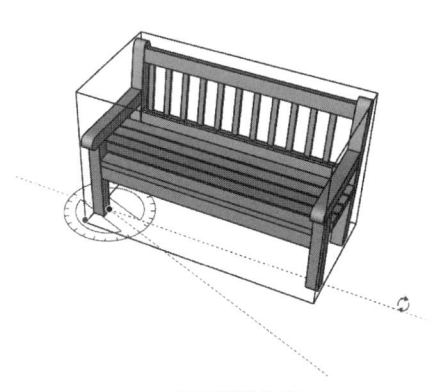

指定旋转角度　　　　　　　　　　　旋转后实体

图 3-35　旋转实体示意图

（2）单击"编辑"工具栏中的"旋转"按钮 ，按住 Ctrl 键，鼠标指针将变成 形状，确定旋转中心。

（3）确定旋转轴，进行旋转。

（4）输入旋转角度，或在适当位置单击，确定旋转角度。

（5）复制完成后，可在角度控制框中输入"＊数字"或"数字＊"，如"＊8""8＊"，然后按 Enter 键进行阵列，如图 3-36 所示。如果在角度控制框中输入"8/"，则在复制距离内等分 8 份后阵列，环形阵列与矩形阵列的原理相同。

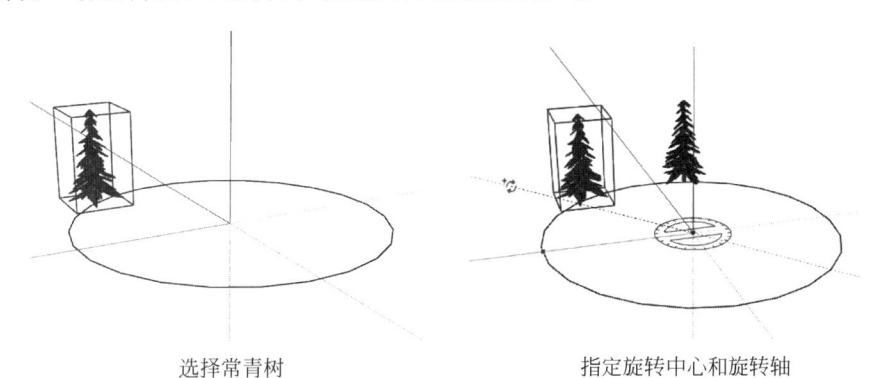

选择常青树　　　　　　　　　　　指定旋转中心和旋转轴

图 3-36　环形阵列示意图

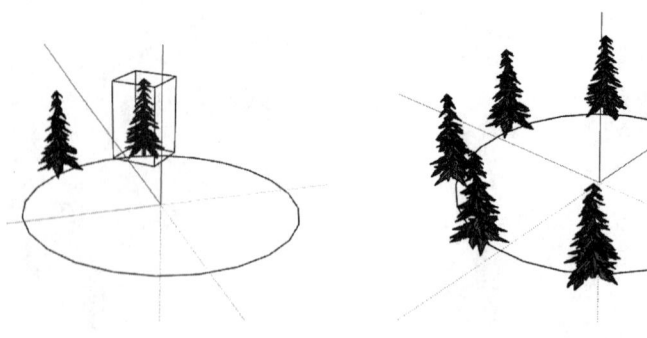

按住Ctrl键复制旋转　　　　　　　　　输入阵列份数后结果

图 3-36　（续）

5．立面旋转

立面旋转经常使用，进行旋转时需要绘制参考平面。

(1) 激活"选择"命令，选中咖啡桌。

(2) 单击"编辑"工具栏中的"旋转"按钮，将光标移动到矩形立方体上，显示"在平面上"的提示时单击，确定旋转中心。

(3) 确定旋转轴和旋转角度，进行旋转。

(4) 使用相同的方法，围绕其他平面进行立面旋转，如图 3-37 所示。

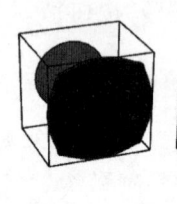

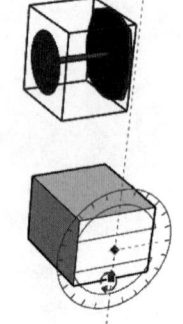

在立方体上确定旋转中心　　　　指定旋转轴和旋转角度　　　　在另一面上旋转

图 3-37　立面旋转示意图

3.1.6　实例——绘制圆形桌椅

本实例通过绘制圆形桌椅来重点学习"旋转"命令，绘制流程如图 3-38 所示。

源文件：源文件\第 3 章\绘制圆形桌椅.skp

(1) 单击"绘图"工具栏中的"圆"按钮，绘制圆形，如图 3-39 所示。

(2) 单击"编辑"工具栏中的"推/拉"按钮，将圆向上拉伸适当距离，如图 3-40 所示。

(3) 单击"绘图"工具栏中的"直线"按钮，绘制连续线段，如图 3-41 所示。

(4) 单击"编辑"工具栏中的"推/拉"按钮，将直线构成的面向右拉伸适当距离，如图 3-42 所示。

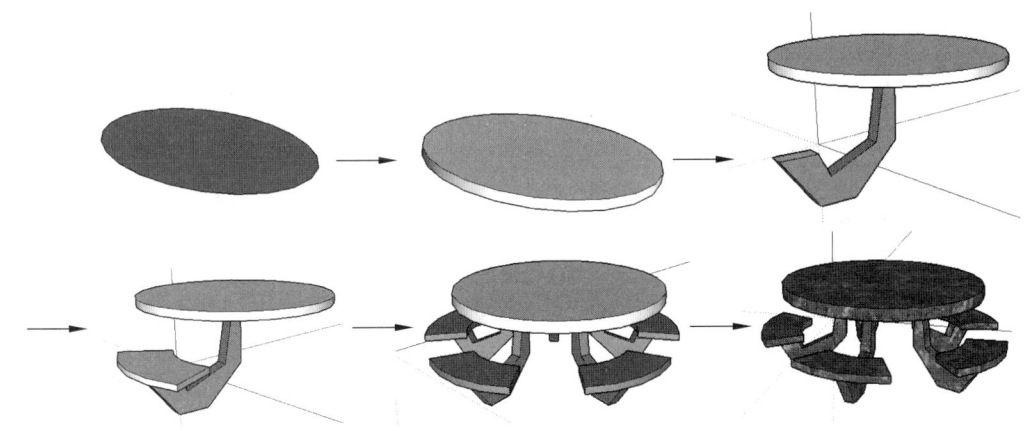

图 3-38 绘制圆形桌椅流程图

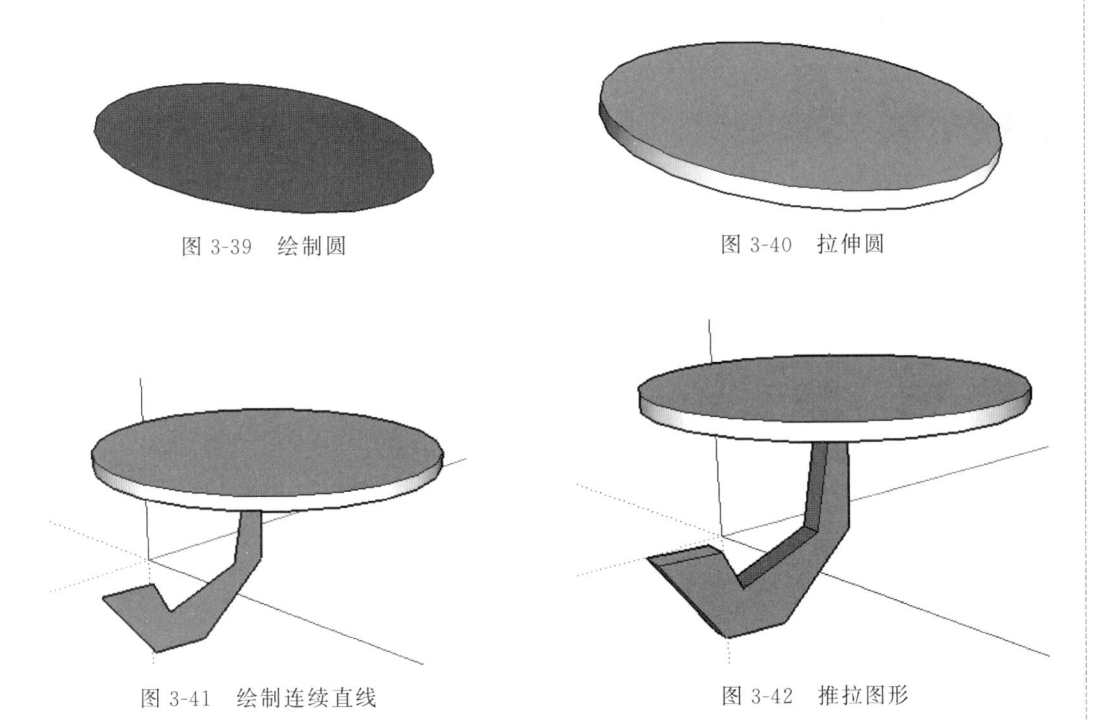

图 3-39 绘制圆

图 3-40 拉伸圆

图 3-41 绘制连续直线

图 3-42 推拉图形

（5）单击"绘图"工具栏中的"直线"按钮 ✏ 和"两点圆弧"按钮 ⌒，绘制图形，然后单击"编辑"工具栏中的"移动"按钮 ✥，调整位置，如图 3-43 所示。

（6）单击"编辑"工具栏中的"推/拉"按钮 ◈，将图形向上侧拉伸适当距离，如图 3-44 所示。

（7）选择步骤（4）和步骤（6）绘制的两个拉伸体，如图 3-45 所示。单击"编辑"工具栏中的"旋转"按钮 ↻ 并按住 Ctrl 键，将图形复制并旋转 70°，如图 3-46 所示。

（8）重复旋转命令，完成图形的绘制，如图 3-47 所示。

（9）单击"大工具集"工具栏中的"颜料桶"按钮 🪣，为图形添加材质，如图 3-48 所示。

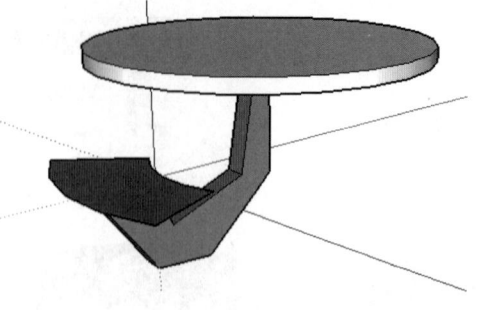

图 3-43　绘制图形

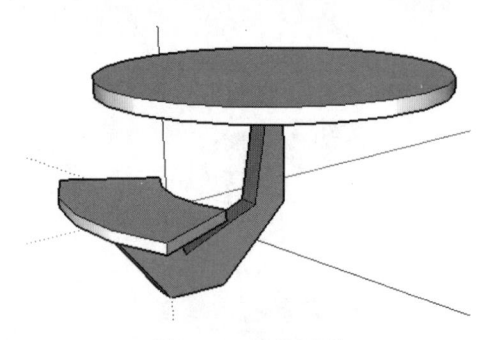

图 3-44　推拉图形

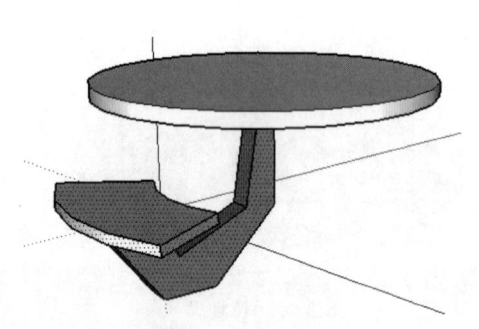

图 3-45　选中拉伸体

图 3-46　旋转图形 1

图 3-47　旋转图形 2

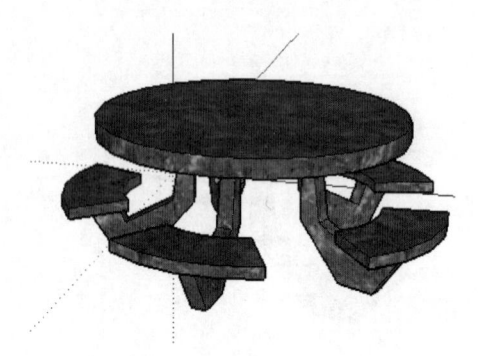

图 3-48　添加材质

3.1.7　比例

比例命令以基点为参照，可以进行等比例缩放，也可以进行非等比例缩放。

【执行方式】

- 菜单栏：工具→缩放。
- 工具栏：使用入门→比例 ；大工具集→比例 ；编辑→比例 。

【操作步骤】

1. 等比例缩放

（1）选择图元。

(2) 激活"比例"按钮,出现控制点,每两个控制点为一对。将光标移动到控制点,控制点变红,与其相对应的控制点也会变红。

(3) 单击控制点进行缩放。选择缩放的控制点为角点,将进行等比例缩放,在数值控制框中显示缩放比例,拖动鼠标或在数值控制框中输入缩放比例,进行缩放,如:输入"2",原图形直接放大两倍,如图3-49所示。

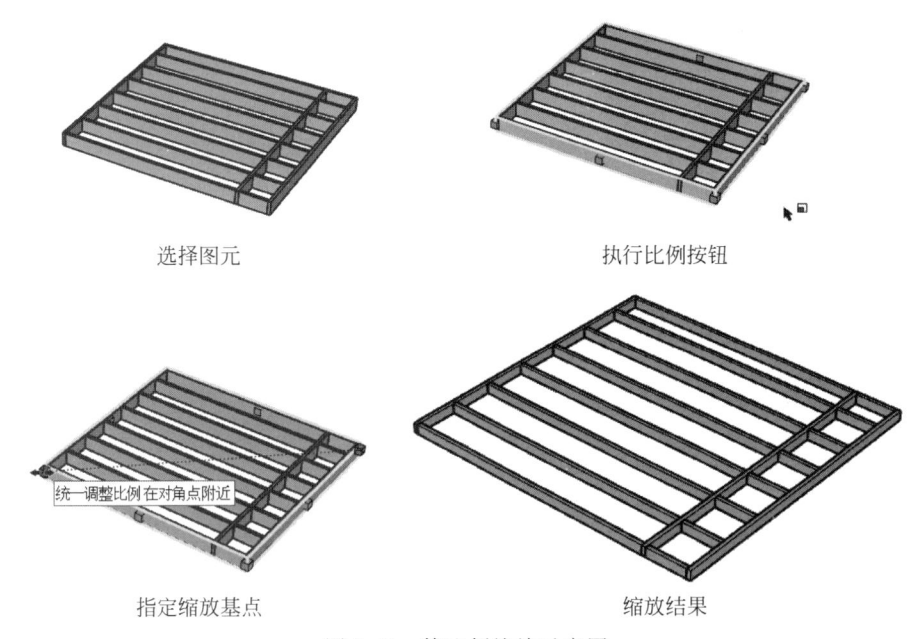

选择图元　　　　　　　　　　　　执行比例按钮

指定缩放基点　　　　　　　　　　缩放结果

图3-49　等比例缩放示意图

注意：缩放时按住Ctrl键将以图元的中心为基点进行缩放。

2. 缩放二维表面或图像

二维表面或图像也可以进行缩放,缩放时出现8个绿色控制点,同时配合使用Ctrl键。在三维图元中也可以对单独的二维平面进行缩放,缩放后三维图元其余部分也会相应变化,以制作六方台为例,具体流程如图3-50所示。

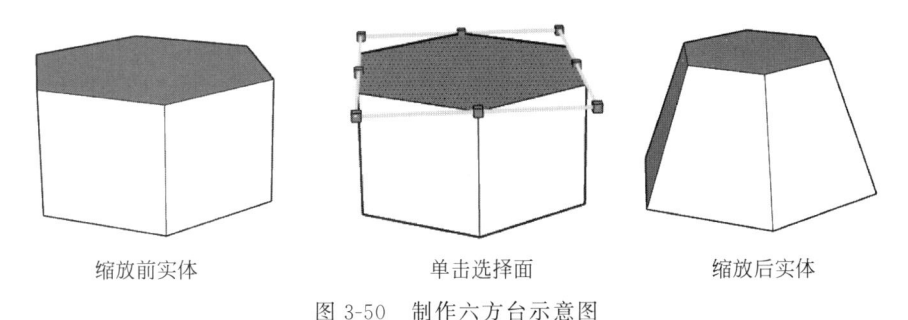

缩放前实体　　　　　　单击选择面　　　　　　缩放后实体

图3-50　制作六方台示意图

注意：缩放六棱柱上表面的六边形,一定要按住Ctrl键,以六边形的中心为基点进行缩放。在非比例缩放中,按住Shift键,将转变为等比例缩放。

3.1.8 实例——绘制喇叭

本实例通过绘制喇叭来重点学习"缩放"命令,具体绘制流程如图 3-51 所示。

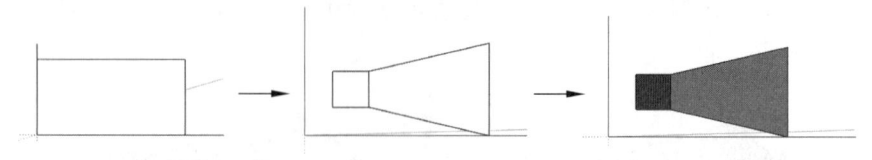

图 3-51　喇叭绘制流程

源文件:源文件\第 3 章\绘制喇叭.skp

(1) 绘制轮廓线。单击"绘图"工具栏中的"矩形"按钮 ▱,绘制第一个角点为坐标原点、另一个角点坐标为(600,300)的矩形,如图 3-52 所示。

(2) 单击"绘图"工具栏中的"直线"按钮 ✎,绘制分割线,如图 3-53 所示。

图 3-52　绘制矩形　　　　图 3-53　绘制直线

(3) 单击"编辑"工具栏中的"比例"按钮 ▣ 并按住 Ctrl 键,将矩形进行等比例缩放,如图 3-54 所示。

(4) 单击"大工具集"工具栏中的"颜料桶"按钮 🪣,为图形添加材质,如图 3-55 所示。

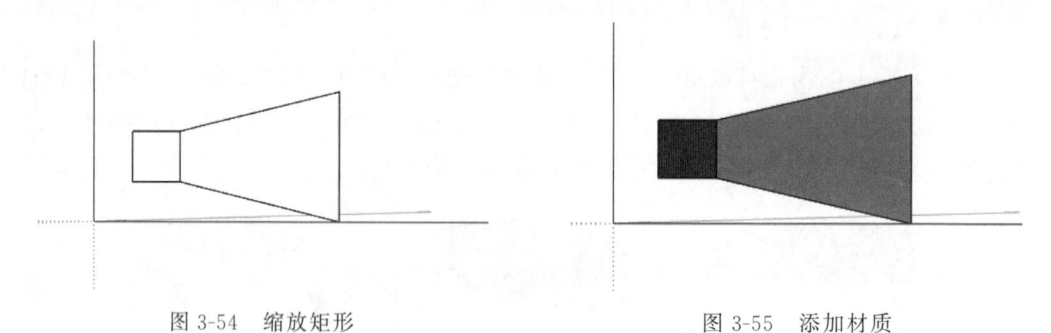

图 3-54　缩放矩形　　　　图 3-55　添加材质

3.1.9 镜像

使用镜像命令将选择的对象围绕镜像面进行对称复制。镜像操作完成后,可以保留源对象,也可以将其删除。

【执行方式】

- 菜单栏:工具→镜像。
- 工具栏:使用入门→镜像 ⚠ ;大工具集→镜像 ⚠ ;编辑→镜像 ⚠ 。

【操作步骤】

(1) 激活"选择"命令，选中所有图元。

(2) 单击"编辑"工具栏中的"镜像"按钮 ，将出现红色、绿色和蓝色三个镜像面。

(3) 选择绿色面单击，进行镜像，然后在空白处单击，结束选择，如图3-56所示。

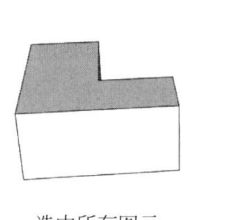

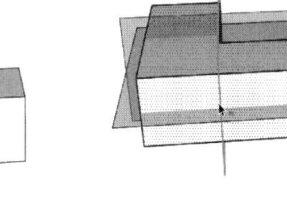

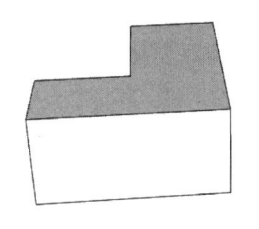

选中所有图元　　　　　拾取绿色面　　　　　镜像后的图元

图3-56　镜像示意图

3.1.10　偏移

使用偏移命令可以保持所选择的对象的形状，在不同的位置以不同的尺寸新建一个对象。

【执行方式】

- 菜单栏：工具→偏移。
- 工具栏：使用入门→偏移 ；大工具集→偏移 ；编辑→偏移 。

【操作步骤】

1. 面的偏移

(1) 单击"编辑"工具栏中的"偏移"按钮 ，单击面的边线，确定偏移面。

(2) 将光标向外或向内移动，确定偏移方向。

(3) 在距离控制框中输入偏移数值，正值按鼠标指定方向偏移，负值按相反方向偏移。按Enter键，完成偏移，如图3-57所示。

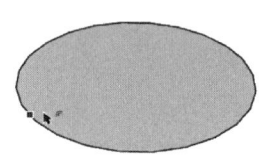

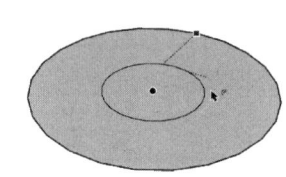

选择外侧边　　　　　指定偏移方向或数值　　　　　偏移后的图形

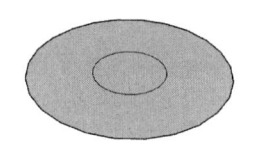

图3-57　偏移示意图

2. 线的偏移

面的偏移可以先执行偏移命令，再选择面，但是线的偏移需要先选中偏移的直线或者圆弧，然后执行偏移命令。线的偏移支持对两条以上的直线、圆弧或者直线和圆弧形成的图形进行偏移，如图3-58所示。

线的偏移必须是两条或两条以上的直线彼此相交并且共面才能进行。有三种情况不能进行偏移，如图3-59所示。

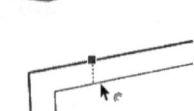

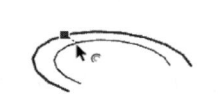

两条直线　　　　　　单独圆弧　　　　　　圆弧和直线的组合

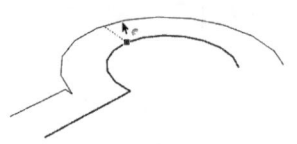

图 3-58　可以偏移的图形

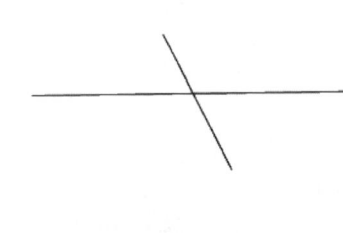

单根直线　　　　　　两条交叉线段　　　　三条直线不在一个平面

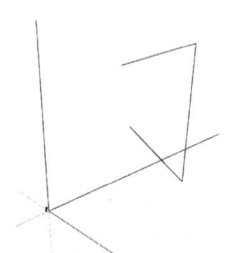

图 3-59　无法偏移的三种直线

3.1.11　实例——绘制门

本实例通过绘制门来重点学习"偏移"命令，具体的绘制流程图如图 3-60 所示。

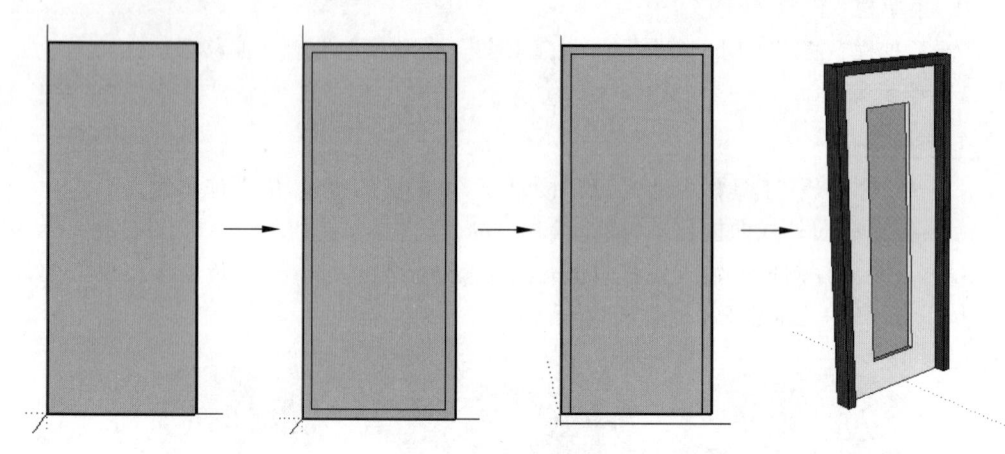

图 3-60　门绘制流程

源文件：源文件\第 3 章\门.skp

（1）单击"绘图"工具栏中的"矩形"按钮，以坐标原点作为矩形第一个角点，在尺寸控制框中输入数值，绘制一个长 2000mm、宽 800mm 的矩形，如图 3-61 所示。

（2）单击"绘图"工具栏中的"选择"按钮，选择步骤(1)绘制的矩形面。

（3）单击"编辑"工具栏中的"偏移"按钮，将光标向内移动，在数值控制框中输入偏移数值 50，按 Enter 键完成偏移，如图 3-62 所示。

（4）单击"使用入门"工具栏中的"删除"按钮，删除原矩形下边，如图 3-63 所示。

（5）单击"绘图"工具栏中的"直线"按钮，封闭不完全截面并删除多余直线，如图 3-64 所示。

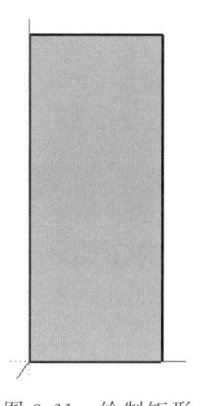

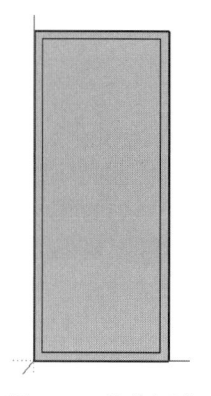

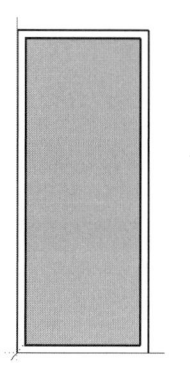

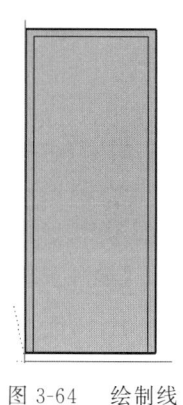

图 3-61 绘制矩形　　　图 3-62 偏移矩形　　　图 3-63 删除边　　　图 3-64 绘制线

（6）单击"绘图"工具栏中的"选择"按钮，选择最外边矩形面。

（7）单击"编辑"工具栏中的"偏移"按钮，将光标向内移动，在数值控制框中输入偏移数值 200，按 Enter 键完成偏移，如图 3-65 所示。

（8）单击"编辑"工具栏中的"推/拉"按钮，选取门框图形向外推拉 50，选取门板向外推拉 30，如图 3-66 所示。

（9）单击"大工具集"工具栏中的"颜料桶"按钮，为图形添加材质，如图 3-67 所示。

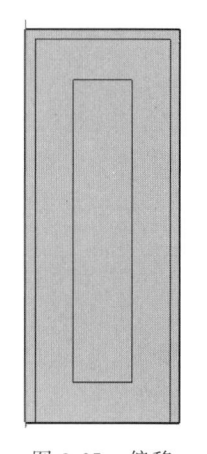

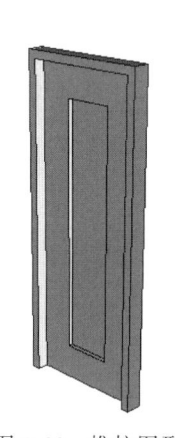

图 3-65 偏移　　　图 3-66 推拉图形　　　图 3-67 添加材质

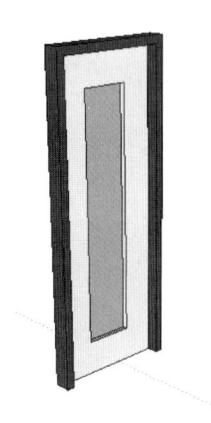

3.2 改变形状类命令

下面介绍推/拉和路径跟随两个改变形状类命令，如图 3-68 所示。

改变形状类命令

图 3-68 改变形状类命令

71

3.2.1 推/拉

使用推/拉命令可以将图形由二维平面转换成三维实体,它是最常用的命令之一。

【执行方式】

- 菜单栏：工具→推/拉。
- 工具栏：使用入门→推/拉 ◆；大工具集→推/拉 ◆；编辑→推/拉 ◆。

【操作步骤】

1. 将面拉伸成体

（1）将视图转换为轴测图,然后绘制矩形。

（2）激活推/拉命令,选择矩形平面,拖动到适当高度单击,确定高度数值,如图 3-69 所示。

（3）在距离控制框中输入数值为"27555mm",如图 3-69 所示。

（4）软件支持小范围的取整调整,在距离控制框中输入"27600mm",按 Enter 键,调整拉伸实体的高度,如图 3-69 所示。

绘制矩形　　　　指定拉伸方向拉伸

27600mm

距离 27555mm

距离控制框　　　　调整拉伸高度后实体

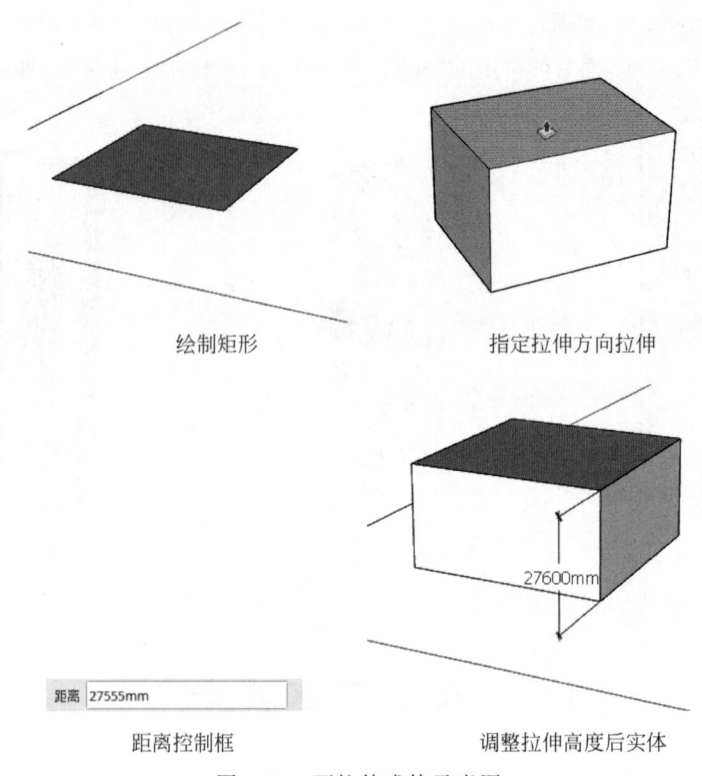

图 3-69　面拉伸成体示意图

注意：将多个平面拉伸相同距离时,可先拉伸首个平面,随后双击其余平面,系统将自动应用上次拉伸值；或者执行命令后,直接指定拉伸至先前实体的顶面并单击,快速生成等高实体图形,如图 3-70 所示。

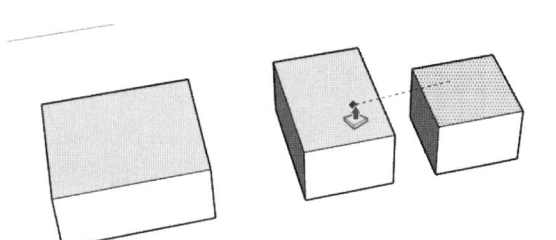

图 3-70　拉伸实体

2. 开洞

(1) 单击"绘图"工具栏中的"矩形"按钮 ▱，当软件提示"在平面上"时单击，确定点，在已有立方体上绘制矩形。

(2) 单击"编辑"工具栏中的"推/拉"按钮 ♦，选取步骤(1)绘制的矩形向立方体内推拉，同时按住鼠标滚轮，调整方向，转到立方体背面，当软件提示"在平面上"时单击，绘制贯穿洞口，如图 3-71 所示。

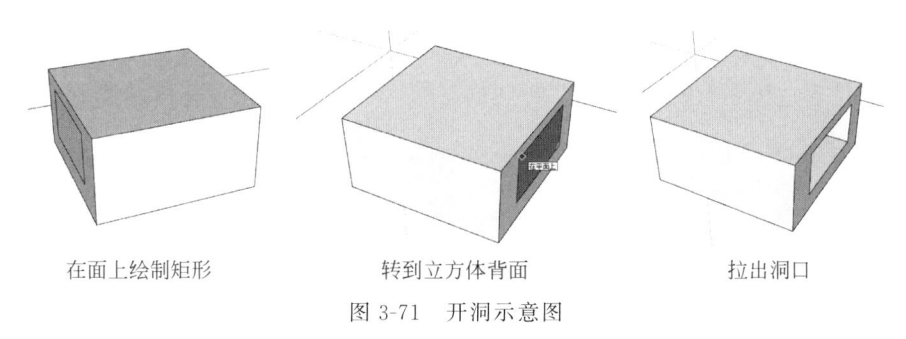

在面上绘制矩形　　　　转到立方体背面　　　　拉出洞口

图 3-71　开洞示意图

☎ **注意**：挖槽与开洞：若推进距离小于立方体的宽，则将形成一个槽；若推进距离刚好等于立方体的宽，则将形成一个贯穿立方体的洞。

3. 复制移动表面

激活推/拉命令并按住 Ctrl 键，鼠标指针将变成 ♦ 形状，每次推拉会生成新的实体，如图 3-72 所示。

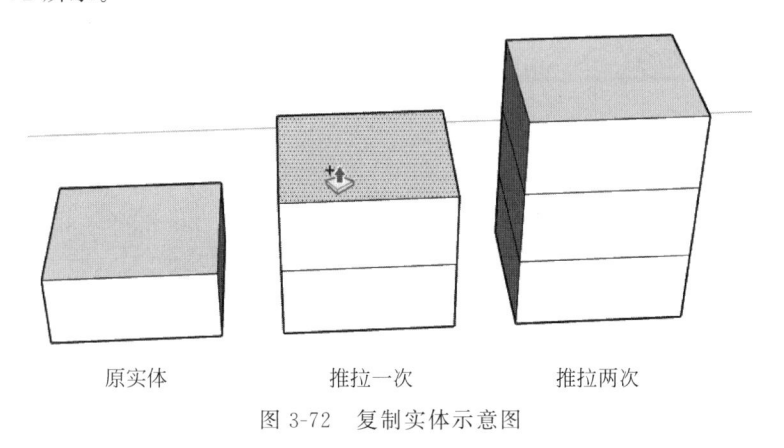

原实体　　　　推拉一次　　　　推拉两次

图 3-72　复制实体示意图

4．垂直移动表面

选择斜面,激活推/拉命令并按住 Alt 键,沿斜面的法线方向推拉,如图 3-73 所示。

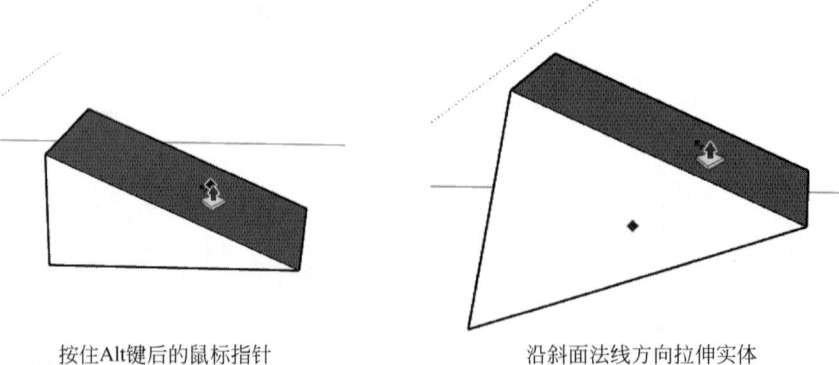

按住Alt键后的鼠标指针　　　　沿斜面法线方向拉伸实体

图 3-73　垂直移动示意图

3.2.2　实例——绘制台阶

本节将通过绘制台阶的简单实例来重点学习"推/拉"命令,具体的绘制流程图如图 3-74 所示。

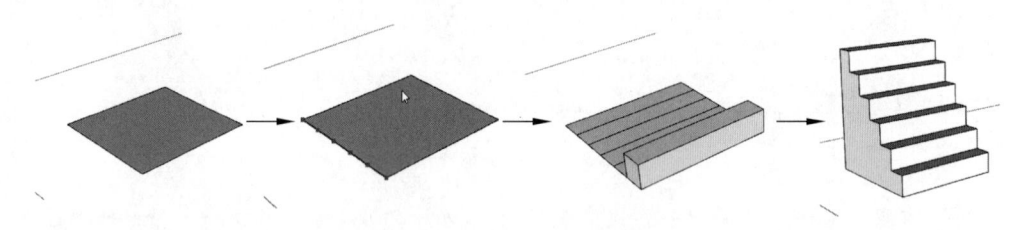

图 3-74　绘制台阶流程图

源文件：源文件\第 3 章\绘制台阶.skp

（1）单击"绘图"工具栏中的"矩形"按钮 ▱,绘制长度和宽度分别为 1000mm 的矩形,如图 3-75 所示。

（2）选中矩形的左侧边右击,在弹出的快捷菜单中选择"拆分"命令,在段控制框中输入"5",将直线拆分为 5 段,如图 3-76 所示。

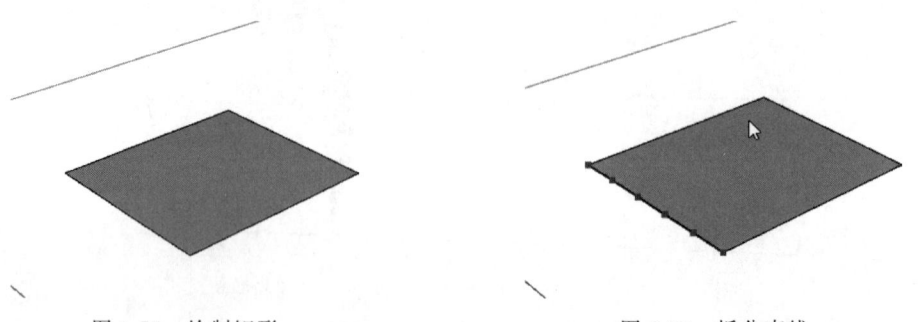

图 3-75　绘制矩形　　　　图 3-76　拆分直线

(3)单击"绘图"工具栏中的"直线"按钮 ✎,捕捉等分点,绘制台阶轮廓,如图 3-77 所示。

(4)单击"编辑"工具栏中的"推/拉"按钮 ♦,选择绘制的台阶轮廓进行拉伸,拉伸高度为 200mm,完成第一级台阶的创建,如图 3-78 所示。

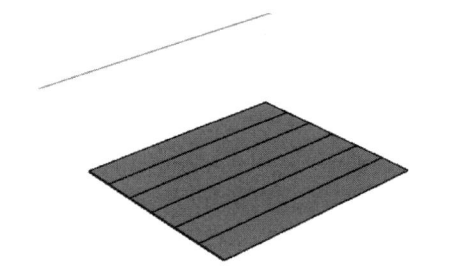

图 3-77　绘制台阶轮廓　　　　　　　图 3-78　推拉台阶

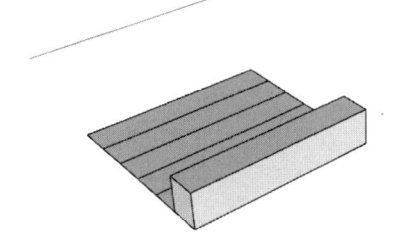

方法一:

(1)单击"编辑"工具栏中的"推/拉"按钮 ♦,将光标移动到刚刚绘制的台阶顶部单击,绘制出与第一级台阶高度相同的第二级台阶,如图 3-79 所示。

(2)单击"编辑"工具栏中的"推/拉"按钮 ♦,选择第二级台阶,继续进行拉伸,拉伸高度为 200mm,更改第二级台阶的高度,如图 3-80 所示。

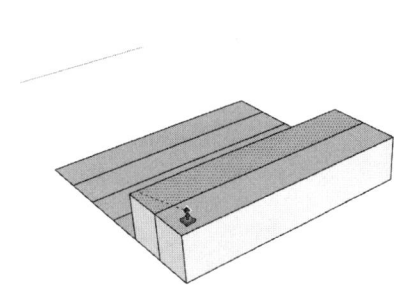

图 3-79　推拉高度相同的台阶　　　　图 3-80　推拉 200mm

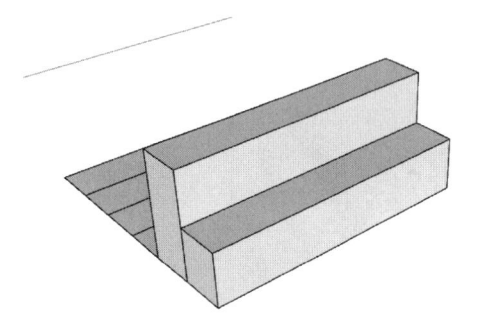

(3)使用相同的方法,绘制与上一级台阶高度相同的下一级台阶,然后推拉 200mm,逐步绘制剩余的台阶,如图 3-81 所示。

(4)单击"使用入门"工具栏中的"删除"按钮 ✐,删除侧边多余的直线,如图 3-82 所示。

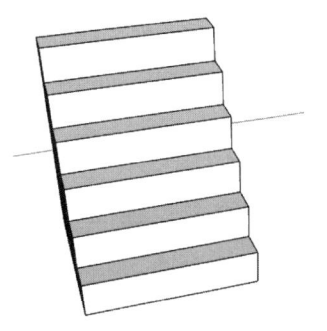

图 3-81　推拉剩余台阶　　　　　　　图 3-82　删除侧面直线

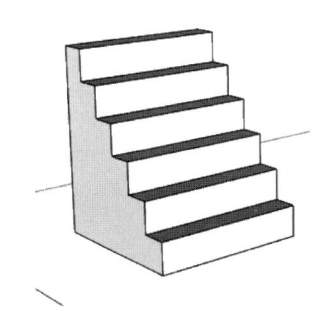

方法二：

(1) 采用之前学过的方法完成的绘制,单击"编辑"工具栏中的"推/拉"按钮。由于之前指定的拉伸高度为200mm,软件具有记忆功能,将光标移动到第二级台阶双击,拉伸的高度为指定高度200mm,如图3-83所示。

(2) 继续在第二级台阶上双击,拉伸高度会再次增加200mm,如图3-84所示。

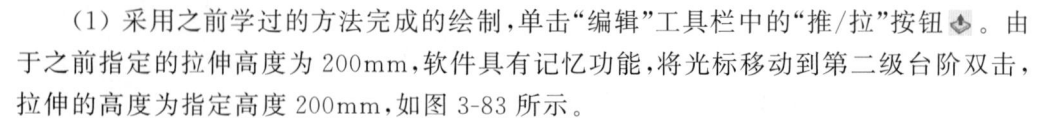

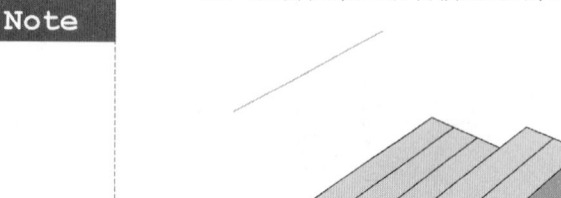

图 3-83 双击推拉200mm

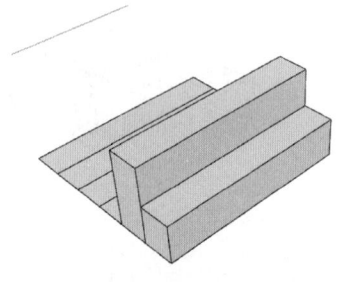

图 3-84 再次双击推拉200mm

(3) 在第三级台阶上连续三次双击,拉伸高度为600mm,如图3-85所示。

(4) 使用相同的方法绘制剩余的台阶,如图3-86所示。

(5) 单击"使用入门"工具栏中的"删除"按钮,删除侧边多余的直线,如图3-87所示。

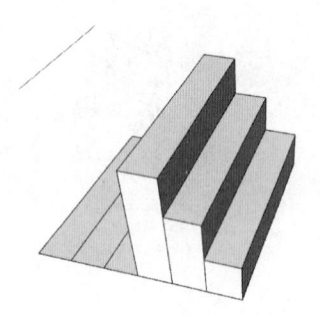

图 3-85 三次双击推拉600mm

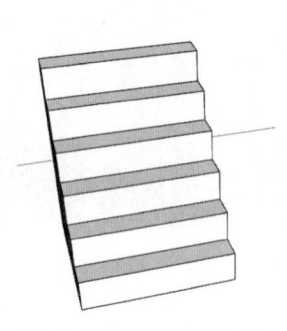

图 3-86 绘制剩余台阶

图 3-87 删除侧面直线

3.2.3 路径跟随

使用"路径跟随"命令可以创建很多不同类型的几何体以及用普通绘图方法难以绘制的图元,如图3-88所示。

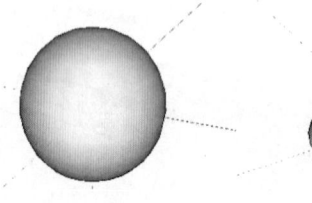

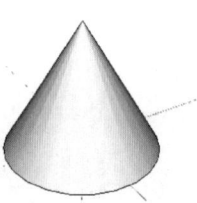

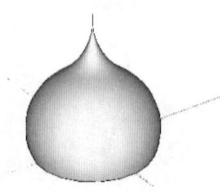

图 3-88 几何体

【执行方式】
- 菜单栏：工具→路径跟随。
- 工具栏：大工具集→路径跟随 ![icon]；编辑→路径跟随 ![icon]。

【操作步骤】
（1）绘制放样的截面，该截面与边线（放样路径）垂直。
（2）单击"常用"工具栏中的"选择"按钮 ![icon]，选择连续的边线作为放样路径。
（3）单击"编辑"工具栏中的"路径跟随"按钮 ![icon]，选择放样的截面，系统将沿着选择的边线（放样路径）进行放样，如图3-89所示。

绘制的截面　　　　　　　选择放样的路径

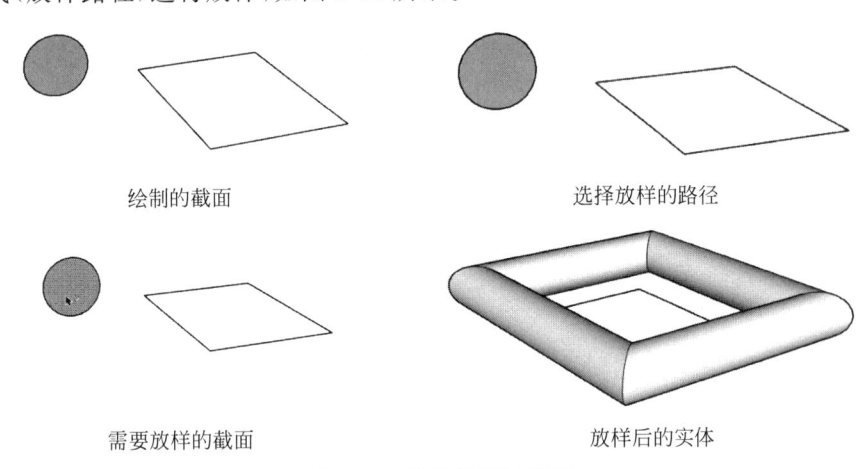

需要放样的截面　　　　　放样后的实体

图3-89　路径跟随示意图

3.2.4 实例——绘制栏杆

本实例通过绘制栏杆来重点学习"路径跟随"命令，具体的绘制流程图如图3-90所示。

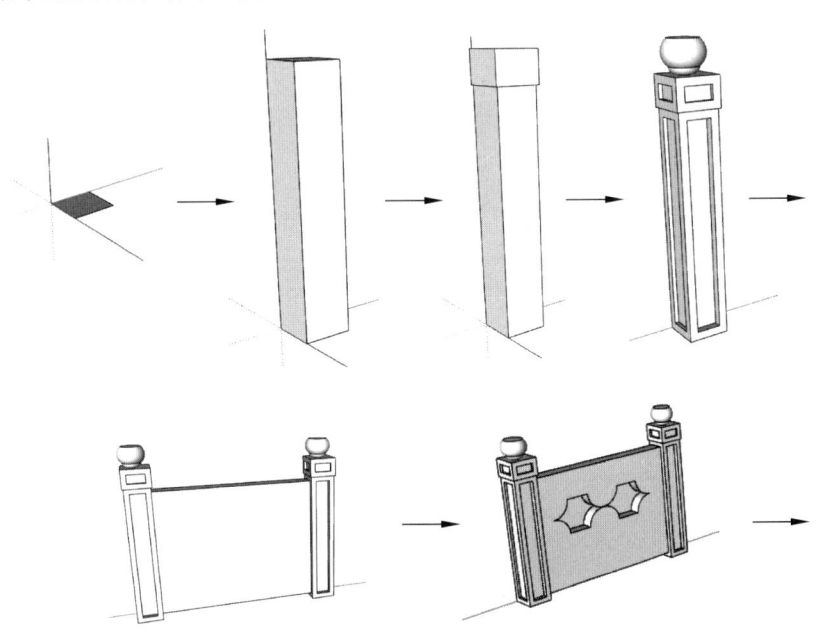

图3-90　绘制栏杆流程图

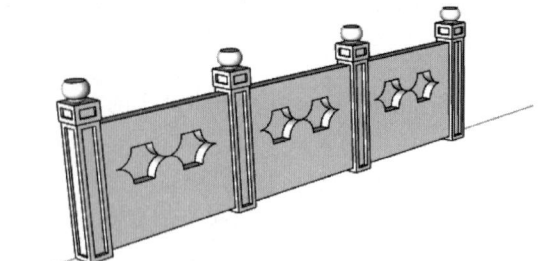

图 3-90 （续）

源文件：源文件\第 3 章\栏杆.skp

（1）单击"绘图"工具栏中的"矩形"按钮，绘制第一个角点为坐标原点、另一个角点坐标为"20,20"的矩形，如图 3-91 所示。

（2）单击"编辑"工具栏中的"推/拉"按钮，设置推拉高度为 110，绘制柱身，如图 3-92 所示。

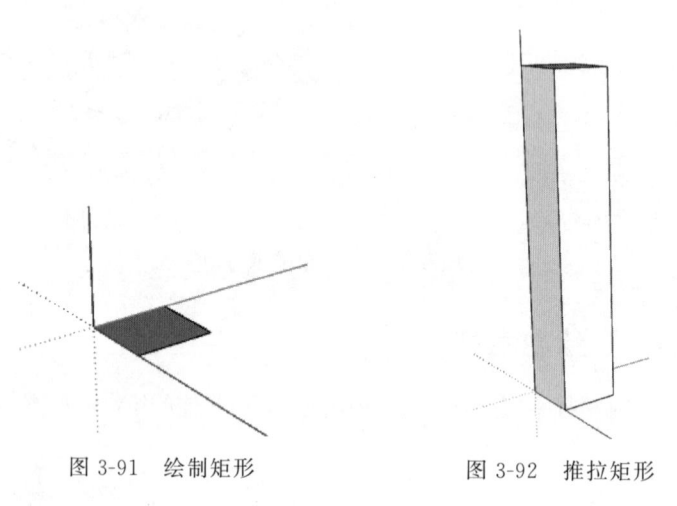

图 3-91 绘制矩形　　图 3-92 推拉矩形

（3）单击"编辑"工具栏中的"推/拉"按钮并按住 Ctrl 键，将顶面向上推拉 15mm，绘制柱头，如图 3-93 所示。

（4）单击"编辑"工具栏中的"推/拉"按钮，将柱头的四个侧面向外推拉 1mm，如图 3-94 所示。

（5）单击"编辑"工具栏中的"偏移"按钮，将柱身侧面向内侧偏移 4mm，如图 3-95 所示。

（6）单击"编辑"工具栏中的"推/拉"按钮，将步骤（5）绘制的矩形向内侧推拉 4mm，绘制矩形凹槽，如图 3-96 所示。

（7）使用相同的方法绘制其他侧面的矩形凹槽，如图 3-97 所示。

（8）选择栏杆，然后单击"编辑"工具栏中的"移动"按钮，将栏杆移动到其他适当位置。

（9）单击"绘图"工具栏中的"直线"按钮和"两点圆弧"按钮，绘制封闭轮廓线，如图 3-98 所示。

（10）单击"绘图"工具栏中的"圆"按钮，绘制圆，如图 3-99 所示。

78

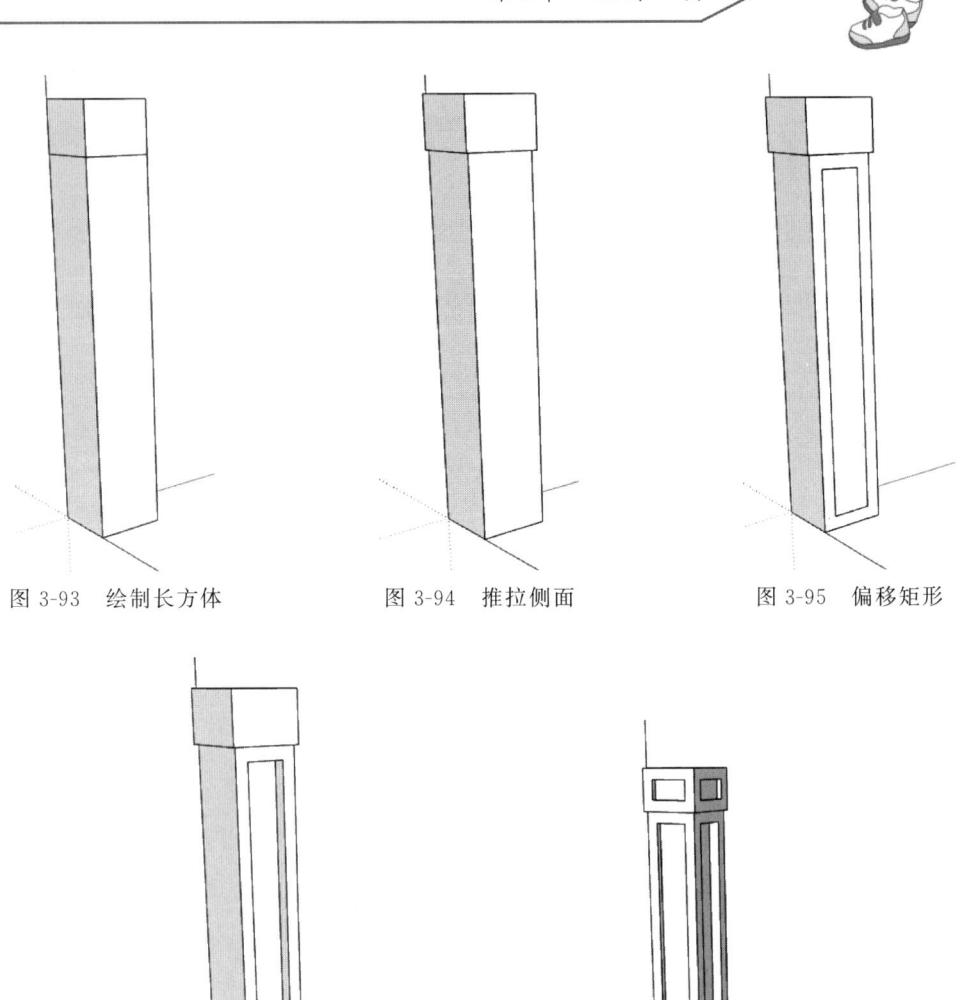

图 3-93 绘制长方体　　　图 3-94 推拉侧面　　　图 3-95 偏移矩形

图 3-96 推拉矩形　　　图 3-97 绘制其他凹槽

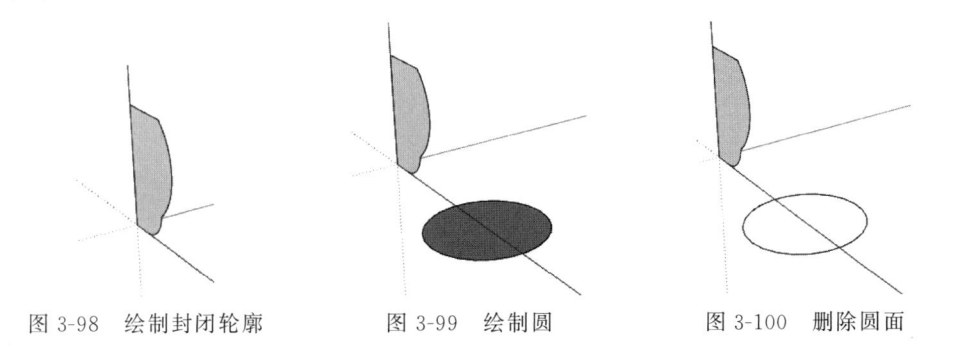

(11) 单击"使用入门"工具栏中的"删除"按钮，删除圆面，仅保留圆的外部轮廓，如图 3-100 所示。

图 3-98 绘制封闭轮廓　　　图 3-99 绘制圆　　　图 3-100 删除圆面

（12）单击"编辑"工具栏中的"移动"按钮✥，将圆移动到坐标原点，如图 3-101 所示。

（13）选中圆，单击"编辑"工具栏中的"路径跟随"按钮，继续封闭轮廓进行路径跟随，绘制造型柱，如图 3-102 所示。

图 3-101　移动圆

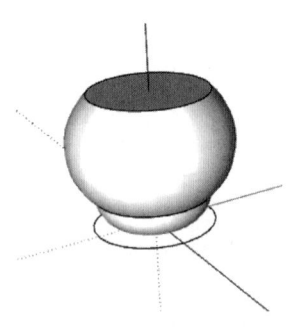

图 3-102　路径跟随

（14）单击"编辑"工具栏中的"移动"按钮✥，将造型柱移动到栏杆顶部，如图 3-103 所示。

（15）选中之前绘制的所有栏杆图元，单击"编辑"工具栏中的"移动"按钮✥并按住 Ctrl 键，指定复制的基点，移动鼠标并按住"→"键，将图形向右侧复制 150mm，如图 3-104 所示。

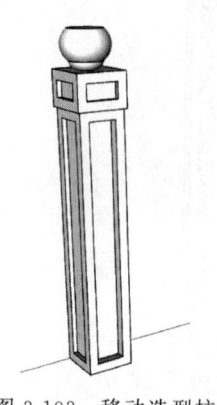

图 3-103　移动造型柱

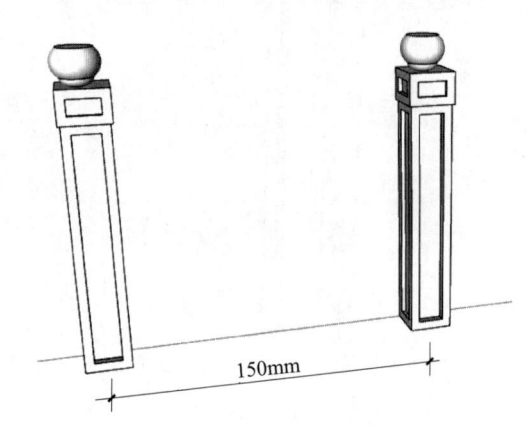

图 3-104　复制栏杆

（16）单击"编辑"工具栏中的"推/拉"按钮，推拉 138mm，形成栏板，如图 3-105 所示。

（17）单击"绘图"工具栏中的"矩形"按钮，绘制适当大小的矩形，如图 3-106 所示。

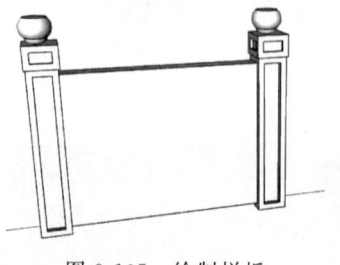

图 3-105　绘制栏板

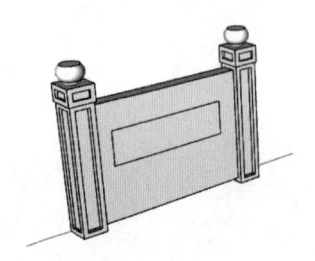

图 3-106　绘制矩形

(18)单击"绘图"工具栏中的"圆"按钮 ⊙ 和"直线"按钮 ╱,以矩形的角点为圆心、短边一半为半径绘制圆,如图3-107所示。

(19)单击"使用入门"工具栏中的"删除"按钮 ◆,删除多余的部分,保留栏板造型线,如图3-108所示。

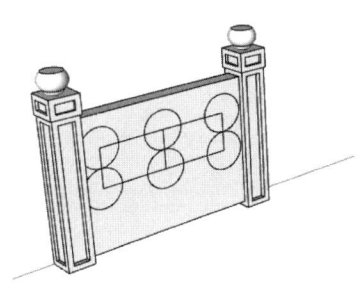

图 3-107　绘制圆

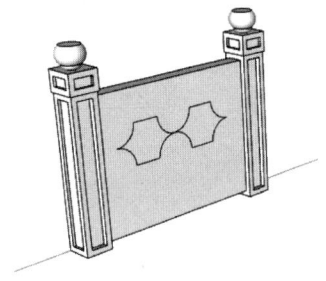

图 3-108　删除多余图形

(20)单击"编辑"工具栏中的"推/拉"按钮 ◆,将步骤(19)绘制的造型线向内侧推拉5mm,绘制凹槽,如图3-109所示。

(21)选中之前绘制的栏杆和栏板,单击"编辑"工具栏中的"移动"按钮 ✣ 并按住Ctrl键,继续按"→"键,将图形向右侧复制两次,最终结果如图3-110所示。

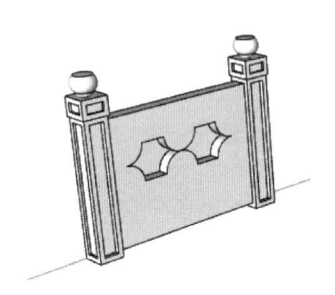

图 3-109　绘制凹槽

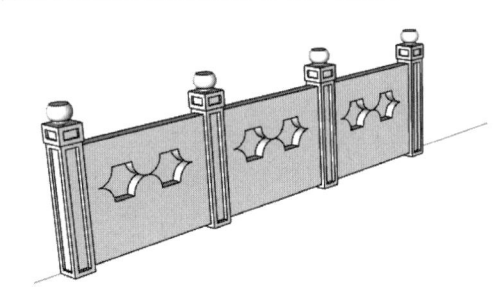

图 3-110　复制图形

第4章

材质工具

内容简介

图形绘制完毕,利用颜料桶或使用纹理图像命令给模型赋予材质,可以使绘制的模型更加生动形象。

内容要点

- 材质类命令
- 综合实例——绘制鱼缸

第4章 材质工具

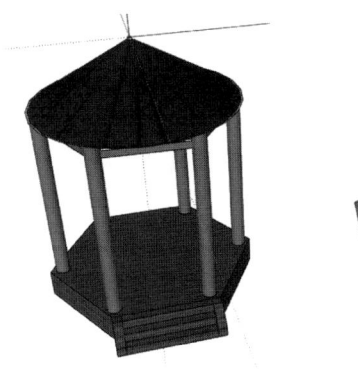

案 例 效 果

4.1 材质类命令

图形绘制完毕,需要为其添加材质,可以利用如图 4-1 所示的"颜料桶"命令为图形添加材质。使用"纹理图像"命令也可以为图形添加材质。

图 4-1 "颜料桶"命令

4.1.1 颜料桶命令

本节介绍如何给图元添加材质。为图元赋予材质,可以使图元效果更为逼真。"材质"面板如图 4-2 所示。

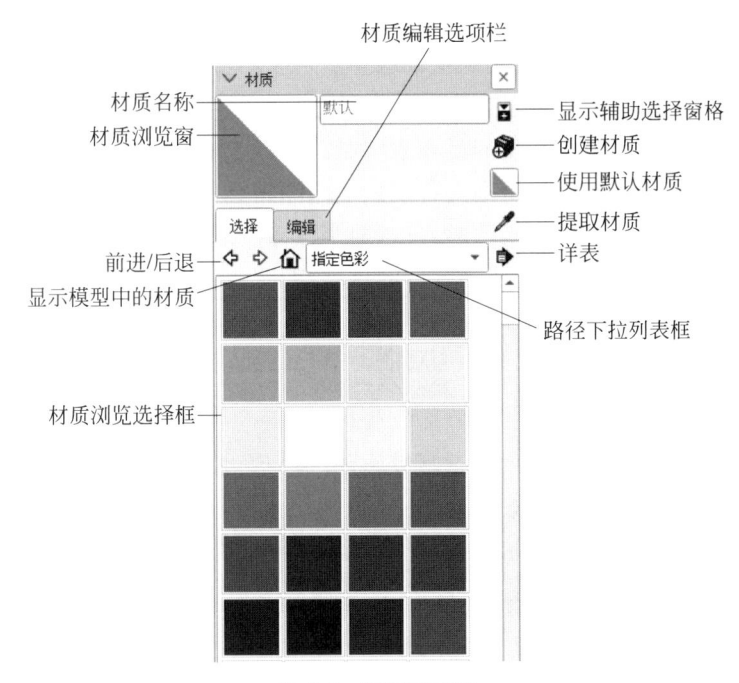

图 4-2 "材质"面板

· 83 ·

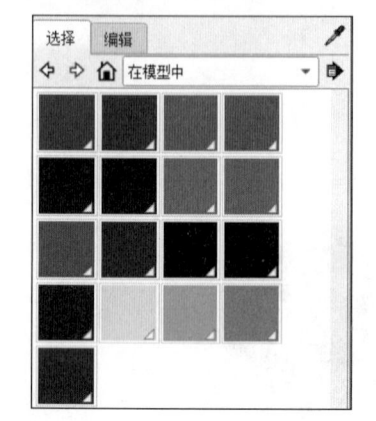

【执行方式】

工具栏：大工具集→颜料桶 ⊗ ；使用入门→颜料桶 ⊗ 。

【操作步骤】

1. 相关属性

（1）材质名称：选择材质后，在此处显示材质的名称。可以采用系统默认名称，也可以自行进行设置。

（2）材质浏览窗：显示材质缩略图，选择或提取材质后，该窗口中会显示这个材质。

（3）显示模型中的材质：单击此按钮，显示模型中的材质，如图 4-3 所示。已经被赋予到模型中的材质，其右下角有一个白色的小三角形，如图 4-4 所示。没有赋予到模型中的材质，其右下角没有白色的小三角形，如图 4-5 所示。选中材质右击，弹出如图 4-6 所示的快捷菜单。

图 4-3 模型中的材质

图 4-4 原有材质 　　图 4-5 更改材质 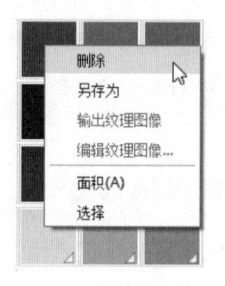　　图 4-6 快捷菜单

① 删除：删除材质，系统将采用默认材质赋予到模型。
② 另存为：把指定材质单独保存为 SKP 格式的文件。
③ 面积：显示具有相同材质的面积之和。
④ 选择：在模型中选取与所指定材质相同的图元。

（4）前进/后退：在浏览材质库时，按这两个按钮可以前进或者后退。

（5）路径下拉列表框：用于选择具体的材质，如图 4-7 所示。

（6）创建材质：用来新建材质。

（7）提取材质：用于提取软件中的材质，并将其设置为当前材质。

2. 创建材质

单击"创建材质"按钮 ⊗ ，弹出"创建材质"对话框，在其中设置颜色、材质名称和不透明度等属性，如图 4-8 所示，设置完成后单击"好"按钮。

3. "编辑"选项栏

"编辑"选项栏用于编辑材质的相应属性，如图 4-9 所示。

（1）匹配模型中对象的颜色：在模型中提取材质的颜色，设为颜料桶工具的当前材质颜色。

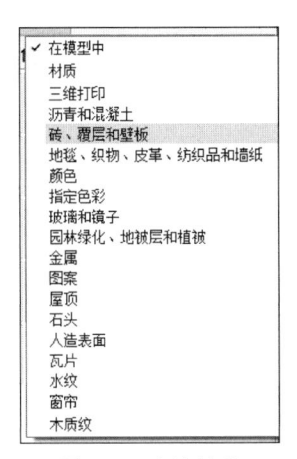

图 4-7 选择材质

图 4-8 "创建材质"对话框

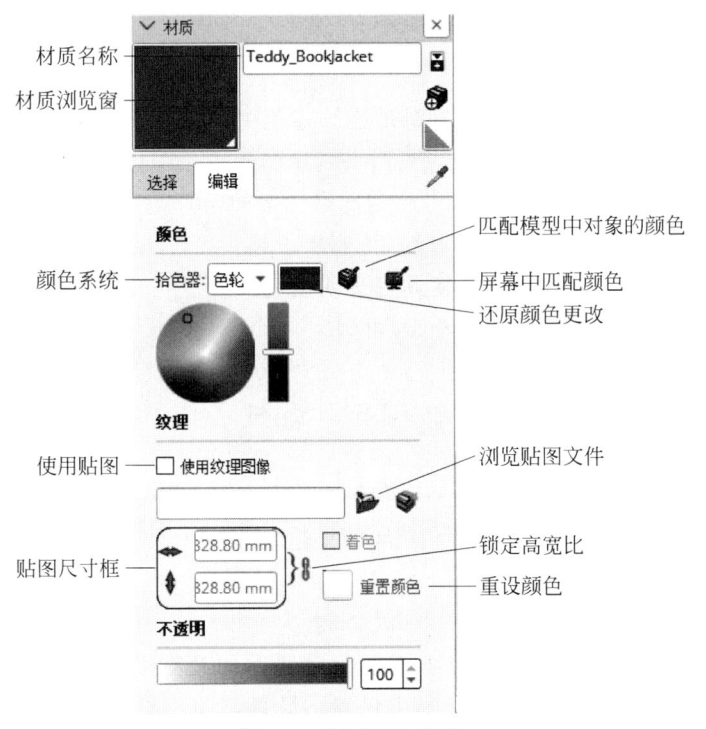

图 4-9 "编辑"选项栏

(2) 屏幕中匹配颜色：在屏幕中提取材质的颜色，设为颜料桶工具的当前材质颜色。
(3) 还原颜色更改：恢复到编辑前的颜色。
(4) 使用纹理图像：选中该复选框，弹出"选择图像"对话框，如图 4-10 所示，系统支持导入 Photoshop 和图片等格式的贴图。

图 4-10 "选择图像"对话框

（5）贴图尺寸框：软件中的贴图都是连续重复的贴图单元，该文本框用于修改贴图单元的尺寸。左边的水平和垂直箭头用来恢复初始的贴图单元尺寸。

（6）锁定高宽比：默认的情况下，高宽比是锁定的。

（7）不透明度：调节材质的透明程度，值越小越透明，对图元应用透明材质可以使其具有透明度，如图 4-11 所示。图元分为正反两个表面，可以对一个表面应用透明材质，另一个表面不用。

（8）颜色系统：拾色器有色轮、HLS、HSB 和 RGB 四种颜色体系。

① 色轮：使用鼠标在色盘中选择需要的颜色，色轮右侧的滑块调节色彩的明度，越往上明度越高，越向下越接近黑色。

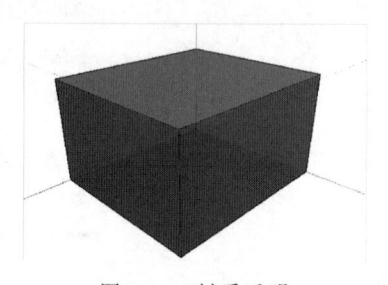

图 4-11 材质透明

② HLS(色相、亮度、饱和度)：HLS 就是 Hue(色相)、Luminance(亮度)和 Saturation (饱和度)。色相是颜色的一种属性，它实质上是色彩的基本颜色，即红、橙、黄、绿、青、蓝、紫七种，每一种代表一种色相，这种颜色体系最善于调节灰度值，如图 4-12 所示。

③ HSB(色相、饱和度、明度)：HSB 是通过色相、饱和度、明度来调节颜色的，该体系适用于非饱和颜色的调整，如图 4-13 所示。

④ RGB(红、黄、蓝)：通过红、黄、蓝区域的 3 个滑块调节颜色，也可以在右侧的数值输入框中输入数值进行调节，如图 4-14 所示。

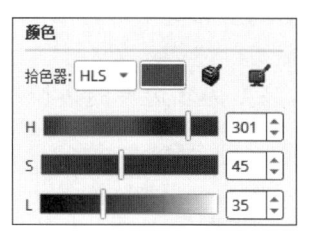

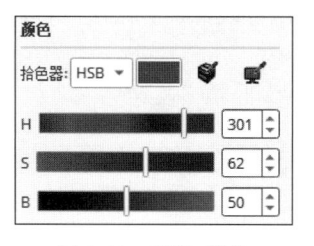

图 4-12　HLS 颜色　　　　　图 4-13　HSB 颜色　　　　　图 4-14　RGB 颜色

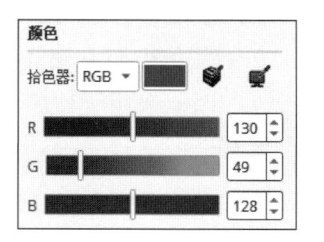

4.1.2　实例——绘制凉亭

本节将通过绘制一个凉亭来重点学习颜料桶命令，具体的绘制流程图如图 4-15 所示。

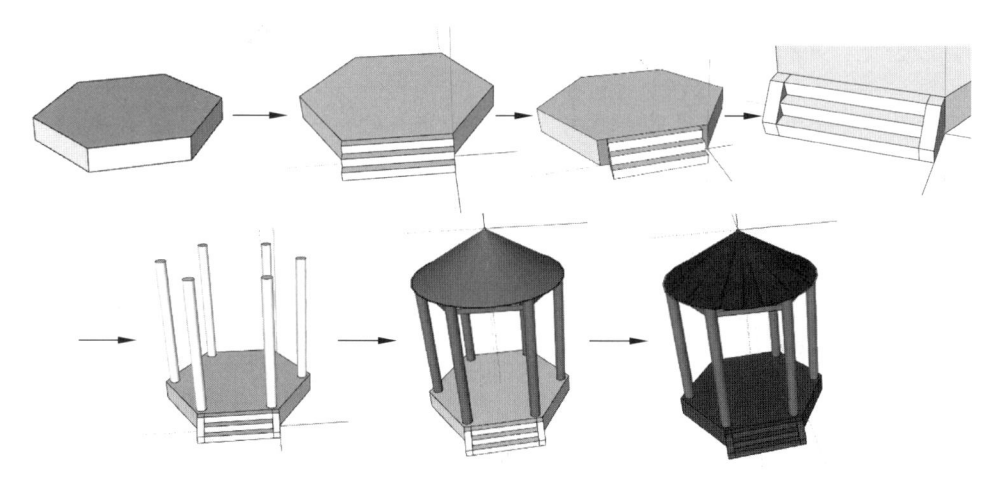

图 4-15　绘制凉亭流程图

源文件：源文件\第 4 章\凉亭.skp

（1）单击"绘图"工具栏中的"多边形"按钮，绘制边长为 1200mm 的正六边形。

（2）单击"编辑"工具栏中的"推/拉"按钮，将正六边形拉伸成高度为 300mm 的棱柱体，作为凉亭的底座，如图 4-16 所示。

（3）单击"大工具集"工具栏中的"轴"按钮（"轴"按钮在 5.1.4 节有详细介绍，这里不再阐述），将坐标原点移动到凉亭底座，调整坐标系的方向，如图 4-17 所示。

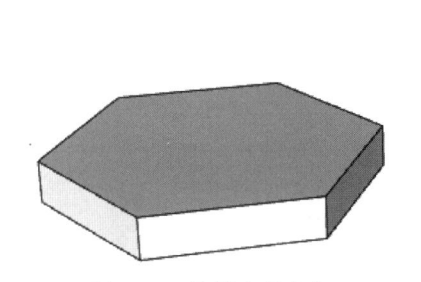

图 4-16　绘制凉亭底座　　　　　　　　　图 4-17　建立新轴

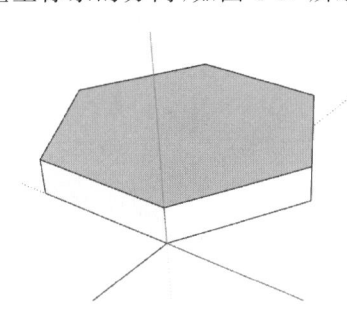

(4)单击"绘图"工具栏中的"直线"按钮 ✏️,绘制每级台阶高度和宽度均为100mm的3级台阶轮廓线,如图4-18所示。

(5)单击"编辑"工具栏中的"推/拉"按钮 ◆,进行推拉,高度为多边形的边长,如图4-19所示。

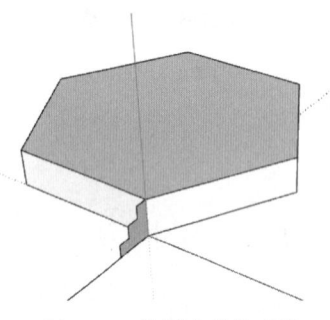

图4-18 绘制台阶轮廓线

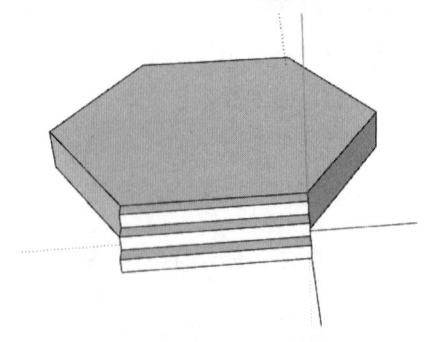

图4-19 台阶模型

(6)单击"编辑"工具栏中的"推/拉"按钮 ◆,沿着多边形的边长方向将左侧的台阶横断面向内推拉100mm,如图4-20所示。

(7)单击"编辑"工具栏中的"推/拉"按钮 ◆,沿着多边形的边长方向将右侧的台阶横断面向内推拉100mm,如图4-21所示。

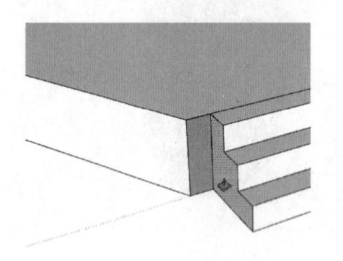

图4-20 推拉左侧台阶

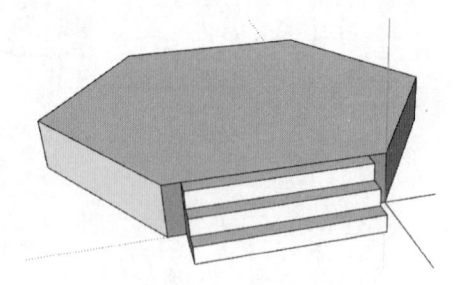

图4-21 推拉右侧台阶

(8)建立台阶两侧的滑台模型。单击"绘图"工具栏中的"直线"按钮 ✏️,绘制滑台横截面轮廓线,如图4-22所示。

(9)单击"编辑"工具栏中的"推/拉"按钮 ◆,将滑台推拉100mm,如图4-23所示。

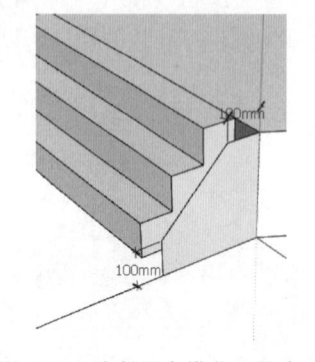

图4-22 绘制滑台横截面轮廓线

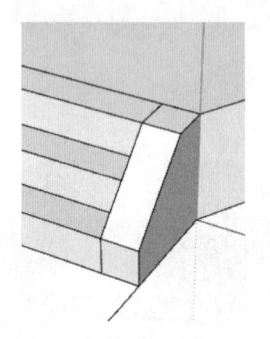

图4-23 推拉滑台

(10) 单击"绘图"工具栏中的"选择"按钮▸,选择滑台轮廓,然后单击"编辑"工具栏中的"移动"按钮✥并按住 Ctrl 键,将滑台复制到台阶的另一侧,如图 4-24 所示。

(11) 绘制凉亭立柱。单击"绘图"工具栏中的"圆"按钮◯,指定底面半径为 80mm,绘制圆;然后单击"编辑"工具栏中的"推/拉"按钮◆,设置推拉高度为 2000mm,绘制圆柱体,如图 4-25 所示。

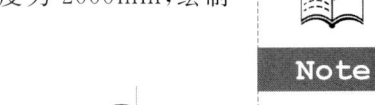

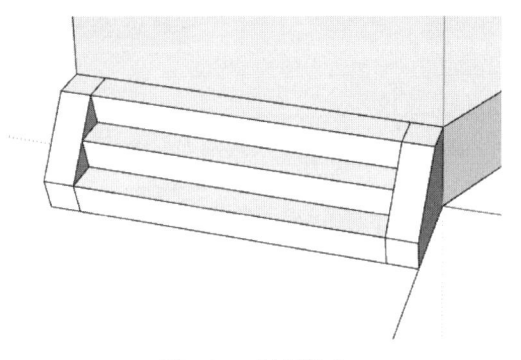

图 4-24　复制滑台　　　　图 4-25　绘制立柱

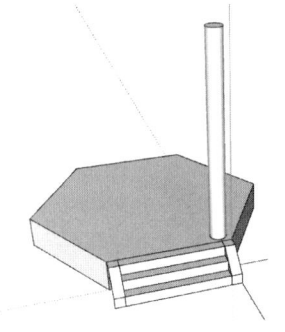

(12) 单击"编辑"工具栏中的"旋转"按钮↻并按 Ctrl 键,阵列的中心点为多边形中心,阵列起点为点 1,终点为点 2,个数为 5＊,如图 4-26 所示。阵列的结果如图 4-27 所示。

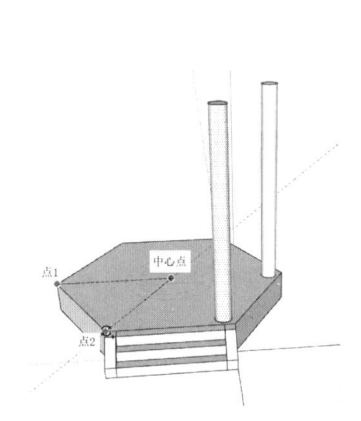

图 4-26　指定关键点　　　　图 4-27　阵列结果

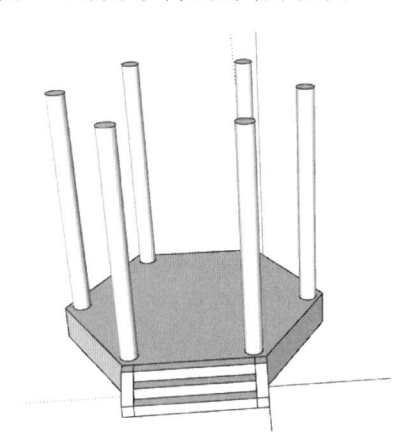

(13) 绘制连梁。单击"绘图"工具栏中的"矩形"按钮▭,捕捉立柱上的点,绘制矩形,如图 4-28 所示。

(14) 单击"绘图"工具栏中的"直线"按钮╱,连接中点绘制直线;然后单击"编辑"工具栏中的"移动"按钮✥,绘制间距为 20mm 的直线;最后单击"绘图"工具栏中的"选择"按钮▸,将直线中间的面删除,结果如图 4-29 所示。

(15) 单击"编辑"工具栏中的"旋转"按钮↻并按住 Ctrl 键,阵列的中心点为多边形中心,指定阵列的起点和终点,个数为 5＊,进行环形阵列,结果如图 4-30 所示。

(16) 单击"绘图"工具栏中的"直线"按钮╱,绘制多条直线,形成封闭的面,如图 4-31 所示。

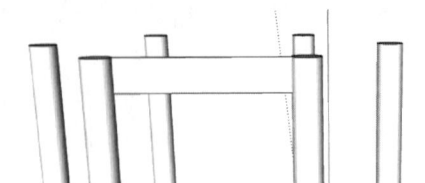

图 4-28　绘制连梁

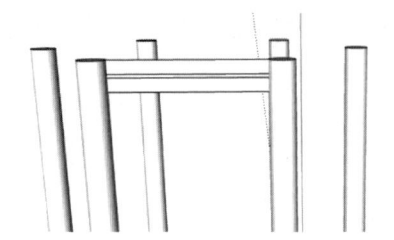

图 4-29　绘制直线

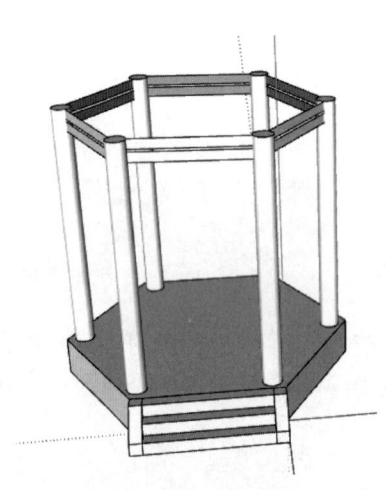

图 4-30　环形阵列

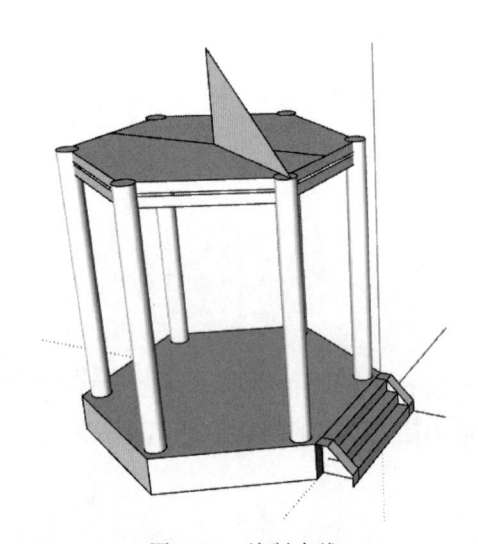

图 4-31　绘制直线

（17）单击"绘图"工具栏中的"圆"按钮，捕捉多边形的中心，绘制半径为1200mm的圆；选择圆边，单击"编辑"工具栏中的"路径跟随"按钮，选择三角形面进行路径跟随，绘制凉亭的顶部造型，如图4-32所示。

（18）单击"大工具集"工具栏中的"轴"按钮，将轴移动到凉亭顶部最上端；单击"绘图"工具栏中的"圆"按钮，绘制圆；单击"编辑"工具栏中的"推/拉"按钮，将圆向下推拉，绘制圆柱体，如图4-33所示。

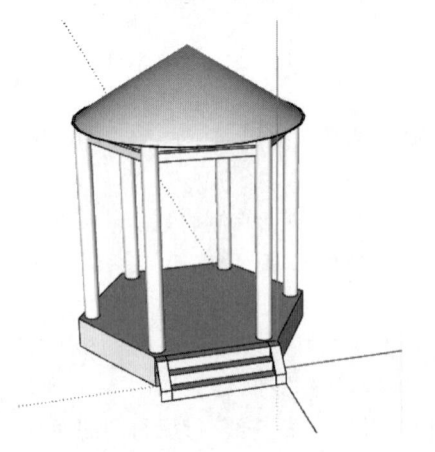

图 4-32　绘制凉亭顶部

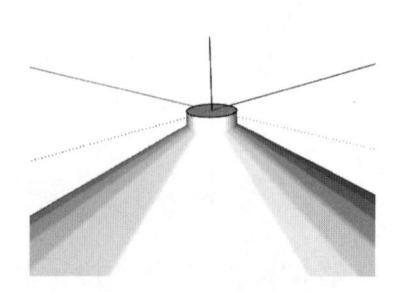

图 4-33　绘制圆柱体

(19) 打开右侧"样式"面板中的"编辑"选项栏,选择"平面设置"选项组,如图 4-34 所示。单击"背面颜色"后的颜色样本■,弹出"选择颜色"对话框,如图 4-35 所示,设置 RGB(187,134,134),重设背面颜色。单击"确定"按钮,返回绘图界面。

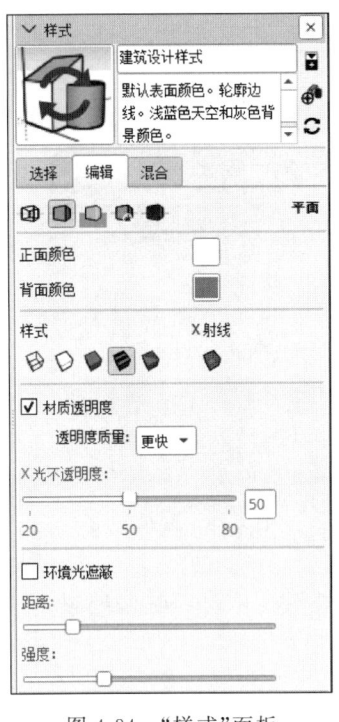

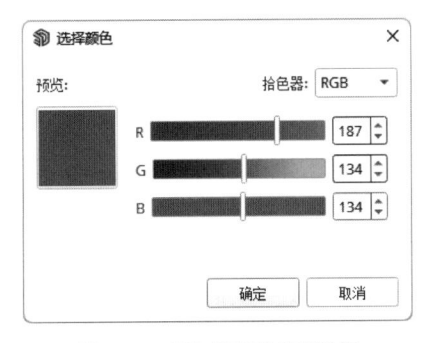

图 4-34　"样式"面板　　　　　图 4-35　"选择颜色"对话框

(20) 选中模型右击,在弹出的快捷菜单中选择"反转平面"命令,如图 4-36 所示,将凉亭顶部、连梁和六个圆柱平面均进行反转,显示背面颜色,结果如图 4-37 所示。

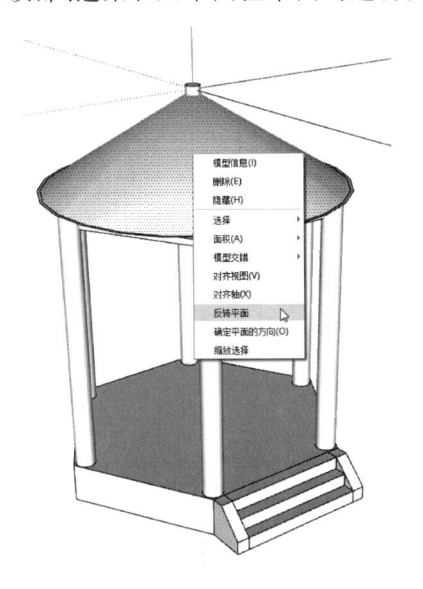

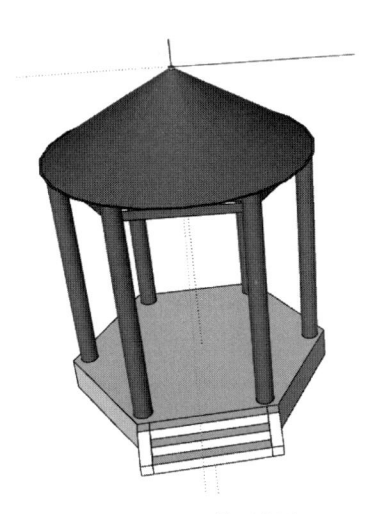

图 4-36　反转平面　　　　　图 4-37　调整模型颜色

（21）单击"大工具集"工具栏中的"颜料桶"按钮，在右侧材质面板中选择屋顶材质，找到红色直立缝金属屋顶，填充屋顶，如图4-38所示。切换至"编辑"选项栏，设置RGB颜色为87、60、49，结果如图4-39所示。

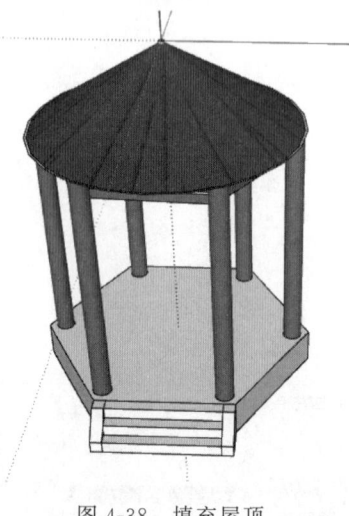

图4-38 填充屋顶

图4-39 编辑材质1

（22）单击"大工具集"工具栏中的"颜料桶"按钮，在右侧材质面板中选择木质纹，找到深色木地板，填充凉亭，如图4-40所示。

（23）切换至"编辑"选项栏，设置RGB颜色为153、94、42，宽度300mm，高度120mm，编辑材质，结果如图4-41所示。

图4-40 填充材质

图4-41 编辑材质2

4.1.3 使用纹理图像命令

使用"材质"面板不仅可以编辑颜色材质，还可以在设置颜色材质时，选中"使用纹理图像"复选框，设置材质贴图。

【执行方式】
默认面板：材质→创建材质→使用纹理图像。
【操作步骤】

1．常规纹理贴图

1）制作常规纹理贴图

（1）在SketchUp中制作长、宽、高均为100mm的正方体，如图4-42所示。然后在Photoshop或其他软件中制作正方形的贴图，如图4-43所示。

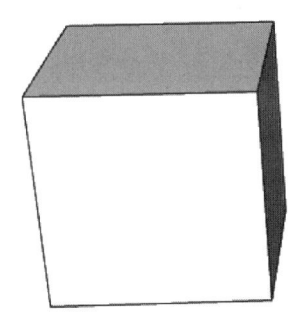

图4-42　创建正方体　　　　图4-43　制作贴图

（2）打开"材质"面板，单击"创建材质"按钮，弹出"创建材质"对话框。任意选择一种颜色，如白色（RGB颜色设置为255、255、255），然后选中"使用纹理图像"复选框，在弹出的"选择图像"对话框中，选择贴图，之后单击"打开"按钮，完成贴图材质创建。最后用颜料桶工具，将尺寸为20mm×20mm的贴图赋予正方体，如图4-44所示。

（3）当正方体与贴图的长宽比例相同时，即贴图尺寸设置为100mm×100mm时，贴图将达到理想效果，如图4-45所示。

图4-44　赋予材质　　　　图4-45　修改贴图尺寸

2）纹理贴图的移动

激活"移动"工具，移动正方体，随着正方体的移动，贴图并不跟随其移动，如图4-46所示。这一现象的原因在于，SketchUp中的贴图默认以其全局坐标系的原点为基准进行定位，而非与正方体自身的移动同步变化。

在SketchUp中，组件是一个特殊的对象，它拥有自己的内部坐标系统，该坐标系统相对于组件本身进行定位。因此，其内部的物体（包括贴图）都将采用这个新的组件坐标系作为参考，从而确保无论组件在场景中如何移动或旋转，贴图都将与正方体保持一致的相对位置，如图4-47所示。

图4-46 移动长方体　　　　图4-47 创建组件

2. 贴图坐标

贴图坐标有固定图钉和自由图钉两种模式，此外贴图还可以包裹转角。设置贴图坐标操作只能在一个平直的面上进行，对于曲面无法设置。

（1）固定图钉模式：在固定图钉模式下的4个图钉都有明确的分工，具有对贴图进行移动、旋转、缩放等功能。单击图钉是对图钉位置进行改变，按住图钉拖动则是对贴图进行变形操作。在设置贴图坐标的过程中按Esc键，则取消当前贴图坐标的改动。

- 移动图钉：拖动此图钉可以对贴图进行移动，如图4-48所示。
- 缩放/修剪图钉：拖动此图钉可以对贴图进行缩放/修剪，如图4-49所示。

图4-48 移动贴图　　　　图4-49 缩放贴图

- 扭曲图钉：拖动此图钉可以对贴图进行扭曲变形，如图4-50所示。
- 变形图钉：拖动此图钉可以对贴图进行缩放/旋转，如图4-51所示。

图4-50 扭曲贴图　　　　图4-51 旋转贴图

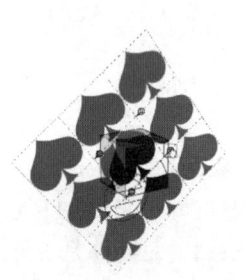

操作步骤：

① 在模型的贴图面右击，在弹出的快捷菜单中选择"纹理"→"位置"命令，模型的贴图将以透明方式显示，并且在贴图上会出现4个彩色的图钉，如图4-52所示。

② 根据场景需要调整不同图钉的位置，对贴图进行编辑，最后在空白区域单击或按Enter键结束命令，结果如图4-53所示。

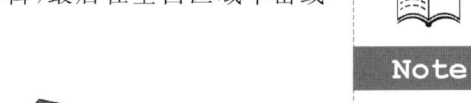

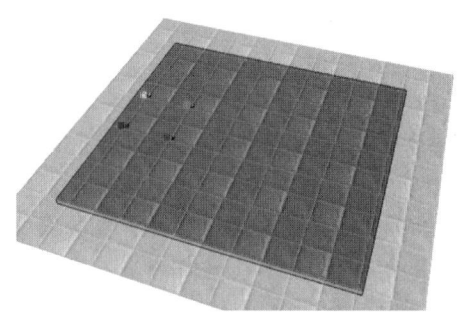

图4-52 贴图位置4个图钉　　　　　图4-53 变形操作

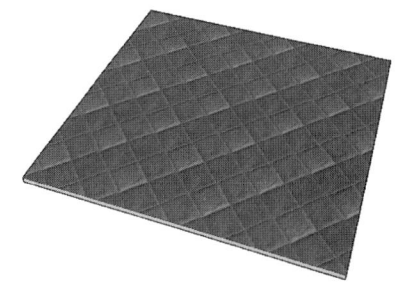

（2）自由图钉模式：适合设置和消除照片的扭曲，在这种模式下，图钉之间不互相限制，可以将图钉拖动到任何位置。

① 在模型的贴图面右击，在弹出的快捷菜单中选择"纹理"→"位置"命令，贴图上会出现4个彩色的别针，继续右击图钉，在弹出的快捷菜单中取消选中"固定图钉"命令，如图4-54所示，将固定图钉模式转变成自由图钉模式，如图4-55所示。

② 依次拖动图钉将其分别移动到所在面的四个角上，使贴图与所在面重合，然后按照贴图进行建模。

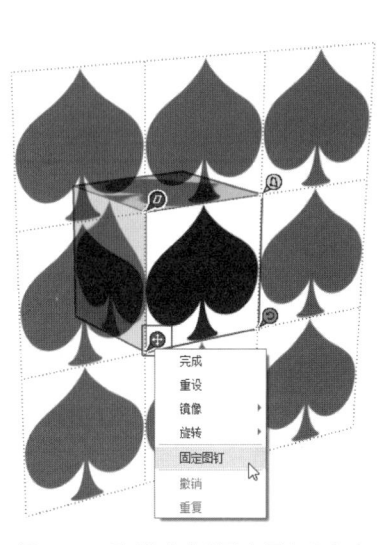

图4-54 取消选中"固定图钉"命令　　　　　图4-55 自由图钉模式

（3）包裹贴图：贴图在转折处无错位，贴图像包装纸一样包裹在物体表面。这种贴图实现起来并不困难，需要先给一个平面赋予贴图，调整贴图尺寸，然后使用吸管吸取这

个平面的材质,赋给其他相邻的平面,如图 4-56 所示。

注意:包裹贴图的关键是用吸管吸取平面的材质,而不是在材质管理器中选择这个平面的材质。因为这个平面的材质被调整大小和坐标后,具有自己独立的属性,这些属性是贴图无错缝的关键。

包裹贴图也有其弱点,正对相机的面为基本面,吸取材质赋给其他面的,虽然相邻面与基本面贴图实现了无缝相接,但是其他面之间由于贴图大小及位置的原因,仍会出现错缝。

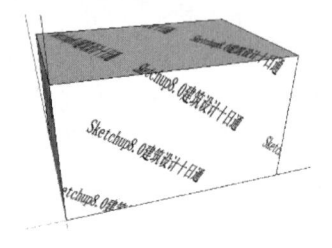

图 4-56 包裹贴图

(4) 投影贴图:SketchUp 的贴图坐标可以投影贴图,就像将幻灯片用投影机投影一样。如果希望在模型上投影地形图像或者建筑图像,那么投影贴图非常有用。任何曲面无论是否被柔化都可以使用投影贴图来实现无缝拼接。下面以一个三角锥(模拟最简化的曲面)为例进行说明。

① 在菜单栏中选择"文件"→"导入"命令,弹出"导入"对话框,如图 4-57 所示,找到山水画图形,将图形用作图像,进行导入。

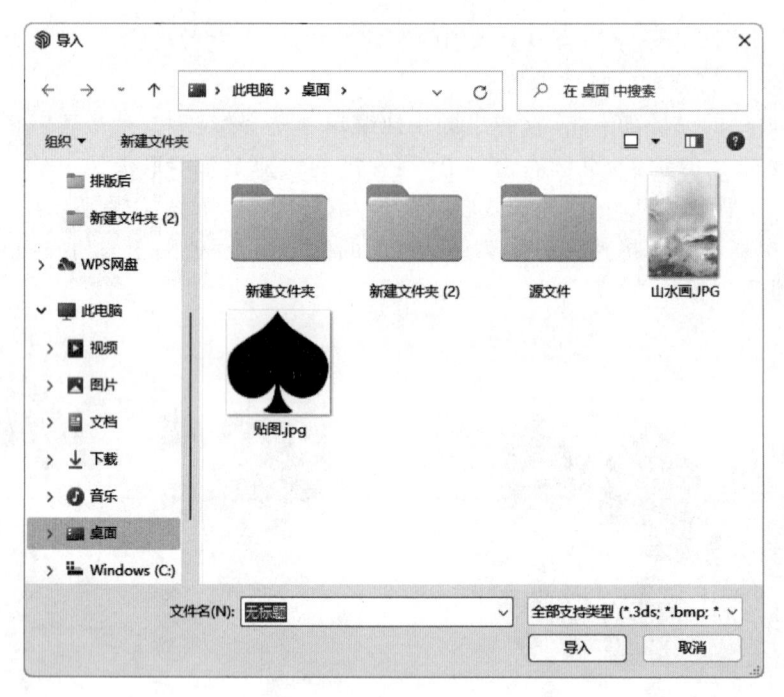

图 4-57 "导入"对话框

② 单击"大工具集"工具栏中的"颜料桶"按钮 ,并按住 Alt 键,吸取山水画材质,为三角锥投影材质。

投影贴图实际上就是在贴图的来源平面上截取被赋予材质物体的投影形状的贴图,将贴图包在三角锥上形成无缝的贴图结果,如图 4-58 所示。

投影贴图不同于包裹贴图,包裹贴图的花纹是随着物体形状的转折而转折的,花纹大小不会改变;但是投影贴图的图像来源于平面,相当于将贴图拉伸,使其与三维实体相交,是贴图正面投影到物体上形成的形状。因此,使用投影贴图会使贴图有一定变形。

96

图 4-58　投影贴图

4.2　综合实例——绘制鱼缸

本节将通过绘制鱼缸的实例来重点学习"纹理"命令,具体的绘制流程图如图 4-59 所示。

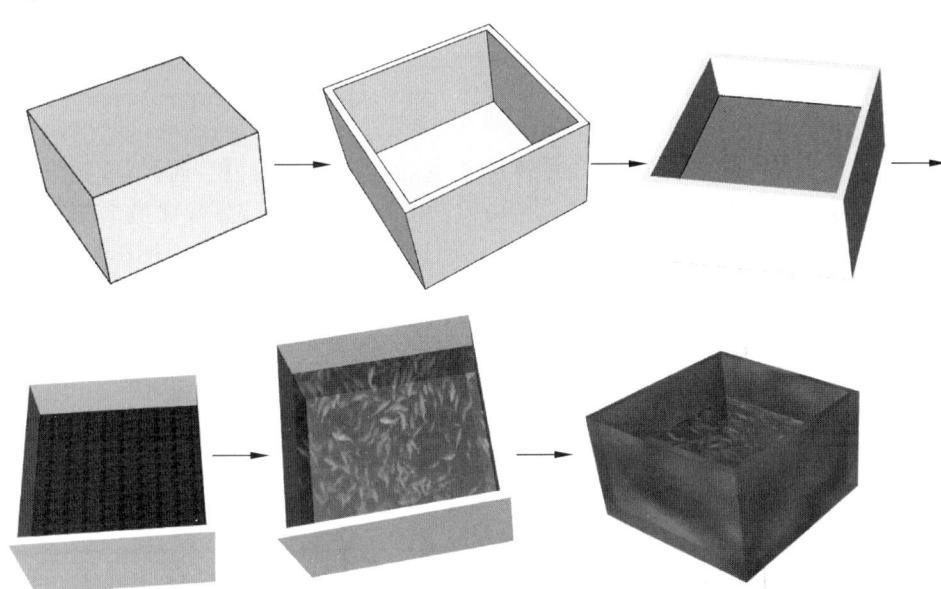

图 4-59　绘制鱼缸流程图

源文件：源文件\第 4 章\鱼缸.skp

（1）单击"绘图"工具栏中的"矩形"按钮，绘制长度和宽度均为 1000mm 的正方形。

（2）单击"编辑"工具栏中的"推/拉"按钮，推拉 600mm,绘制长方体,如图 4-60 所示。

（3）单击"编辑"工具栏中的"偏移"按钮，将顶面向内偏移 20mm,然后单击"编辑"工具栏中的"推/拉"按钮，推拉 550mm,绘制凹槽,如图 4-61 所示。

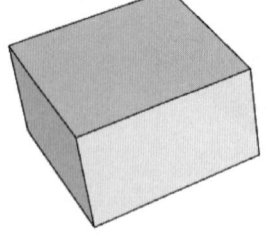

图 4-60　绘制长方体　　　　　　图 4-61　绘制凹槽

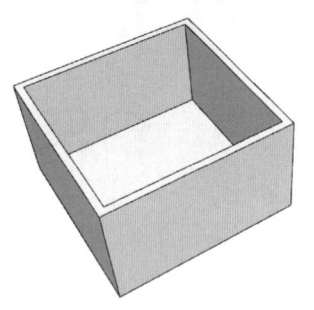

（4）激活"选择"命令，选中边线右击，在弹出的快捷菜单中选择"柔化"命令，将所有的边进行柔化，结果如图 4-62 所示。

（5）单击"绘图"工具栏中的"直线"按钮 ⁄，绘制封闭的矩形面，如图 4-63 所示。

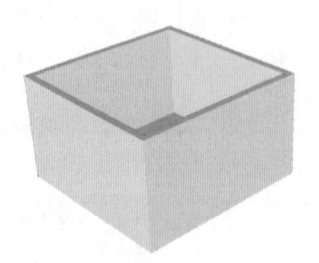

图 4-62　柔化边　　　　　　　　图 4-63　绘制直线

（6）单击"大工具集"工具栏中的"颜料桶"按钮 ⊗，打开"材质"面板，单击"创建材质"按钮 ⊗，弹出"创建材质"对话框。选中"使用纹理图像"复选框，在弹出的"选择图像"对话框中选择"鱼"图片，如图 4-64 所示，单击"打开"按钮，返回"创建材质"对话框，如图 4-65 所示。进行相关参数设置，单击"好"按钮，返回绘图区。

图 4-64　"选择图像"对话框　　　　　　图 4-65　"创建材质"对话框

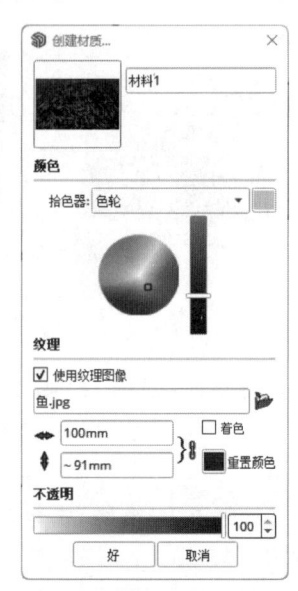

(7) 选择矩形面,添加材质,如图 4-66 所示。

(8) 选中材质右击,在弹出的快捷菜单中选择"纹理"→"位置"命令,调整四个彩色图钉的位置,如图 4-67 所示,对贴图显示的个数和大小进行编辑,最后在空白区域单击,退出编辑模式。

图 4-66　添加材质　　　　　　　　图 4-67　调整图钉位置

(9) 切换至"材质"面板中的"编辑"选项栏,调整颜色参数和透明度,修改材质属性,如图 4-68 所示。

(10) 单击"大工具集"工具栏中的"颜料桶"按钮,切换至"选择"选项组,在路径下拉列表框中选择"玻璃和镜子"材质组中的"可于天空反射的半透明玻璃"材质,填充外侧的鱼缸,如图 4-69 所示。

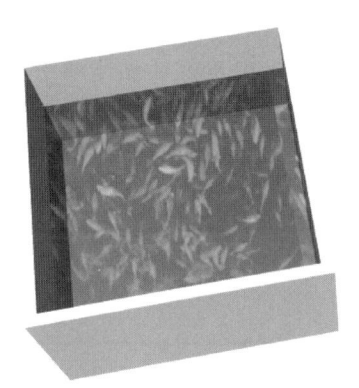

图 4-68　修改材质属性　　　　　　　图 4-69　鱼缸添加材质

第5章

建筑施工工具

内容简介

本章介绍关于辅助绘图工具的相关知识,使读者了解并熟练掌握卷尺、量角器、尺寸和文本工具用法,将各工具应用到图形绘制过程中。

内容要点

- 测量类命令
- 标注类命令

案例效果

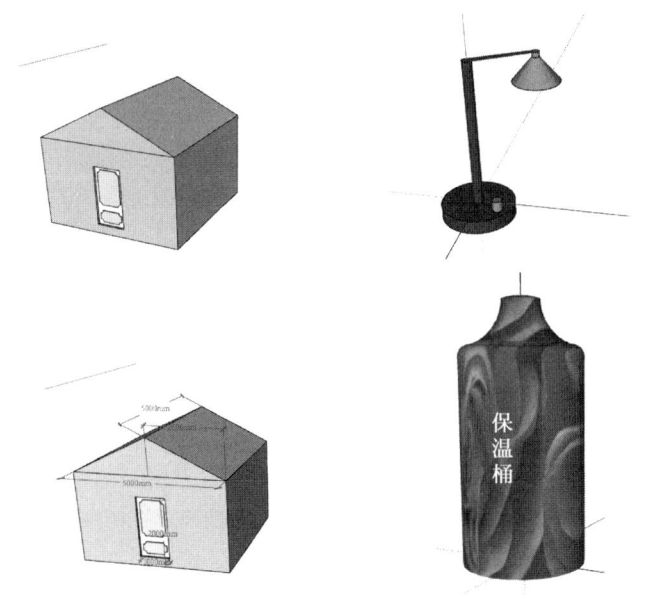

5.1 测量类命令

下面介绍卷尺、量角器和轴三个测量类命令,用于测量角度、尺寸以及改变坐标原点的位置,如图 5-1 所示。

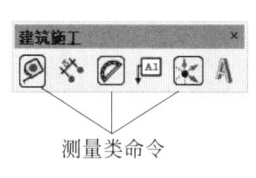

图 5-1 测量类命令

5.1.1 卷尺

卷尺工具不仅可以精确测量距离,还可以制作精准的辅助线以及缩放模型。

【执行方式】
- 快捷命令:T。
- 菜单栏:工具→卷尺。
- 工具栏:大工具集→卷尺 ；使用入门→卷尺 ；建筑施工→卷尺 。

【操作步骤】

1. 测量距离

(1) 单击"建筑施工"工具栏中的"卷尺工具"按钮 ,拾取测量的起点。

(2)移动光标至测量的终点,拾取测量的终点,在长度控制框中会实时显示从起点到终点的距离,如图 5-2 所示。

拾取测量的起点　　　　　　　指定测量的终点

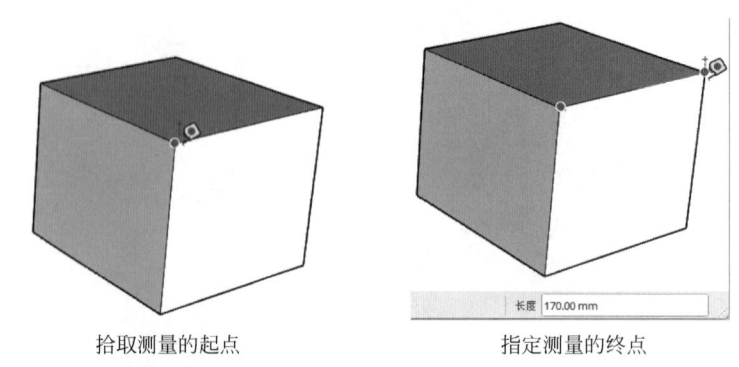

图 5-2　测量距离示意图

2．建立辅助线和辅助点

(1)单击"建筑施工"工具栏中的"卷尺工具"按钮 ,选择与辅助线平行的边线作为参考边。

(2)此时会出现一条辅助线随着光标移动,同时会显示辅助线与参考点之间的距离,在适当位置单击,或者输入精确数值后按 Enter 键,绘制辅助线,如图 5-3 所示。

辅助点的创建方法与辅助线类似。

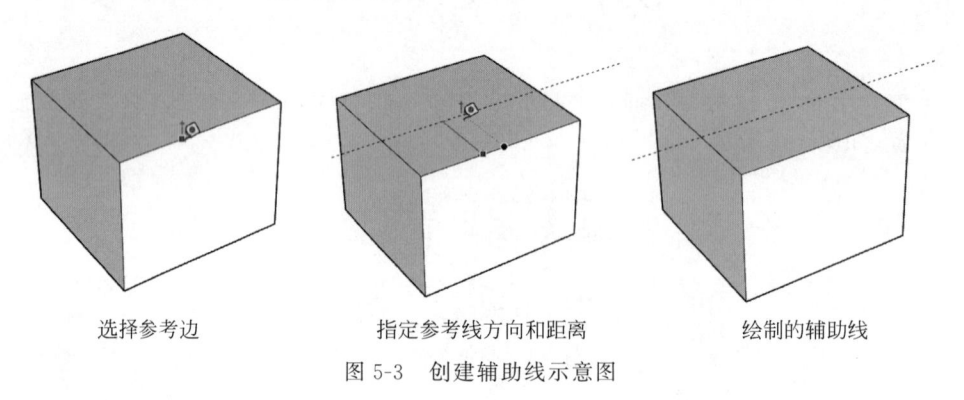

选择参考边　　　　指定参考线方向和距离　　　　绘制的辅助线

图 5-3　创建辅助线示意图

注意：在 SketchUp 中激活"卷尺"命令后,鼠标指针有两种形式：① ：此种状态下表示既可测量线段,又可创建辅助线和辅助点。② ：此种状态是锁定状态,表示只能进行长度测量。两种状态是通过按 Ctrl 键进行切换的。

3．缩放模型

(1)单击"建筑施工"工具栏中的"卷尺工具"按钮 ,单击线段的两个端点,此时不会创建出辅助线,长度控制框中显示该线段的当前长度。

(2)在长度控制框中输入新的数值,按 Enter 键,弹出"提示"对话框,单击"是"按钮,整个模型会根据输入线段长度和当前长度的比值进行全局缩放,如图 5-4 所示。此命令与 AutoCAD 中的"缩放"命令类似。

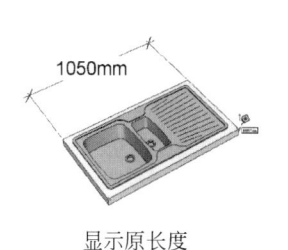

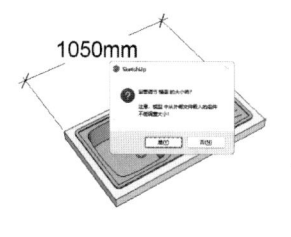

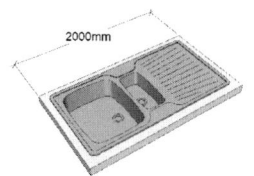

| 显示原长度 | 指定新的数值后确认 | 缩放后的模型 |

图 5-4　缩放模型示意图

注意：(1) 如果只是想调整单个图元的大小,可以将图元创建成组,在组内进行编辑。

(2) 选中参考线,按 Delete 键将其删除,或者选择菜单栏中的"编辑"→"删除参考线"命令,如图 5-5 所示,将删除所有参考线。

图 5-5　删除参考线

5.1.2　实例——绘制小房子

本实例通过绘制小房子来重点学习"卷尺"命令,其绘制流程图如图 5-6 所示。

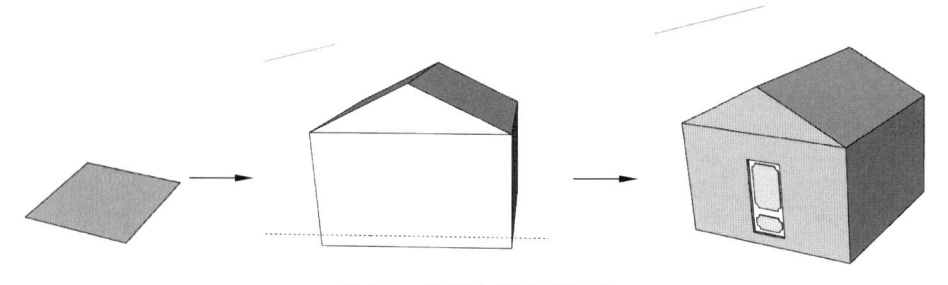

图 5-6　绘制小房子流程图

源文件：源文件\第 5 章\小房子.skp

(1) 单击"绘图"工具栏中的"矩形"按钮，绘制长度和宽度均为 5000mm 的矩形,如图 5-7 所示。

(2) 单击"编辑"工具栏中的"推/拉"按钮，选取步骤(1)绘制的矩形面向上拉伸

3000mm，绘制长方体，如图 5-8 所示。

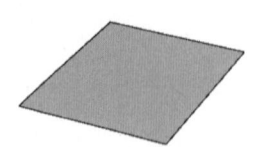

图 5-7　绘制矩形 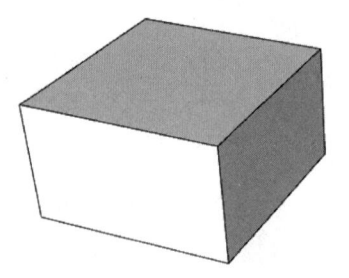　　　　　　　图 5-8　拉伸矩形

（3）单击"绘图"工具栏中的"直线"按钮，沿着矩形的中点绘制高度为 1200mm 的直线，然后连接矩形的端点，绘制封闭的三角形，如图 5-9 所示。

（4）单击"编辑"工具栏中的"推/拉"按钮，选取步骤（3）绘制的三角形面拉伸 5000mm，然后单击"使用入门"工具栏中的"删除"按钮，将辅助线删除，如图 5-10 所示。

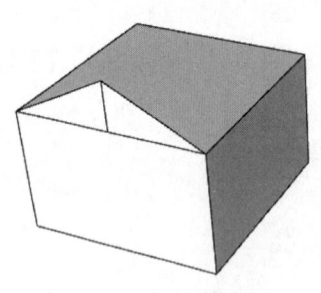

图 5-9　绘制封闭三角形 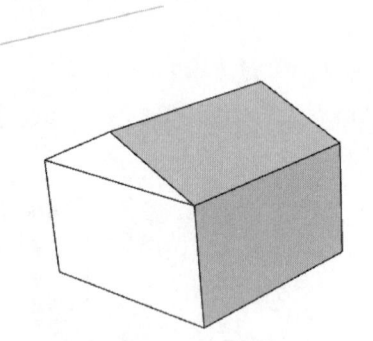　　　　　图 5-10　推拉三角形

（5）单击"建筑施工"工具栏中的"卷尺工具"按钮，单击最下侧边线，鼠标指针上附带一条与底部边线平行的辅助线，在数值控制框中输入 300，按 Enter 键，绘制一条水平辅助线，如图 5-11 所示。继续将辅助线向上偏移 2000mm，左右两侧的边线向内侧偏移 2000mm，绘制剩余的辅助线，如图 5-12 所示。

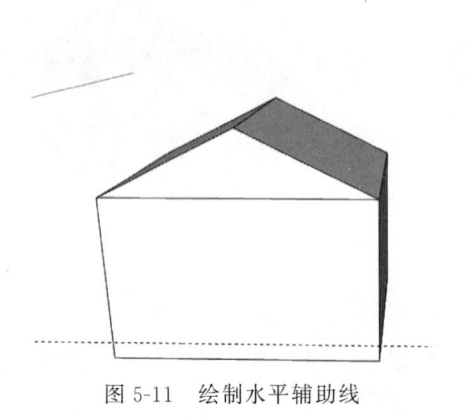

图 5-11　绘制水平辅助线 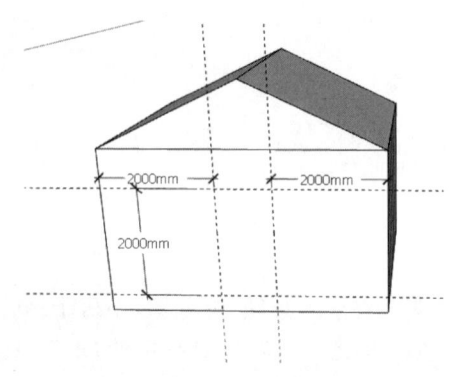　　　　　图 5-12　绘制剩余辅助线

（6）单击"绘图"工具栏中的"矩形"按钮 ▱，以辅助线的交点为角点，绘制门轮廓线，如图 5-13 所示。

（7）单击"编辑"工具栏中的"偏移"按钮 ⌒，将门框向内侧偏移 100mm，绘制门内框，如图 5-14 所示。

图 5-13　绘制门轮廓线　　　　　　图 5-14　偏移外轮廓

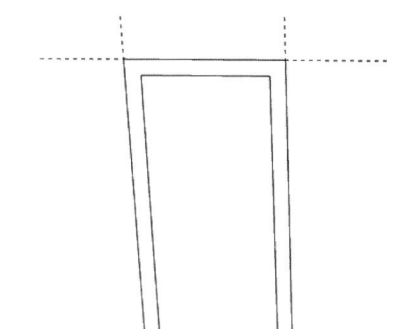

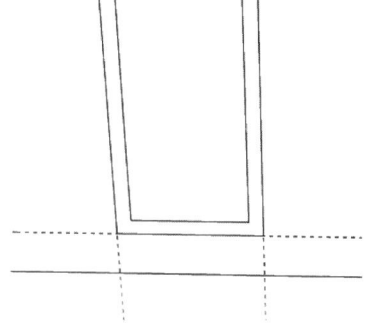

（8）选择菜单栏中的"编辑"→"删除参考线"命令，删除所有参考线。

（9）单击"建筑施工"工具栏中的"卷尺工具"按钮 ⌀，绘制辅助参考线；然后单击"绘图"工具栏中的"直线"按钮 ✎，捕捉辅助线与门框的交点为直线的关键点，绘制水平直线，如图 5-15 所示。

（10）单击"绘图"工具栏中的"圆弧"按钮 ⌒，绘制半径为 100mm、角度为 90°的圆弧，如图 5-16 所示。

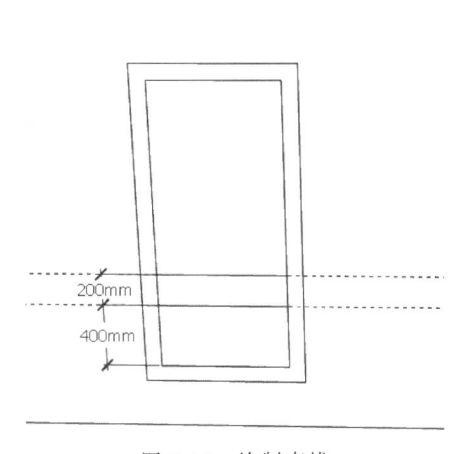

图 5-15　绘制直线　　　　　　图 5-16　绘制圆弧

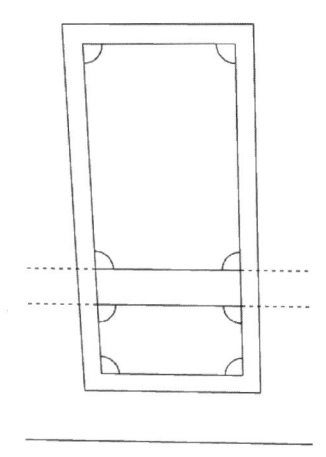

（11）单击"绘图"工具栏中的"选择"按钮 ▸ 并结合键盘上的 Delete 键，删除参考线和多余的直线，结果如图 5-17 所示。

（12）单击"编辑"工具栏中的"推/拉"按钮 ⬘，将门轮廓向内侧拉伸 40mm，向内拉伸 20mm，绘制内部造型，如图 5-18 所示。

(13)单击"大工具集"工具栏中的"颜料桶"按钮,为图形添加材质,如图5-19所示。

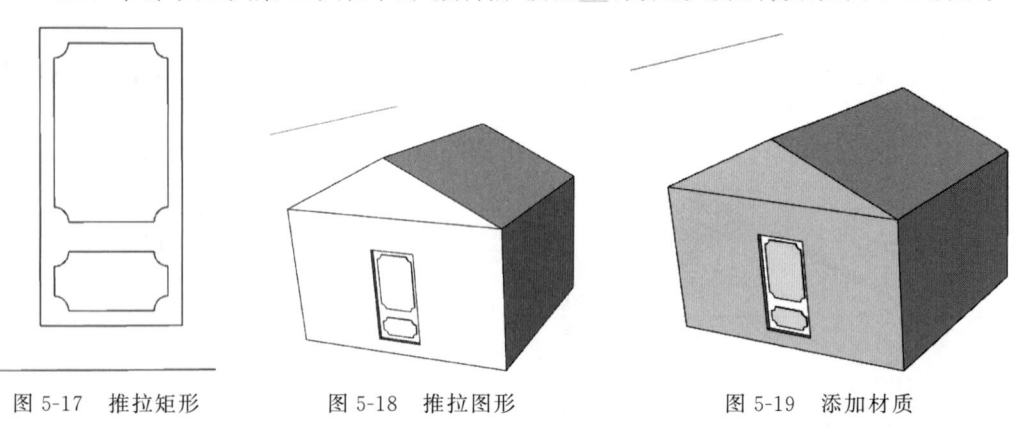

图 5-17　推拉矩形　　　　图 5-18　推拉图形　　　　图 5-19　添加材质

5.1.3　量角器

使用"量角器"命令可以测量角度和创建角度辅助线。

【执行方式】

- 菜单栏：工具→量角器。
- 工具栏：大工具集→量角器；建筑施工→量角器。

【操作步骤】

1. 测量角度

(1)单击"建筑施工"工具栏中的"量角器"按钮,鼠标指针将变成形状,在两条线的交点单击,指定量角器的中心位置。

(2)将量角器的基线与测量角边对齐并单击。

(3)移动鼠标,将量角器的辅助线与测量角的另一边对齐并单击,测量的角度值会显示在数值控制框中,如图5-20所示。

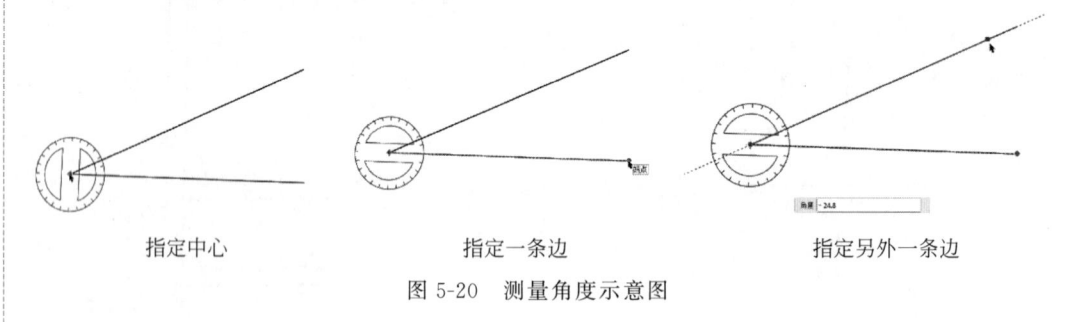

指定中心　　　　　　　指定一条边　　　　　　　指定另外一条边

图 5-20　测量角度示意图

注意：SketchUp 中激活"量角器"命令后,系统默认测量角度同时创建角度辅助线,如果激活"量角器"命令后按住 Ctrl 键,测量角度时不会创建辅助线。在 SketchUp 中激活"量角器"命令后,按住 Shift 键可以锁定当前量角器所在平面。

2. 创建角度辅助线

SketchUp 中创建角度辅助线和测量角度的操作基本相同,角度可以通过数值控制框输入,输入的值可以是角度,例如创建一条与绿轴成 30°的辅助线；也可以是斜率,即角的正切,例如创建一条与绿轴斜率为1∶6的辅助线,如图5-21所示。输入负值表示将往当前鼠标指定方向的反方向旋转,在进行其他操作之前可以持续输入修改。

创建与绿轴成30°的辅助线　　　　　　创建与绿轴斜率为1∶6的辅助线

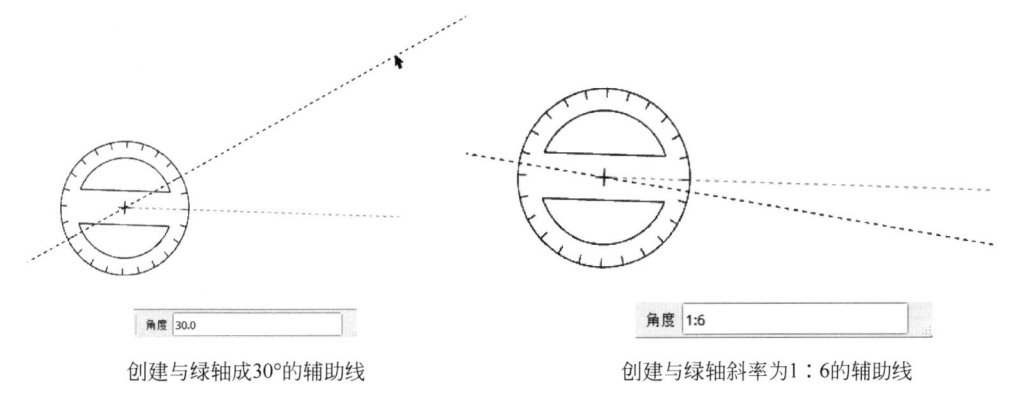

图5-21　创建角度辅助线示意图

5.1.4　轴

"轴"命令用于指定新的坐标系。

【执行方式】

- 菜单栏:工具→坐标系。
- 工具栏:大工具集→轴 ;使用入门→轴 ;建筑施工→轴 。

【操作步骤】

(1) 单击"大工具集"工具栏中的"轴"按钮 ,鼠标指针将变成 ⊥ 形状,移动光标至要放置新坐标系的点单击,确定新的坐标系原点。

(2) 移动光标对齐 x 轴(红轴)的新位置单击,确定 x 轴(红轴)。

(3) 继续移动光标,确定 y 轴(绿轴)、z 轴(蓝轴)垂直于新指定的 xy 平面,生成新的坐标系,如图5-22所示。

新的坐标原点　　　　　　　　　　　确定红轴

确定绿轴　　　　　　　　　　　生成新的坐标系

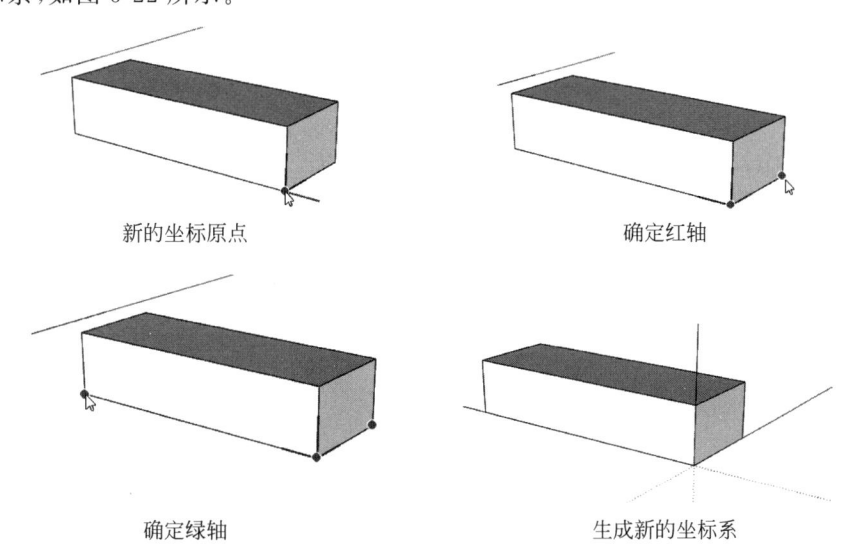

图5-22　"轴"命令指定新坐标系

5.1.5 实例——绘制小台灯

本实例利用"轴"命令绘制小台灯,绘制流程如图 5-23 所示。

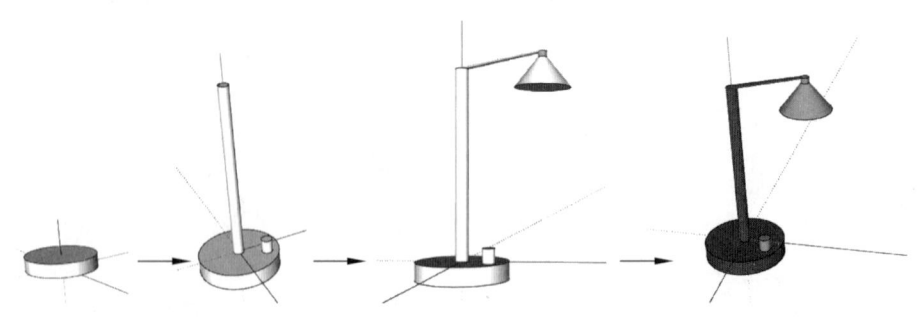

图 5-23　绘制小台灯流程图

源文件：源文件\第 5 章\绘制小台灯.skp

(1) 单击"绘图"工具栏中的"圆"按钮 ⊙,绘制圆心在坐标原点、半径为 75mm 的圆。然后单击"编辑"工具栏中的"推/拉"按钮 ◆,推拉 30mm,绘制底座,如图 5-24 所示。

(2) 单击"绘图"工具栏中的"圆"按钮 ⊙,绘制圆心在顶面、半径为 10mm 的圆。然后单击"编辑"工具栏中的"推/拉"按钮 ◆,推拉 25mm,绘制开关旋钮,如图 5-25 所示。

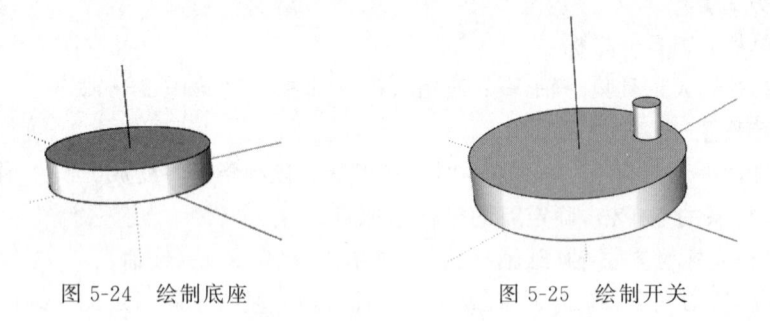

图 5-24　绘制底座

图 5-25　绘制开关

(3) 单击"大工具集"工具栏中的"轴"按钮 ✱,将轴移动到圆的顶面,如图 5-26 所示。

(4) 单击"绘图"工具栏中的"圆"按钮 ⊙,绘制圆心在坐标原点、半径为 10mm 的圆。然后单击"编辑"工具栏中的"推/拉"按钮 ◆,推拉 300mm,绘制支撑杆,如图 5-27 所示。

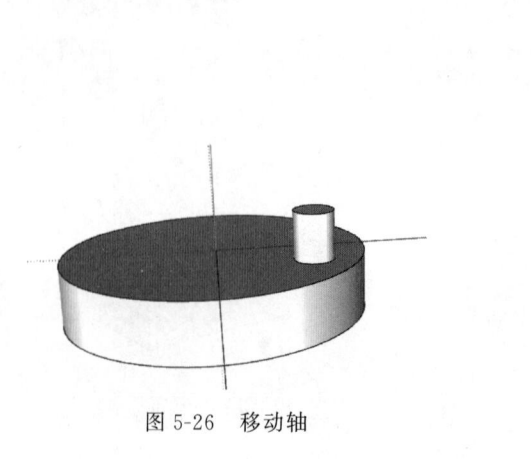

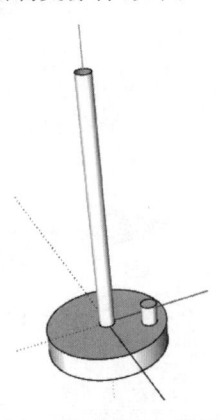

图 5-26　移动轴

图 5-27　绘制支撑杆

(5)单击"编辑"工具栏中的"移动"按钮✥,并按住 Ctrl 键,将顶面向上复制 30mm。然后单击"编辑"工具栏中的"推/拉"按钮◈,向下推拉 30mm,绘制顶面实体,如图 5-28 所示。

(6)单击"编辑"工具栏中的"比例"按钮,将顶面缩放 0.7。选中顶面,单击"编辑"工具栏中的"移动"按钮✥,将顶面移动到合适的位置,如图 5-29 所示。

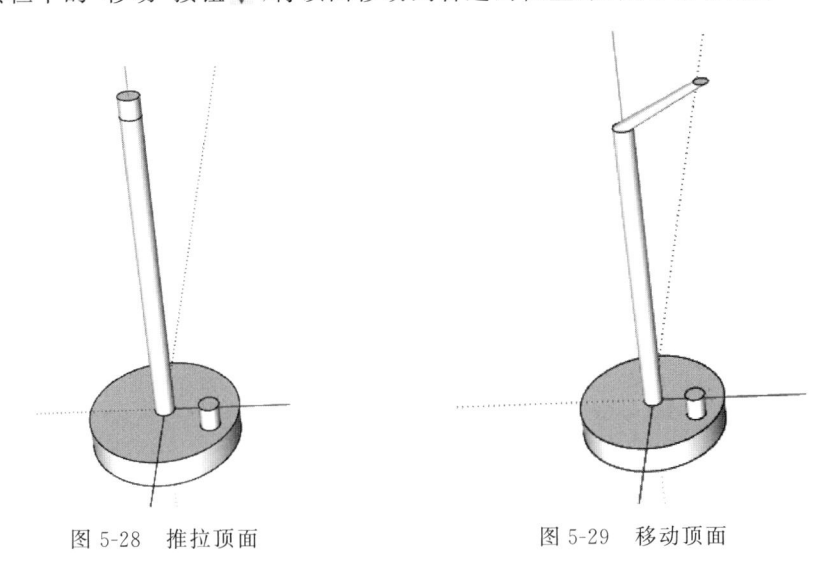

图 5-28 推拉顶面　　　　　图 5-29 移动顶面

(7)单击"编辑"工具栏中的"推/拉"按钮◈,选择圆平面,向下推拉 10mm。继续单击"编辑"工具栏中的"推/拉"按钮◈,并按住 Ctrl 键,将面继续向下推拉 100mm,绘制灯头,如图 5-30 所示。

(8)单击"编辑"工具栏中的"比例"按钮,进行中心缩放,结果如图 5-31 所示。

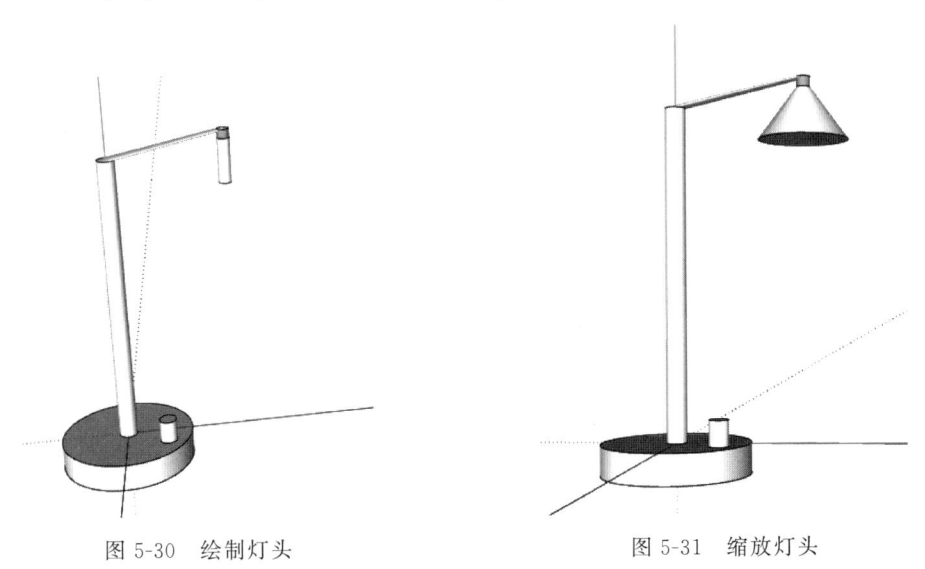

图 5-30 绘制灯头　　　　　图 5-31 缩放灯头

(9)单击"大工具集"工具栏中的"颜料桶"按钮,为图形添加材质,如图 5-32 所示。

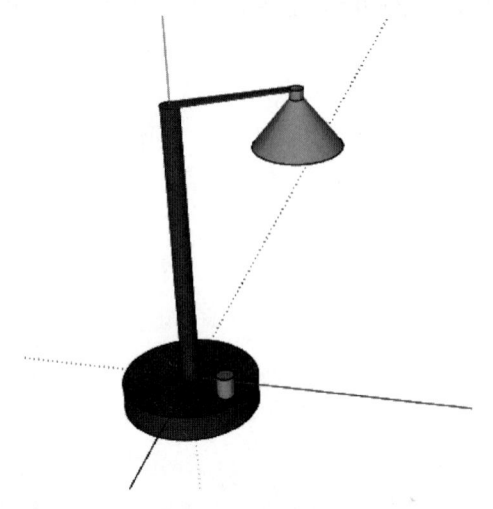

图 5-32 添加材质

5.2 标注类命令

图形绘制完毕后,需要标注图形的相关尺寸和文字说明。正确地进行尺寸标注是设计模型工作中非常重要的环节。系统提供了方便快捷的尺寸标注和文字标注方法,本节介绍软件中的标注类命令,如图 5-33 所示。

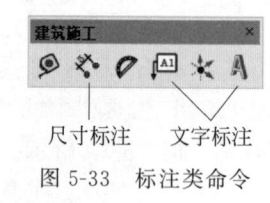

图 5-33 标注类命令

5.2.1 尺寸

SketchUp 具有十分强大的标注功能,其中适合标注的点包括端点、中点、边线上的点、交点以及圆或圆弧的圆心。在进行标注时,有时需要旋转模型以让标注处于需要表达的平面上。

【执行方式】
- 菜单栏:工具→尺寸。
- 工具栏:大工具集→尺寸 ;建筑施工→尺寸 。

【操作步骤】

1. 线段标注

方法一:单击"建筑施工"工具栏中的"尺寸"按钮 ,依次单击线段的两个端点,然后拖动鼠标到适当位置再次单击,完成尺寸标注,如图 5-34 所示。

方法二:单击"建筑施工"工具栏中的"尺寸"按钮 ,直接单击线段,选中的线段会高亮显示,然后拖动鼠标到适当的位置再次单击,完成尺寸标注,如图 5-35 所示。

2. 半径及直径标注

(1) 单击"建筑施工"工具栏中的"尺寸"按钮 ,单击要标注的圆弧。
(2) 拖动鼠标到适当位置再次单击,完成直径标注。

选择一个端点　　　　　选择另外一个端点　　　　　确定标注位置

图 5-34　尺寸标注方法一示意图

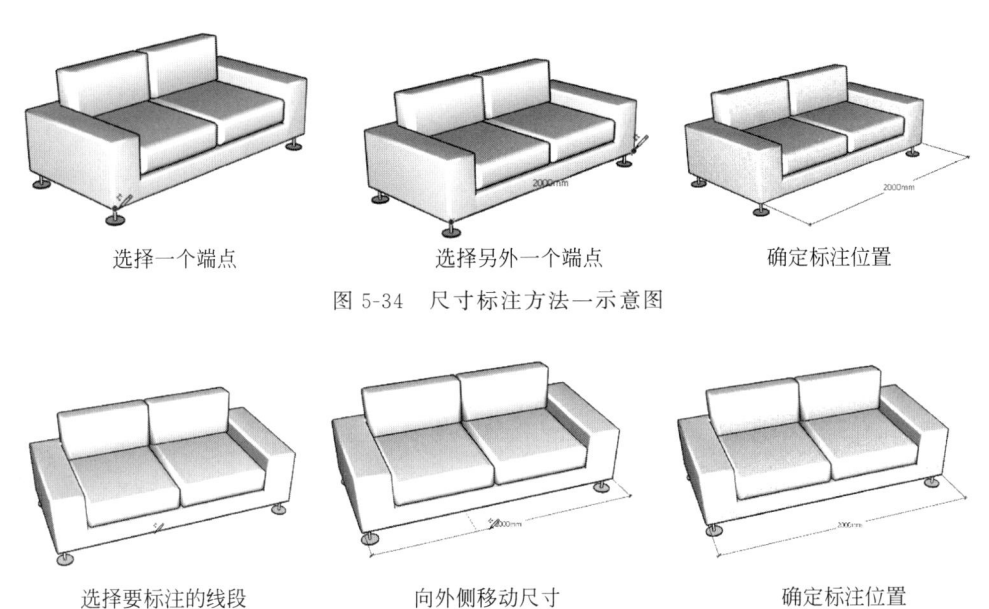

选择要标注的线段　　　向外侧移动尺寸　　　　　确定标注位置

图 5-35　尺寸标注方法二示意图

（3）选中标注的文字右击，在弹出的快捷菜单中选择"类型"→"半径"命令，将直径尺寸转换为半径尺寸，如图 5-36 所示。

选择圆弧　　　　　　　标注直径　　　　　　　　确定标注位置

更改标注类型　　　　　　　　　　　　　　　　　标注半径

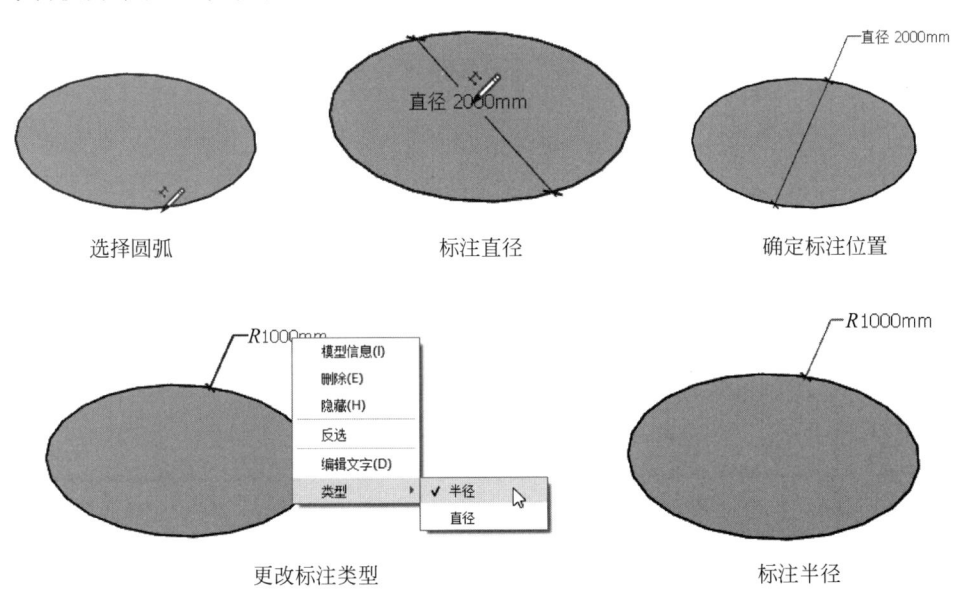

图 5-36　半径及直径标注示意图

3．更改标注类型

（1）进行尺寸标注前，需要创建尺寸标注样式。如果用户不创建尺寸样式而是直接进行标注，系统会使用默认的样式。如果用户认为默认的标注样式某些设置不合适，也可以进行修改。选择菜单栏中的"窗口"→"模型信息"命令，弹出"模型信息"对话框，选择"尺寸"选项卡，用于设置尺寸标注的类型、字体、颜色、大小等，如图 5-37 所示。

图 5-37 "尺寸"选项卡

（2）"文本"选项组中显示当前字体和文字高度，单击右侧"字体"按钮，弹出"选择字体"对话框，如图 5-38 所示，用户可以设置新的字体、字体风格和大小，例如字体设置为 Times New Roman、Regular（常规）、5 号。单击"确定"按钮，更改"文本"选项组显示的字体。

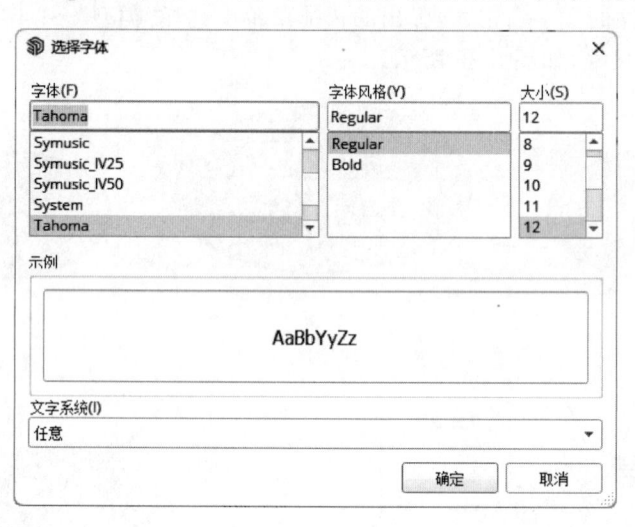

图 5-38 更改字体

（3）在"文本"选项组中还显示当前标注的字体颜色，用户可以自行设置。单击颜色样本■，弹出"选择颜色"对话框，如图 5-39 所示，调整对话框中的矩形条的位置，更改颜色。设置完毕之后，单击"确定"按钮，更改"文本"选项组显示的字体颜色。

（4）单击"选择全部尺寸"按钮，系统以蓝色高亮显示所有尺寸。再单击"更新选定的尺寸"按钮，更改模型中所有文字的字体高度和颜色，

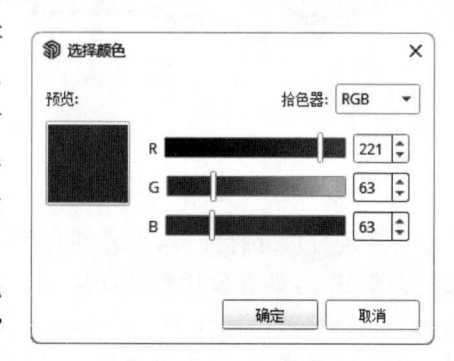

图 5-39 更改颜色

如图 5-40 所示。

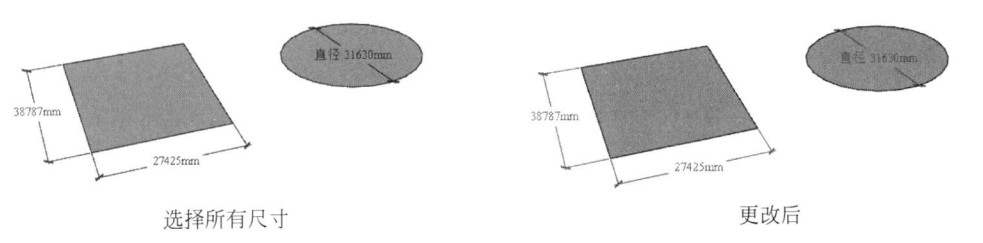

图 5-40　更改所有字体示意图

（5）如果要更改其中一部分字体的相关属性，首先使用"选择"命令选中部分尺寸，然后单击"更新选定的尺寸"按钮，仅更改选中文字的字体属性，如图 5-41 所示。

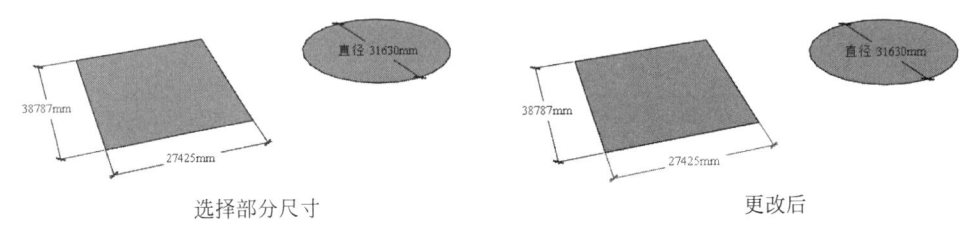

图 5-41　更改部分字体示意图

（6）单击"引线"选项组中的"端点"选项，打开端点样式下拉列表框，设置端点效果，如图 5-42 所示。

（7）选择"尺寸"选项组中的"对齐屏幕"单选按钮，标注的文字始终平行于屏幕。选择"对齐尺寸线"单选按钮，右侧下拉列表中可以切换上方、居中和外部三种形式，如图 5-43 所示。不同的方式效果不同，如图 5-44 所示。

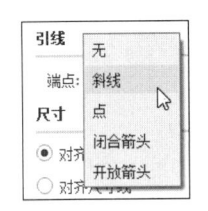

图 5-42　设置引线端点

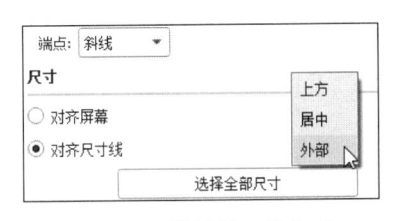

图 5-43　设置尺寸线位置

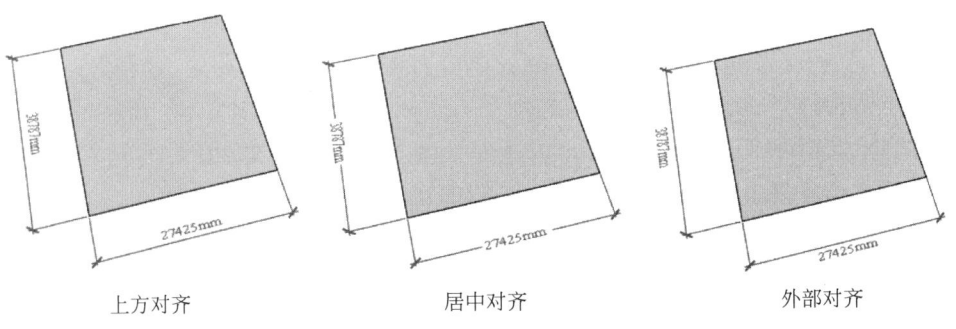

上方对齐　　　居中对齐　　　外部对齐

图 5-44　更改尺寸线位置

113

5.2.2 实例——标注小房子

本节将通过标注小房子尺寸的实例来重点学习"尺寸"命令,具体的绘制流程图如图 5-45 所示。

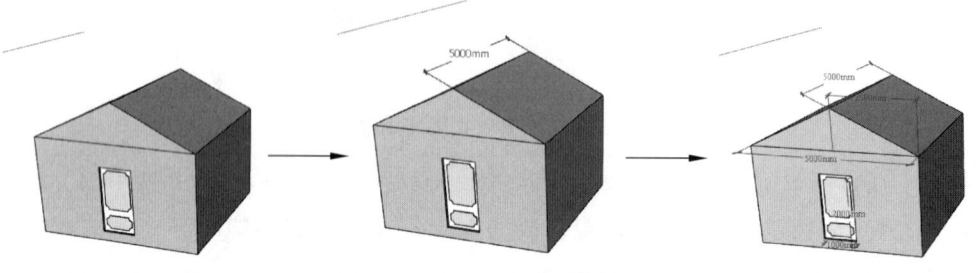

图 5-45 标注小房子流程图

源文件:源文件\第 5 章\标注小房子.skp

(1)选择菜单栏中的"文件"→"打开"命令,打开源文件中的小房子图形,如图 5-46 所示。

(2)单击"建筑施工"工具栏中的"尺寸"按钮 ,单击要标注线段的两端点,然后向外拖动鼠标,将标注移动到适当的位置单击,标注尺寸 5000mm,如图 5-47 所示。

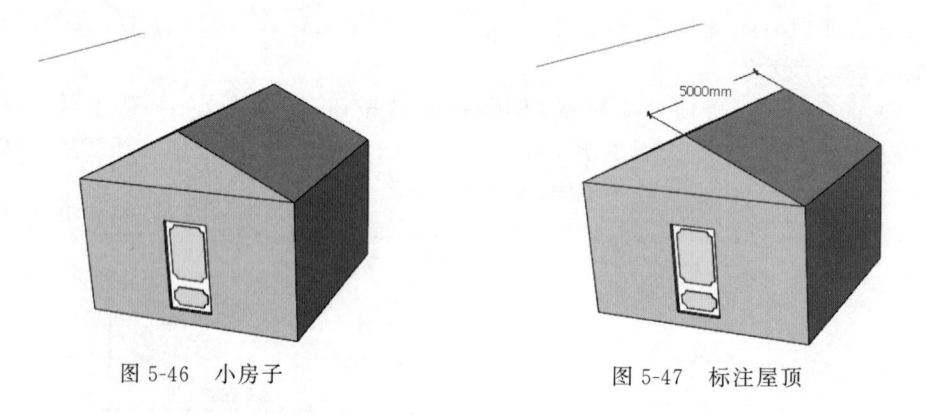

图 5-46 小房子

图 5-47 标注屋顶

(3)重复上述操作完成剩余尺寸的标注,如图 5-48 所示。

(4)选择菜单栏中的"窗口"→"模型信息"命令,弹出"模型信息"对话框,选择"尺寸"选项卡,"文本"选项组中显示当前字体和文字高度。单击右侧"字体"按钮,弹出"选择字体"对话框,如图 5-49 所示。将字体设置为 Times New Roman、Regular(常规)、10 点。单击"确定"按钮,更改"文本"选项组显示的字体。

(5)在"文本"选项组中还显示当前标注的字体颜色,用户可以自行设置。单击颜色样本■,弹出"选择颜色"对话框,如图 5-50 所示,调整对话框中

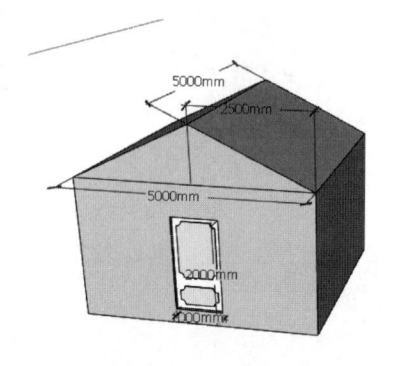

图 5-48 标注其他尺寸

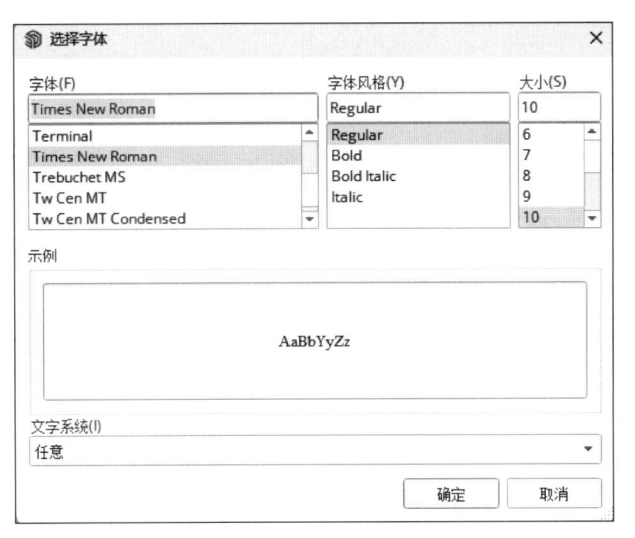

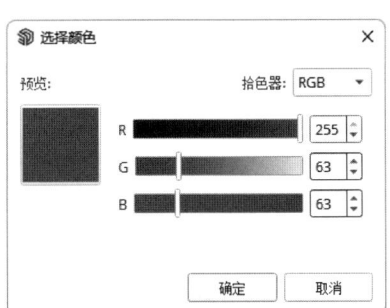

图 5-49 更改字体　　　　　　图 5-50 更改颜色

的矩形条的位置,更改颜色。设置完毕之后,单击"确定"按钮,更改"文本"选项组显示的字体颜色,如图 5-51 所示。

(6) 单击"选择全部尺寸"按钮,系统以蓝色高亮显示所有尺寸,再单击"更新选定的尺寸"按钮,更改模型中所有文字的字体高度和颜色,如图 5-52 所示。

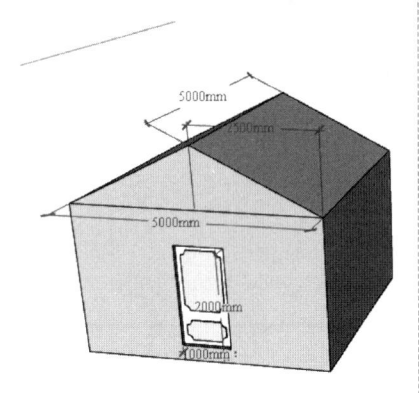

图 5-51 更改字体和颜色　　　　　　图 5-52 更改模型中的尺寸

(7) 单击"引线"选项组中的"端点"选项,打开端点样式下拉列表,将端点设置为闭合箭头。选择"尺寸"选项组中的"对齐屏幕"单选按钮,标注的文字始终平行于屏幕,如图 5-53 所示。

(8) 单击"选择全部尺寸"按钮,系统以蓝色高亮显示所有尺寸,再单击"更新选定的尺寸"按钮,更改模型中所有的引线端点和尺寸对齐方式,如图 5-54 所示。

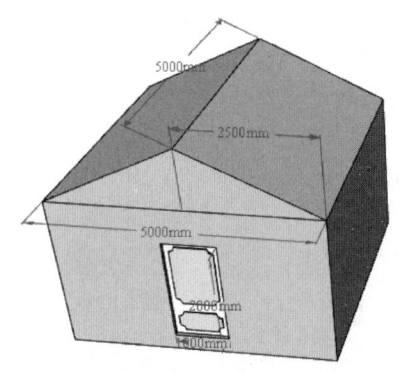

图 5-53　设置尺寸线　　　　图 5-54　更改引线端点和尺寸对齐方式

5.2.3　文本

　　文本注释是图形中很重要的一部分内容。进行各种设计时，不仅要绘制图形，还要在图形中标注文字，如技术要求、注释说明等。选择菜单栏中的"窗口"→"模型信息"命令，弹出"模型信息"对话框，选择"文本"选项卡，如图 5-55 所示，设置文字和引线的样式，包括引线文字、引线终点、字体类型和颜色等。

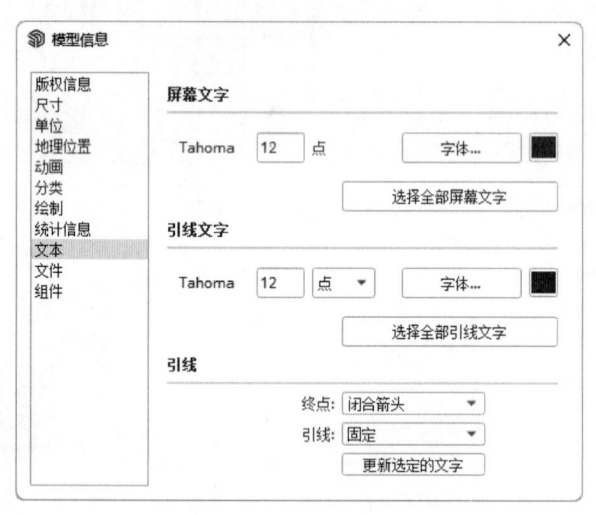

图 5-55　"文本"选项卡

【执行方式】
- 菜单栏：工具→文字。
- 工具栏：大工具集→文字 ；建筑施工→文字 。

【操作步骤】

1．标注引线文字

（1）单击"建筑施工"工具栏中的"文本标注"按钮 ，在实体对象上单击，确定引线的基点。

(2) 移动鼠标,把标注移动到适当位置,再次单击,确定文本框的位置。

(3) 在文本框中输入文字信息,输入完成后,按两次 Enter 键或者单击文本框的外侧确认,如图 5-56 所示。

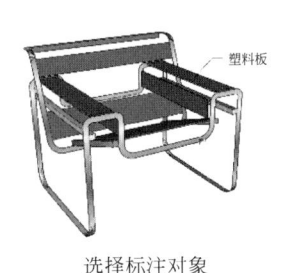

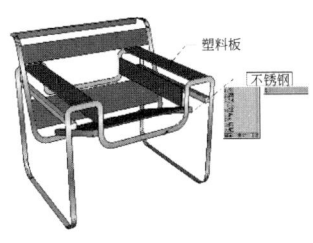

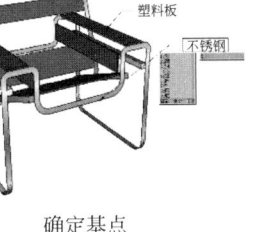

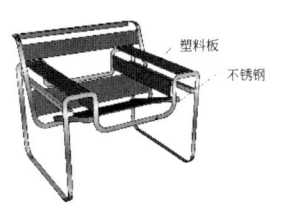

| 选择标注对象 | 确定基点 | 确定标注位置 |

图 5-56　引线文字标注示意图

注意：激活"文字"命令后,双击需要进行文字标注的实体对象,文字将直接被附着在实体表面上。

2．标注屏幕文字

(1) 单击"建筑施工"工具栏中的"文本标注"按钮,在屏幕空白处单击。

(2) 在弹出的文本框中输入文字信息。

(3) 输入完成后单击文本框外侧或者按两次 Enter 键确认。屏幕文字在屏幕中的位置是固定的,不会因旋转视图而改变。

注意：编辑或修改文本信息可通过双击文字标注进行,或右击文字标注,在弹出的快捷菜单中进行编辑。

5.2.4　3D 文本

本命令用于创建三维文字或平面文字的效果,广泛用于广告、Logo 和雕塑文字等。

【执行方式】

- 菜单栏：工具→3D 文本。
- 工具栏：大工具集→3D 文本；建筑施工→3D 文本。

【操作步骤】

1．三维文字

单击"建筑施工"工具栏中的"3D 文本"按钮,弹出"放置三维文本"对话框,如图 5-57 所示。在文本框中输入文字如"SketchUp 实战基础训练",如图 5-58 所示。然后调整字形、字高等,系统默认选中"填充"和"已延伸"复选框,"已延伸"复选框后面的数字栏中显示三维文字的厚度。选中"已延伸"复选框时,系统创建三维文字,效果如图 5-59 所示。

2．平面文字

单击"建筑施工"工具栏中的"3D 文本"按钮,弹出"放置三维文本"对话框,在文本框中输入文字如"SketchUp 实战基础训练",如图 5-60 所示。若不选中"已延伸"复选框,系统创建平面文字,效果如图 5-61 所示。

图 5-57 "放置三维文本"对话框　　　　图 5-58 输入文字

图 5-59 三维文字

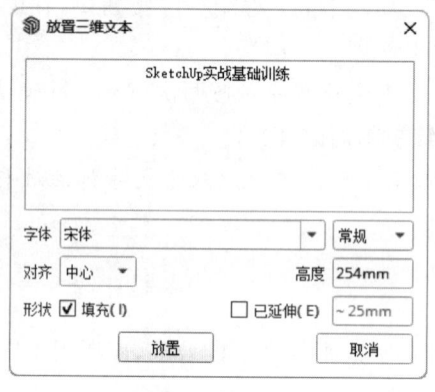

图 5-60 输入文字

图 5-61 平面文字

5.2.5 实例——绘制保温桶

本节通过绘制保温桶的实例来重点学习"3D 文本"命令,具体的绘制流程图如图 5-62 所示。

源文件:源文件\第 5 章\绘制保温桶.skp

(1)单击"绘图"工具栏中的"直线"按钮 和"两点圆弧"按钮 ,绘制保温桶的轮廓线,如图 5-63 所示。

(2)单击"绘图"工具栏中的"圆"按钮 ,绘制适当大小的圆,如图 5-64 所示。

第5章 建筑施工工具

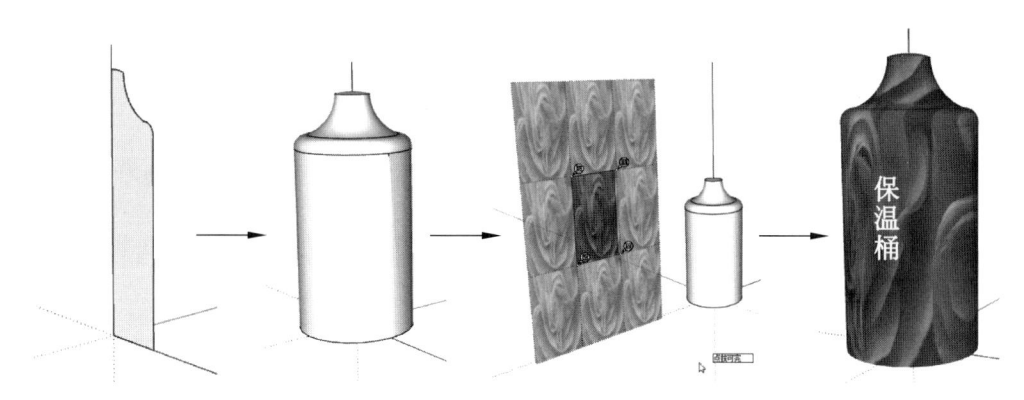

图 5-62 绘制保温桶流程图

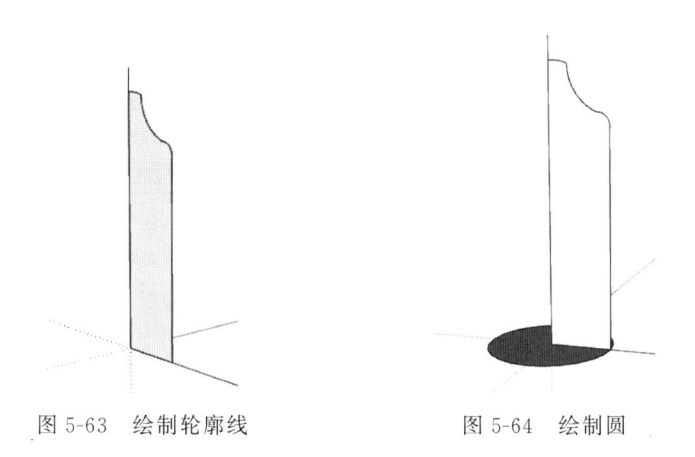

图 5-63 绘制轮廓线   图 5-64 绘制圆

（3）选择步骤（2）绘制的圆边线，单击"编辑"工具栏中的"路径跟随"按钮，继续选择保温桶轮廓线，进行路径跟随，结果如图5-65所示。

（4）单击"绘图"工具栏中的"直线"按钮，将保温桶底部进行修补。单击"使用入门"工具栏中的"删除"按钮，将直线删除，如图5-66所示。

图 5-65 路径跟随   图 5-66 修补底面

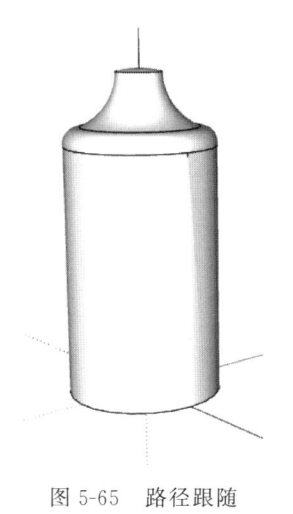

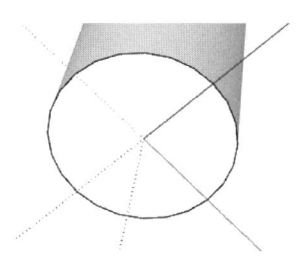

· 119 ·

(5)单击"绘图"工具栏中的"矩形"按钮◻并结合"编辑"工具栏中的"移动"按钮✥，绘制长度和宽度与保温桶长度和宽度近似相等的矩形，如图5-67所示。

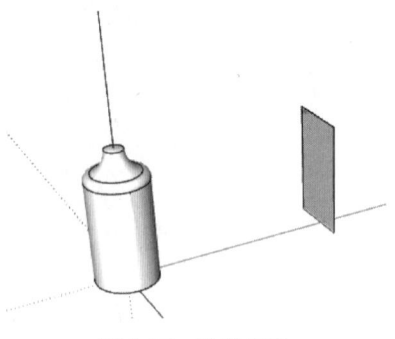

图5-67 绘制矩形

(6)单击"大工具集"工具栏中的"颜料桶"按钮，打开"材质"面板。单击"创建材质"按钮，选中"使用纹理图形"复选框，弹出"选择图像"对话框，如图5-68所示，找到源文件中的"花"图形，将其打开。

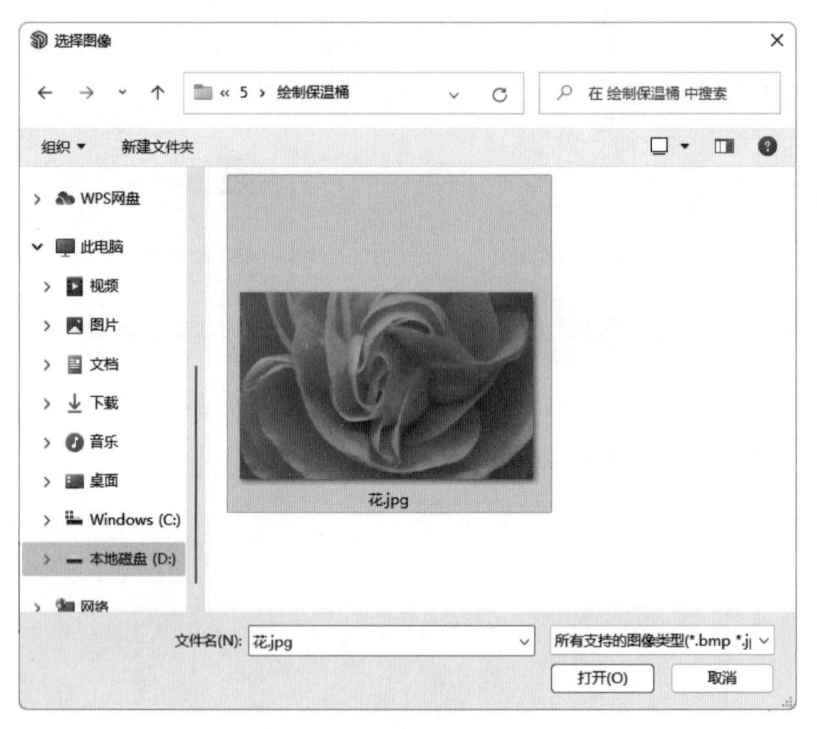

图5-68 "选择图像"对话框

(7)单击矩形，为其添加材质，如图5-69所示。
(8)选中矩形右击，在弹出的快捷菜单中选择"纹理"→"位置"命令，调整4个指针的位置，然后按Enter键，编辑材质，如图5-70所示。

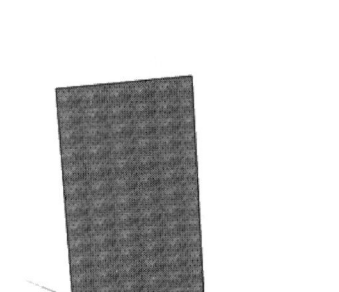

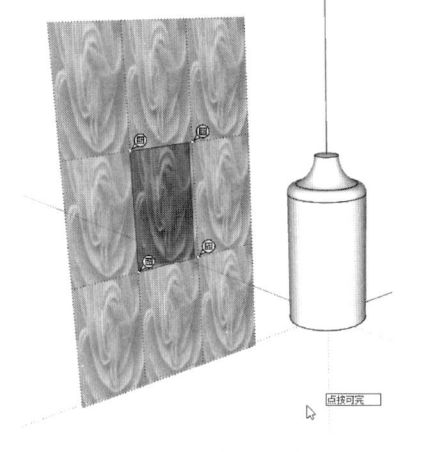

图 5-69　添加材质　　　　　　图 5-70　编辑材质

(9) 选中矩形右击,在弹出的快捷菜单中选择"纹理"→"投影"命令,进行投影,如图 5-71 所示。

(10) 单击"大工具集"工具栏中的"颜料桶"按钮，打开"材质"面板,单击"样板颜料"按钮，吸取矩形上的材质,然后投影到保温桶上,如图 5-72 所示。

图 5-71　选择"纹理"→"投影"命令　　　　　　图 5-72　投影保温桶

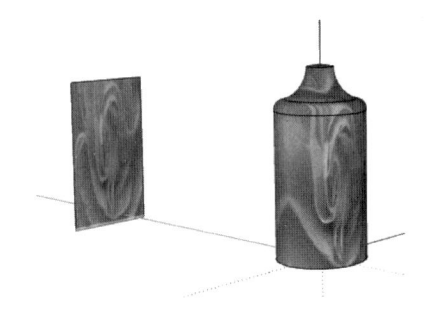

(11) 选中整个保温桶右击,在弹出的快捷菜单中选择"只选择面"命令,如图 5-73 所示。选中模型中的全部面右击,在弹出的快捷菜单中选择"隐藏其他"命令,仅显示模型中的全部面,如图 5-74 所示。

(12) 单击"辅助"工具栏中的"3D 文字"按钮，弹出"放置三维文本"对话框,在文本框中输入文字"保温桶",设置参数,如图 5-75 所示。最后放置文字,如图 5-76 所示。

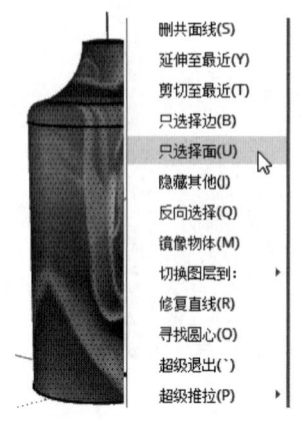

图 5-73 选择"只选择面"命令

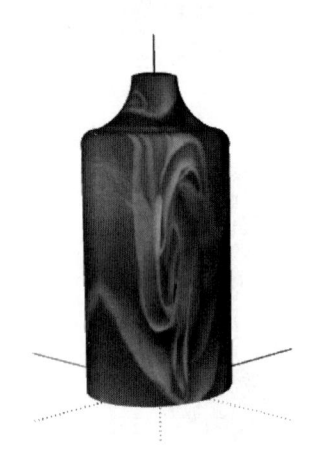

图 5-74 仅显示面

图 5-75 "放置三维文本"对话框

图 5-76 放置文字

第6章

实用工具

内容简介

本章介绍实用工具的相关知识，使用群组和组件命令组织模型不仅可以节省计算机资源，还能提高建模的速度与准确性。标记命令为以前的图层命令，主要用于管理模型。

内容要点

- 创建类命令
- 标记类命令

案例效果

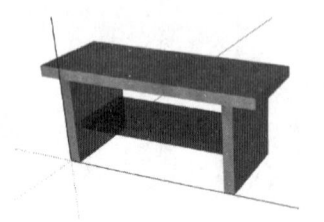

6.1 创建类命令

本节包含创建群组和创建组件两个命令。

6.1.1 创建群组

群组是一些点、线、面或者实体的集合，它与组件的区别是没有组件库和关联复制的特性。但是群组可以作为临时性的群组管理，并且不占用组件库，也不会使文件变大，所以使用起来还是很方便的。

群组有以下优势。

（1）快速选择：选中一个组就选中了组内的所有元素。

（2）几何体隔离：组内的物体和组外的物体相互隔离，操作互不影响。

（3）协助组织模型：几个组还可以再次成组，形成一个具有层级结构的组。

（4）提高建模速度：用组来管理和组织划分模型，有助于节省计算机资源，提高建模和显示速度。

（5）快速赋予材质：分配给组的材质会由组内使用默认材质的几何体继承，而事先制定了材质的几何体不会受影响，这样可以大大提高赋予材质的效率。当组被炸开以后，此特性就无法应用了。

【执行方式】
- 菜单栏：编辑→创建群组。
- 快捷菜单：创建群组。

【操作步骤】

1. 创建与分解组

（1）选择桌腿，单击"编辑"工具栏中的"移动"按钮，移动桌腿，发现桌腿和桌面会黏结，导致桌面变形，如图6-1所示。按Esc键退出操作。

（2）选中桌腿右击，在弹出的快捷菜单中选择"创建群组"命令，如图6-2所示，将桌腿创建为群组。创建完成后，外侧会出现高亮显示的边界框。

（3）按键盘上的空格键，激活"选择"命令，在桌腿上任意一点单击，可以选中全部桌腿，再单击"编辑"工具栏中的"移动"按钮，移动桌腿，此时桌面不会随着桌腿的移动而变形，如图6-2所示。

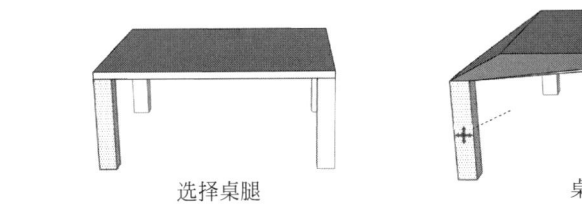

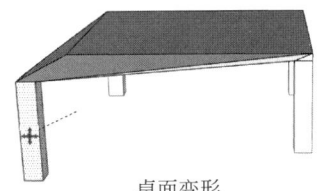

图 6-1 未创建群组示意图

图 6-2 创建群组示意图

（4）选中桌腿右击，在弹出的快捷菜单中选择"炸开模型"命令，如图 6-3 所示，将桌腿解组，恢复到成组之前的状态。

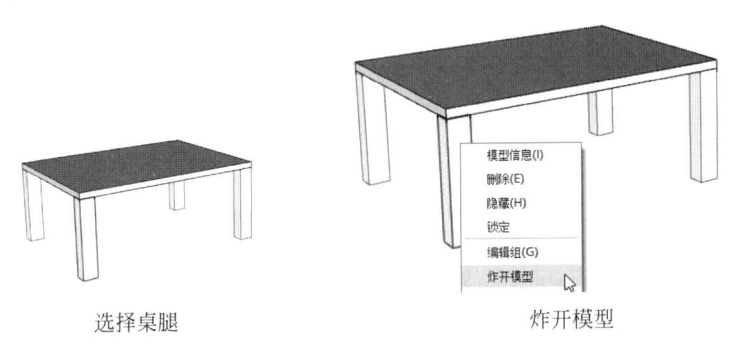

图 6-3 解组示意图

注意：创建组和解组操作需要选中模型后再进行操作。

2．嵌套组

如果模型中有多个构件，为了方便各个构件的使用，可以使用嵌套功能，首先将各个构件单独创作成小组，然后将整体的模型进行嵌套，组合成一个整体的组。这样不但可以进一步简化模型数量，还能方便地调整各个构件的位置与造型。

（1）参照上面的方法，将 4 个桌腿和 1 个桌面分别创建为群组。

（2）选中所有的桌腿和桌面右击，在弹出的快捷菜单中选择"创建群组"命令，将整个模型创建为群组，即创建嵌套组。创建后的模型外侧将显示蓝色的外框，如图 6-4 所示，模型变成一个整体。执行"选择"命令，单击模型上的任意一点，选中整个模型，继续执行"移动"命令，整个模型会跟着移动。

（3）当需要编辑组内部的构件时，需要进入组的内部进行操作。双击创建的群组，

创建群组　　　　　　　　　　　　　　整个模型显示蓝色外框

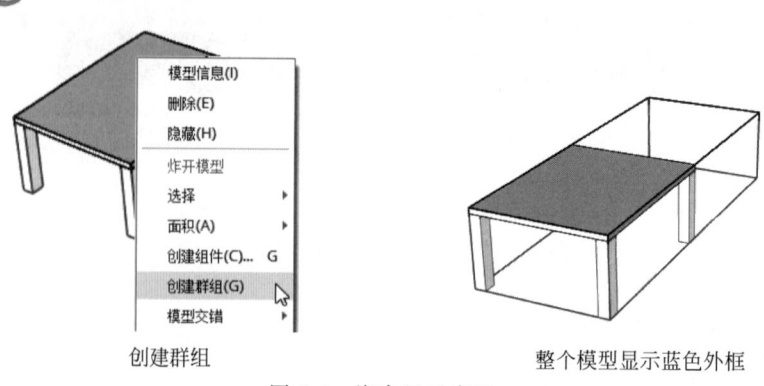

图 6-4　嵌套组示意图

进入组的编辑状态,组的外框将以虚线显示,其他外部构件以灰色显示(表示不可编辑状态),仅组件内部的构件能编辑,不会影响到外部构件,如图 6-5 所示。完成组内的编辑后,在组外单击或者按 Esc 键即可退出组的编辑状态。

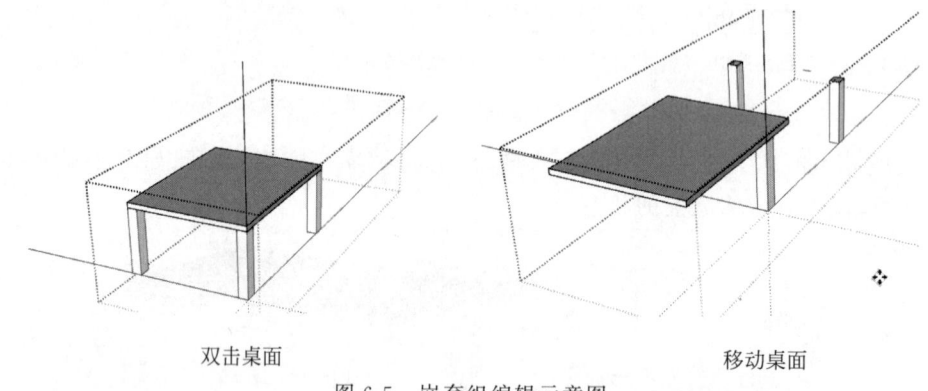

双击桌面　　　　　　　　　　　　　　移动桌面

图 6-5　嵌套组编辑示意图

注意:双击群组进入嵌套组的内部,可以修改组中的模型。将嵌套组炸开,只是将外侧嵌套组炸开,但是不会影响里面的小组,即嵌套在组件中的组件成为新的独立的组件。

3. 锁定与解锁组

(1)选中模型右击,在弹出的快捷菜单中选择"锁定"命令。锁定的模型外框变成红色,使其不能被编辑,以免进行误操作。

(2)选中模型右击,在弹出的快捷菜单中选择"解锁"命令,如图 6-6 所示。解锁的模型外框变成蓝色,可以进行选择或者其他操作。

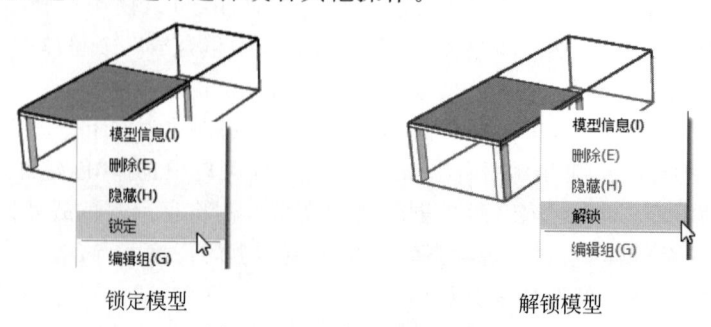

锁定模型　　　　　　　　　　　　　　解锁模型

图 6-6　锁定与解锁组示意图

6.1.2 实例——绘制茶几

本实例通过绘制茶几来重点学习创建组命令,绘制流程图如图6-7所示。

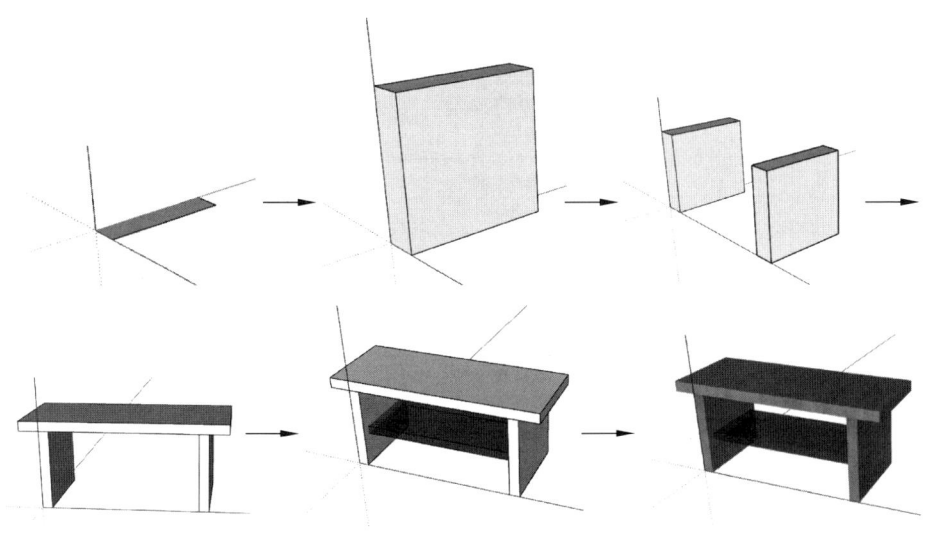

图 6-7 绘制茶几流程图

源文件:源文件\第6章\绘制茶几.skp

(1)绘制茶几底座。单击"绘图"工具栏中的"矩形"按钮,绘制第一个角点在坐标原点、另一个角点坐标为(20,80)的矩形,如图6-8所示。

(2)单击"编辑"工具栏中的"推/拉"按钮,设置推拉高度为80mm,绘制茶几底座,如图6-9所示。

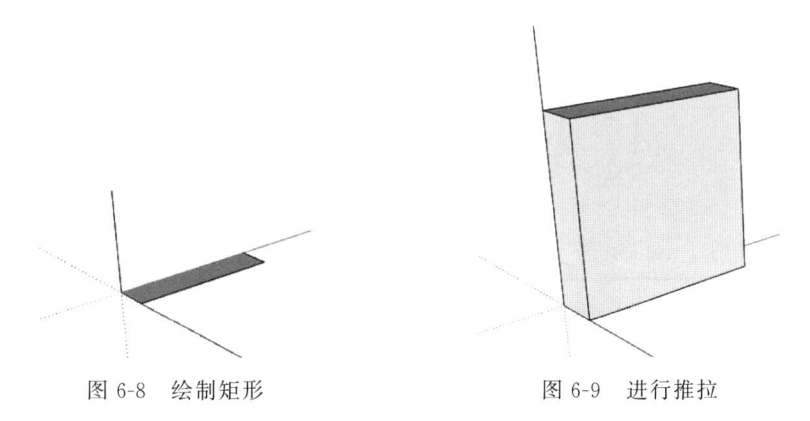

图 6-8 绘制矩形　　　图 6-9 进行推拉

(3)选中茶几底座右击,在弹出的快捷菜单中选择"创建群组"命令,如图6-10所示,将底座创建为群组。

(4)按键盘上的空格键,选中底座,单击"编辑"工具栏中的"移动"按钮并按住Ctrl键,复制底座,复制间距为150mm,绘制另一个底座,如图6-11所示。

(5)单击"绘图"工具栏中的"矩形"按钮,捕捉矩形的端点,绘制茶几桌面,如图6-12所示。

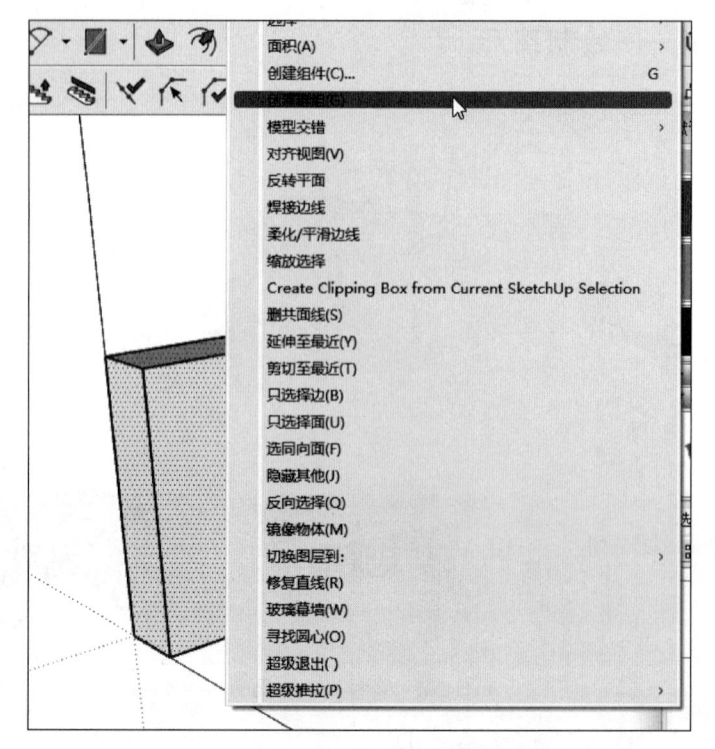

图 6-10 创建群组

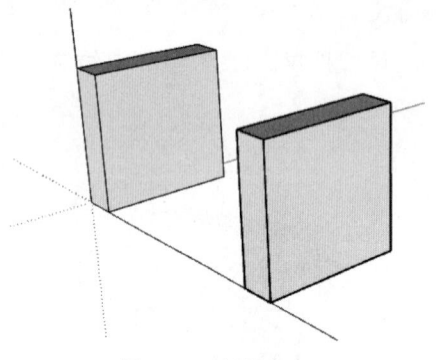

图 6-11 复制底座

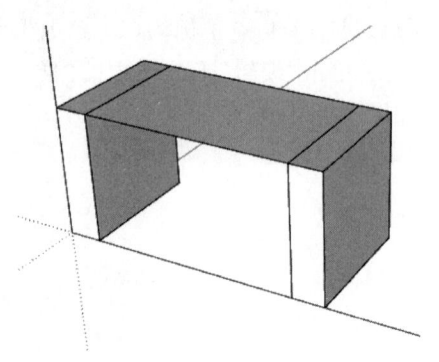

图 6-12 绘制茶几的桌面

（6）单击"编辑"工具栏中的"推/拉"按钮，设置推拉高度为10mm，推拉茶几桌面，如图6-13所示。

（7）选中茶几桌面右击，在弹出的快捷菜单中选择"创建群组"命令，将茶几桌面创建为群组。

（8）双击底座群组，进入编辑框，单击"编辑"工具栏中的"推/拉"按钮，设置推拉高度为10mm，将底座厚度减少10mm，如图6-14所示。

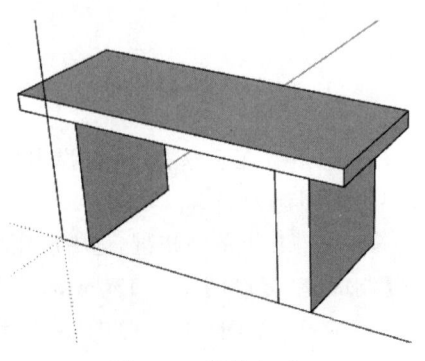

图 6-13 推拉矩形面

(9)双击另外一个底座群组,进入编辑框,单击"编辑"工具栏中的"推/拉"按钮,设置推拉高度为10mm,将底座厚度减少10mm,如图6-15所示。

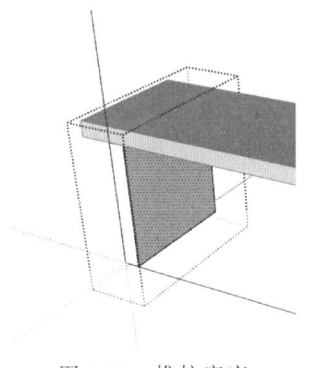

图6-14 推拉底座

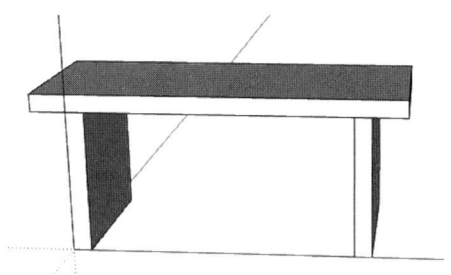

图6-15 推拉另外一侧底座

(10)按键盘上的空格键,选中桌面,然后单击"编辑"工具栏中的"移动"按钮并按住Ctrl键,将其复制,复制的距离为50mm,绘制长方体,如图6-16所示。

(11)单击"编辑"工具栏中的"比例"按钮,缩放长方体,结果如图6-17所示。

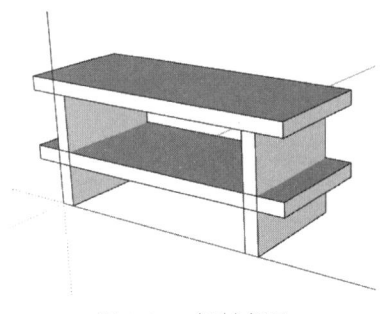

图6-16 复制桌面

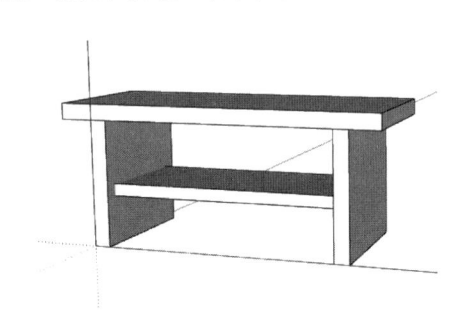

图6-17 缩放图形

(12)单击"大工具集"工具栏中的"颜料桶"按钮,打开"材质"面板,将"半透明的玻璃蓝"材质(如图6-18所示)赋予茶几。切换到"编辑"选项卡,调整材质的颜色,结果如图6-19所示。

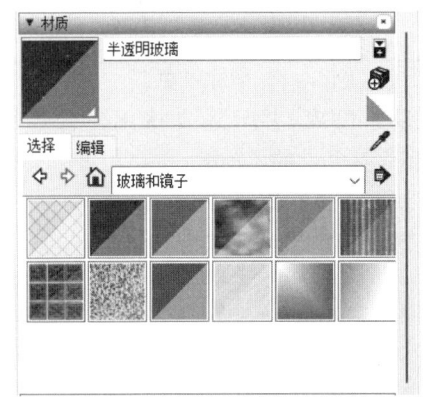

图6-18 材质面板

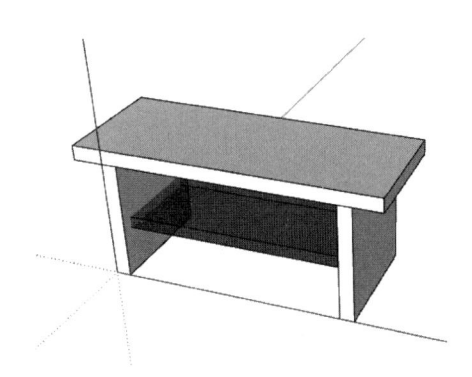

图6-19 赋予材质

(13) 单击"大工具集"工具栏中的"颜料桶"按钮，选择"颜色适中的竹木"材质，调整材质的颜色，赋予茶几其他部分材质，结果如图 6-20 所示。

(14) 选中整个模型右击，在弹出的快捷菜单中选择"创建群组"命令，将茶几模型创建为嵌套组。

(15) 双击茶几模型进入嵌套组内部，再双击桌面群组，进入桌面群组内部，如图 6-21 所示，隐藏桌面上的线。

(16) 激活"选择"命令三击，选中整个桌面模型右击，在弹出的快捷菜单中选择"只选择面"和"隐藏其他"命令，隐藏桌面上的线，仅显示面。

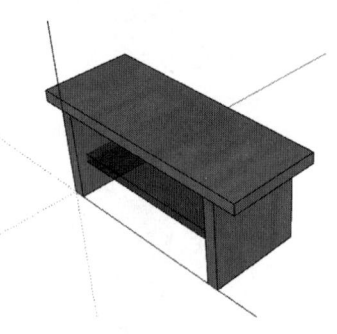

图 6-20　赋予其他部分材质

(17) 使用相同的方法进入群组内部，隐藏茶几上的线，仅显示面，如图 6-22 所示。

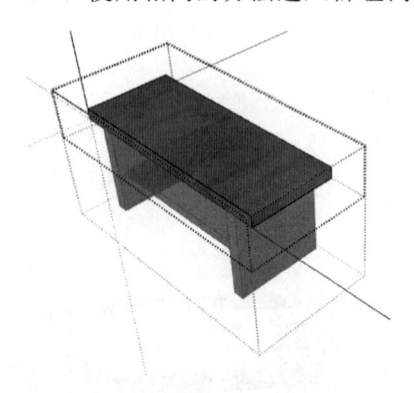

图 6-21　创建群组

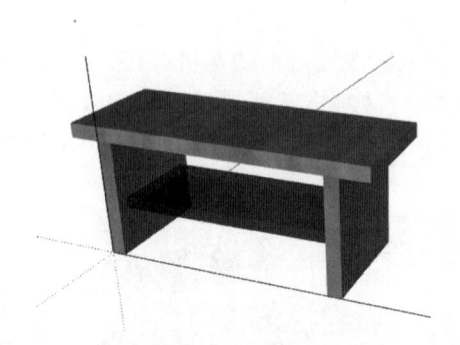

图 6-22　隐藏线

6.1.3　创建组件

在三维建模中，创建组件与群组命令均旨在优化模型管理，减少场景元素数量。群组允许独立编辑模型，而组件则可以实现联动效果，可进行批量操作，并支持阴影设置与切割开口等高级功能，特别适用于门窗等建筑细节设计。

组件有以下优势。

(1) 独立性：组件可以是独立的物体，小至一条线，大至住宅、公共建筑，包括附着于表面的物体，例如门窗、装饰构架等。

(2) 关联性：对一个组件进行编辑时，与其关联的组件将会同步更新。

(3) 附带组件库：SketchUp 附带一系列预设组件库，并且还支持用户自建组件库，用户只需将自建的模型定义为组件，并保存到安装目录的 Components 文件夹中即可。另外，在"系统属性"对话框的"文件"选项卡中可以查看组件库的位置。

【执行方式】

- 菜单栏：编辑→创建组件。
- 快捷菜单：创建组件。

【操作步骤】

1. 创建组件

(1) 选中模型右击，在弹出的快捷菜单中选择"创建组件"命令，打开"创建组件"对话框，设置相关属性。
- 定义：为组件命名，或者使用系统默认名称。
- 说明：输入组件重要信息进行注释。
- 黏接至：用来指定组件插入时所要对齐的面，可以在下拉列表框中选择"无""所有""水平""垂直"或"倾斜"。
- 设置组件轴：用来定义旋转视图时的原点。
- 切割开口：选中此复选框，制作成的组件会在创建的模型上自动挖洞，如门和窗等。
- 总是朝向相机：选中此复选框，旋转模型时组件会跟着一起进行旋转，呈现出三维的效果。
- 阴影朝向太阳：当选中"总是面向相机"复选框时，此复选框才能使用。选中"总是朝向相机"和"阴影朝向太阳"两个复选框时，会出现阴影，当我们旋转视图时，组件会跟着视图一起旋转，如图 6-23 所示。

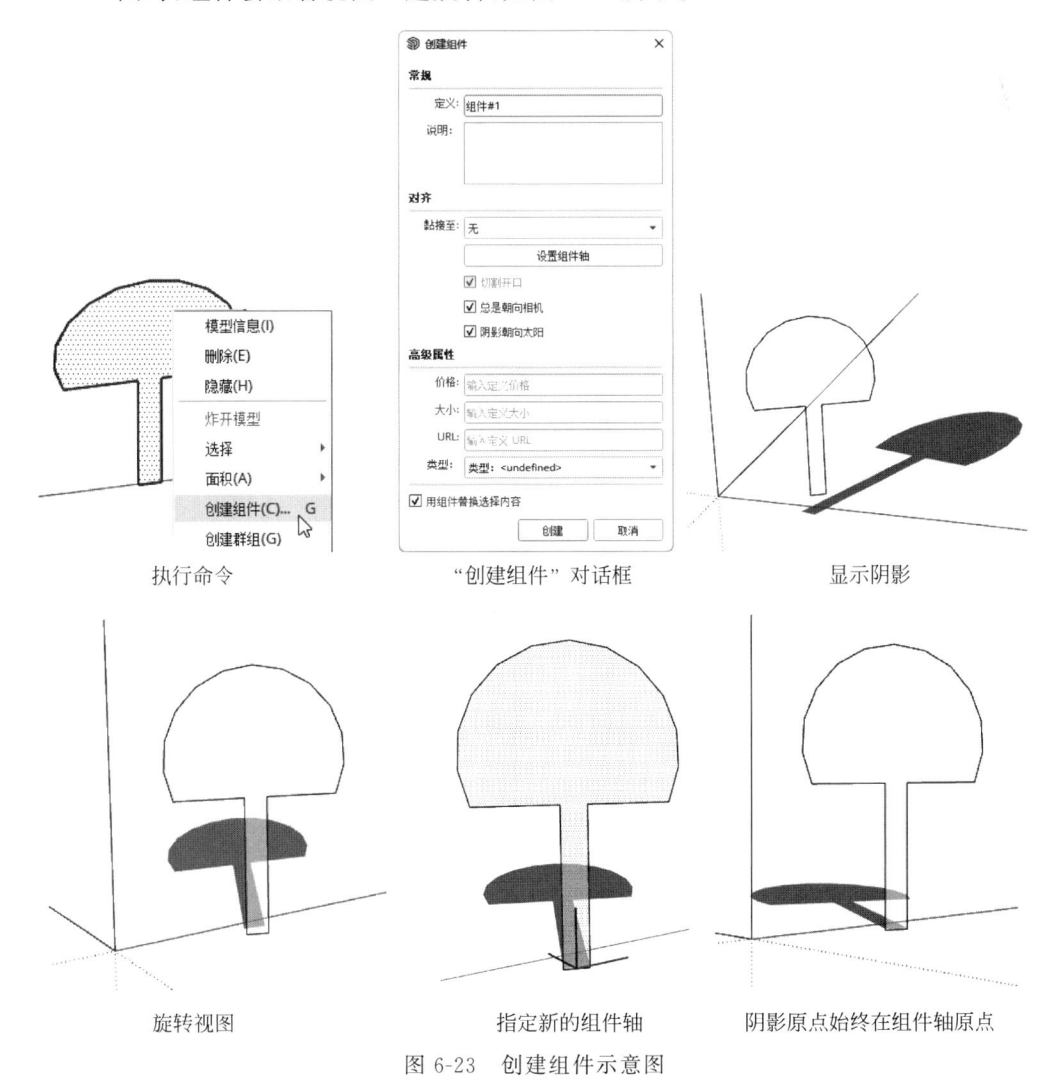

执行命令　　　　　　　"创建组件"对话框　　　　　　显示阴影

旋转视图　　　　　指定新的组件轴　　　阴影原点始终在组件轴原点

图 6-23　创建组件示意图

注意：一定要在某一表面上画门或窗,再制作组件,这样再插入门窗时才能顺利开门和开窗。如果在绘图区的空白处画门或窗再制作组件,插入后就不能自动挖洞开口。

(2) 除了选中"总是朝向相机"和"阴影朝向太阳"两个复选框,还可以单击"设置组件轴"按钮,将组件轴原点设置在树干下侧的中点,再次旋转视图,这样组件不仅会跟着视图一起旋转,而且阴影原点始终在组件轴原点,阴影更加真实。

2．切割开口

在SketchUp中利用"创建组"命令,可以辅助窗户、门和灯具等洞口的绘制,如图6-24所示。

(1) 选中小长方体右击,在弹出的快捷菜单中选择"创建组件"命令,打开"创建组件"对话框。选中"切割开口"复选框,单击"创建"按钮,创建洞口。

(2) 将组件复制并移动到其他位置,可以创建多个洞口。

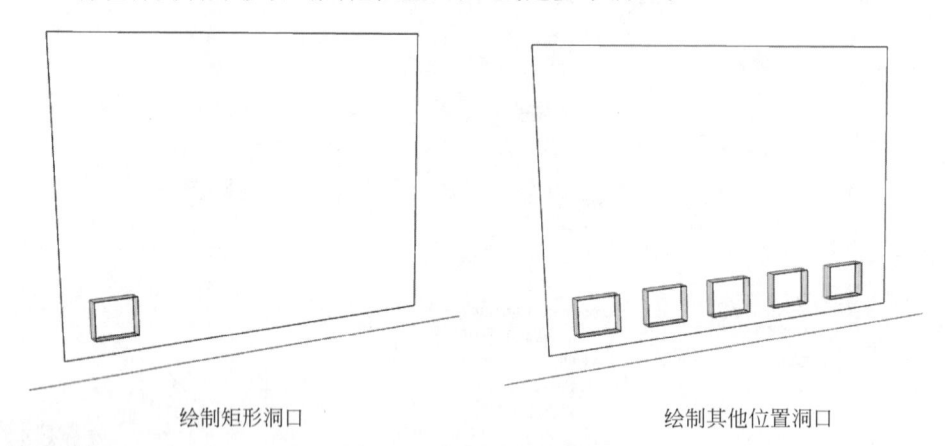

绘制矩形洞口　　　　　　　　　绘制其他位置洞口

图 6-24　切割开口示意图

3．导入组件

在SketchUp中导入组件有以下三种方法。

方法一：选择菜单栏中的"文件"→"导入"命令,弹出"导入"对话框,如图6-25所示。在文件类型中选择"SketchUp 文件(＊.skp)"文件,选择组件,单击"导入"按钮,将组件导入系统中。

方法二：打开组件,利用键盘上的 Ctrl＋C 组合键复制组件,然后切换到当前模型中,按键盘上的 Ctrl＋V 组合键粘贴到模型中,导入组件。

方法三：①单击右侧"组件"面板中的"详细信息"按钮 ▶,如图6-26所示,在弹出的快捷菜单中选择"打开和创建材质库"选项。②在打开的"选择集合文件夹或创建新文件夹"对话框中选择根目录中的"植物"文件夹,单击"选择文件夹"按钮,调用文件夹中的组件。

4．编辑组件

创建组件后,组件中的物体会被包含在组件中而与模型的其他物体分离。SketchUp支持对组件中的物体进行编辑,这样可以避免炸开组件进行编辑后再重新制作组件。

第6章 实用工具

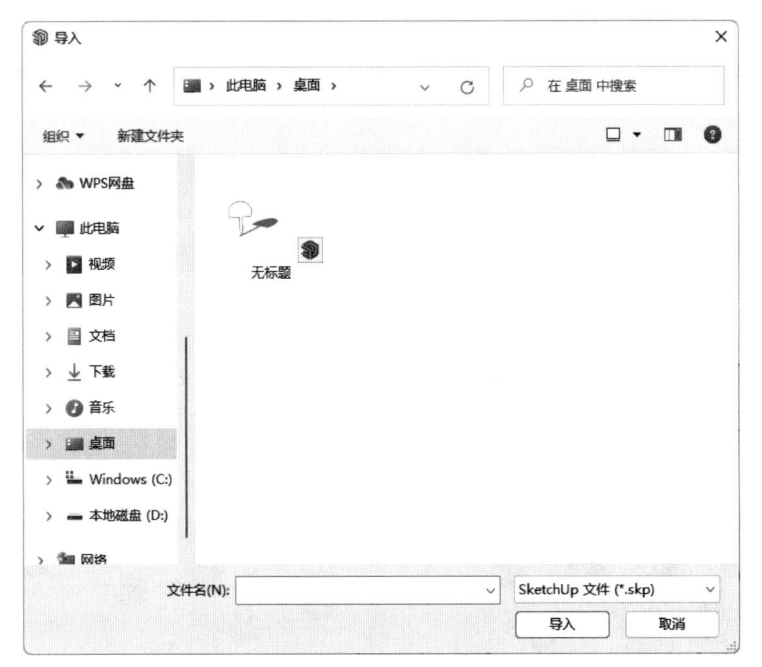

图 6-25 "导入"对话框

详细信息

打开和创建材质库

找到"植物"文件夹

插入植物组件

图 6-26 导入组件示意图

· 133 ·

（1）双击组件，或者在组件上右击，在弹出的快捷菜单中选择"编辑组件"命令，进入组件编辑框，其余物体会隐藏或半透明显示。此时不能对组件外的物体和其他组件进行操作或编辑。

（2）编辑群组后，选择菜单栏中的"编辑"→"关闭群组/组件"命令，或者在群组外的空白区域单击，退出编辑状态。为了更加方便操作，可以选择菜单栏中的"编辑"→"隐藏"命令，将组件以外的物体隐藏；选择菜单栏中的"编辑"→"撤销隐藏"→"全部"命令，编辑完成后重新显示模型。

（3）组件的关联性：组件的关联性就是所谓"牵一发而动全身"，在组件复制后若需要修改细化，编辑其中一个组件就能同步编辑所有相同定义的组件，如图 6-27 所示。

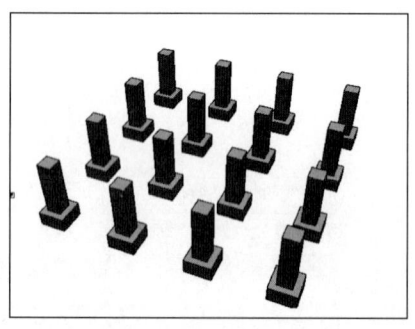

修改任意一个组件　　　　　　　　所有组件改变

图 6-27　组件的关联性

（4）独立编辑组件。

组件是具有关联性的，所以当编辑组件需要"牵一发而不动全身"时可以使用组件"设定为唯一"的命令来进行操作。

① 选中一个或几个组件右击，在弹出的快捷菜单中选择"设定为唯一"命令。

② 对单独处理的组件进行编辑，而不会影响其他组件，如图 6-28 所示。

设定为唯一　　　　　　　　更改部分组件

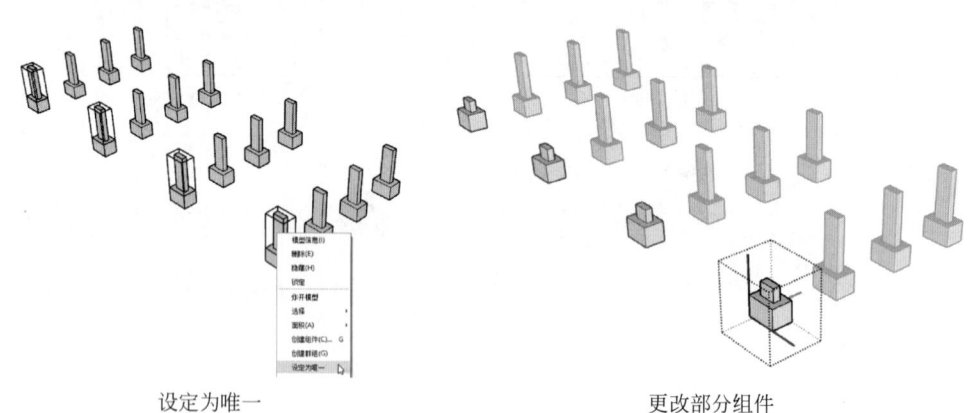

图 6-28　独立编辑组件

（5）炸开组件。

① 选择要炸开的组件。

② 右击组件任意处，在弹出的快捷菜单中选择"炸开模型"选项。炸开后的组件将

不再与其他组件有关联性;若原来的组件是"组中组",那么嵌套在组件内的组件变为多个独立的组件。

(6) 缩放组件。

对组件进行缩放,所有具有相同定义的组件不会关联性地缩放,而是保持自身的比例;进入组件内部,处于编辑状态时进行缩放操作,那么所有具有相同定义的组件会关联性地缩放,如图 6-29 所示。用户可以根据需要对组件进行缩放变形,如果缩放变形后达不到满意效果需要重新缩放变形,右击组件,在弹出的快捷菜单中选择"重设比例"或"重设变形"命令,即可修复还原。

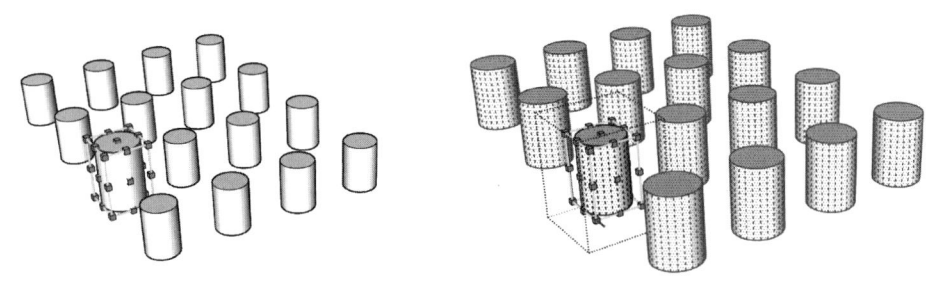

图 6-29 组件的缩放

(7) 组件的材质赋予。

组件的材质赋予和群组是一样的。对组件进行材质赋予时,所有默认材质的表面会被指定的材质覆盖,而事先被指定了材质的表面不受影响。

(8) 组件的图元信息。

"图元信息"面板用来查看和修改组件参数。

选中组件,右侧"图元信息"面板中将显示相关信息,如图 6-30 所示。

- 实例:输入实例名称。
- 隐藏 👁 :选中后组件将被隐藏。
- 锁定 🔒 :选中后组件将被锁定。
- 接受阴影 🔲 :设置组件是否接受其他物体的阴影。
- 投射阴影 🔲 :设置组件是否显示阴影。

5."组件"面板

选择菜单栏中的"窗口"→"组件"命令,弹出"组件"面板,如图 6-31 所示。"组件"面板经常用于插入组件,包括 2D 人物组件以及 3D 车和树木组件,这些人物组件可随视线转动面向相机。若用户想使用这些组件,直接将其拖动到绘图区即可。

图 6-30 "图元信息"面板

(1) 显示辅助选择窗格:单击此按钮,弹出新的组件浏览选择框附着在"组件"面板下方,如图 6-32 所示,在进行组件编辑和统计时便于组件与组件之间的切换。

(2) 路径下拉列表框:显示当前组件浏览选择框中的组件。

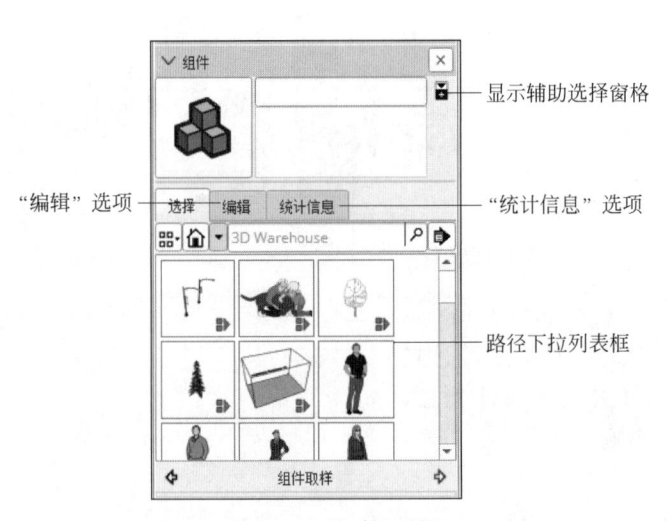

图 6-31 "组件"面板

图 6-32 单击"显示辅助选择窗格"按钮后的面板

(3) "编辑"选项：单击此选项切换到编辑组件的选项栏中。

(4) "统计信息"选项：单击此选项切换到统计组件参数的选项栏中。

6.1.4 实例——绘制小花园

本节将通过绘制小花园的简单实例来重点学习"创建组"命令，具体的绘制流程图如图 6-33 所示。

源文件：源文件\第 6 章\绘制小花园.skp

(1) 单击"绘图"工具栏中的"圆"按钮 ⊙，绘制半径为 3000mm 的圆。单击"编辑"工具栏中的"偏移"按钮 ⑦，将圆向内侧偏移 700mm 和 500mm，绘制花园轮廓，如图 6-34 所示。

(2) 单击"大工具集"工具栏中的"颜料桶"按钮 ⊗，添加材质，如图 6-35 所示。

(3) 选择菜单栏中的"文件"→"保存"命令，将模型保存，输入文件名称为"小花园"。

(4) 选择菜单栏中的"文件"→"打开"命令，将源文件中的"植物 1"图形打开，如图 6-36 所示。

136

第6章 实用工具

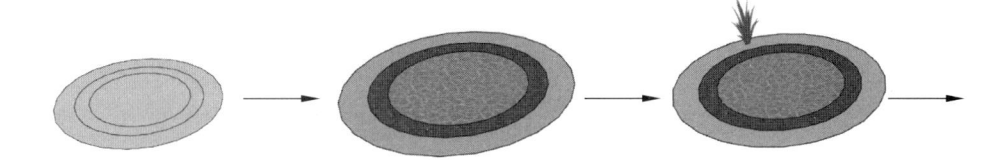

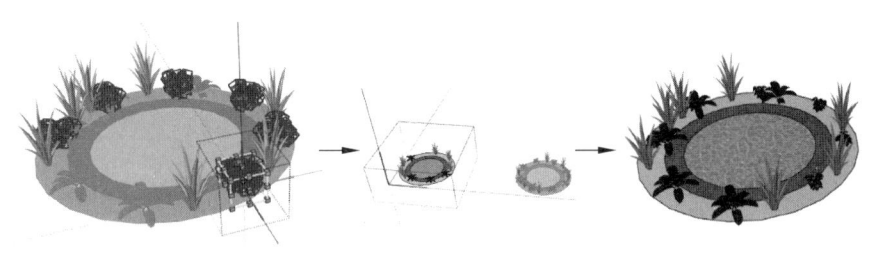

图 6-33 绘制小花园流程图

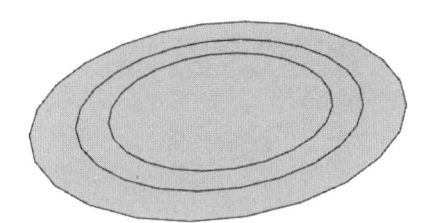

图 6-34 绘制花园

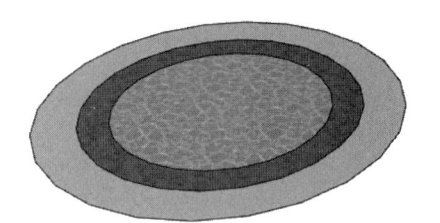

图 6-35 添加材质

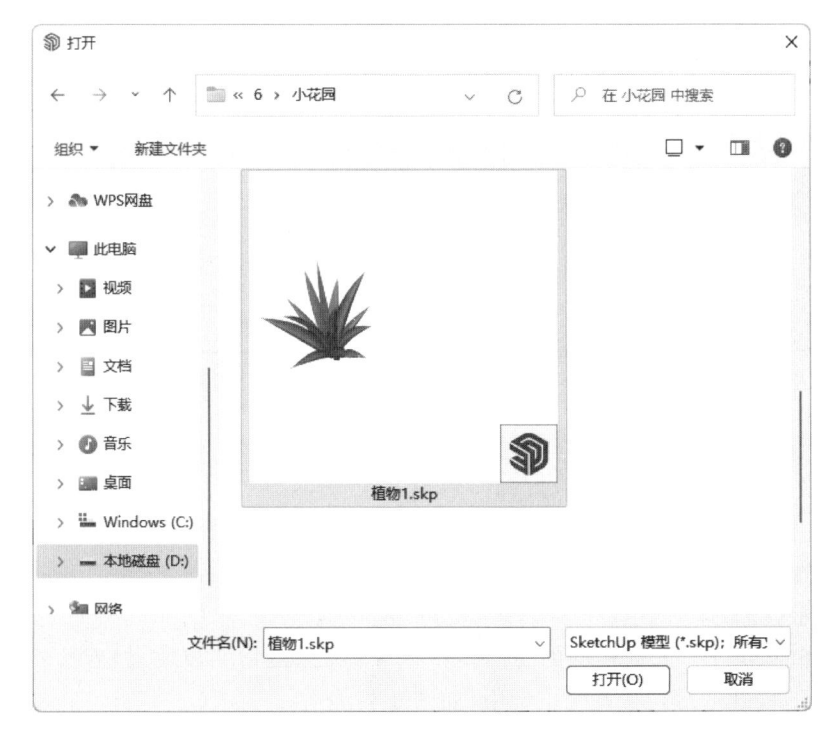

图 6-36 打开植物

(5) 选择"植物1"并右击,在弹出的快捷菜单中选择"编辑组件"命令,进入"植物1"组件编辑框。选择其中的一根植物,植物外侧有蓝色矩形框,说明"植物1"组件为嵌套组,如图6-37所示。对"植物1"组件中的单根植物进行修改,需双击单根植物组件,进入单根植物组件内部,显示单根植物的编辑框,如图6-38所示,对其进行编辑。编辑完毕后,在绘图区空白区域双击,退出编辑框。

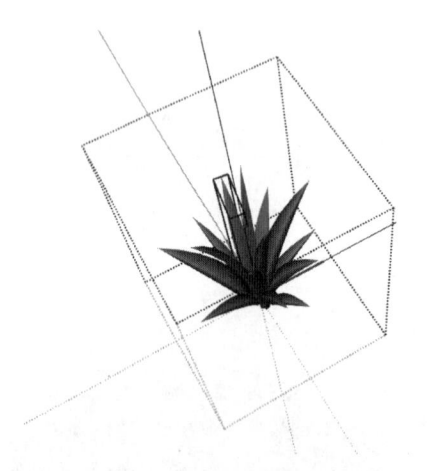

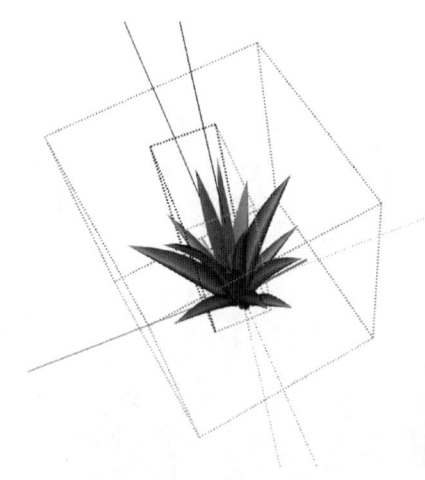

图 6-37　组件编辑框　　　　　　　　　图 6-38　单根植物编辑框

(6) 单击"绘图"工具栏中的"选择"按钮,选择植物1模块,然后按Ctrl+C组合键进行复制,再粘贴到小花园模型中。

(7) 单击"编辑"工具栏中的"比例"按钮,将植物1放大到合适大小,如图6-39所示。

(8) 单击"编辑"工具栏中的"旋转"按钮,并按住Ctrl键选择植物组件,将其进行复制旋转,绘制4棵植物,如图6-40所示。

图 6-39　放大植物　　　　　　　　　　图 6-40　复制植物1

(9) 选择菜单栏中的"文件"→"保存"命令,保存模型。

(10) 选择菜单栏中的"文件"→"打开"命令,将源文件中的"植物2"图形打开,如图6-41所示。

(11) 单击"绘图"工具栏中的"选择"按钮,选择植物2模块,然后按Ctrl+C组合键进行复制,再粘贴到小花园模型中,如图6-42所示。

(12) 使用相同的方法将小花组件复制,粘贴到小花园模型中,如图6-43所示。

图 6-41 打开植物

图 6-42 复制植物 2

图 6-43 布置其他组件

（13）双击小花组件，进入组件内部，单击"编辑"工具栏中的"比例"按钮，框选小花组件进行放大，如图 6-44 所示。缩放完毕，在组件外侧的空白区域双击，退出编辑状态，结果如图 6-45 所示。

图 6-44 缩放小花组件

图 6-45 缩放后的模型

（14）框选整个模型右击，在弹出的快捷菜单中选择"创建组件"命令，打开"创建组件"对话框。将组件的名称设置为"小花园"，创建嵌套组件，如图 6-46 所示。

（15）单击"编辑"工具栏中的"移动"按钮 ✥ 并按住 Ctrl 键，复制模型，如图 6-47 所示。

图 6-46　"创建组件"对话框　　　图 6-47　复制花园

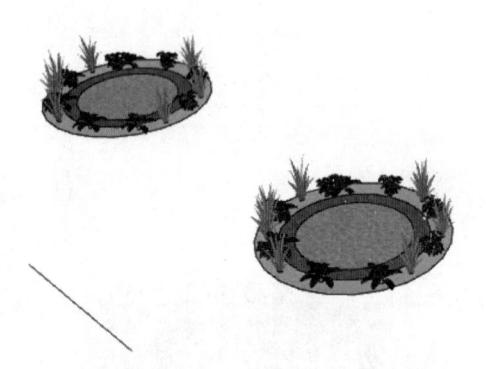

（16）选中模型右击，在弹出的快捷菜单中选择"设定为唯一"命令，再次双击模型进入组件内部，激活"选择"命令并结合键盘上的 Delete 键删除小花园中的小花组件，如图 6-48 所示。

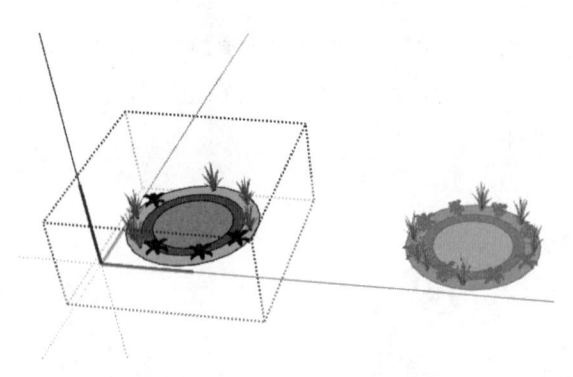

图 6-48　删除小花组件

（17）在模型外侧的空白区域双击，退出组件编辑状态，可以看到只有当前小花园的植物被删除，如图 6-49 所示。

（18）连续多次按 Ctrl＋Z 组合键，撤销操作，恢复模型，结果如图 6-50 所示。

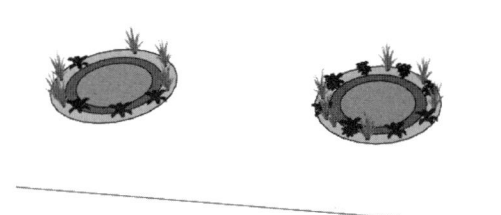

图 6-49　修改后的模型　　　　　图 6-50　恢复的模型

6.2　标记类命令

　　SketchUp 中不是特别依赖标记,因为使用组和组件也可以划分几何体,但是将模型进行标记管理会更方便,特别是在创建大场景和室内建模时,有选择地显示一些标记,可以使模型编辑更加顺畅。

　　标记的概念类似投影片,将具有不同属性的对象分别放置在不同的投影片(标记)上。例如,将图形的主要线段、中心线、尺寸标注等分别绘制在不同的标记上,每个标记可设定不同的线型、线条颜色,然后把不同的标记堆叠在一起成为一张完整的视图,这样就可以使视图层次分明,方便图形对象的编辑与管理。一个完整的图形就是由它所包含的所有标记上的对象叠加在一起构成的,如图 6-51 所示。

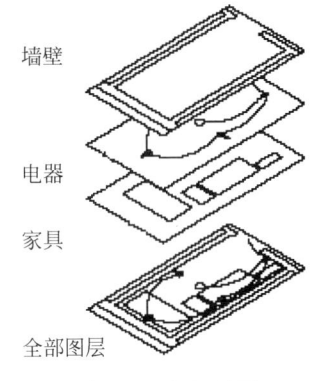

图 6-51　标记效果

6.2.1　"标记"工具栏

　　"标记"工具栏属于场景管理工具,类似于 AutoCAD 中的图层。选择菜单栏中的"视图"→"工具栏"命令,弹出"工具栏"对话框,如图 6-52 所示。选中"标记"复选框,调出"标记"工具栏,如图 6-53 所示。

图 6-52　"工具栏"对话框　　　　图 6-53　"标记"工具栏

· 141 ·

【执行方式】

工具栏：标记。

【操作步骤】

（1）在"标记"工具栏中的下拉列表框中显示当前模型所有的标记，加对勾的标记为当前的标记，如图6-54所示。

（2）进入群组内部，选中桌子模型，"标记"工具栏中显示桌子标记，如图6-55所示。

图6-54　显示标记

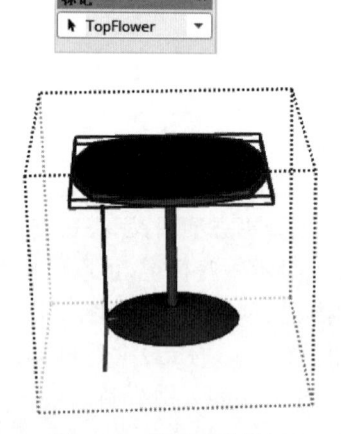

图6-55　显示桌子标记

6.2.2　"标记"面板

"标记"面板是之前的"图层"管理器，用于查看和编辑模型中的标记，它显示了模型中所有的标记和标记的颜色，并指出标记是否可见，如图6-56所示。

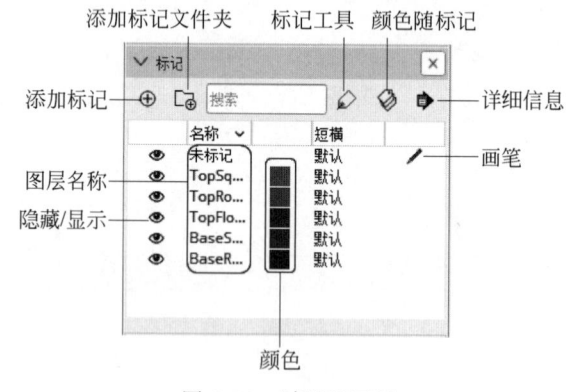

图6-56　"标记"面板

【执行方式】

面板：标记。

【操作步骤】

（1）添加标记：单击此按钮，新建一个标记，可以使用默认的名称，也可以重命名。在新建图层时，系统会为每一个新建的标记设置一种不同于其他标记的颜色，标记的颜色可以进行修改。

（2）删除标记：选中一个或多个标记右击，在弹出的快捷菜单中选择"删除标记"命令，如图6-57所示，将选中的标记删除。如果要删除的标记中包含了图元，将会弹出"删除包含图元的标记"对话框，如图6-58所示，用户可根据需要自行选择。

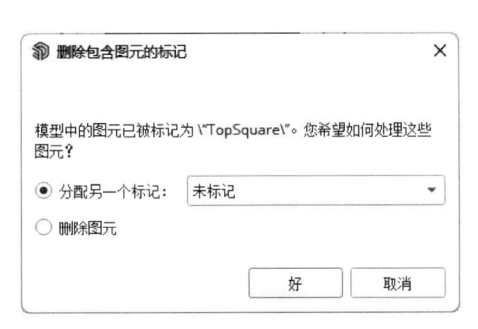

图6-57　选择"删除标记"命令　　　　图6-58　"删除包含图元的标记"对话框

- 分配另一个标记：仅删除标记而不删除标记上面的图元，将该标记上的所有图元都移动到选定的标记上。
- 删除图元：删除标记，同时将标记上的图元一并删除。

（3）隐藏/显示：设置此标记是否可见。如果要隐藏某个标记，单击该标记左侧的眼睛即可，再次单击，则可以将隐藏的标记重新显示；如果要同时隐藏或显示多个标记，可以按住Ctrl键进行多选，然后再进行隐藏或显示。

（4）颜色：显示各标记的颜色。单击颜色样本■，弹出"编辑材质"对话框，设置标记颜色。

（5）画笔：当前标记的右侧会显示画笔，并且当前标记不可隐藏。在标记最右侧位置单击，即可将其设置为当前标记。

（6）颜色随标记：将同一标记的所有对象均以"标记"面板中设置的颜色显示，否则按照建模时的颜色显示。

（7）详细信息：单击该按钮，打开快捷菜单，如图6-59所示。

- 全选：选择所有标记。
- 清除：删除所有未使用标记。

图6-59　快捷菜单

6.2.3　实例——修改餐厅桌椅标记

本实例将通过修改餐厅桌椅标记来重点学习"标记"命令，具体的绘制流程图如图6-60所示。

源文件：源文件\第6章\修改餐厅桌椅标记.skp

（1）激活"选择"命令，将"组件"面板中的高脚桌与高脚凳模型拖动到绘图区，如图6-61所示。

（2）选中模型右击，在弹出的快捷菜单中选择"炸开模型"命令，如图6-62所示，将嵌套组分解为小组。

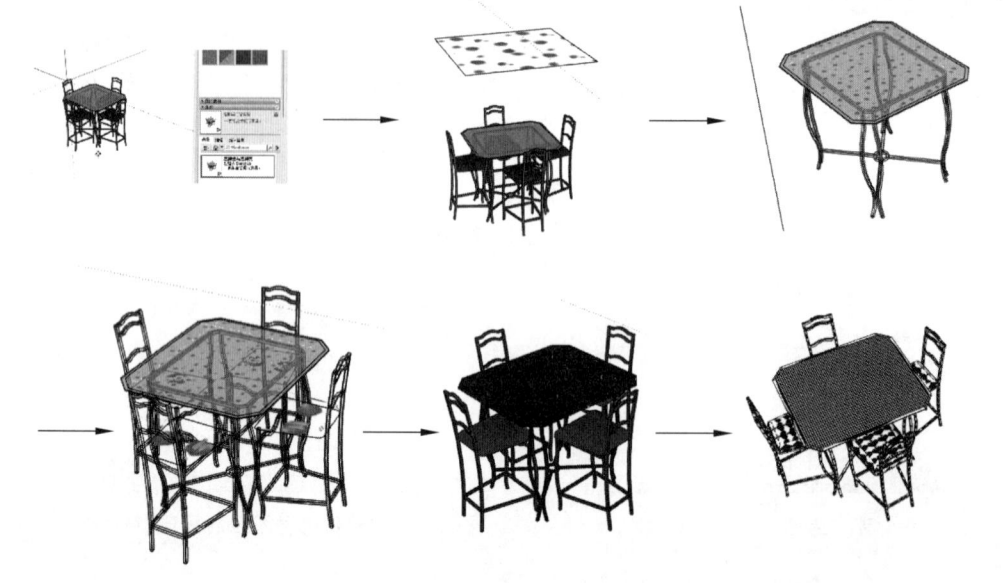

图 6-60　修改餐厅桌椅标记流程图

图 6-61　放置桌凳

（3）单击"标记"面板中的"添加标记"按钮 ⊕，输入新标记名称"桌面"，完成"桌面"标记的创建，如图 6-63 所示。

（4）单击"绘图"工具栏中的"选择"按钮，选中桌面右击，在弹出的快捷菜单中选择"模型信息"命令，如图 6-64 所示，打开"图元信息"面板，将桌子的标记更改为"桌面"标记，如图 6-65 所示。

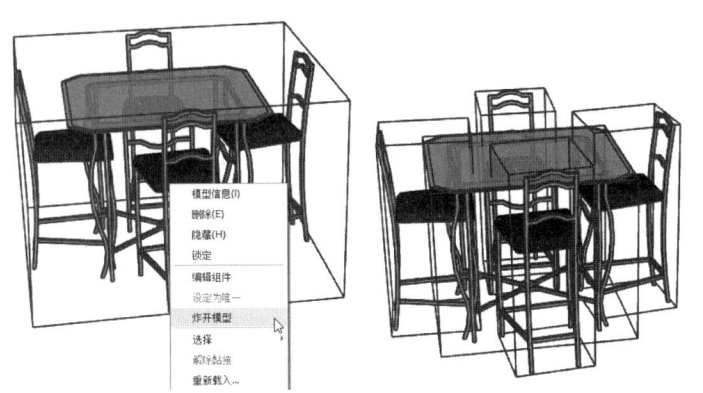

图 6-62 炸开模型

图 6-63 新建标记

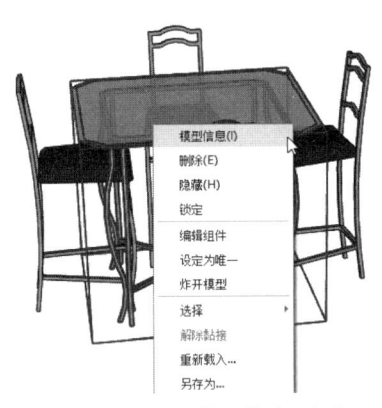

图 6-64 选择"模型信息"命令

（5）选择菜单栏中的"文件"→"导入"命令，打开"导入"对话框，如图 6-66 所示，将"花瓣"图形导入绘图区。

图 6-65 "图元信息"面板

图 6-66 "导入"对话框

（6）将相机切换到平行投影，将视图切换到顶视图，单击"编辑"工具栏中的"移动"按钮，调整花瓣的位置，使花瓣的左边和桌凳左边大致对齐，如图6-67所示。

（7）激活"选择"命令，选中花瓣并右击，在弹出的快捷菜单中选择"炸开模型"命令，将花瓣图形炸开。继续调整大小，使花瓣的右边和桌凳右边大致对齐，如图6-68所示。

图 6-67　调整图形位置　　　　图 6-68　调整大小

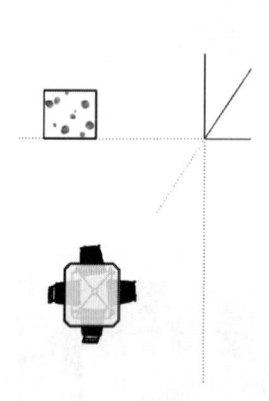

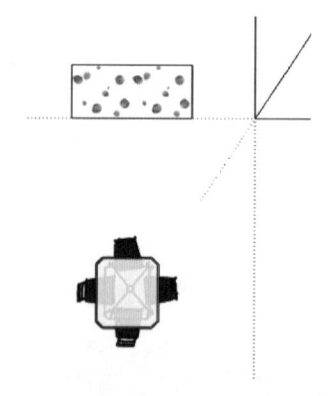

（8）单击"编辑"工具栏中的"移动"按钮，调整花瓣的位置和大小，使花瓣位于桌面的正上方，如图6-69所示。

（9）单击"大工具集"工具栏中的"颜料桶"按钮并按住 Alt 键，吸取花瓣材质，然后单击"绘图"工具栏中的"选择"按钮，在桌面处三击，进入群组内部，如图6-70所示。单击"大工具集"工具栏中的"颜料桶"按钮，将吸取的花瓣材质赋予桌面，如图 6-71 所示。

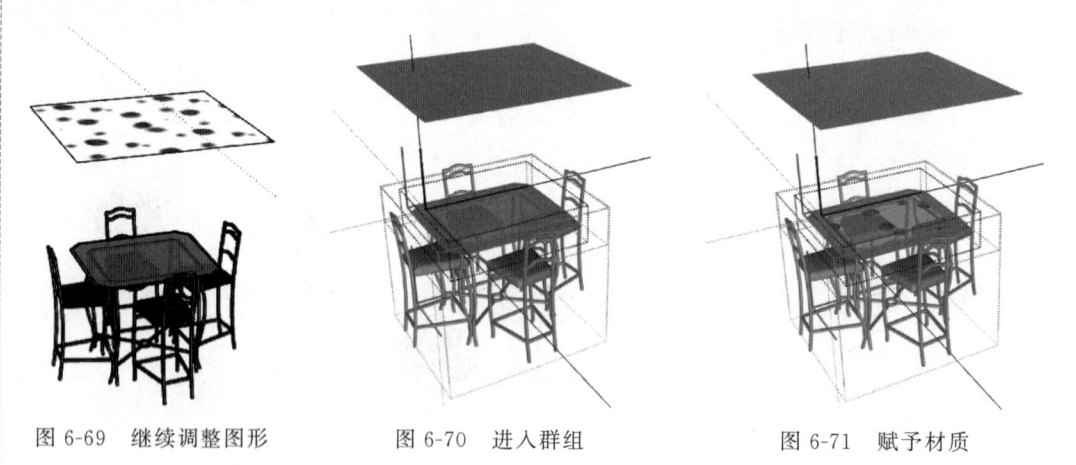

图 6-69　继续调整图形　　　图 6-70　进入群组　　　图 6-71　赋予材质

（10）选中桌面贴图右击，在弹出的快捷菜单中选择"纹理"→"位置"命令，贴图上会出现4个彩色的图钉。调整图钉的位置，对花瓣的显示个数和大小进行编辑，最后在空白区域单击，退出编辑模式，如图6-72所示。

（11）使用相同的方法，为桌面的其他位置赋予花瓣材质。

（12）选择菜单栏中的"编辑"→"隐藏"命令，隐藏四个凳子，如图6-73所示。

图 6-72　调整花瓣

(13) 切换至"标记"面板，单击"桌面"标记左侧的"眼睛"按钮 👁 ，将桌面隐藏。继续新建"凳子"标记，然后选择菜单栏中的"撤销隐藏"→"全部"命令，将凳子显示，如图 6-74 所示。

图 6-73　隐藏凳子　　　　　图 6-74　显示凳子

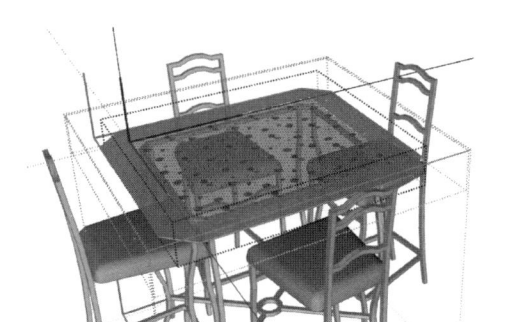

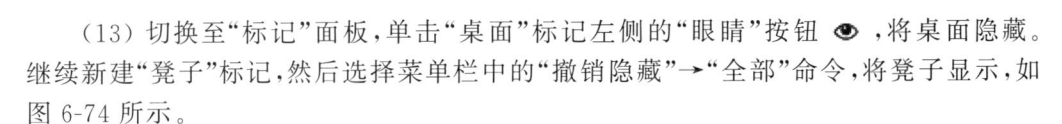

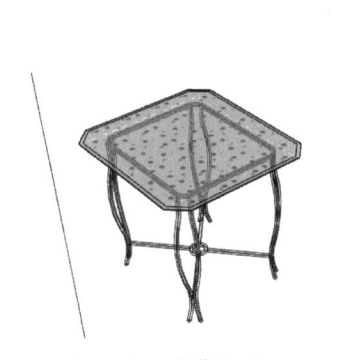

(14) 选中凳子图形，将其标记切换为"凳子"标记。

(15) 单击"大工具集"工具栏中的"颜料桶"按钮 🪣 并按住 Alt 键，吸取花瓣材质，然后单击"绘图"工具栏中的"选择"按钮 ▶ ，在凳子处三击，进入群组内部。单击"大工具集"工具栏中的"颜料桶"按钮 🪣 ，为凳子赋予花瓣材质，如图 6-75 所示。

(16) 切换至"标记"面板，单击"桌面"标记左侧的"眼睛"按钮 👁 ，显示桌面，结果如图 6-76 所示。

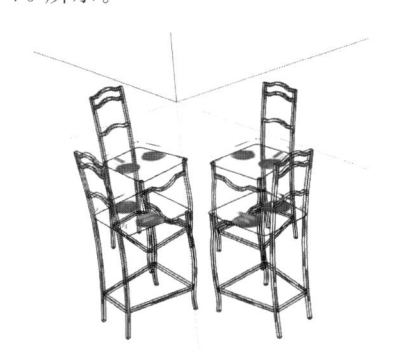

图 6-75　赋予材质　　　　　图 6-76　显示桌面

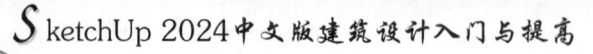

（17）单击"标记"面板中的"颜色随标记"按钮，模型的颜色均以"标记"面板中设置的颜色显示，如图 6-77 所示。

（18）单击颜色样本，选中"使用纹理图像"复选框，将花瓣图形作为贴图导入系统中，将花瓣材质赋予桌面和凳子，如图 6-78 所示。

（19）将"贴图"图形导入系统中，将"贴图"材质赋予凳子，如图 6-79 所示。此方法导入的贴图不能进行个数和大小的调整，由系统自动进行布置。

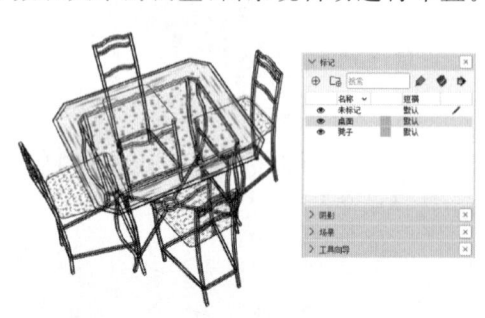

图 6-77　颜色随标记　　　　　图 6-78　花瓣贴图　　　　　图 6-79　贴图

第7章

交互工具

内容简介

在建模流程中,"导入"与"导出"是两个至关重要的环节,分别位于流程的起始与终结处。利用导入功能,本软件能够轻松集成来自其他软件中的模型,为后续建模工作奠定基础。完成模型构建后,用户可选择理想视角,将成果以图片形式导出;同时,还可将模型导出至 3ds Max 进行高级渲染,生成逼真的效果图。

内容要点

- 导入命令
- 导出命令

案例效果

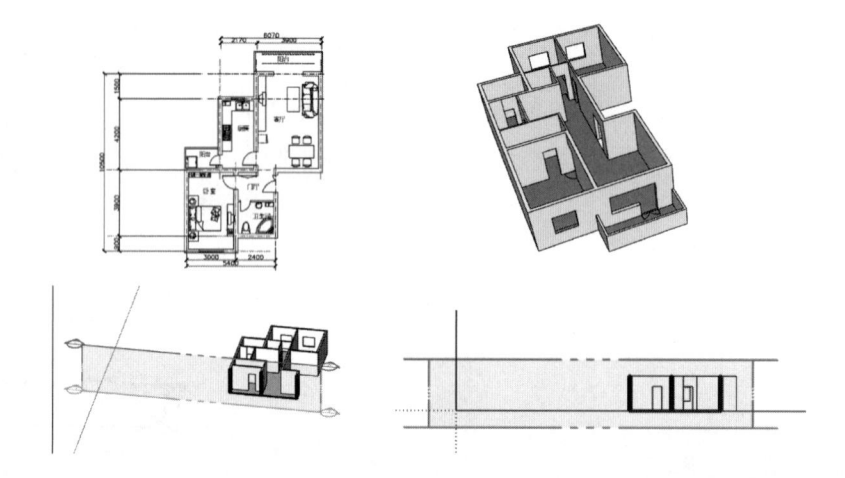

7.1 导入命令

导入是建模不可或缺的前提，无论是作为建模参照的 CAD 图纸、作为模型构建基础的 3DS 格式文件，还是通过导入图片并处理后用作材质，都彰显了导入在建模过程中的关键作用。

【执行方式】

菜单栏：文件→导入。

【操作步骤】

(1) 选择菜单栏中的"文件"→"导入"命令，弹出"导入"对话框，如图 7-1 所示。

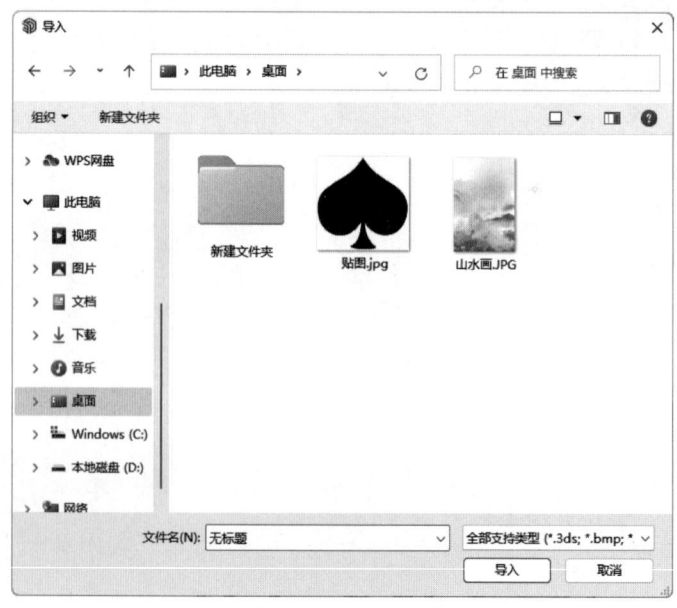

图 7-1 "导入"对话框

(2) 在对话框中单击"保存类型"下拉列表框,选择导入的文件类型,如图7-2所示。

```
全部支持类型 (*.3ds; *.bmp; *.dae; *.ddf; *.dem; *.dwg; *.dxf; *.glb; *.ifc; *.ifczip; *.jpeg; *.jpg; *.kmz; *.png; *.psd; *.skp; *.stl; *.tga; *.tif; *.tiff; *.trb; *.usdz)
全部支持的图像类型 (*.bmp; *.jpg; *.png; *.tga; *.tiff; *.tif; *.jpeg)
3DS 文件 (*.3ds)
AutoCAD 文件 (*.dwg, *.dxf)
COLLADA 文件 (*.dae)
DEM (*.dem, *.ddf)
Google 地球文件 (*.kmz)
IFC 文件 (*.ifc, *.ifcZIP)
JPEG 图像 (*.jpg, *.jpeg)
Photoshop (*.psd)
STereoLithography 文件 (*.stl)
SketchUp 文件 (*.skp)
Targa 文件 (*.tga)
TrimBIM 文件 (*.trb)
USDZ 文件 (*.usdz)
Windows 位图 (*.bmp)
glTF 二进制文件 (*.glb)
便携式网络图像 (*.png)
标签图像文件 (*.tif、*.tiff)
```

图 7-2 导入的文件类型

7.1.1 导入 AutoCAD 文件

目前,在设计行业中,AutoCAD 已成为图纸绘制的常用工具,因此,在使用 SketchUp(简写为 SU)建模的时候常以 CAD 图纸作为参照。

在选择文件类型时,指定为"AutoCAD 文件(＊.dwg,＊.dxf)",此时,当前目录下所有的 AutoCAD 格式文件都将被列出并显示出来,如图 7-3 所示。

图 7-3 显示文件

选择需要导入的 CAD 文件,然后单击"选项"按钮,弹出"导入 AutoCAD DWG/DXF 选项"对话框,根据导入文件的属性选择一个导入的单位,一般选择"毫米"或者"米",如图 7-4 所示。

1）几何图形

合并共面平面：取消选中"合并共面平面"复选框，由 AutoCAD 创建的平面会被 SketchUp 自动划分成一个个小三角面，不能进行推拉；选中"合并共面平面"复选框，系统自动将小三角面上的多余线删除，可以推拉。

（1）在 CAD 中创建如图 7-5 所示的几何图形，作为建筑的两根柱子，并将其定义为"面域"。

图 7-4 "导入 AutoCAD DWG/DXF 选项"对话框

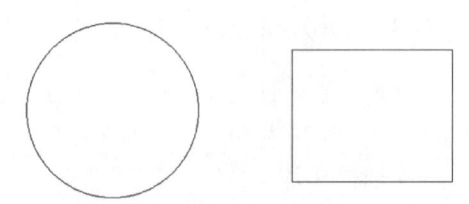

图 7-5 在 CAD 中创建的面域

（2）单击"选项"按钮，弹出"导入 AutoCAD DWG/DXF 选项"对话框，如图 7-6 所示，设置导入的单位为"毫米"，取消选中"导入材质"复选框，单击"好"按钮，导入系统，如图 7-7 所示。

图 7-6 设置导入选项

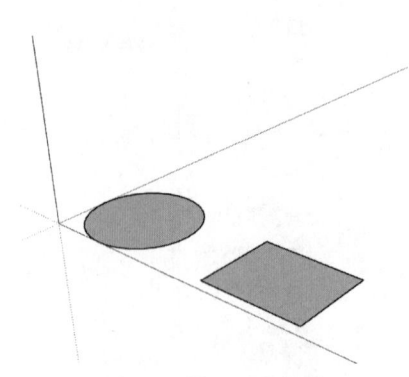

图 7-7 导入后的场景

（3）当取消选中"合并共面平面"复选框时，单击"编辑"工具栏中的"推/拉"按钮，将两个面都向上拉 3000mm，系统提示无法推/拉，如图 7-8 所示；选中"合并共面平面"复选框后的拉伸效果，如图 7-9 所示。

平面方向一致：SU 中的面有正面和反面之分，选中此复选框后，所有导入的面都会以相同的面朝外，否则有可能出现导入的面以不同的面朝外的情况。

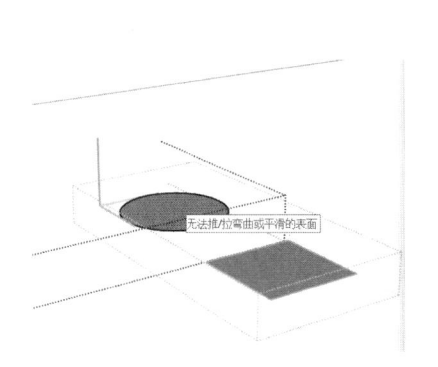

图 7-8　无法推/拉　　　　　　图 7-9　调整后拉伸的效果

2）位置

保持绘图原点：用于控制导入图形和原点坐标的相对位置。选中此复选框，导入的图形将保持与 CAD 中原点相同的相对位置；未选中时，图形将紧贴 XY 轴正半轴导入。

3）比例

单位：在下拉列表框中选择"毫米"作为导入单位，确保导入的 CAD 图形单位与当前场景系统设置的单位一致。如两者均以"毫米"为单位，则直接选择"毫米"选项，如图 7-10 所示。

图 7-10　导入单位

7.1.2　导入 3DS 文件

如果是用 3ds Max 软件创建的模型，则不能直接导入 SU 中，需要将文件由 *.max 格式导出为 *.3ds 格式，然后在 SU 的"导入"对话框的"保存类型"中选择 3DS 文件（*.3ds），找到需要导入的文件并将其导入，最后单击"选项"按钮，弹出"3DS 导入选项"对话框，设置导入的单位，如图 7-11 所示。

7.1.3　导入图片

设计师常用 SketchUp 导入 JPEG、PNG 等格式图像到模型中，以丰富设计。导入图片时，对话框中有三个选项，用来设置其用途，如图 7-12 所示。

图 7-11　"3DS 导入选项"对话框　　　　图 7-12　导入图片选项

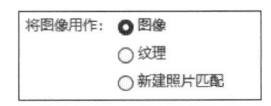

153

(1) 图像：导入的图片会在系统中单独存在。

(2) 纹理：导入的图片将被作为材质，必须依附在面上。

(3) 新建照片匹配：导入的图片会在系统中作为照片匹配的图片存在。

7.1.4 实例——利用CAD图形绘制住宅模型

本节通过利用CAD图形绘制住宅模型的实例来重点学习"导入"命令，具体的绘制流程图如图7-13所示。

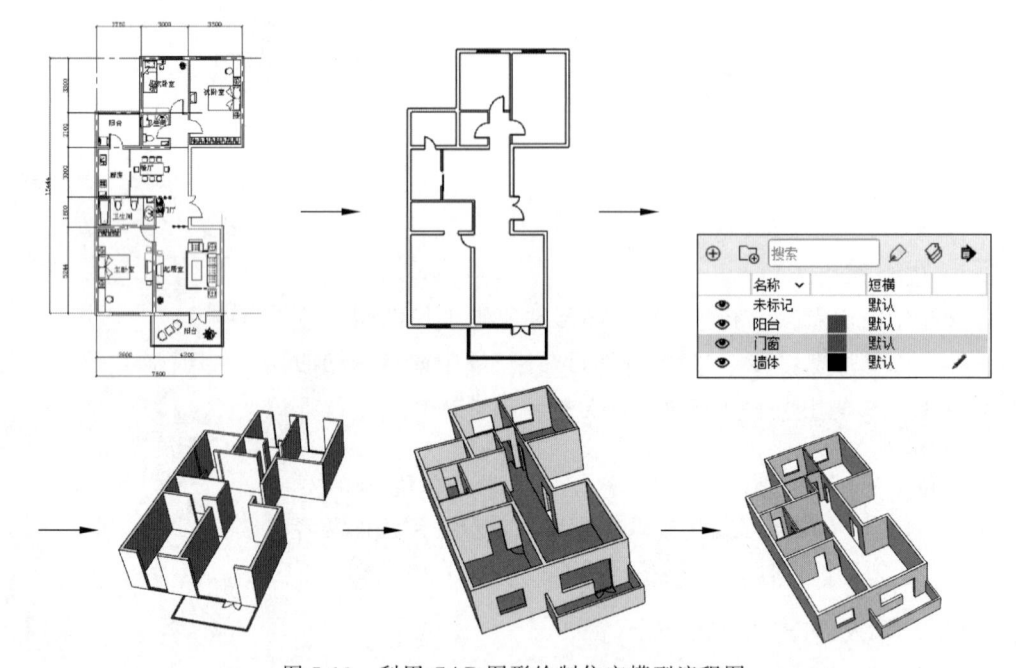

图7-13 利用CAD图形绘制住宅模型流程图

源文件：源文件\第7章\利用CAD图形绘制住宅模型.skp

1. 图形处理

(1) 打开CAD软件，选择菜单栏中的"文件"→"打开"命令，打开源文件中的"三室两厅平面图"图形，如图7-14所示。

(2) 一张完整的CAD平面图包含轴线、墙体、门窗、家具和标注等图层，在SU中进行建模时，家具的线条很多，导入系统中会占用资源，增加建模时间。轴线、文字和尺寸在建模时用不到，需要删除，因此选中轴线、家具、尺寸和文字图形和图层，进行删除，保留墙体、门窗和阳台图层以及这些图层上的图形，结果如图7-15所示。

(3) 选择菜单栏中的"文件"→"另存为"命令，弹出"图形另存为"对话框，如图7-16所示。输入文件的名称为"平面图"，尽量采用较低的版本号，例如AutoCAD 2000。

2. 单位设定

在建筑建模之前需要设置单位。

选择菜单栏中的"窗口"→"模型信息"命令，弹出"模型信息"对话框，选择"单位"选项卡。在建筑建模中通常以毫米（mm）为单位，因此将"度量单位"选项组中的"长度"设置为毫米，如图7-17所示。

图 7-14　住宅平面图

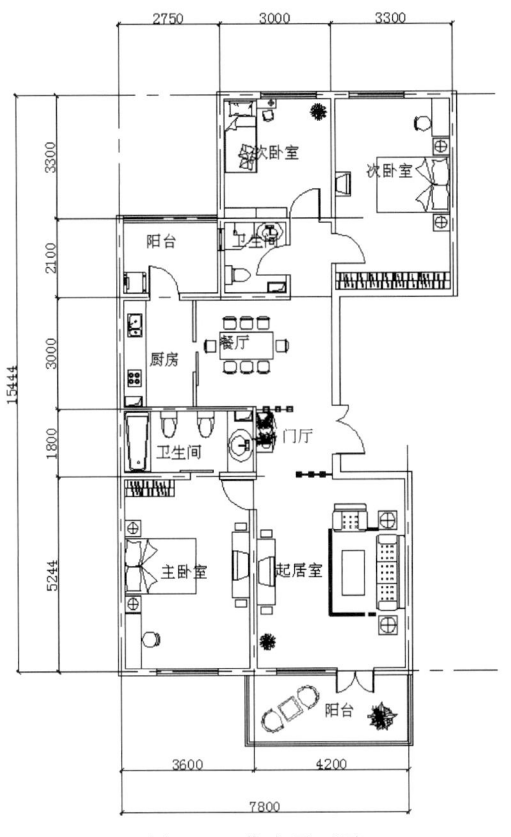

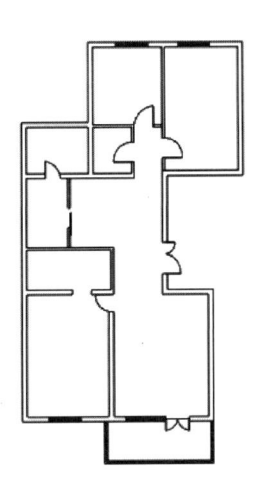

图 7-15　整理后的图形

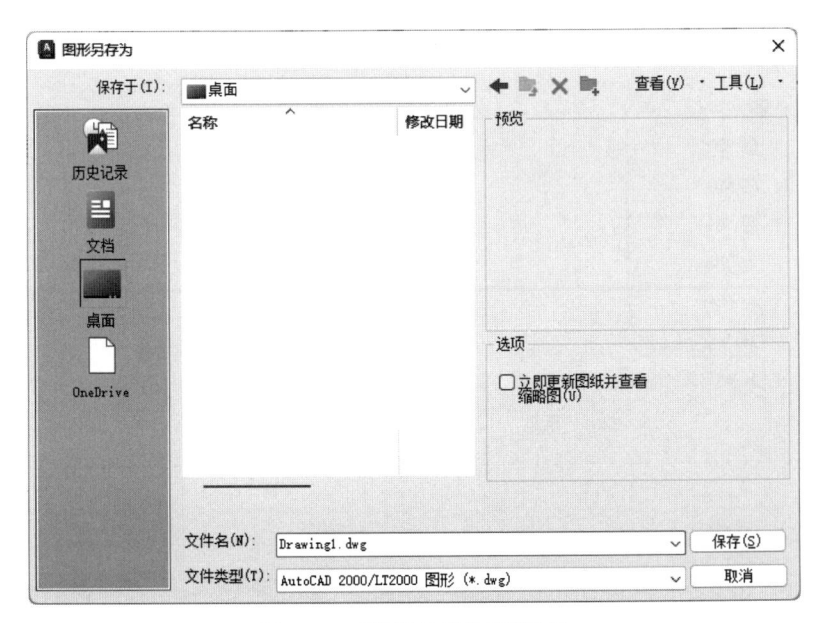

图 7-16　"图形另存为"对话框

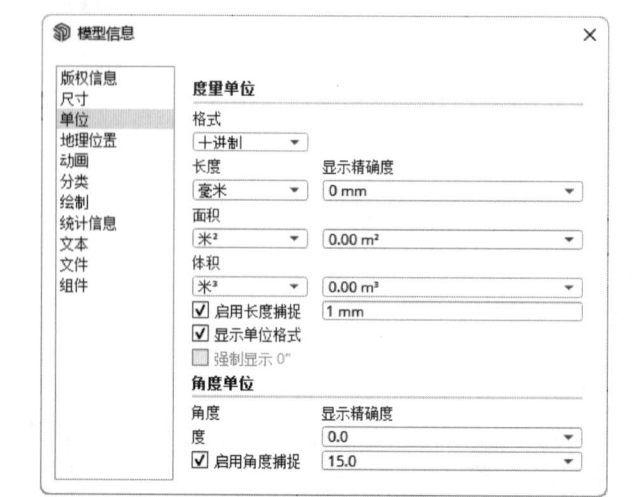

图 7-17　设置单位

3. 导入 CAD 图

（1）选择菜单栏中的"文件"→"导入"命令，弹出"导入"对话框，将导入的文件类型设置为 AutoCAD 文件（*.dwg, *.dxf），选择"平面图"图形，如图 7-18 所示。

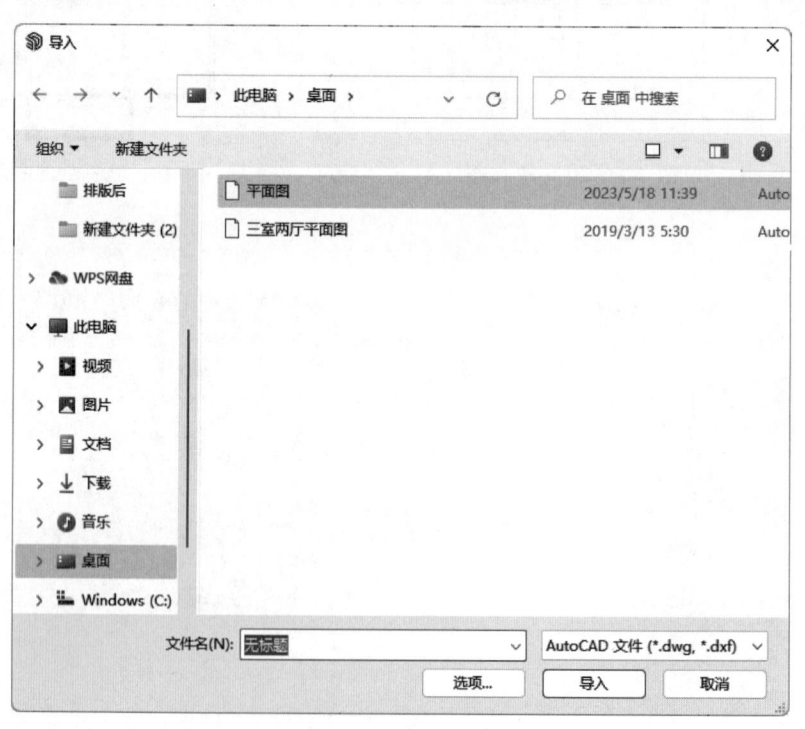

图 7-18　"导入"对话框

（2）单击"选项"按钮，弹出"导入 AutoCAD DWG/DXF 选项"对话框，如图 7-19 所示。将导入单位设置为"毫米"，取消选中"导入材质"复选框，选中"平面方向一致"复选框和"保持绘图原点"复选框，单击"好"按钮，返回"导入"对话框。单击"导入"按钮，导入平面图。

4. 管理标记

(1) 打开"标记"面板,如图 7-20 所示。

图 7-19 "导入 AutoCAD DWG/DXF 选项"对话框

图 7-20 "标记"面板

(2) 右击"轴线"标记,在弹出的快捷菜单中选择"删除标记"命令,如图 7-21 所示。由于要删除的标记中包含轴线图元,因此系统弹出"删除包含图元的标记"对话框,选中"删除图元"选项,删除轴线,如图 7-22 所示。

图 7-21 删除标记

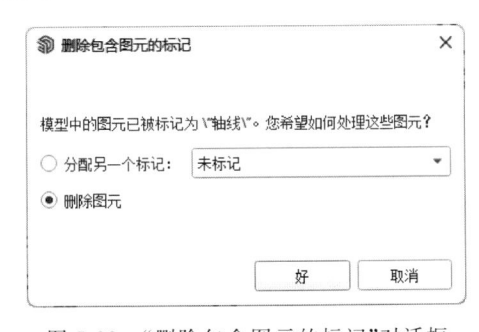

图 7-22 "删除包含图元的标记"对话框

(3) 单击"标记"面板中的"添加标记"按钮 ⊕,输入新标记名称"墙体",颜色设置为黑色(设置 RGB 颜色为 1、1、1),将其设置为当前标记,如图 7-23 所示。

(4) 使用相同的方法新建其他标记,如图 7-24 所示。

图 7-23 新建"墙体"标记

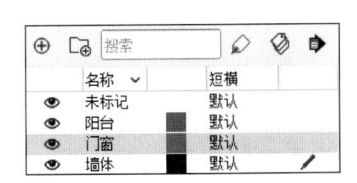

图 7-24 新建其他标记

5. 创建墙体

（1）选择菜单栏中的"相机"→"平行投影"命令，将视图切换到平行投影。单击"绘图"工具栏中的"矩形"按钮 ▱ ，捕捉 CAD 图的墙体轮廓进行绘制，封闭面，如图 7-25 所示。

（2）单击"使用入门"工具栏中的"删除"按钮 ◈ ，删除多余直线，形成贯通的墙体，如图 7-26 所示。

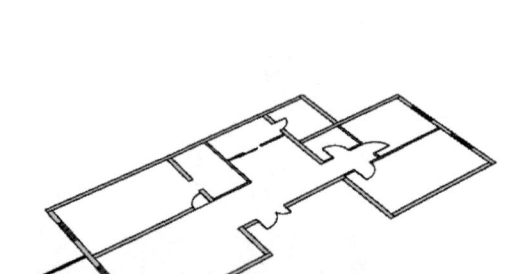

图 7-25　绘制墙体轮廓　　　　　　图 7-26　删除直线

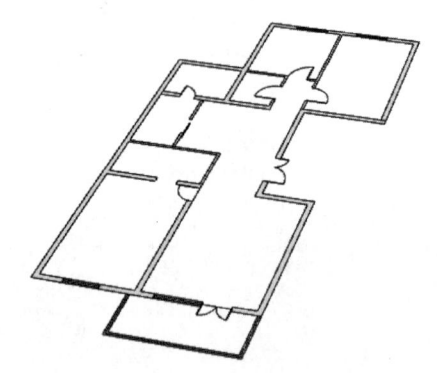

（3）将层高设置为 3m。单击"编辑"工具栏中的"推/拉"按钮 ♦ ，选择一层平面的墙体轮廓拉伸 3000mm，绘制墙体，如图 7-27 所示。

6. 创建阳台

（1）单击"绘图"工具栏中的"矩形"按钮 ▱ ，捕捉 CAD 图的阳台轮廓绘制阳台。单击"使用入门"工具栏中的"删除"按钮 ◈ ，删除多余直线，形成贯通的阳台。

（2）将阳台高度设置为 1.2m。单击"编辑"工具栏中的"推/拉"按钮 ♦ ，选择一层平面的阳台轮廓拉伸 1200mm，绘制高度为 1200mm 的阳台，如图 7-28 所示。

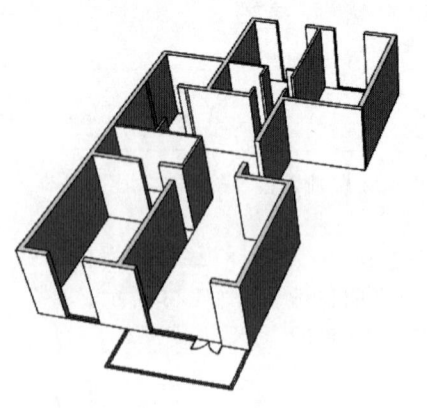

图 7-27　拉伸墙体　　　　　　图 7-28　拉伸阳台

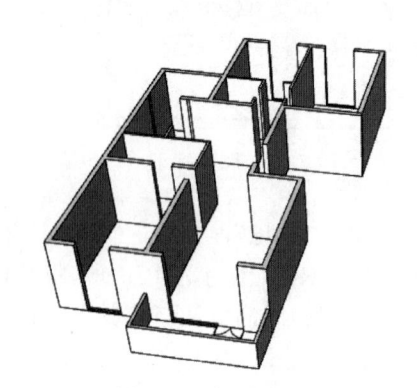

7. 绘制窗洞和门洞

（1）单击"绘图"工具栏中的"直线"按钮 ✎ ，绘制平面，如图 7-29 所示。

（2）将窗台高度设置为 0.85m，窗户高度设置为 1.2m。单击"编辑"工具栏中的

"推/拉"按钮并按住 Ctrl 键,选择一层平面的窗户轮廓拉伸 850mm、1200mm 和 950mm,绘制窗户和窗台轮廓,如图 7-30 所示。

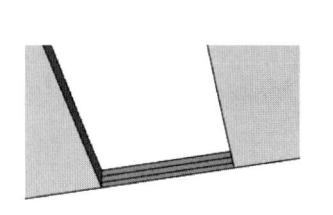

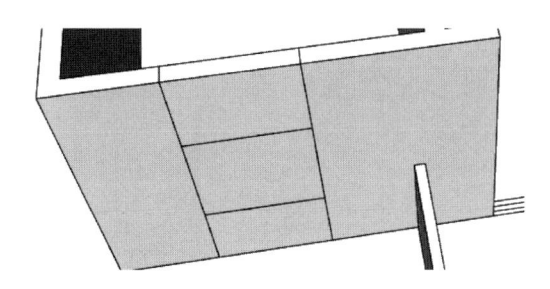

图 7-29　绘制平面

图 7-30　推拉平面

(3) 单击"使用入门"工具栏中的"删除"按钮,删除多余图元,绘制窗洞,如图 7-31 所示。

(4) 将门高度设置为 2.1m。单击"建筑施工"工具栏中的"卷尺工具"按钮和"绘图"工具栏中的"直线"按钮,在墙体上绘制距离地面 2100mm 的直线,如图 7-32 所示。

(5) 单击"编辑"工具栏中的"推/拉"按钮,推拉墙体,然后单击"绘图"工具栏中的"选择"按钮,选中多余的直线和平面,结合键盘上的 Delete 键将其删除,绘制高度为 2100mm 的门洞,如图 7-33 所示。

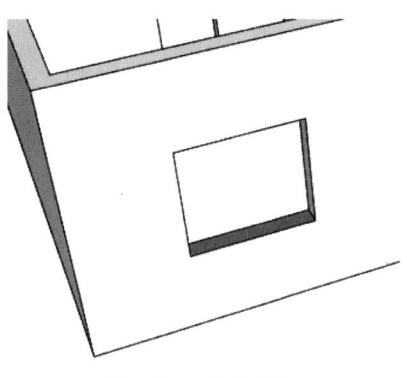

图 7-31　绘制窗洞

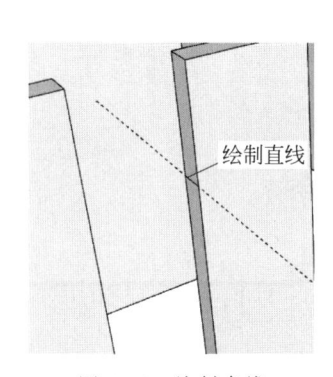

图 7-32　绘制直线

图 7-33　绘制门洞

(6) 使用相同的方法绘制其他的门洞和窗洞,如图 7-34 所示。

8. 绘制地面

(1) 单击"绘图"工具栏中的"直线"按钮,绘制平面。

(2) 单击"绘图"工具栏中的"选择"按钮并结合键盘上的 Delete 键,删除门上的平面,仅保留阳台地面,如图 7-35 所示。

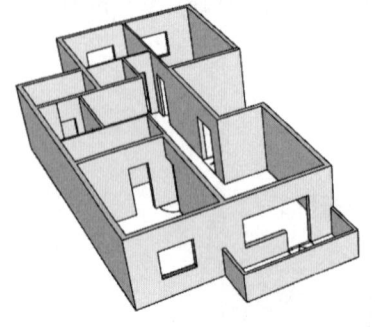

图 7-34　绘制剩余图形　　　　　　图 7-35　绘制阳台地面

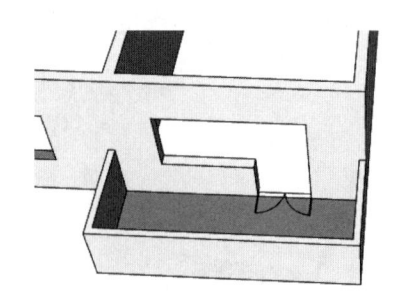

（3）使用相同的方法绘制剩余的地面，如图 7-36 所示。

（4）选中地面右击，在弹出的快捷菜单中选择"反转平面"命令，调整地面的正反面，如图 7-37 所示。最后隐藏平面图。

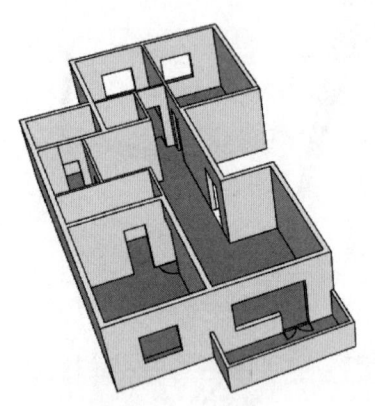

图 7-36　绘制剩余地面　　　　　　图 7-37　反转地面

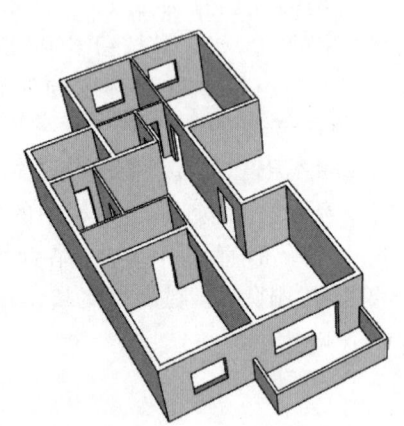

7.2　导出命令

SketchUp 允许用户导出 JPG、BMP、TGA、TIF、PNG 和 Epix 等格式的图像。

【执行方式】

菜单栏：文件→导出。

7.2.1　导出三维模型

（1）选择菜单栏中的"文件"→"导出"→"三维模型"命令，弹出如图 7-38 所示的"输出模型"对话框。

（2）在"保存类型"下拉列表框中选择"3DS 文件（*.3ds）"类型，如图 7-39 所示。

（3）单击"选项"按钮，弹出"3DS 导出选项"对话框，用于设置导出的比例和材质等，如图 7-40 所示。

图 7-38 "输出模型"对话框

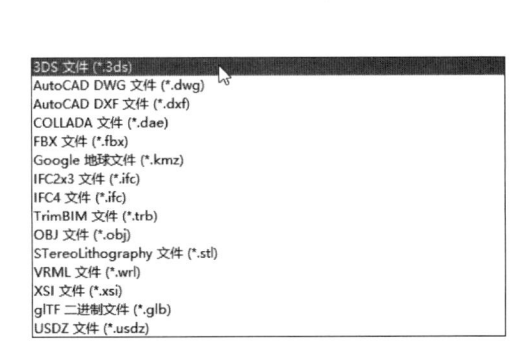

图 7-39 导出模型保存类型

图 7-40 "3DS 导出选项"对话框

导出：用于设置导出的模式。
① 完整层次结构：SketchUp 将按组与组件的层级关系导出模型。
② 按标记：该模式下，模型将按标记导出。
③ 按材质：SketchUp 将按材质贴图导出模型。

④ 单个对象：该模式用于将整个模型导出为一个已命名的物体，常用于导出为大型基地模型创建的物体，例如导出一个单一的建筑模型。

仅导出当前选择的内容：选中该复选框，将只导出当前选中的实体。

导出两边的平面：选中该复选框将激活下面的"材质"和"几何图形"附属选项。其中"材质"选项能开启 3DS 材质定义中的双面标记，这个选项导出的多边形数量和单面导出的多边形数量一样，但渲染速度会下降，特别是开启阴影和反射效果时；另外，这个选项无法使用 SketchUp 中的表面背面的材质。相反，"几何图形"选项则是将每个 SketchUp 的面都导出两次，一次导出正面，另一次导出背面；导出的多边形数量增加一倍，同样渲染速度也会下降，但是导出的模型两个面都可以渲染，并且正反两面可为不同的材质。

导出纹理映射：导出模型的材质纹理。选中该复选框将激活下面的"保留纹理坐标"和"固定顶点"附属选项。其中选中"保留纹理坐标"选项，在导出 3DS 文件时，不改变 SketchUp 材质贴图的坐标。选中"固定顶点"选项，在导出 3DS 文件时，保持贴图坐标与平面视图对齐。

从页面生成相机：用于保存时为当前视图创建照相机，也为每个 SketchUp 页面创建照相机。

单位：指定导出模型使用的测量单位。默认设置是"模型单位"，即 SketchUp 的系统属性中指定的当前单位。

7.2.2 导出二维图形

（1）选择菜单栏中的"文件"→"导出"→"二维图形"命令，弹出"输出二维图形"对话框，设置导出的文件名和文件格式，如图 7-41 所示。

图 7-41 "输出二维图形"对话框

(2) 导出二维图像。

导出二维图像并且当导出文件格式为 JPEG 图像(＊.jpg)、标签图像文件(＊.tif)、便携式网络图像(＊.png)、Windows 位图(＊.bmp)以及 EPS 文件(＊.eps)时，"输出选项"对话框中的内容都是一样的，如图 7-42 所示。

使用视图大小：选中此复选框，导出图像的尺寸大小为当前视图窗口的大小；取消选中该复选框则可以自定义图像尺寸。

宽度、高度：取消选中"使用视图大小"复选框，这两个输入框才能激活，以像素为单位。用于手动输入视图的尺寸，尺寸越大，消耗的内存越多，生成的图像文件也越大，导出所需要的时间也越多。最好只按需要导出对应大小的图像文件。

消除锯齿：系统会对导出图像作平滑处理，需要更多的导出时间，但是可以减少导出的图片中线条上的锯齿。

(3) 导出 dwg 文件。

SU 中可以导出 dwg 格式的图形。

在"保存类型"下拉列表框中选择 AutoCAD DWG 文件(＊.dwg)，然后单击"选项"按钮，弹出"DWG/DXF 输出选项"对话框，设置保存的版本号、导出的尺寸等，如图 7-43 所示。设置完毕后，单击"好"按钮，返回"输出二维图形"对话框。单击"导出"按钮，导出 dwg 文件。

图 7-42 "输出选项"对话框

图 7-43 "DWG/DXF 输出选项"对话框

（4）导出剖面。

选择菜单栏中的"文件"→"导出"→"剖面"命令，弹出"输出二维剖面"对话框，如图 7-44 所示。按当前的设置进行保存，也可以对导出选项进行设置后再导出。

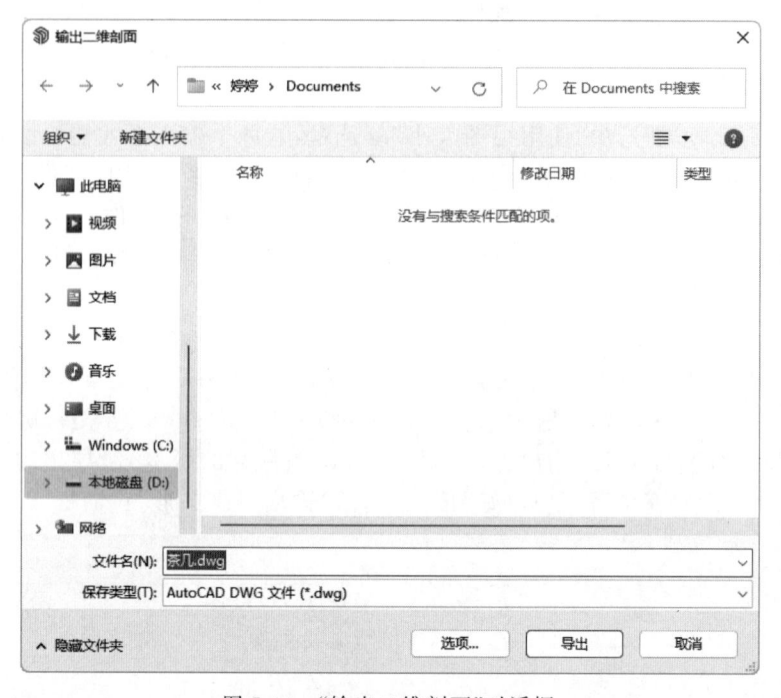

图 7-44 "输出二维剖面"对话框

7.2.3 实例——导出住宅模型的建筑图

本节将通过导出住宅平面图和立面图来重点学习"导出"命令，具体流程图如图 7-45 所示。

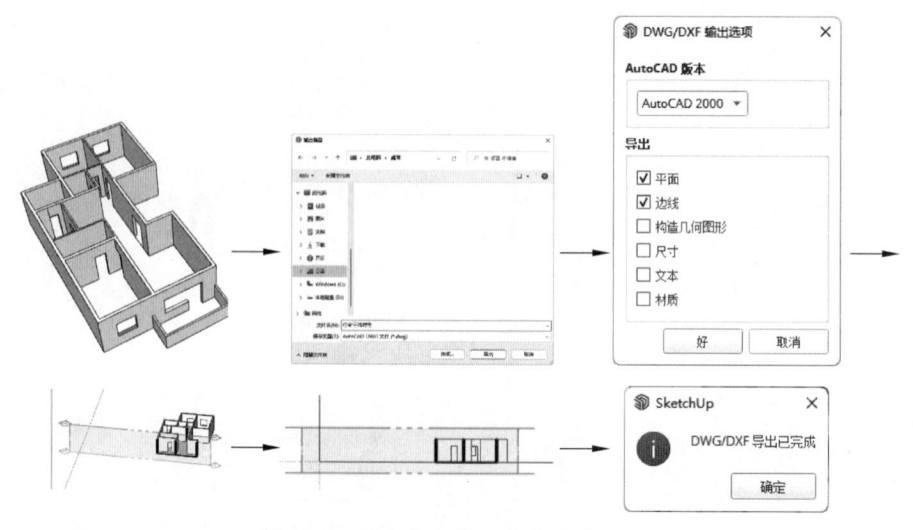

图 7-45 导出住宅模型的建筑图流程

源文件：源文件\第 7 章\导出住宅模型的建筑图.skp

选择菜单栏中的"文件"→"打开"命令，打开源文件中的住宅模型，如图 7-46 所示。

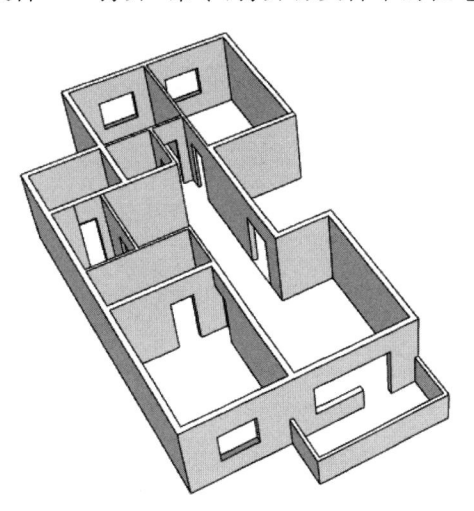

图 7-46　打开模型

1．导出三维模型

（1）选择菜单栏中的"文件"→"导出"→"三维模型"命令，弹出"输出模型"对话框，设置文件名称为"住宅三维模型"，选择"AutoCAD DWG 文件（∗.dwg）"文件类型，如图 7-47 所示。

图 7-47　"输出模型"对话框

165

（2）单击"选项"按钮，弹出"DWG/DXF 输出选项"对话框，设置保存的版本为 AutoCAD 2000，导出的选项仅选中"平面"和"边线"，如图 7-48 所示。

（3）单击"好"按钮，返回"输出模型"对话框，单击"导出"按钮，导出模型。导出完毕，系统打开 SketchUp 对话框，提示导出已完成，如图 7-49 所示。

图 7-48 "DWG/DXF 输出选项"对话框 　　　图 7-49 SketchUp 对话框

2. 导出二维图形

（1）导出平面图。将相机切换到平行投影，视图转换到俯视图。选择菜单栏中的"文件"→"导出"→"二维图形"命令，弹出"输出二维图形"对话框，在"保存类型"下拉列表框中选择"AutoCAD DWG 文件（*.dwg）"文件类型，输入文件的名称为"二维住宅平面图"，如图 7-50 所示。

图 7-50 "输出二维图形"对话框

（2）单击"选项"按钮，弹出如图 7-51 所示的"DWG/DXF 输出选项"对话框，设置保存的版本为 AutoCAD 2000，单击"好"按钮。

（3）系统返回"输出二维图形"对话框，单击"导出"按钮，导出平面图。

（4）导出完毕，系统自动打开 SketchUp 提示框，提示导出已完成，如图 7-52 所示。

图 7-51 "DWG/DXF 输出选项"对话框   图 7-52 SketchUp 提示框

（5）导出立面图。单击"截面"工具栏中的"剖切面"按钮，绘制剖切面，如图 7-53 所示，然后将视图转换到前部视图，如图 7-54 所示。

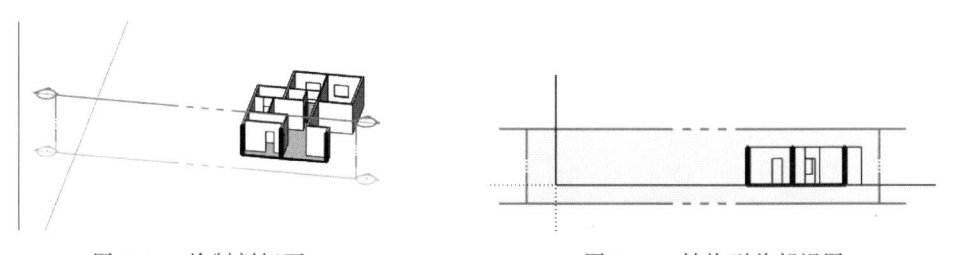

图 7-53 绘制剖切面   图 7-54 转换到前部视图

（6）选择菜单栏中的"文件"→"导出"→"二维图形"命令，弹出如图 7-55 所示的"输出二维图形"对话框，输入文件名为"二维住宅立面图"，设置保存类型为 AutoCAD 2000。

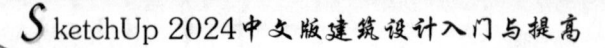

图 7-55 "输出二维图形"对话框

（7）单击"导出"按钮，导出立面图。

（8）导出完毕，系统自动打开 SketchUp 提示框，提示导出已完成，如图 7-56 所示。

图 7-56 SketchUp 提示框

第 8 章

建筑构件插件

内容简介

本章将结合操作实例,详细介绍关于 SUAPP 插件中的绘制部分建筑构件的相关命令,帮助读者掌握用 SUAPP 插件创建墙体和辅助构件的基本操作方法,为后面实际应用 SketchUp 进行建模作必要的知识准备。

内容要点

- 创建墙体
- 切割墙体
- 创建辅助构件

案例效果

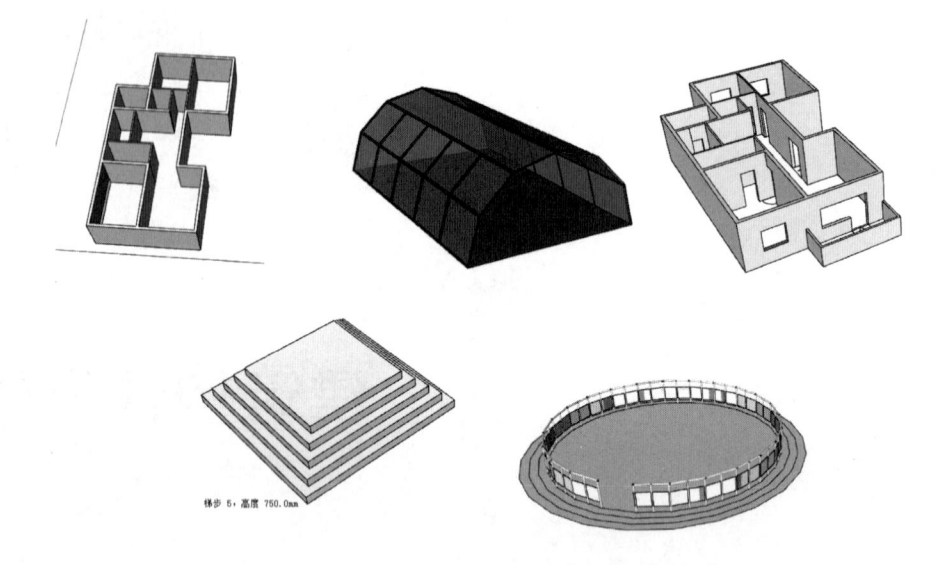

梯步 5，高度 750.0mm

8.1 创建墙体

墙体是建筑物的重要组成部分，它的作用是承重或围护、分隔空间。

8.1.1 绘制墙体

使用绘制墙体命令，设置相关的参数，指定墙体的厚度、高度和长度就可以绘制墙体。与使用直线、偏移和推拉命令绘制墙体相比，使用该命令更加节省绘图的时间，从而可以提高工作效率。

【执行方式】

- 菜单栏：扩展程序→轴网墙体→绘制墙体。
- 工具栏：SUAPP 基本工具栏→绘制墙体 。

【操作步骤】

选择菜单栏中的"扩展程序"→"轴网墙体"→"绘制墙体"命令，在适当的位置单击，指定墙体的起点，按键盘上的 Tab 键，弹出如图 8-1 所示的"参数设置"对话框，设置墙体定位、是否封口、绘制轴线以及宽度、高度。设置完毕，单击"好"按钮。

1. 绘制墙体

（1）在适当位置单击，指定墙体起点；沿坐标轴移动，在适当位置单击，确定墙体的第二点，绘制与坐标轴平行或共线的墙体。

（2）在命令行的提示之下，不断指定墙体的下一点。

图 8-1 "参数设置"对话框

指定墙体的终点时,首先利用鼠标指定墙体的绘制方向,然后在靠近墙体起点的位置双击,系统自动捕捉墙体起点,绘制封闭墙体,如图8-2所示。

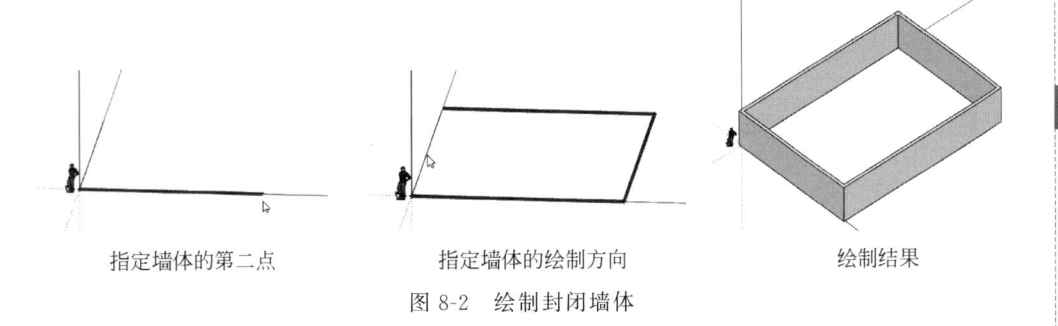

指定墙体的第二点　　　　指定墙体的绘制方向　　　　绘制结果

图8-2　绘制封闭墙体

2. 绘制轴线

(1)指定墙体的起点,按键盘上的Tab键,弹出"参数设置"对话框,绘制轴线选择"是",生成墙体选择"否",如图8-3所示。

(2)单击"好"按钮,可见绘制的模型仅生成轴线,而不生成墙体,如图8-3所示。

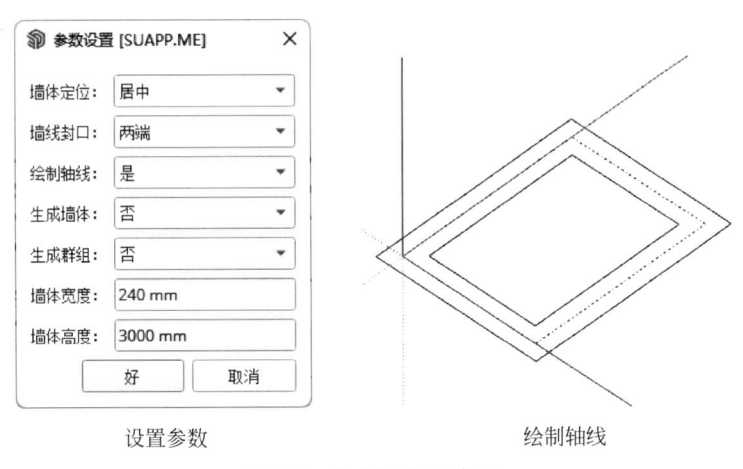

设置参数　　　　　　　　　　　　绘制轴线

图8-3　绘制轴线示意图

8.1.2　实例——绘制住宅墙体

本节将通过绘制住宅墙体的实例来重点学习"绘制墙体"命令,具体的绘制流程图如图8-4所示。

1. 导入CAD图

(1)选择菜单栏中的"文件"→"导入"命令,弹出"导入"对话框,将导入的文件类型设置为AutoCAD文件(＊.dwg,＊.dxf),选择"平面图"图形,如图8-5所示。

(2)单击"选项"按钮,弹出"导入AutoCAD DWG/DXF选项"对话框,如图8-6所示。选择单位为"毫米",取消选中"导入材质"复选框,选中"平面方向一致"复选框和"保持绘图原点"复选框,然后单击"好"按钮,返回"导入"对话框。单击"导入"按钮,导入平面图。

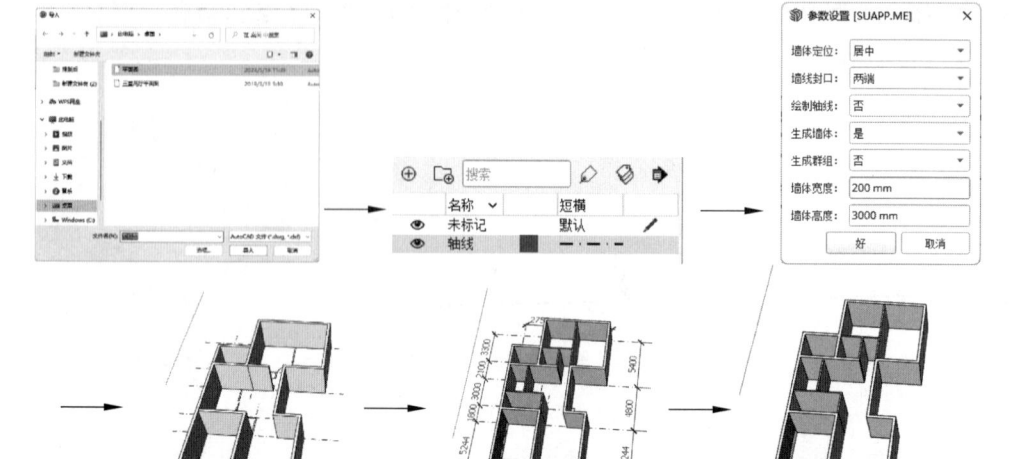

图 8-4 绘制住宅墙体流程图

图 8-5 "导入"对话框

2．管理标记

（1）打开"标记"面板。

（2）单击"轴线"标记左侧的"眼睛"按钮，显示轴线，如图 8-7 所示。此时"标记"面板中的"轴线"标记的颜色是无法更改的，如需更改，须删除现有的"轴线"标记，然后在系统中新建"轴线"标记，设置为可编辑的属性。

图 8-6 "导入 AutoCAD DWG/DXF 选项"对话框

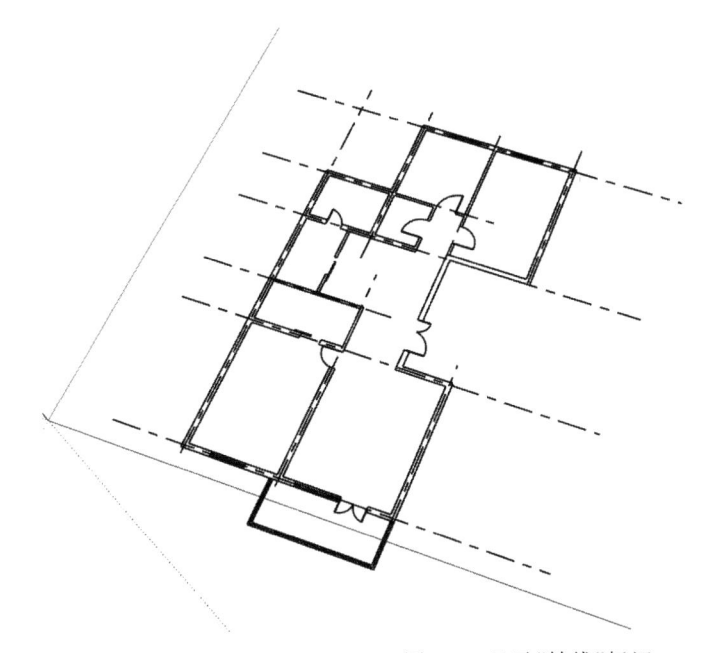

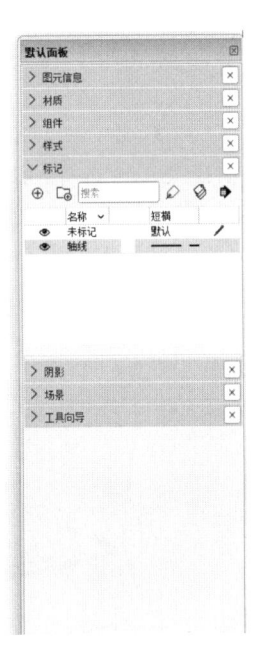

图 8-7 显示"轴线"标记

(3) 选中"轴线"标记右击,在弹出的快捷菜单中选择"删除标记"命令,如图 8-8 所示。由于要删除的标记中包含轴线图元,因此系统弹出"删除包含图元的标记"对话框,选择"分配给另一个标记"单选按钮,转换标记,如图 8-9 所示。

(4) 单击"标记"面板中的"添加标记"按钮 ⊕,新建"轴线"标记,将颜色设置为红色(设置 RGB 颜色为 255、0、0),线型设置为点画线,如图 8-10 所示。

(5) 继续单击"添加标记"按钮 ⊕,新建"墙体"和"尺寸"标记,颜色为黑色(设置 RGB 颜色为 1、1、1),预设线型,如图 8-11 所示。

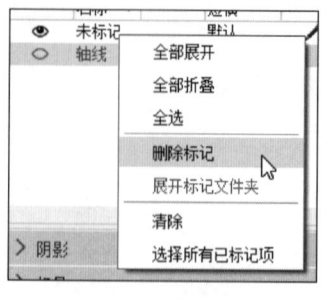

图 8-8　删除标记

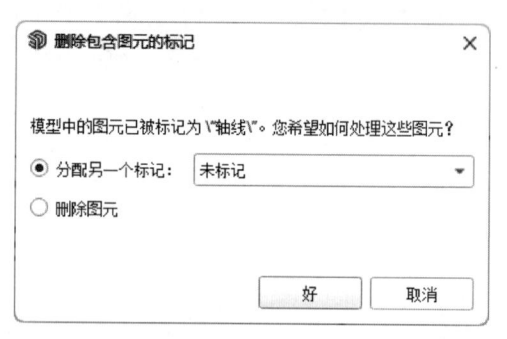

图 8-9　"删除包含图元的标记"对话框

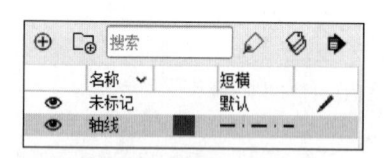

图 8-10　新建"轴线"标记

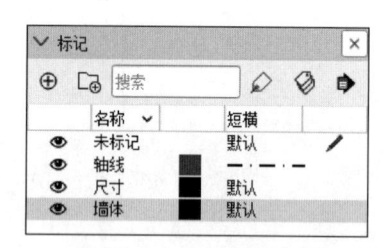

图 8-11　新建其他标记

（6）双击 CAD 图，进入编辑模式，激活"选择"命令，选中所有的轴线右击，在弹出的快捷菜单中选择"切换图层到:"→"轴线"命令，切换标记，如图 8-12 所示。

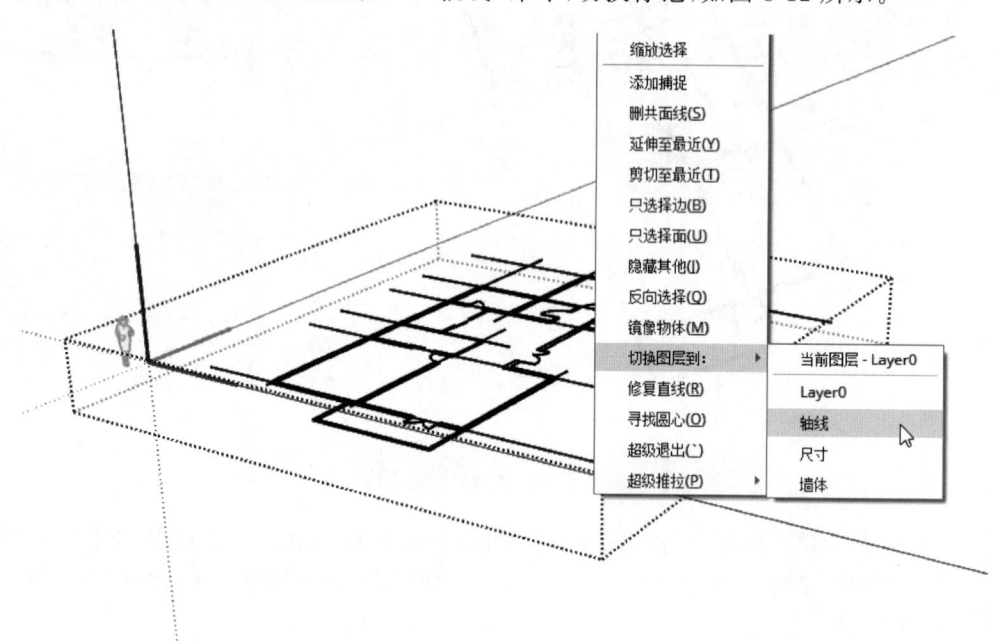

图 8-12　切换标记

3．创建墙体

（1）将"墙体"标记设置为当前标记。选择菜单栏中的"扩展程序"→"轴网墙体"→"绘制墙体"命令，指定墙体的起点，按键盘上的 Tab 键，弹出如图 8-13 所示的"参数设置"对话框,绘制轴线选择"否",生成墙体选择"是",绘制宽度为200mm、高度为3000mm的墙体。

(2) 绘制宽度为200mm的外墙和内墙,结果如图8-14所示。

图8-13 "参数设置"对话框

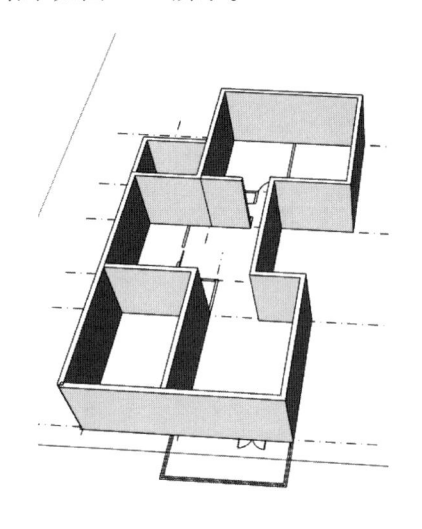

图8-14 绘制宽200mm的墙体

(3) 放大左下侧的墙角,可见此处墙体没有贯通。单击"绘图"工具栏中的"矩形"按钮 ☐,沿CAD平面图墙体轮廓线绘制矩形,如图8-15所示。

(4) 单击"编辑"工具栏中的"推/拉"按钮 ◆,推拉3000mm,绘制墙体,如图8-16所示。

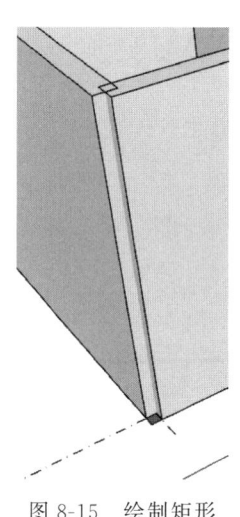

图8-15 绘制矩形

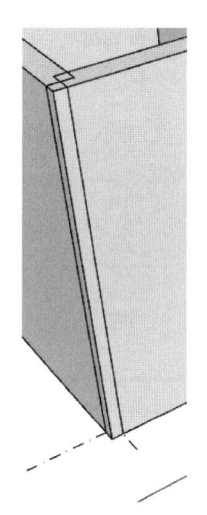

图8-16 推拉矩形

(5) 单击"使用入门"工具栏中的"删除"按钮 ◇,删除墙角处的多余直线,如图8-17所示。

(6) 使用相同的方法,删除其他位置的多余直线。

(7) 将墙体宽度设置为100mm,将光标放置在墙体上,当提示"在边线上"时单击,指定墙体起点和终点,绘制墙高为3000mm的内墙,如图8-18所示。

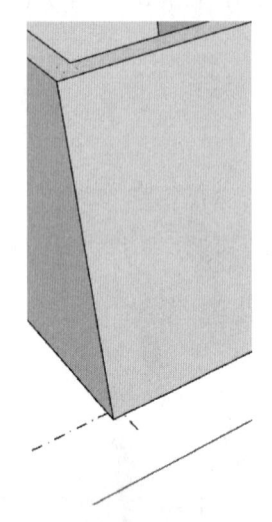

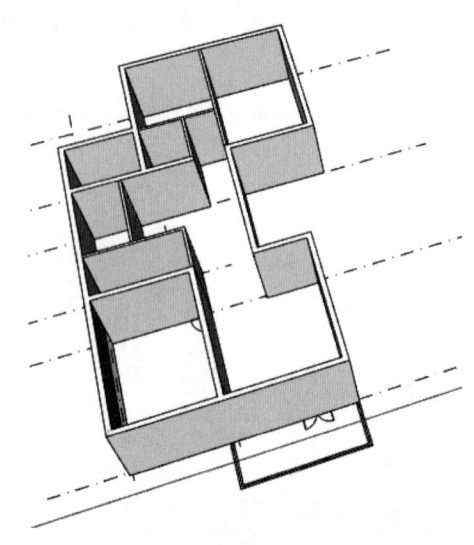

图 8-17 删除直线　　　图 8-18 绘制宽 100mm、高 3000mm 的墙体

4．标注尺寸

（1）切换到"尺寸"标记。选择菜单栏中的"窗口"→"模型信息"命令，弹出"模型信息"对话框，选择"单位"选项卡，取消选中"显示单位格式"复选框，标注的尺寸将不显示标注单位，如图 8-19 所示。切换至"尺寸"选项卡，选择"对齐尺寸线"单选按钮，设置为上方，标注的尺寸位于尺寸线上方并且与尺寸线平行，如图 8-20 所示。

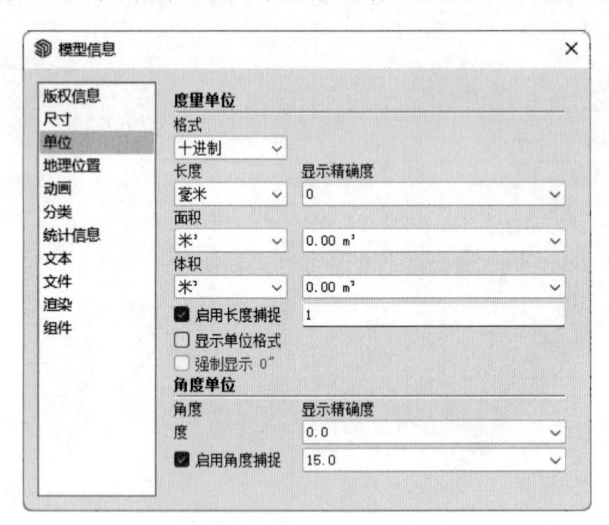

图 8-19 取消显示单位格式

（2）单击"建筑施工"工具栏中的"尺寸"按钮，标注轴线之间的尺寸，结果如图 8-21 所示。

（3）切换至"未标记"标记，隐藏"轴线"和"尺寸"标记，将标注的尺寸和轴线隐藏。继续选择 CAD 图形右击，在弹出的快捷菜单中选择"隐藏"命令，隐藏 CAD 底图，仅显示墙体，如图 8-22 所示。

图 8-20 设置尺寸线位置

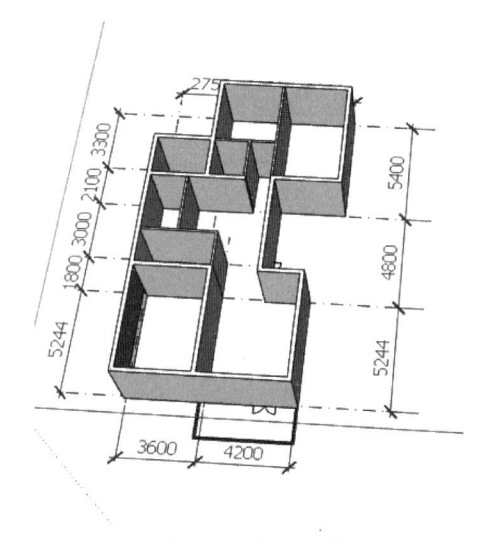

图 8-21 标注尺寸

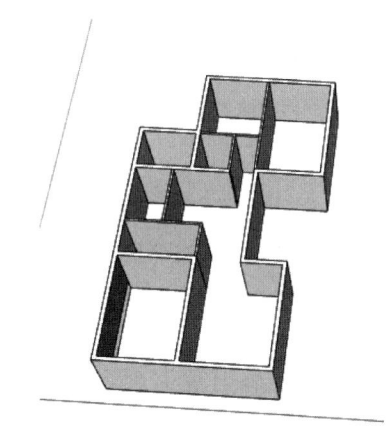

图 8-22 隐藏尺寸、轴线和 CAD 图

8.1.3 玻璃幕墙

玻璃幕墙是现代建筑中较为流行的一种特殊墙体，用于高层建筑，主要由幕墙、横撑及竖梃组成。在常规 SketchUp 模型绘制中，绘制步骤为利用直线工具将幕墙长度绘制出来，并形成闭合平面，再使用推拉工具将平面拉伸至相应位置，完成玻璃部分绘制。随后在玻璃上创建一个平面作为横撑部分，使用矩形工具创建长条矩形，再使用组件工具将平面合并为组件，双击进入组件，再推拉平面至相应高度，完成横撑部分创立。然后在玻璃上创建一个平面作为竖梃部分，使用矩形工具创建长条矩形，再使用组件工具将平面合并为组件，双击进入组件，再推拉平面至相应高度，完成竖梃部分创立。

【执行方式】
- 菜单栏：扩展程序→门窗构件→玻璃幕墙。
- 工具栏：SUAPP 基本工具栏→玻璃幕墙 ▦ 。

177

【操作步骤】

1. 相关参数

（1）选择菜单栏中的"扩展程序"→"门窗构件"→"玻璃幕墙"命令，弹出如图 8-23 所示的 SketchUp 提示框，提示没有选中四边形。

（2）首先绘制矩形，然后单击"绘图"工具栏中的"选择"按钮 ，选择矩形，继续单击 SUAPP 基本工具栏中的"玻璃幕墙"按钮 ，弹出如图 8-24 所示的"参数设置"对话框。下面介绍其中参数的含义。

图 8-23　SketchUp 提示框　　　图 8-24　"参数设置"对话框

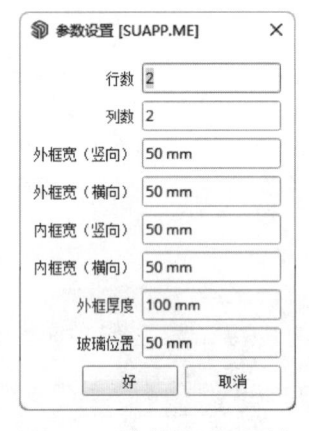

- 行数：设置玻璃幕墙框架中的水平分割数。
- 列数：设置玻璃幕墙框架中的竖直分割数。
- 外框宽（竖向）：控制所创建出框架中空外部的竖直宽度。
- 外框宽（横向）：控制所创建出框架中空外部的水平宽度。
- 内框宽（竖向）：控制所创建出框架中空内部的竖直宽度。
- 内框宽（横向）：控制所创建出框架中空内部的水平宽度。
- 外框厚度：玻璃幕墙的总体厚度。
- 玻璃位置：指定玻璃的放置位置。

（3）设置参数后，单击"好"按钮，系统自动将平面转变成与设定参数相对应的玻璃幕墙造型，如图 8-25 所示。

如果创建出来的模型需要编辑，可以利用"推/拉"命令进行编辑，结果如图 8-26 所示。

2. 墙体开窗

（1）激活"选择"命令，选中需要生成玻璃幕墙的平面。

（2）选择菜单栏中的"扩展程序"→"门窗构件"→"玻璃幕墙"命令，弹出"参数设置"对话框，设置相关参数，单击"好"按钮，系统自动生成玻璃幕墙。

（3）继续激活"选择"命令并按住 Ctrl 键，依次选择需要生成玻璃幕墙的平面。

（4）单击 SUAPP 基本工具栏中的"玻璃幕墙"按钮 ，系统打开 SketchUp 提示框，单击"是"按钮，将选中的所有面进行相同的设置，系统自动生成多个玻璃幕墙，如图 8-27 所示。

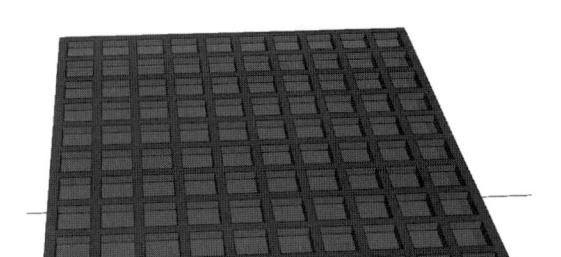

第8章 建筑构件插件

图 8-25 玻璃幕墙

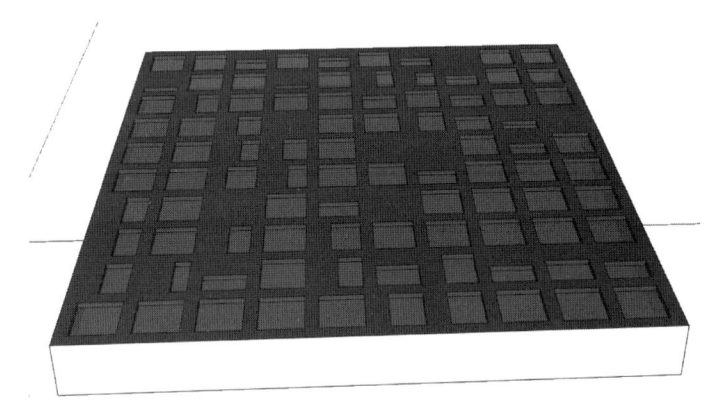

图 8-26 编辑后的玻璃幕墙

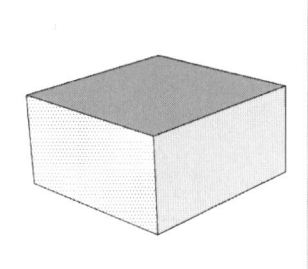

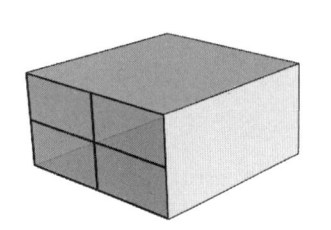

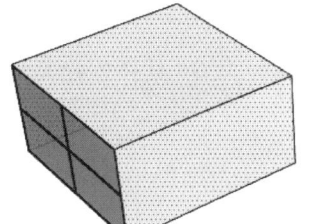

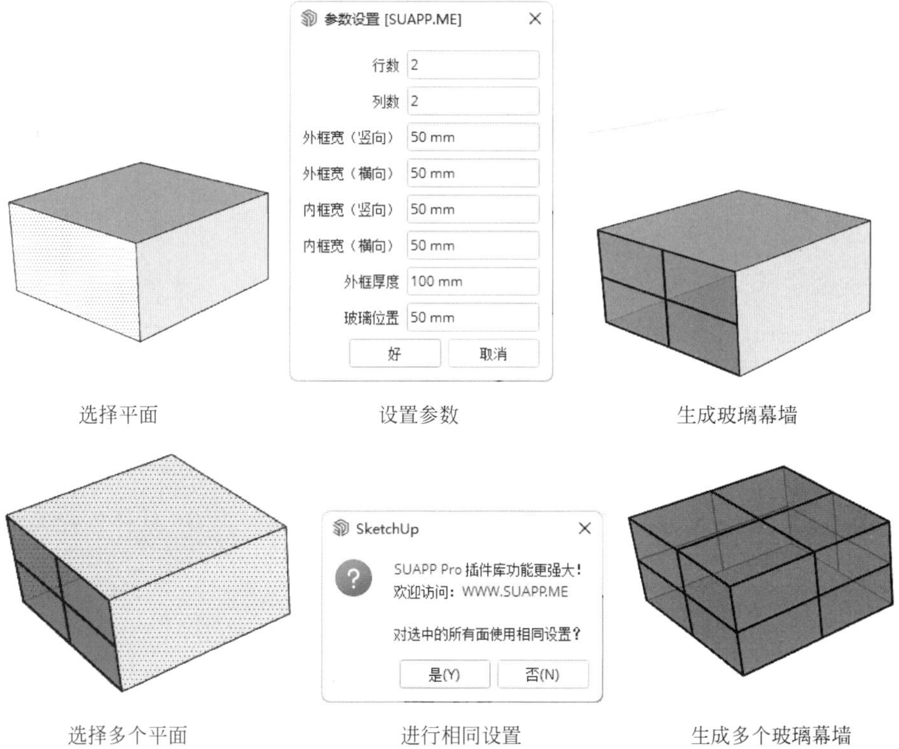

选择平面　　　　　　设置参数　　　　　　生成玻璃幕墙

选择多个平面　　　　进行相同设置　　　　生成多个玻璃幕墙

图 8-27 拉线成面示意图

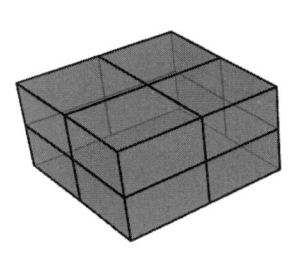

8.1.4 拉线成面

拉线成面命令用于绘制不规则的墙体。

【执行方式】
- 菜单栏：扩展程序→轴网墙体→拉线成面。
- 工具栏：SUAPP 基本工具栏→拉线成面 。

【操作步骤】

（1）激活"选择"命令，选中需要成面的曲线图形。

（2）选择菜单栏中的"扩展程序"→"轴网墙体"→"拉线成面"命令，在适当位置单击确定起点。移动鼠标到适当位置，当系统提示"在蓝色轴线上"时单击，确定终点，系统根据曲面图形自动生成曲面。

（3）在任意位置双击，弹出 SketchUp 提示框，提醒是否需要翻转面的方向。如果单击"是"按钮，模型正反平面将翻转；如果单击"否"按钮，则不翻转正反面。

（4）系统继续打开另一个 SketchUp 提示框，提醒拉伸结果是否需要生成群组。如果单击"是"按钮，模型将自动创建为群组；如果单击"否"按钮，则不创建群组。整个过程如图 8-28 所示。

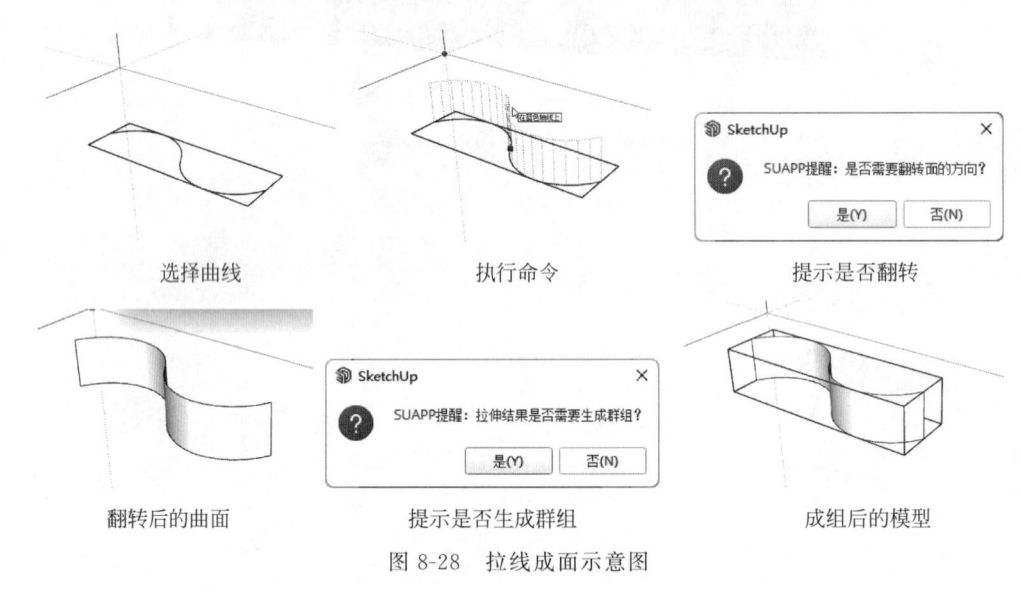

选择曲线　　　　执行命令　　　　提示是否翻转

翻转后的曲面　　　　提示是否生成群组　　　　成组后的模型

图 8-28　拉线成面示意图

8.1.5 实例——绘制玻璃通道

本节将通过绘制玻璃通道的实例来重点学习"玻璃幕墙"命令，具体的绘制流程图如图 8-29 所示。

源文件：源文件\第 8 章\绘制玻璃通道.skp

（1）单击"绘图"工具栏中的"多边形"按钮 ，绘制半径为 5000mm 的十二边形，如图 8-30 所示。

（2）单击 SUAPP 基本工具栏中的"拉线成面"按钮 ，设置拉伸高度为 10000mm，拉线成面，如图 8-31 所示。

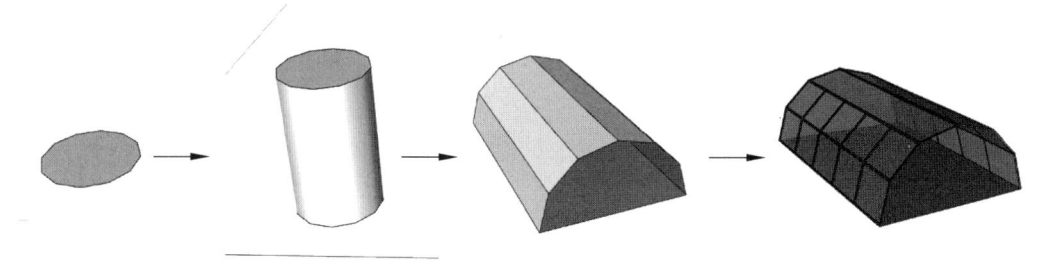

图 8-29　绘制玻璃通道流程图

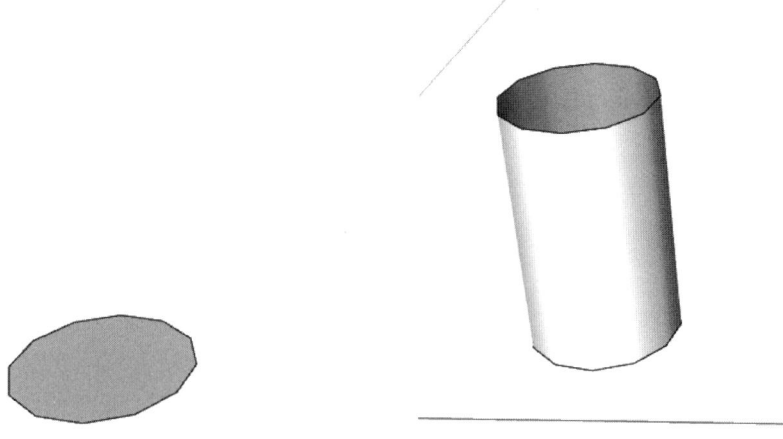

图 8-30　绘制十二边形　　　　　　　　　图 8-31　拉线成面

（3）在任意位置双击，系统弹出 SketchUp 提示框，提醒是否需要翻转面的方向。单击"是"按钮，模型正反平面将翻转，如图 8-32 所示，系统继续打开另一个 SketchUp 提示框，提醒拉伸结果是否需要生成群组。单击"否"按钮，不创建群组，如图 8-33 所示。

图 8-32　提示是否翻转　　　　　　　　　图 8-33　提示是否生成群组

（4）单击"绘图"工具栏中的"直线"按钮 ，封闭顶面，如图 8-34 所示。
（5）单击"使用入门"工具栏中的"删除"按钮 ，删除顶面的直线，如图 8-35 所示。
（6）单击"绘图"工具栏中的"矩形"按钮 和"编辑"工具栏中的"推/拉"按钮 ，绘制辅助长方体，如图 8-36 所示。
（7）单击"编辑"工具栏中的"旋转"按钮 ，以左侧立面中心为旋转中心，逆时针将立面旋转 90°，如图 8-37 所示。
（8）单击"绘图"工具栏中的"直线"按钮 ，绘制平面分割线，将平面上下分割，如图 8-38 所示。

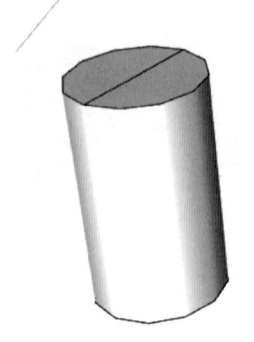

图 8-34　封闭顶面

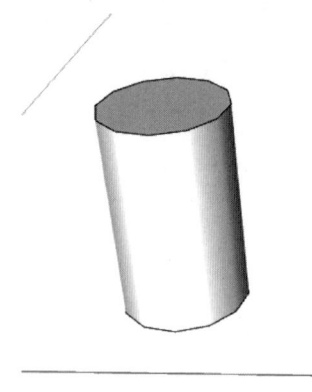

图 8-35　删除直线

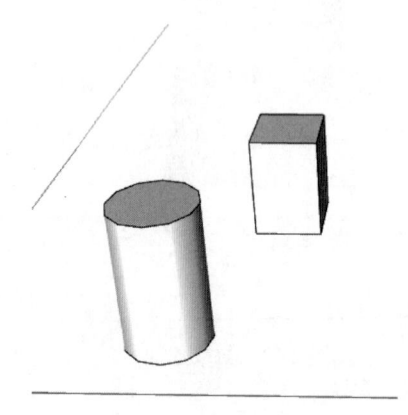

图 8-36　绘制长方体

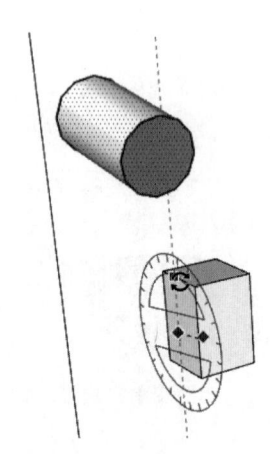

图 8-37　立面旋转 90°

（9）单击"使用入门"工具栏中的"删除"按钮 ◇，删除下半部分图形，如图 8-39 所示。

（10）单击"绘图"工具栏中的"直线"按钮 ✎，绘制平面分割线，分割图形，如图 8-40 所示。

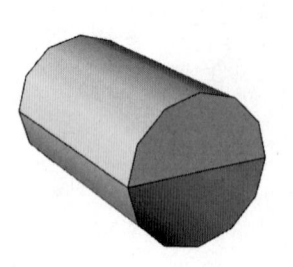

图 8-38　绘制直线分割平面

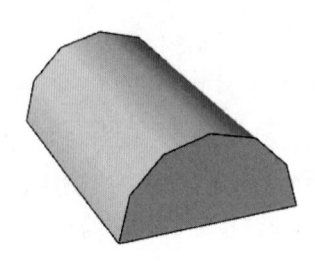

图 8-39　删除下半部分图形

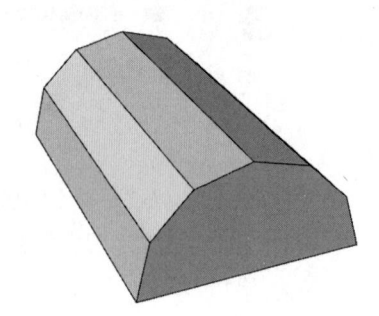

图 8-40　绘制分割线

（11）单击"使用入门"工具栏中的"删除"按钮 ◇，删除前后的面，绘制镂空通道，如图 8-41 所示。

（12）选择左下侧面，单击 SUAPP 基本工具栏中的"玻璃幕墙"按钮 ⊞，弹出"参数设置"对话框，将行数设置为 1，列数设置为 5，其他参数采用默认设置，如图 8-42 所示。

单击"好"按钮,生成玻璃幕墙,如图 8-43 所示。

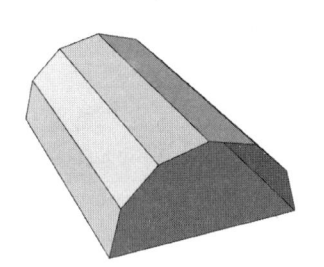

图 8-41 删除前后面

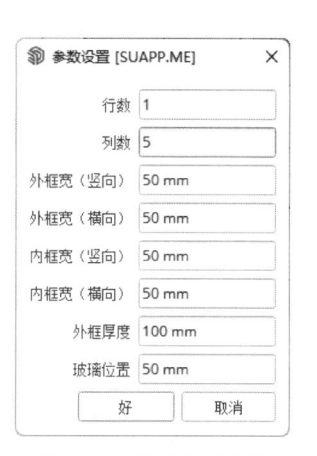

图 8-42 设置相关参数

(13) 继续激活"选择"命令并按住 Ctrl 键选择三个面,然后单击 SUAPP 基本工具栏中的"玻璃幕墙"按钮,系统打开 SketchUp 提示框,如图 8-44 所示。单击"是"按钮,对选中的面使用相同的设置。系统继续打开"参数设置"对话框,将行数设置为 1,列数设置为 5,其他参数采用默认设置,如图 8-45 所示。单击"好"按钮,系统自动生成玻璃幕墙,如图 8-46 所示。

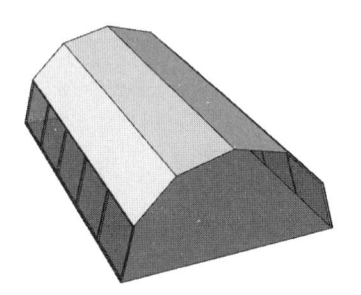

图 8-43 生成玻璃幕墙

图 8-44 提示框

图 8-45 设置相关参数

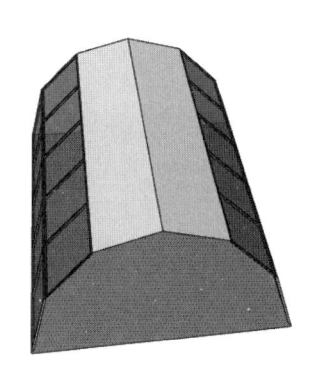

图 8-46 三个面生成玻璃幕墙

(14) 继续激活"选择"命令并按住 Ctrl 键选择两个面,单击 SUAPP 基本工具栏中的"玻璃幕墙"按钮 ▦,将行数设置为 1,列数设置为 1,其他参数采用默认设置,如图 8-47 所示。单击"好"按钮,生成玻璃幕墙,如图 8-48 所示。

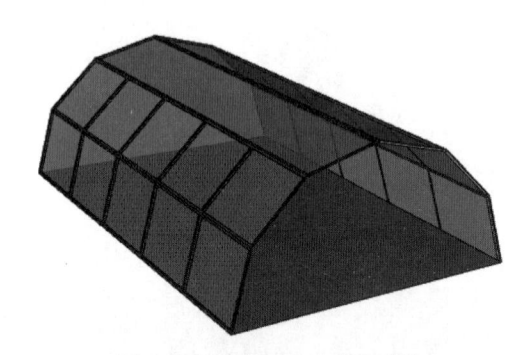

图 8-47 设置相关参数　　　图 8-48 两个面生成玻璃幕墙

8.2 切割墙体

本节主要介绍如何在墙体上开窗洞。

8.2.1 墙体开窗

如果墙体是承重墙,就不能在上面开窗,否则可能会影响整栋楼的稳定性,除非进行加固,并且加固方案经过建筑方和设计方认可才能施工。如果墙体不是承重墙,可以在确保不影响楼栋安全的情况下进行开窗。

拉窗分左右、上下推拉两种。拉窗有不占据室内空间的优点,外观整洁、经济适用、密封性较好。采用高档滑轨,推拉省力,开启灵活。配上大块的玻璃,既能增加室内的采光,又能改善建筑物的整体形貌。窗扇的受力状态好、不易损坏,但通气面积受一定限制。窗样式只有两种,一种是推拉窗,另一种是双悬窗,如图 8-49 所示为宽度和高度一样的条件下两种不同类型的窗户。

【执行方式】

- 菜单栏:扩展程序→门窗构件→墙体开窗。
- 工具栏:SUAPP 基本工具栏→墙体开窗 ▣。

【操作步骤】

(1) 选择菜单栏中的"扩展程序"→"门窗构件"→"墙体开窗"命令,弹出如图 8-50 所示的"参数设置"对话框,设置窗宽度、窗高度和窗样式,单击"好"按钮。

(2) 移动光标至墙面,当系统提示"在平面上"时单击,系统将自动生成窗户,如图 8-51 所示。

(3) 单击"大工具集"工具栏中的"颜料桶"按钮 ⦿,选择材质赋予窗户,如图 8-52 所示。

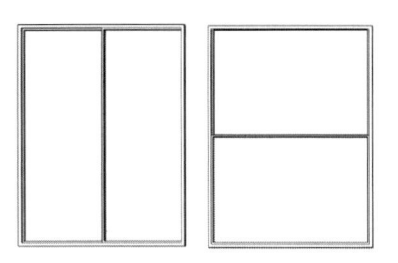

图 8-49　创建好的两种形式的拉窗　　　　图 8-50　"参数设置"对话框

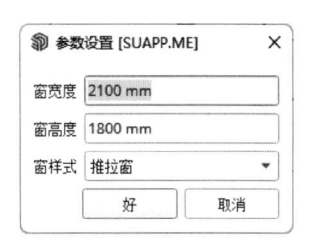

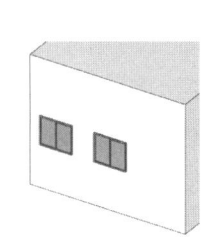

图 8-51　墙体开窗　　　　　　　　图 8-52　赋予材质

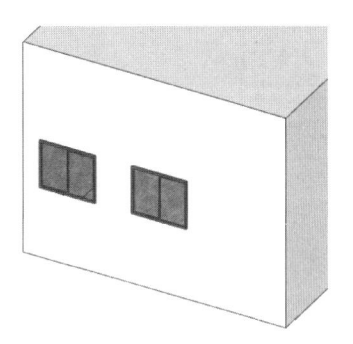

8.2.2　墙体开洞

建模时经常需要在墙体上开洞,但是在墙上开洞有点麻烦,而且有可能还会出现不能开的情况。利用插件,只要在墙上画出矩形就可以立即绘制孔洞。

【执行方式】

菜单栏：扩展程序→门窗构件→墙体开洞。

【操作步骤】

(1) 创建墙。

(2) 选择菜单栏中的"扩展程序"→"门窗构件"→"墙体开洞"命令,在墙上任意位置绘制矩形。

(3) 系统会根据步骤(2)绘制的矩形区域绘制洞口,如图 8-53 所示。

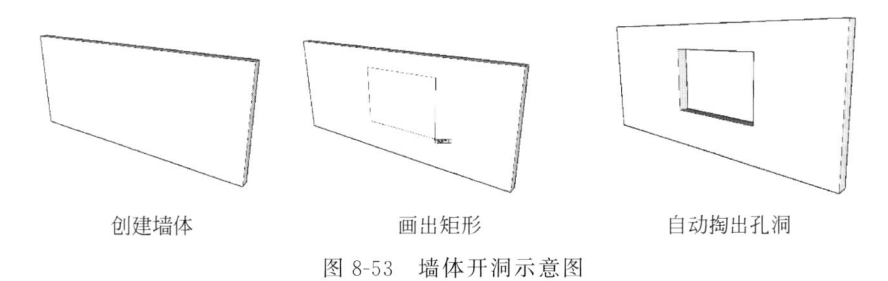

创建墙体　　　　　　画出矩形　　　　　自动掏出孔洞

图 8-53　墙体开洞示意图

8.2.3　实例——绘制住宅门窗洞口

本节将通过绘制住宅门窗洞口的实例来重点学习"墙体开洞"命令,具体的绘制流程图如图 8-54 所示。

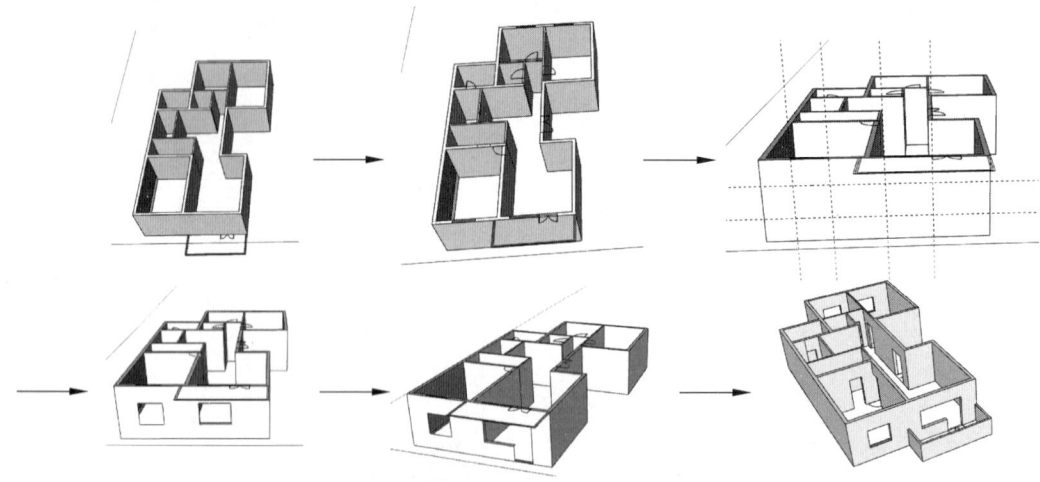

图 8-54 绘制住宅门窗洞口流程图

源文件：源文件\第 8 章\绘制住宅门窗洞口.skp

（1）打开源文件中的"绘制住宅墙体"图形，如图 8-55 所示。

（2）激活"选择"命令，选择 CAD 图形，单击"编辑"工具栏中的"移动"按钮 ✦ 并按住"↑"键，将方向锁定。将 CAD 图沿蓝轴移动 3000mm，移动至墙顶，方便对照 CAD 图绘制门窗洞口，如图 8-56 所示。

图 8-55 打开住宅墙体

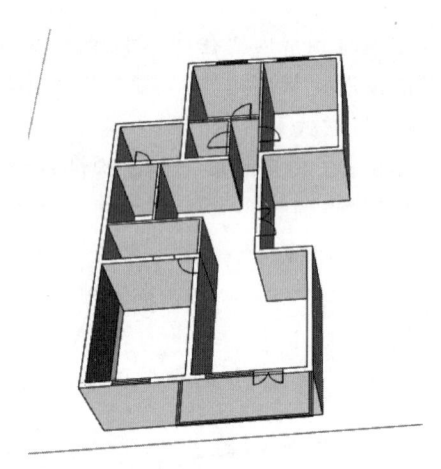

图 8-56 移动 CAD 图

（3）单击"建筑施工"工具栏中的"卷尺工具"按钮 ✐，以最下侧的水平线为基线，高度为 850mm 和 1200mm，绘制水平辅助线，如图 8-57 所示。

（4）单击"建筑施工"工具栏中的"卷尺工具"按钮 ✐，以左右两侧的竖直边线为基线，捕捉 CAD 图中门窗的关键点，绘制竖直辅助线，如图 8-58 所示。

（5）单击"绘图"工具栏中的"矩形"按钮 ▢，结合辅助线绘制矩形，然后选择菜单栏中的"扩展程序"→"门窗构件"→"墙体开洞"命令，选择矩形开洞，如图 8-59 所示。

（6）观察左侧的窗洞，发现它的深度不符合要求。单击"使用入门"工具栏中的"删除"按钮 ✎，将辅助线和窗洞上的多余部分删除，如图 8-60 所示。

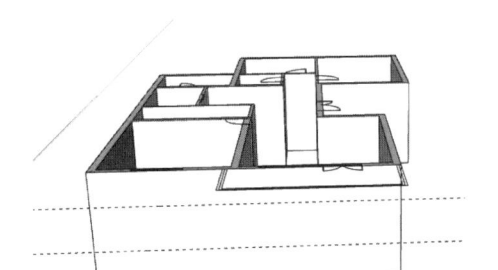

图 8-57 绘制水平辅助线

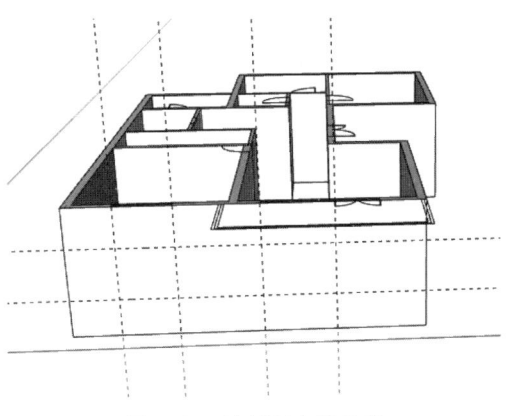

图 8-58 绘制竖直辅助线

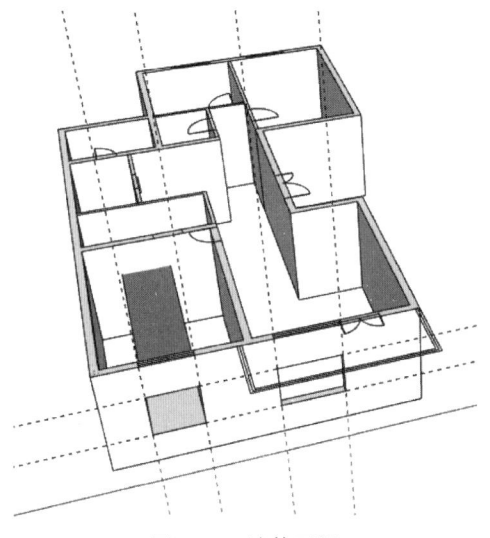

图 8-59 墙体开洞

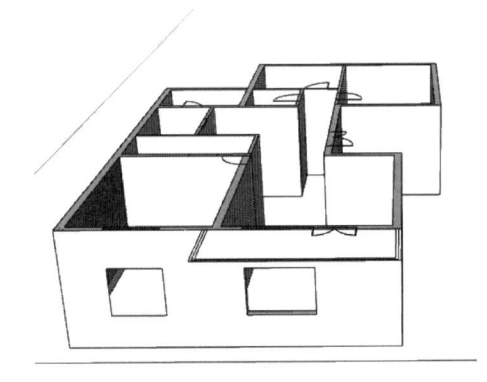

图 8-60 删除多余部分

（7）单击"建筑施工"工具栏中的"卷尺工具"按钮，以 CAD 图为参照，绘制如图 8-61 所示的辅助线。

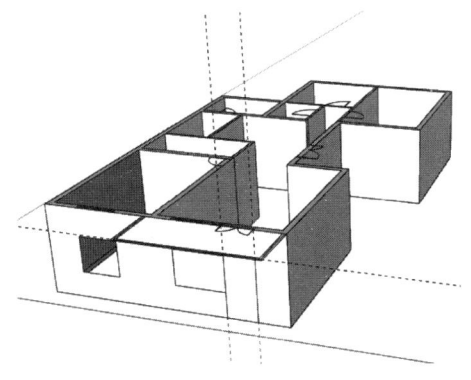

图 8-61 绘制辅助线

（8）选择菜单栏中的"扩展程序"→"门窗构件"→"墙体开洞"命令,结合辅助线,绘制矩形。

（9）单击"使用入门"工具栏中的"删除"按钮 ,将辅助线和门洞上的多余部分删除,如图 8-62 所示。

（10）利用上述方法绘制墙体上的所有门洞,如图 8-63 所示。

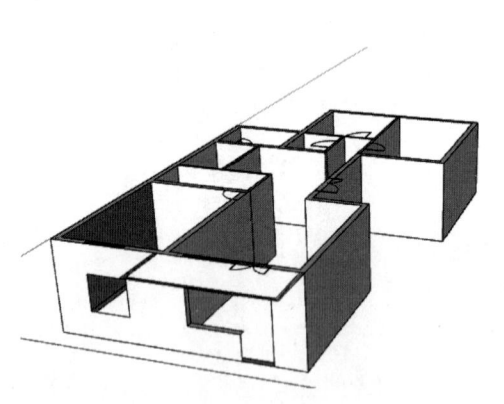

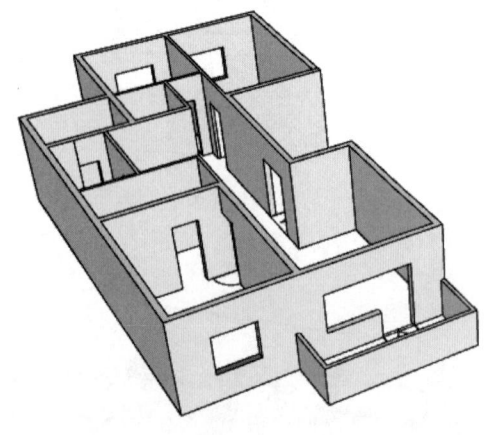

图 8-62　删除多余部分　　　　　　　　图 8-63　绘制门洞

8.3　创建辅助构件

创建楼梯最为原始的方法是利用多重复制命令制作梯段,然后用路径跟随命令制作栏杆。而利用插件工具将不同类型的楼梯进行分类,然后使用不同的参数对楼梯各个部分的形式进行控制,只需要输入几个数字就可以创建出需要的楼梯形式。

楼梯踏步的高和宽是由人的步距与人腿的长度来确定的。踏步的宽度以不小于 24cm 为宜,踏步的高度通常不宜大于 17.5cm。一般情况下,踏步宽度为 27～30cm。普通的楼梯,台阶高度以 15cm 为宜,若超过 18cm,人登楼梯时就容易感觉累。通常单人通行的梯段净宽一般不应小于 80cm,双人通行的梯段净宽为 100～120cm。下面介绍建筑楼梯的分类。常规扶手的高度为 900mm,楼梯应至少一侧设置扶手。

在建筑中一段连续的楼梯踏步被称为"跑",每"跑"之间由"休息平台"连接。建筑楼梯主要有以下几种形式:

（1）自动扶梯,如图 8-64 所示。

（2）直跑楼梯,如图 8-65 所示。

（3）双跑平行楼梯,如图 8-66 所示。

（4）双跑转角楼梯,如图 8-67 所示。

（5）螺旋楼梯,如图 8-68 所示。

第8章　建筑构件插件

图 8-64　自动扶梯　　　　图 8-65　直跑楼梯

图 8-66　双跑平行楼梯　　图 8-67　双跑转角楼梯　　图 8-68　螺旋楼梯

8.3.1　梯步拉伸

梯步拉伸命令允许用户对每个面进行递增式的拉伸操作，这种命令特别适用于创建具有层次感和高度差异的设计元素，如台阶、梯步以及阶梯式地形等。

【执行方式】
- 菜单栏：扩展程序→建筑设施→梯步拉伸。
- 工具栏：SUAPP 基本工具栏→梯步拉伸 。

【操作步骤】
（1）利用之前学过的方法绘制平面。
（2）单击 SUAPP 基本工具栏中的"梯步拉伸"按钮 ，命令行中提示默认的递增值为 150mm，单击第一级楼梯，系统会生成高度为 150mm 的楼梯。
（3）继续单击第二级楼梯，系统会生成高度为 300mm 的楼梯，递增的高度均为 150mm。用相同方法绘制剩余楼梯，如图 8-69 所示。

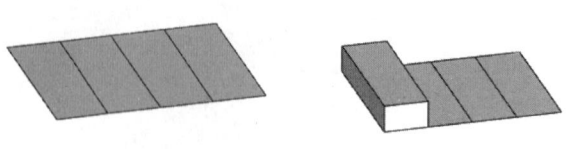

图 8-69 梯步拉伸示意图

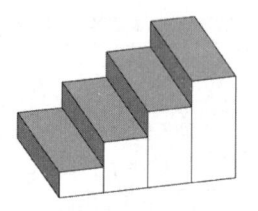

8.3.2 绘制方形楼梯

本节将通过绘制方形楼梯的实例来重点学习"梯步拉伸"命令，具体的绘制流程图如图 8-70 所示。

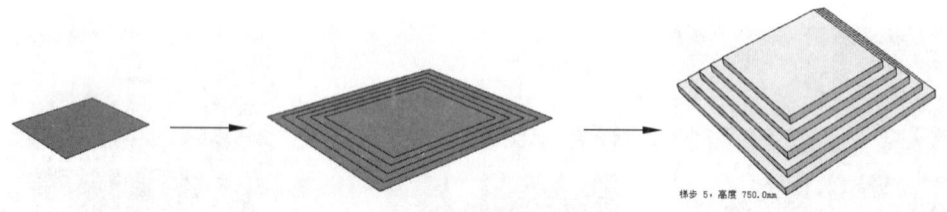

图 8-70 绘制方形楼梯流程图

源文件：源文件\第 8 章\绘制方形楼梯.skp

（1）单击"绘图"工具栏中的"矩形"按钮，绘制长度和宽度均为 3000mm 的矩形，如图 8-71 所示。

（2）单击"编辑"工具栏中的"偏移"按钮，将矩形边向内侧偏移 150mm，结果如图 8-72 所示。

（3）使用相同的方法，继续向内侧偏移，偏移的距离均为 150mm，如图 8-73 所示。

图 8-71 绘制矩形平面 　　　图 8-72 偏移矩形 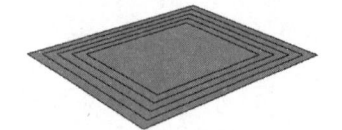　　　图 8-73 继续偏移矩形

（4）单击 SUAPP 基本工具栏中的"梯步拉伸"按钮，命令行中提示默认的递增值为 150mm，单击第一级楼梯，系统会生成高度为 150mm 的楼梯，如图 8-74 所示。

（5）继续单击第二级楼梯，系统生成高度为 300mm 的楼梯，递增的高度均为 150mm。用相同的方法绘制剩余楼梯，如图 8-75 所示。

8.3.3 绘制双跑楼梯

使用 SketchUp 中的常规方法进行楼梯建模的过程比较复杂，需要多次创建组件，利用推拉工具实现。而使用 SUAPP 插件可以直接创建。

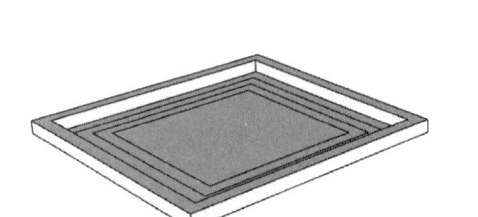

图 8-74　绘制第一级楼梯　　　　　　　　图 8-75　绘制剩余楼梯

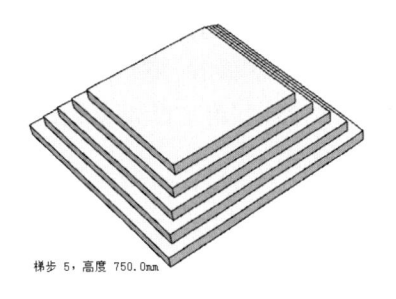

【执行方式】

菜单栏：扩展程序→建筑设施→双跑楼梯。

【操作步骤】

(1) 单击"扩展程序"→"建筑设施"→"双跑楼梯"命令，弹出"参数设置"对话框。

- 楼梯宽度：指楼梯每"跑"的宽度。
- 层高：指从第一级踏步底端到最后一级踏步顶端的距离。
- 总踏步数：踏步的总数。
- 一跑步数：第一"跑"的踏步数。
- 踏步宽度：指每一级踏步在行进方向上的宽度。
- 踏步前缘宽度：指上一级踏步超出下一级踏步的距离。
- 下一层层高：通常指的是当前所创建的或编辑的下一层的高度尺寸。

(2) 设置参数，单击"好"按钮。

(3) 系统继续弹出另一个"参数设置"对话框，用于设置"楼梯末端"或"楼梯起始"创建平台。整个过程如图 8-76 所示。

参数设置　　　　　　设置休息平台　　　　　　双跑楼梯

图 8-76　创建双跑楼梯示意图

8.3.4　绘制转角楼梯

转角楼梯与直梯的不同之处在于多出了 90°转角平台，有 L 型与 U 型两种类型。

【执行方式】

菜单栏：扩展程序→建筑设施→转角楼梯。

【操作步骤】

单击"扩展程序"→"建筑设施"→"转角楼梯"命令,弹出"参数设置"对话框,如图 8-77 所示,用于设置参数。设置好参数后,单击"好"按钮,系统生成转角楼梯,如图 8-78 所示。

图 8-77 "参数设置"对话框

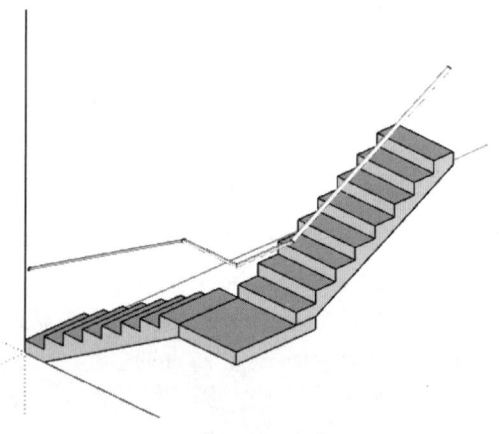

图 8-78 转角楼梯

8.3.5 线转栏杆

使用"线转栏杆"命令可以在线上生成栏杆。

【执行方式】

- 菜单栏:扩展程序→建筑设施→线转栏杆。
- 工具栏:SUAPP 基本工具栏→线转栏杆 。

【操作步骤】

(1)单击"绘图"工具栏中的"选择"按钮 ,选择最外侧边。

(2)选择菜单栏中的"扩展程序"→"建筑设施"→"线转栏杆"命令,弹出如图 8-79 所示的"参数设置"对话框,用于设置扶手截面、立柱截面和其他参数。设置完毕,单击"好"按钮。

(3)系统继续打开另外一个"参数设置"对话框,用于设置扶手宽度、扶手高度以及立柱的尺寸。设置完毕,单击"好"按钮,生成栏杆,如图 8-79 所示。

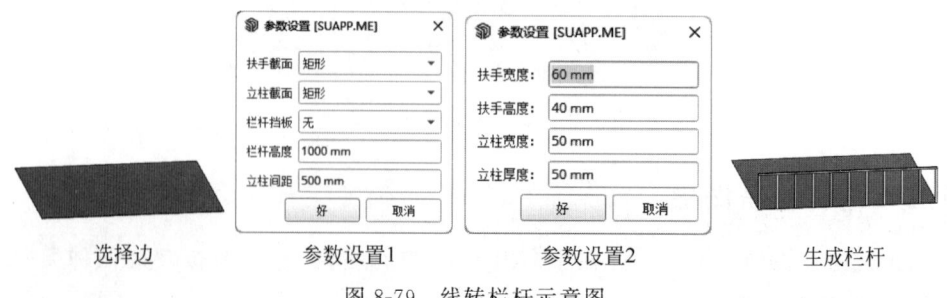

选择边　　参数设置1　　参数设置2　　生成栏杆

图 8-79 线转栏杆示意图

8.3.6 实例——绘制公园

本节将通过绘制公园的实例来重点学习"线转栏杆"命令,具体的绘制流程图如图 8-80 所示。

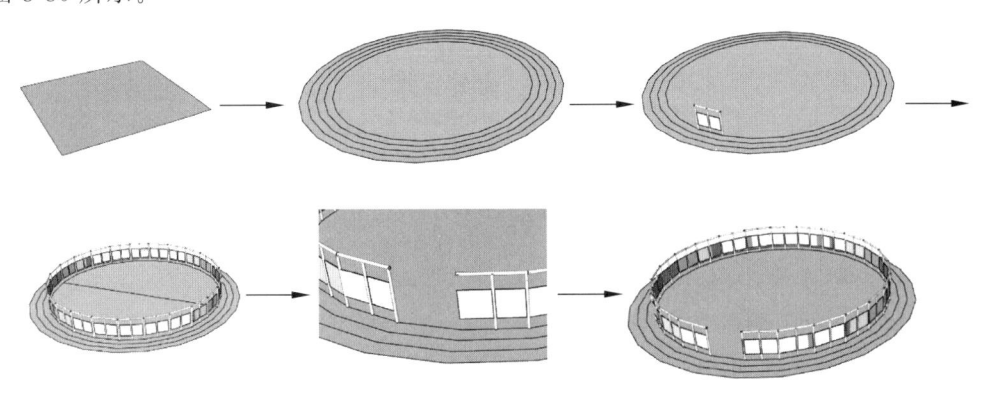

图 8-80 绘制公园流程图

源文件:源文件\第 8 章\绘制公园.skp

(1) 单击"绘图"工具栏中的"圆"按钮 ⊙,在适当位置绘制半径为 5m 的圆形,如图 8-81 所示。

(2) 单击"编辑"工具栏中的"偏移"按钮 ⌒,偏移距离设置为 300mm,将圆向内侧偏移四次,绘制小圆,如图 8-82 所示。

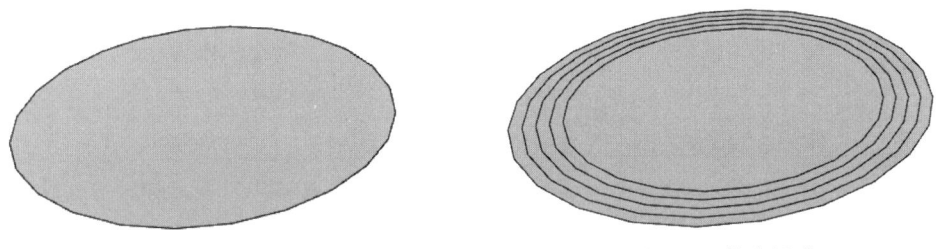

图 8-81 绘制圆形　　　　图 8-82 偏移圆形

(3) 单击"绘图"工具栏中的"选择"按钮 ▸,选中最上侧的边右击,在弹出的快捷菜单中选择"分解曲线"命令,如图 8-83 所示,将圆分解为 24 段。

(4) 单击"绘图"工具栏中的"选择"按钮 ▸,选择边,如图 8-84 所示。

(5) 单击 SUAPP 基本工具栏中的"线转栏杆"按钮 Ⅲ,弹出如图 8-85 所示的"参数设置"对话框。设置扶手截面为圆形、立柱截面为圆形,设置矩形挡板,设置栏杆高度为 1000mm 和立柱间距为 500mm,单击"好"按钮。

(6) 系统继续打开另外一个"参数设置"对话框,如图 8-86 所示。设置扶手直径为 60mm、立柱直径为 50mm,挡板底高度为 200mm,挡板高度为 500mm,挡板厚度为 10mm,单击"好"按钮,生成栏杆,如图 8-87 所示。

(7) 单击"绘图"工具栏中的"直线"按钮 ✎,绘制通过圆心的辅助直线,如图 8-88 所示。

(8) 选中栏杆右击,在弹出的快捷菜单中选择"创建组件"命令,如图 8-89 所示。

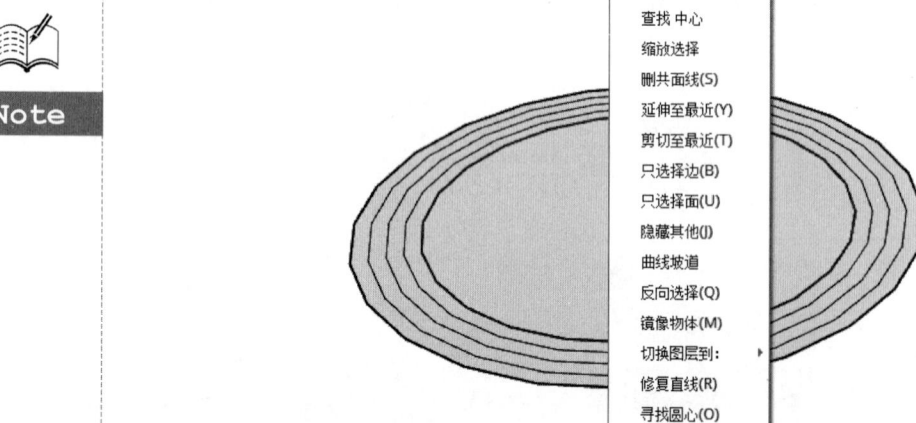

图 8-83 分解圆形

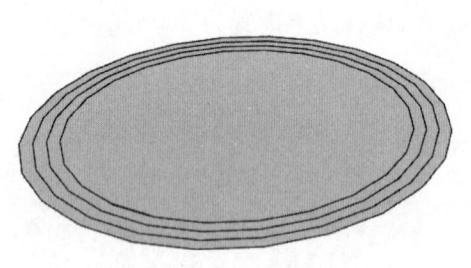

图 8-84 选择边

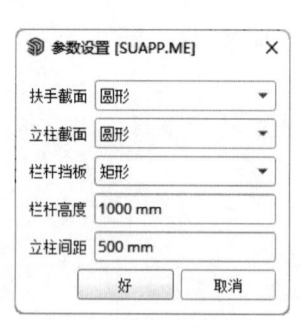

图 8-85 "参数设置"对话框 1

图 8-86 "参数设置"对话框 2

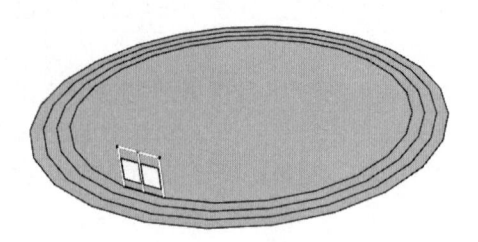

图 8-87 生成栏杆

（9）系统打开"创建组件"对话框，定义名称为"组件♯1"，其他采用默认设置，如图 8-90 所示。

（10）单击"编辑"工具栏中的"旋转"按钮 ⟳，以圆心为中心点，旋转阵列 23 个栏杆，如图 8-91 所示。

图 8-88　绘制辅助直线

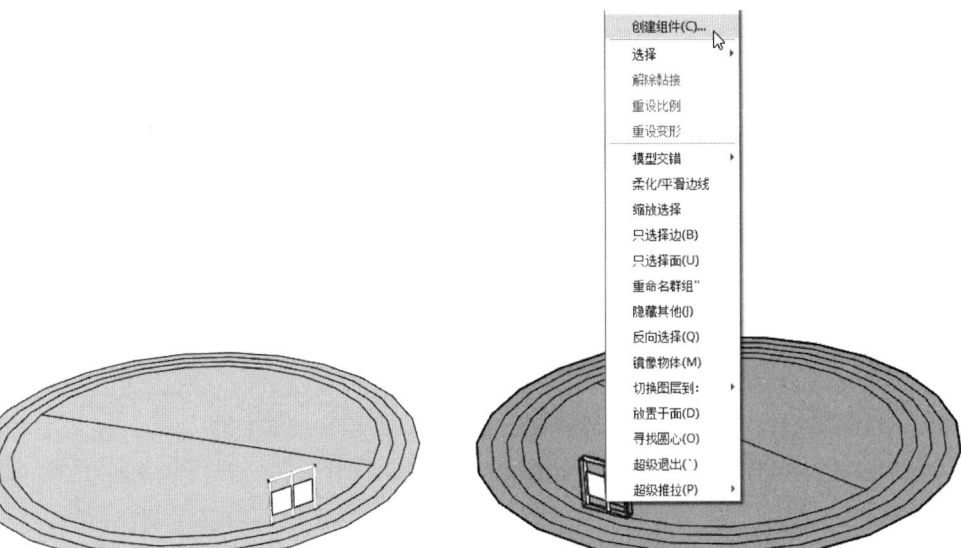

图 8-89　选择"创建组件"命令

图 8-90　"创建组件"对话框

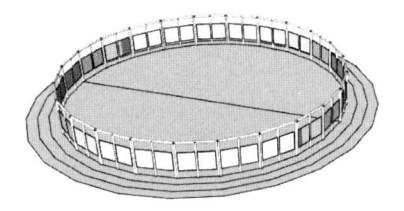

图 8-91　旋转阵列栏杆

（11）放大栏杆转角，发现转角处两个栏杆不符合实际情况，如图 8-92 所示。

（12）双击栏杆群组，进入群组内部，单击"绘图"工具栏中的"选择"按钮，选择栏杆，利用键盘上的 Delete 键删除其中一处栏杆，如图 8-93 所示。

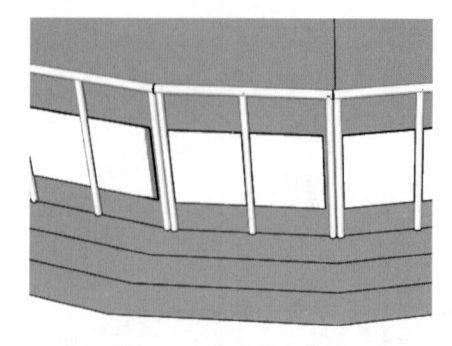

图 8-92　放大转角位置

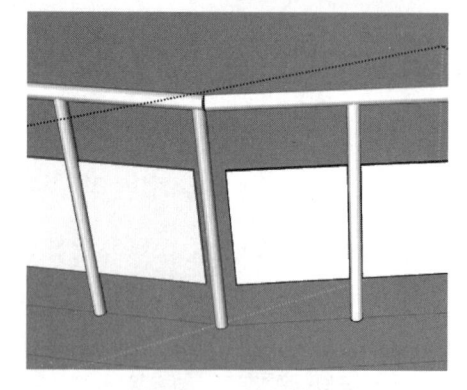

图 8-93　删除栏杆

（13）单击"编辑"工具栏中的"推/拉"按钮，调整两侧栏板的位置。单击"绘图"工具栏中的"选择"按钮，在群组外侧双击，退出群组，如图 8-94 所示。

（14）单击"绘图"工具栏中的"选择"按钮 并结合键盘上的 Delete 键，将其中一组栏杆删除，为花园留出出入口位置，如图 8-95 所示。

（15）观察出入口处，发现此处的栏杆少了一根。选中栏杆右击，在弹出的快捷菜单中选择"设定为唯一"命令，如图 8-96 所示，用于对当前组件进行编辑，而不会影响其他的组件。

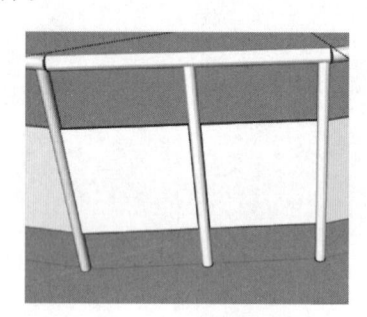

图 8-94　退出群组

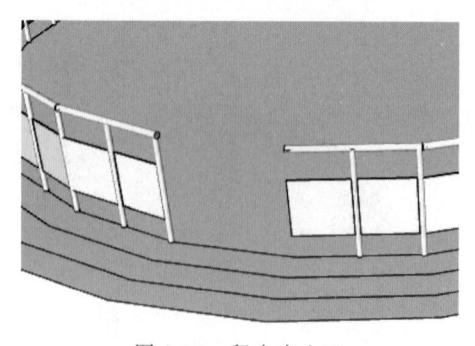

图 8-95　留出出入口

图 8-96　选择"设定为唯一"命令

（16）双击组件进入组件内部，单击"编辑"工具栏中的"移动"按钮 并按住 Ctrl 键，将栏杆进行复制。然后单击"编辑"工具栏中的"推/拉"按钮，调整栏板的长度，如图 8-97 所示。

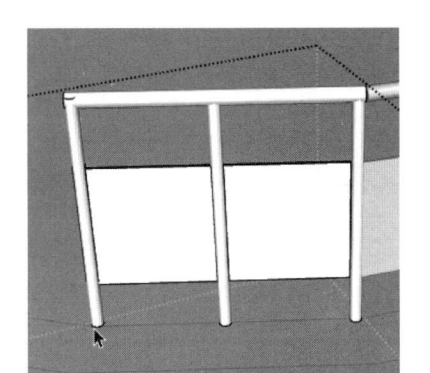

图 8-97 调整栏杆和栏板

（17）选中所有的栏杆右击，在弹出的快捷菜单中选择"创建组件"命令，将所有栏杆创建为嵌套组，显示所有的模型，如图 8-98 所示。

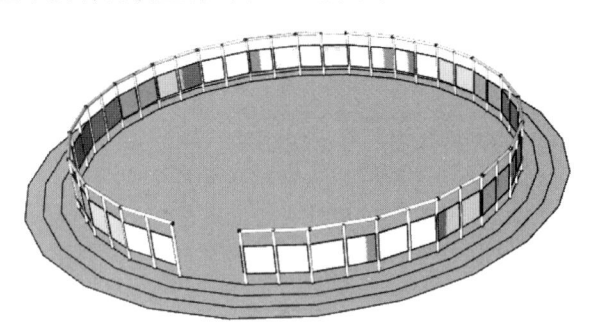

图 8-98 显示所有模型

第 9 章

辅助建模插件

内容简介

本章详细介绍 SUAPP 插件中的辅助建模插件相关命令,帮助读者掌握使用 SketchUp 绘制圆柱体、立方体、贝兹曲线和自由矩形等的方法。

内容要点

- 创建几何形体
- 创建线面图形

案 例 效 果

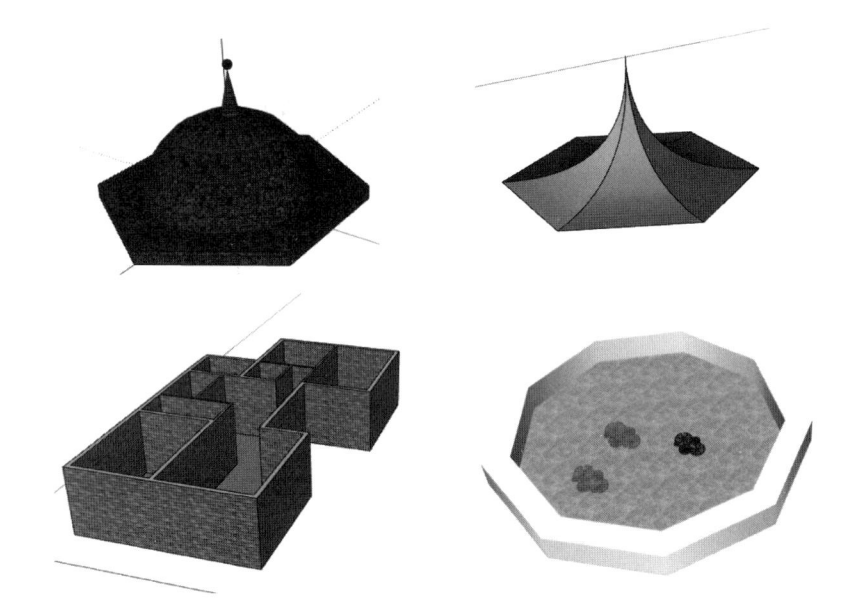

9.1 创建几何形体

初学者在使用 SketchUp 时,经常遇到的挑战之一是直接用基础命令创建复杂几何体如球体较为困难,因为系统未直接提供此类命令。不过,即便不依赖插件,也能通过特定方法实现,但这通常需要一定的技巧和想象力。幸运的是,插件的存在极大地扩展了 SU 的功能,使我们能够轻松创建原本难以通过基础操作获得的复杂几何形体。

9.1.1 创建立方体

创建方柱命令用于绘制长方体柱子。

【执行方式】

菜单栏:扩展程序→三维体量→绘几何体→立方体。

【操作步骤】

(1) 选择菜单栏中的"扩展程序"→"三维体量"→"绘几何体"→"立方体"命令,弹出如图 9-1 所示的"创建 Box"对话框。

(2) 设置参数,单击"好"按钮,创建立方体,如图 9-2 所示。

9.1.2 创建圆柱体

创建圆柱命令用于绘制圆柱体。

【执行方式】

菜单栏:扩展程序→三维体量→绘几何体→圆柱体。

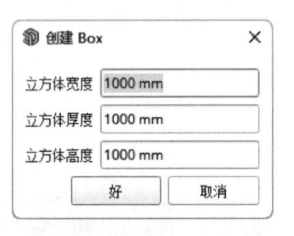

图 9-1 "创建 Box"对话框　　　图 9-2 创建的立方体

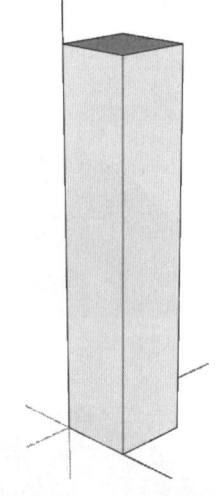

【操作步骤】

（1）选择菜单栏中的"扩展程序"→"三维体量"→"绘几何体"→"圆柱体"命令，弹出如图 9-3 所示的"创建 Cylinder"对话框。

（2）设置参数，单击"好"按钮，创建圆柱体，如图 9-4 所示。

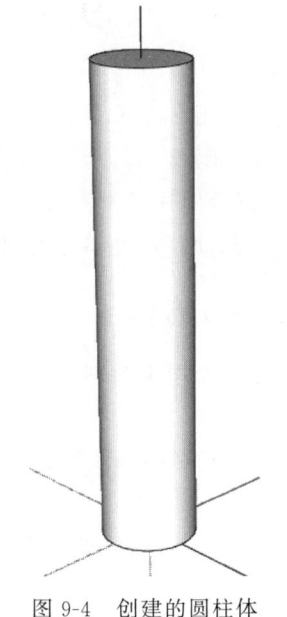

图 9-3 "创建 Cylinder"对话框　　　图 9-4 创建的圆柱体

9.1.3　创建圆环体

创建圆环体命令用于绘制圆环体。

【执行方式】

菜单栏：扩展程序→三维体量→绘几何体→圆环体。

【操作步骤】

（1）选择菜单栏中的"扩展程序"→"三维体量"→"绘几何体"→"圆环体"命令，弹出如图9-5所示的"创建Torus"对话框。

（2）输入圆环的内半径和外半径，单击"好"按钮，创建圆环体，如图9-6所示。

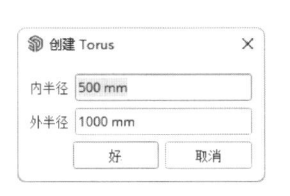

图9-5 "创建Torus"对话框

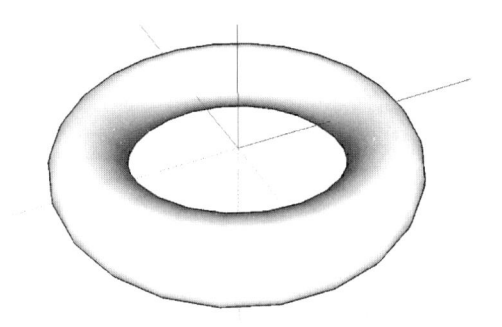

图9-6 创建的圆环体

9.1.4 创建棱柱体

创建棱柱体命令用于绘制棱柱体。

【执行方式】

菜单栏：扩展程序→三维体量→绘几何体→棱柱体。

【操作步骤】

（1）选择菜单栏中的"扩展程序"→"三维体量"→"绘几何体"→"棱柱体"命令，弹出如图9-7所示的"创建Prism"对话框。

（2）输入棱柱体的参数，单击"好"按钮，创建棱柱体，如图9-8所示。

图9-7 "创建Prism"对话框

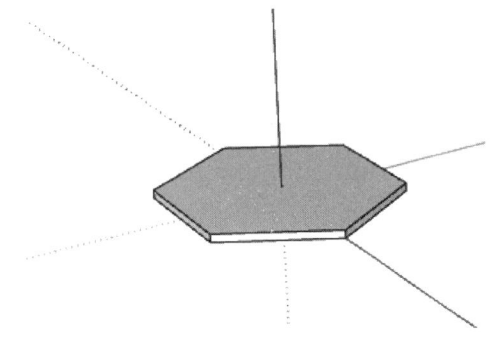

图9-8 创建的棱柱体

9.1.5 创建半球体

创建半球体命令用于绘制半球体。

【执行方式】

菜单栏：扩展程序→三维体量→绘几何体→半球体。

【操作步骤】

（1）选择菜单栏中的"扩展程序"→"三维体量"→"绘几何体"→"半球体"命令，弹出如图9-9所示的"创建Dome"对话框。

（2）输入半球体的参数，单击"好"按钮，创建半球体，如图9-10所示。

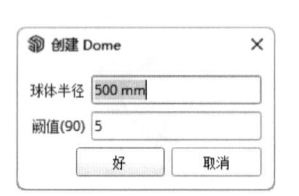

图9-9 "创建Dome"对话框

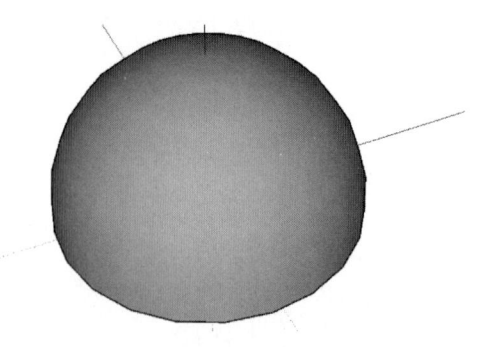

图9-10 创建的半球体

9.1.6 创建几何球体

创建几何球体命令用于绘制几何球体。

【执行方式】

菜单栏：扩展程序→三维体量→绘几何体→几何球体。

【操作步骤】

（1）选择菜单栏中的"扩展程序"→"三维体量"→"绘几何体"→"几何球体"命令，弹出如图9-11所示的"参数设置"对话框。

（2）输入多面球体参数后，单击"好"按钮，完成多面球体的创建。

在基元里面一共有三种类型的球体，如图9-12所示，分别为tetrahedron（四面体）、octahedron（八面体）、isosahedron（二十四面体）。各球体形状如图9-13所示。

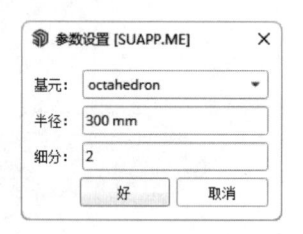

图9-11 "参数设置"对话框

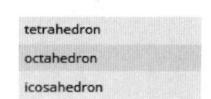

图9-12 球体类型

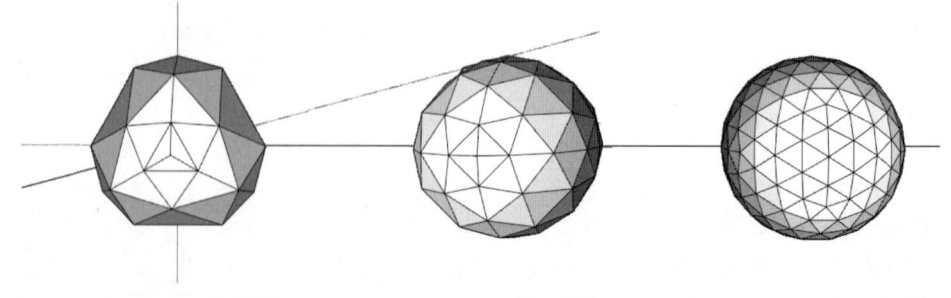

tetrahedron（四面体）   octahedron（八面体）   isosahedron（二十四面体）

图9-13 三种类型的球体

通过设置半径参数来控制球体的大小。另外,细分值用于控制球体模型细节程度,但是不能设得太高,太高的话有可能会导致电脑死机。

9.1.7 实例——绘制圆形拱顶

本节将通过绘制圆形拱顶的实例来重点学习创建几何体的相关命令,具体的绘制流程图如图9-14所示。

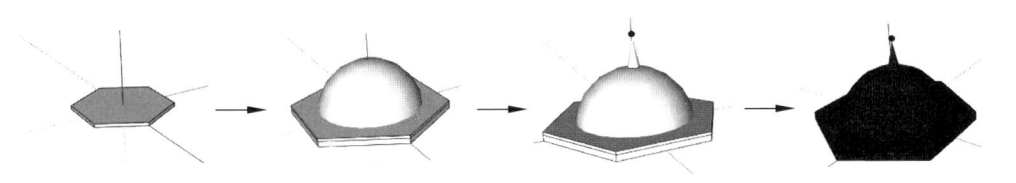

图9-14 绘制圆形拱顶流程图

源文件:源文件\第9章\绘制圆形拱顶.skp

(1)选择菜单栏中的"扩展程序"→"三维体量"→"绘几何体"→"棱柱体"命令,弹出如图9-15所示的"创建Prism"对话框。设置相应参数,单击"好"按钮,创建六棱柱,如图9-16所示。

图9-15 "创建Prism"对话框

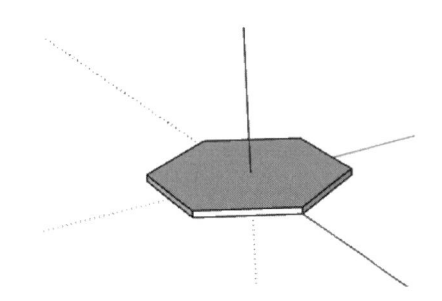

图9-16 创建六棱柱

(2)双击六棱柱进入群组内部,单击"编辑"工具栏中的"推/拉"按钮 并按住Ctrl键,选取步骤(2)绘制的棱柱体向上侧拉伸5mm,如图9-17所示。

(3)选择菜单栏中的"扩展程序"→"三维体量"→"绘几何体"→"半球体"命令,弹出"创建Dome"对话框,如图9-18所示。设置球体半径为100mm,绘制半球体,如图9-19所示。

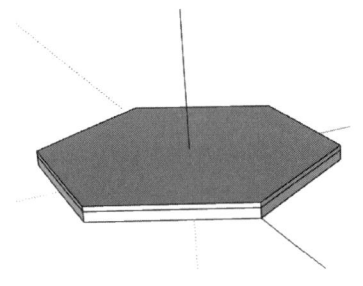

图9-17 拉伸六边形

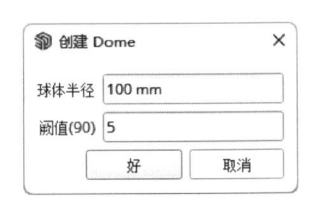

图9-18 "创建Dome"对话框

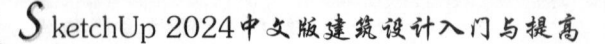

（4）选择菜单栏中的"扩展程序"→"三维体量"→"绘几何体"→"圆锥体"命令，打开"创建 Cone"对话框，如图 9-20 所示。设置球体底面半径为 10mm，圆锥高度为 50mm，单击"好"按钮，绘制圆锥体。单击"编辑"工具栏中的"移动"按钮，将圆锥体移动到塔顶，如图 9-21 所示。

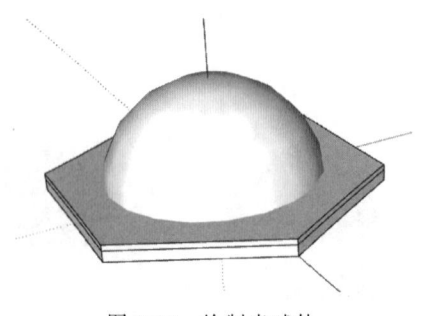

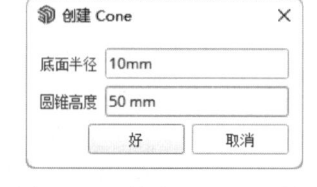

图 9-19　绘制半球体

图 9-20　"创建 Cone"对话框

（5）选择菜单栏中的"扩展程序"→"三维体量"→"绘几何体"→"几何球体"命令，打开"参数设置"对话框，如图 9-22 所示。设置半径为 5mm，单击"好"按钮，绘制几何球体。单击"编辑"工具栏中的"移动"按钮，将几何球体移动到塔顶，如图 9-23 所示。

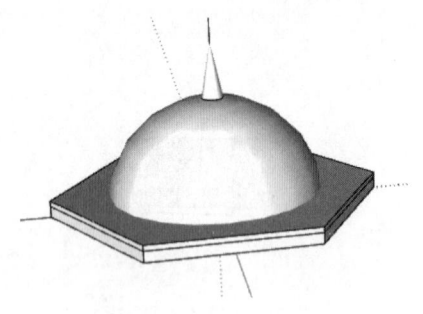

图 9-21　绘制圆锥体

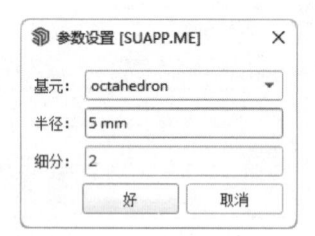

图 9-22　"参数设置"对话框

（6）单击"大工具集"工具栏中的"颜料桶"按钮，添加"石头下的花岗岩"材质，如图 9-24 所示。

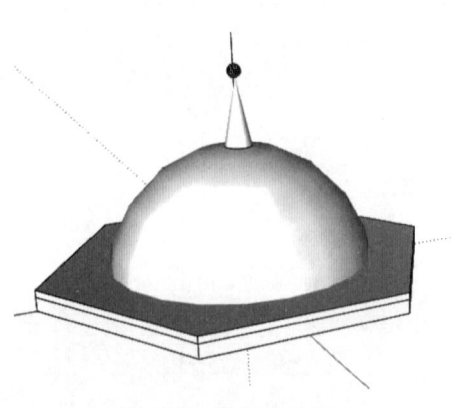

图 9-23　绘制几何球体

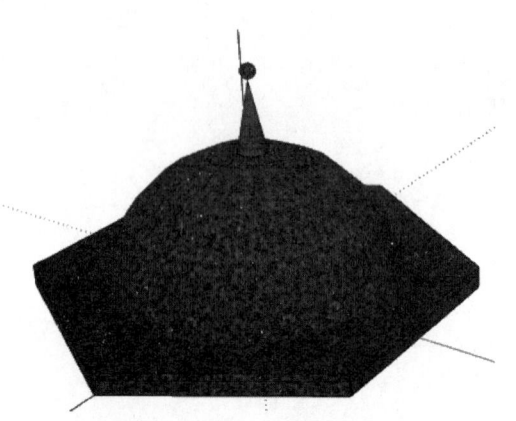

图 9-24　添加材质

9.2 创建线面图形

使用SUAPP插件不仅可以快速倒圆角、创建贝兹曲线，还能将分解的图形合并为一个整体。

9.2.1 线倒圆角

使用快速倒(圆)角插件，可以快速制作出十分精细的倒(圆)角效果，从而加强模型的细节表现力。

【执行方式】
- 菜单栏：扩展程序→线面工具→线倒圆角。
- 工具栏：SUAPP基本工具栏→线倒圆角 。

【操作步骤】

（1）单击"绘图"工具栏中的"选择"按钮 ，选中整个模型，如图9-25所示。

（2）单击SUAPP基本工具栏中的"线倒圆角"按钮 ，在倒角半径控制框中输入圆角半径，然后按Enter键，系统自动将四个角进行圆角处理，如图9-26所示。

使用"线倒圆角"按钮不仅可以一次性完成选择的面中所有线段的圆角处理，还可以单独设置某些线段的圆角效果。

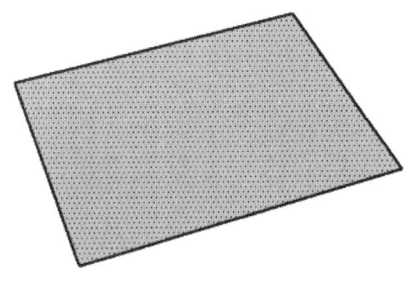

图9-25　选中模型　　　　图9-26　圆角处理

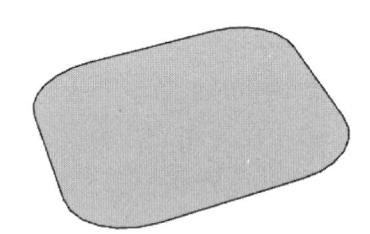

9.2.2 创建贝兹曲线

贝兹曲线常用于建模，它由线段与节点构成。节点可拖动调节，线段如弹性皮筋般伸缩，如PS钢笔工具即用于绘制此类矢量曲线。

【执行方式】

菜单栏：扩展程序→线面工具→贝兹曲线。

【操作步骤】

1. 创建曲线

（1）选择菜单栏中的"扩展程序"→"线面工具"→"贝兹曲线"命令，在右下角的节点数控制框中会出现数字3,如图9-27所示,表示在选取第一个点后还要选取三个点来定义曲线,如图9-28～图9-30所示,最后的曲线如图9-31所示。

图9-27　节点数控制框

图9-28　确定贝兹曲线的两个端点

图9-29　确定贝兹曲线的第二个点

图9-30　确定贝兹曲线的第三个点

(2)使用"贝兹曲线"命令,在节点数控制框中输入"2",如图9-32所示,表示点取第一个点后再点取两个点来定义曲线。

图9-31　创建好的贝兹曲线

图9-32　确定定义曲线的点数目

2．编辑曲线

(1)创建如图9-33所示的贝兹曲线。

(2)右击曲线,在弹出的快捷菜单中选择"编辑曲线"命令,如图9-34所示,贝兹曲线变成如图9-35所示。

(3)点取连线的控制点,按住鼠标左键移动控制点,调整曲线,如图9-36所示。

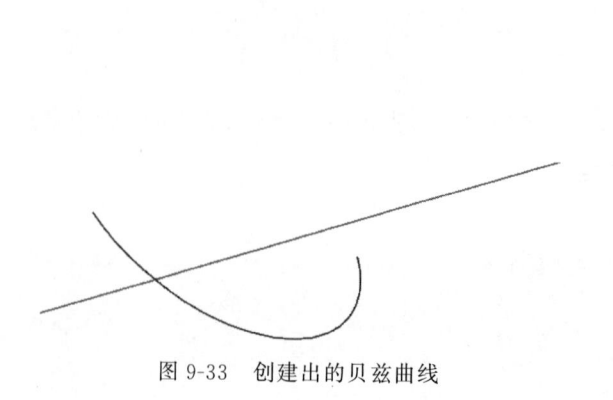

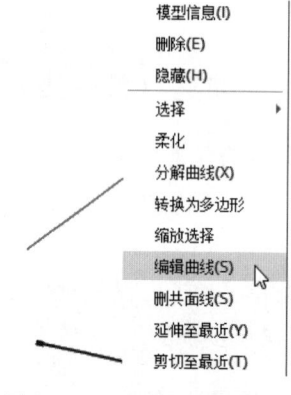

图9-33　创建出的贝兹曲线

图9-34　选择"编辑曲线"命令

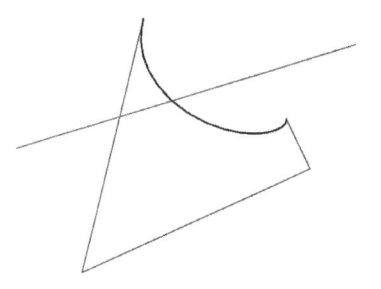

图 9-35　移动贝兹曲线的控制点　　　图 9-36　调整后的曲线

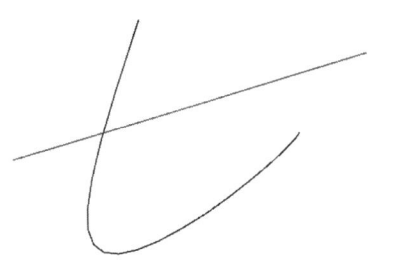

9.2.3　实例——绘制异形顶

本节将通过绘制异形顶的实例来重点学习贝兹曲线命令,具体的绘制流程图如图 9-37 所示。

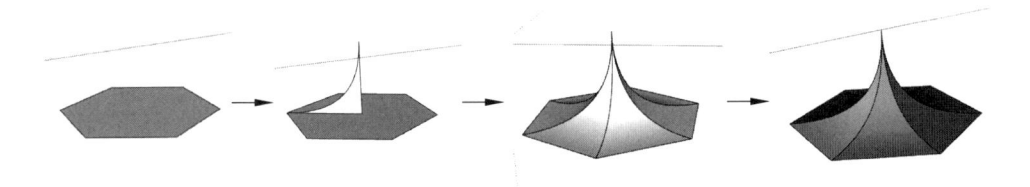

图 9-37　绘制异形顶流程图

源文件:源文件\第 9 章\绘制异形顶.skp

(1) 单击"绘图"工具栏中的"多边形"按钮，绘制六边形,如图 9-38 所示。

(2) 单击"绘图"工具栏中的"直线"按钮，沿着六边形的中心绘制竖直直线。选择菜单栏中的"扩展程序"→"线面工具"→"贝兹曲线"命令,捕捉竖直直线的端点和六边形的角点,绘制贝兹曲线,如图 9-39 所示。

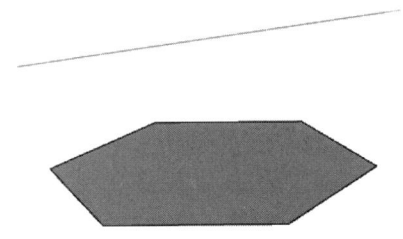

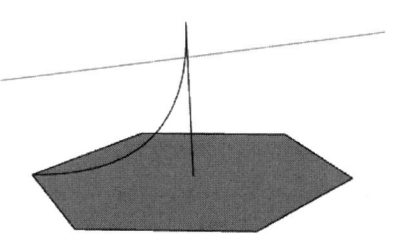

图 9-38　绘制六边形　　　图 9-39　绘制贝兹曲线

(3) 单击"绘图"工具栏中的"直线"按钮，沿着六边形的中心绘制水平直线,形成封闭的曲面,如图 9-40 所示。

(4) 激活"选择"命令,选择六边形作为路径,然后单击"编辑"工具栏中的"路径跟随"按钮，选择步骤(3)绘制的曲线,进行路径跟随,绘制异形顶,结果如图 9-41 所示。

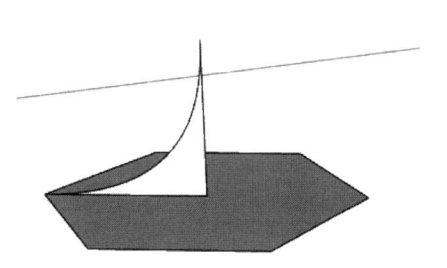

图 9-40　绘制水平直线

(5) 单击"大工具集"工具栏中的"颜料桶"按钮 ,添加不同颜色的材质,如图 9-42 所示。

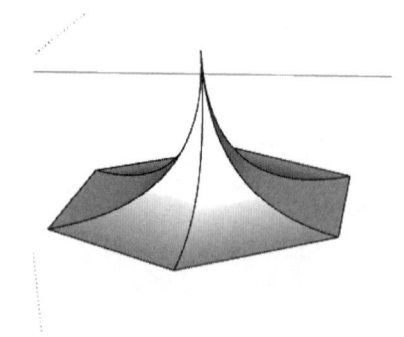

图 9-41 路径跟随

图 9-42 添加材质

9.2.4 自由矩形

使用"矩形"命令只能创建和坐标轴平行或者垂直的矩形,如果所要绘制的矩形与坐标轴成一定角度,只能先绘制矩形后再使用"旋转"命令进行旋转。而使用"自由矩形"命令可以画出任意方向上的矩形。

【执行方式】

工具栏:SUAPP 基本工具栏→自由矩形 。

【操作步骤】

(1) 单击 SUAPP 基本工具栏中的"自由矩形"按钮 ,在适当位置单击两个点绘制矩形的一条边,如图 9-43 所示。

(2) 继续指定矩形的第三个点,绘制任意方向的矩形,如图 9-44 所示。

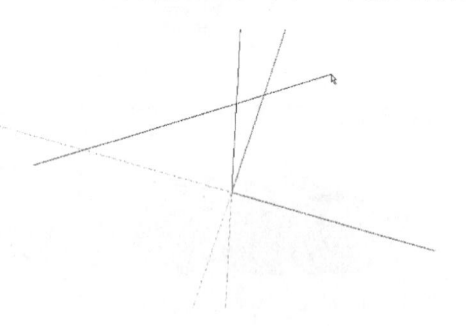

图 9-43 确定矩形的开始两点

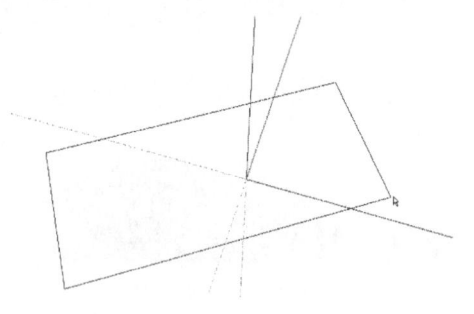

图 9-44 确定第三点完成创建

9.2.5 修复直线

修复直线命令用于将分段的直线合并为一条直线,尤其是在 SketchUp 中常用于将导入的 CAD 图形中分段的直线合并为单条直线。

【执行方式】

- 菜单栏:扩展程序→线面工具→修复直线。

- 工具栏：SUAPP 基本工具栏→修复直线✓。

【操作步骤】

（1）单击"绘图"工具栏中的"直线"按钮✏，绘制一条直线；然后选中直线右击，在弹出的快捷菜单中选择"拆分"命令，将直线拆分为 4 段，如图 9-45 所示。

（2）单击"绘图"工具栏中的"选择"按钮▶，框选拆分的直线；然后单击 SUAPP 基本工具栏中的"修复直线"按钮✓，系统打开 SketchUp 提示框，显示线段被修复，如图 9-46 所示，此时拆分的直线被合并为一条直线。

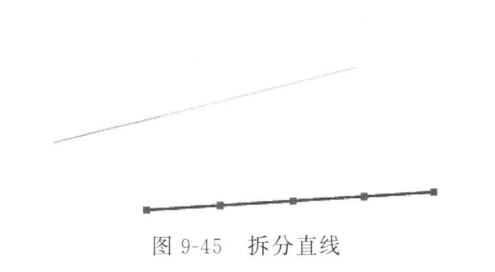

图 9-45　拆分直线 　　　　　图 9-46　提示框

9.2.6　实例——绘制墙体

本节将通过绘制墙体的实例来重点学习"修复直线"命令，具体的绘制流程图如图 9-47 所示。

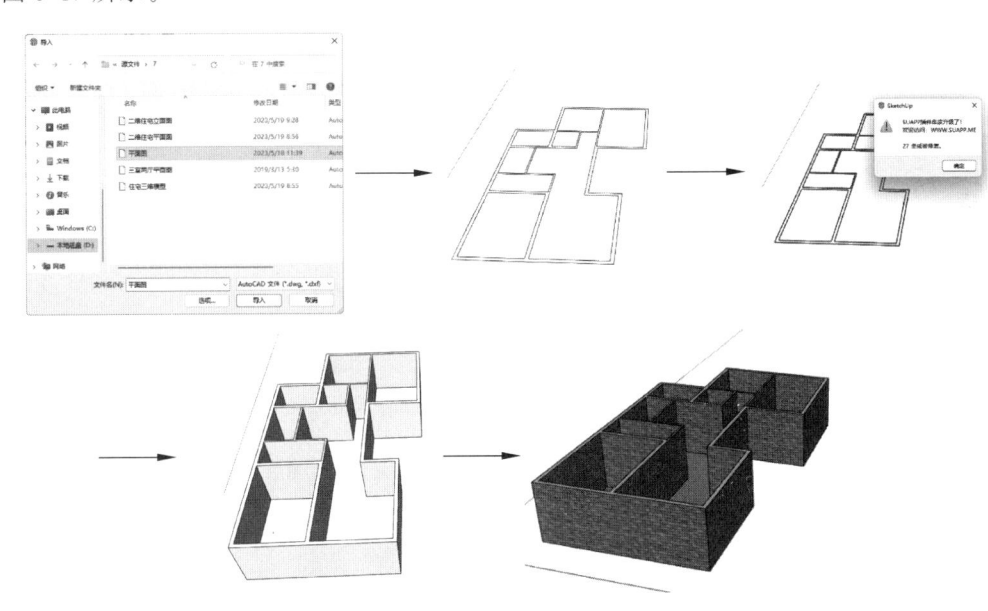

图 9-47　绘制墙体流程图

源文件：源文件\第 9 章\绘制墙体.skp

（1）选择菜单栏中的"文件"→"导入"命令，将导入的文件类型设置为 AutoCAD 文件（*.dwg，*.dxf）。选择源文件中的"平面图"图形，如图 9-48 所示，单击"选项"按钮，系统弹出如图 9-49 所示的"导入 AutoCAD DWG/DWF 选项"对话框。将导入的单位设置为"毫米"，取消选中所有复选框，然后单击"好"按钮，返回"导入"对话框。单击

"导入"按钮,导入墙体图形。

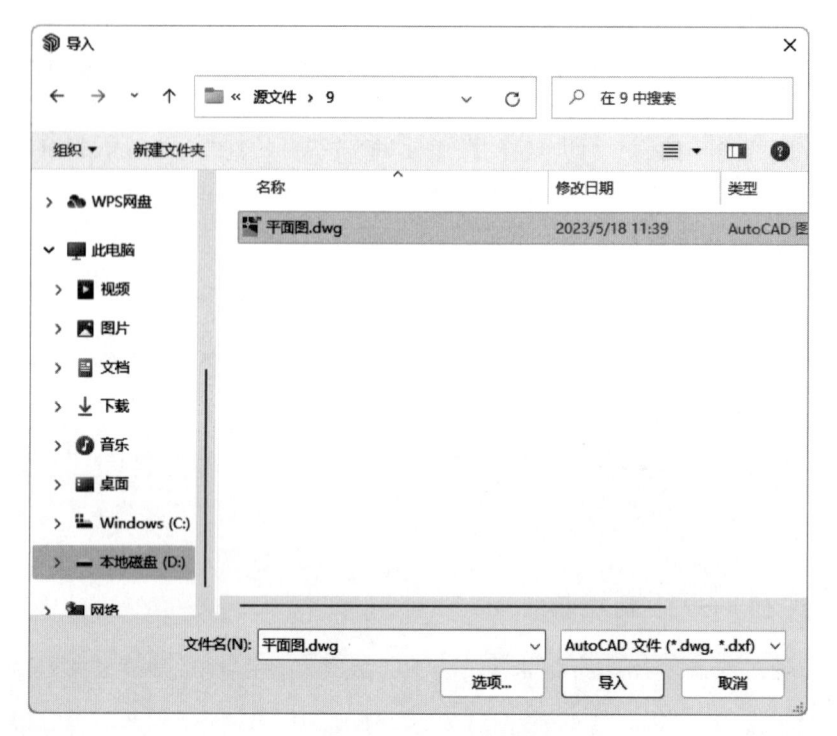

图 9-48 "导入"对话框

（2）系统继续打开"导入结果"对话框,如图 9-50 所示,单击"关闭"按钮,关闭对话框。

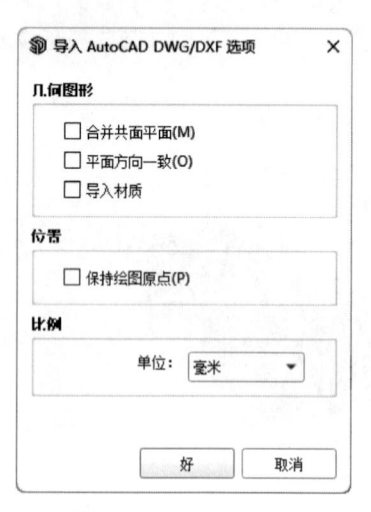

图 9-49 "导入 AutoCAD DWG/DWF 选项"对话框

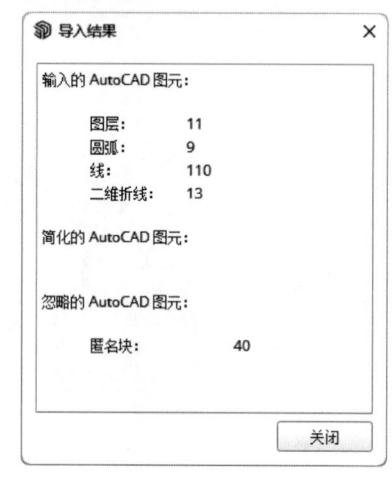

图 9-50 "导入结果"对话框

（3）导入系统中的墙体为群组,需要将其炸开。单击"绘图"工具栏中的"选择"按钮 ▶ ,选中墙体右击,在弹出的快捷菜单中选择"炸开模型"命令,将模型分解,如图 9-51 所示。

第9章 辅助建模插件

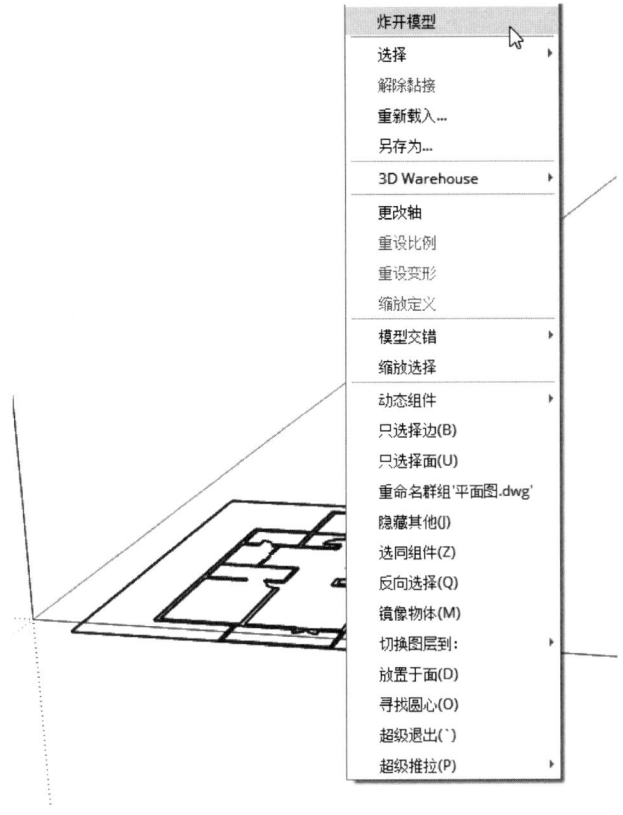

图 9-51 炸开模型

（4）单击"绘图"工具栏中的"直线"按钮，补全图形。然后单击"使用入门"工具栏中的"删除"按钮，删除多余的门窗和直线，结果如图 9-52 所示。

（5）框选模型，单击 SUAPP 基本工具栏中的"修复直线"按钮，系统打开 SketchUp 提示框，显示线段被修复，如图 9-53 所示，拆分的直线被合并为一条直线。

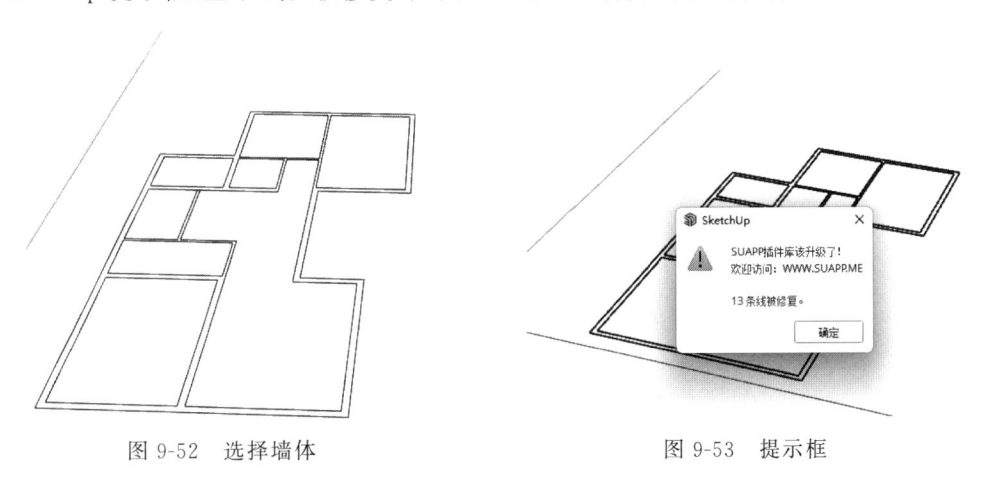

图 9-52 选择墙体

图 9-53 提示框

（6）单击"绘图"工具栏中的"选择"按钮并按住 Ctrl 键，选择墙体，然后单击 SUAPP 基本工具栏中的"生成面域"按钮（"生成面域"按钮在下面章节有详细介绍，

211

这里不再阐述），系统打开 SketchUp 提示框，显示生成多个面，如图 9-54 所示。

（7）单击"编辑"工具栏中的"推/拉"按钮，选择墙体轮廓线，沿蓝轴推拉 3000mm，绘制高度为 3000mm 的墙体，如图 9-55 所示。

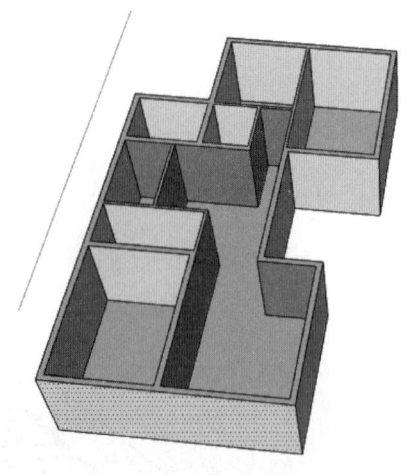

图 9-54　提示框　　　　图 9-55　推拉墙体

（8）模型中出现浅色和深色两种面，其中浅色是正面，深色是背面，当把模型导入其他软件中时，背面的模型可能会出错，因此需要将所有的背面进行反转，反转到正面。具体操作为：选中其中一个背面右击，在弹出的快捷菜单中选择"反转平面"命令，将此面反转为正面，如图 9-56 所示。

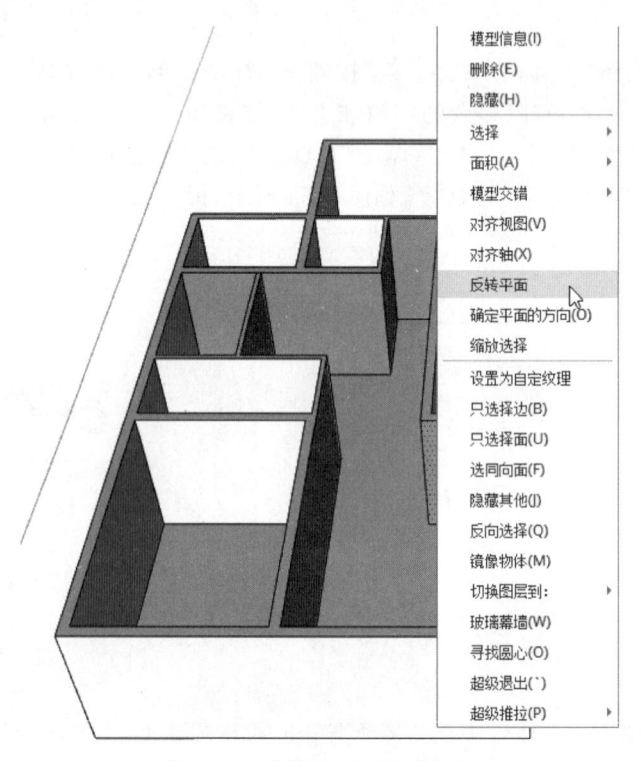

图 9-56　选择"反转平面"命令

（9）为了将模型中的所有背面反转为正面，右击刚刚反转的平面，在弹出的快捷菜单中选择"确定平面的方向"命令，如图 9-57 所示，系统将自动反转所有背面到正面，如图 9-58 所示。

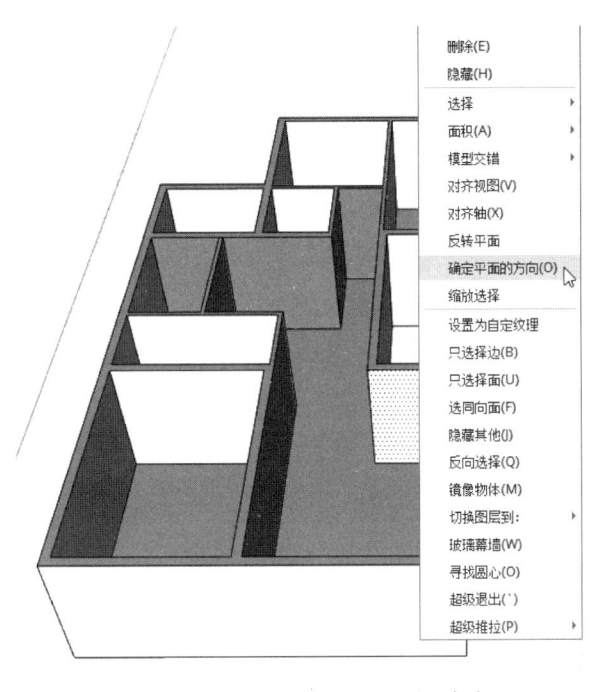

图 9-57　选择"确定平面的方向"命令

（10）单击"大工具集"工具栏中的"颜料桶"按钮，赋予地面"新抛光混凝土"材质，赋予墙面"多色屋顶瓦"材质，如图 9-59 所示。

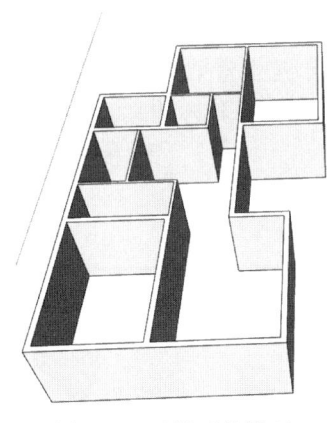

图 9-58　反转后的模型

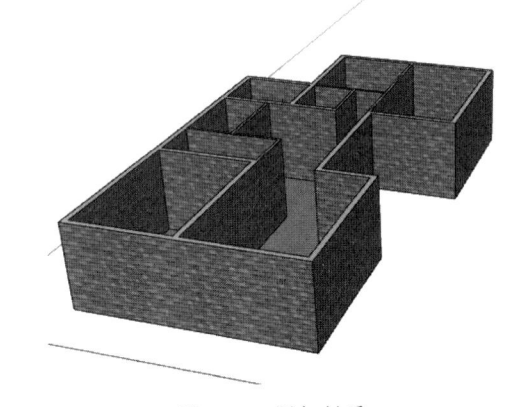

图 9-59　添加材质

9.2.7　选连续线

"选连续线"命令用于选择连续的线。使用"修复直线"命令可以将多条在一条延伸线上的直线合并，而使用"选连续线"命令可以将围合起来的多条直线选中，结合 9.2.8 节介绍的"焊接线条"命令，将多条直线进行合并。

【执行方式】
- 菜单栏：扩展程序→线面工具→选连续线。
- 工具栏：SUAPP 基本工具栏→选连续线 ⚐。

【操作步骤】
（1）单击"绘图"工具栏中的"选择"按钮 ▶，选择其中一条边，如图 9-60 所示。
（2）单击 SUAPP 基本工具栏中的"选连续线"按钮 ⚐，选择另外一条边，系统会选中闭合区域内的所有边，如图 9-61 所示。

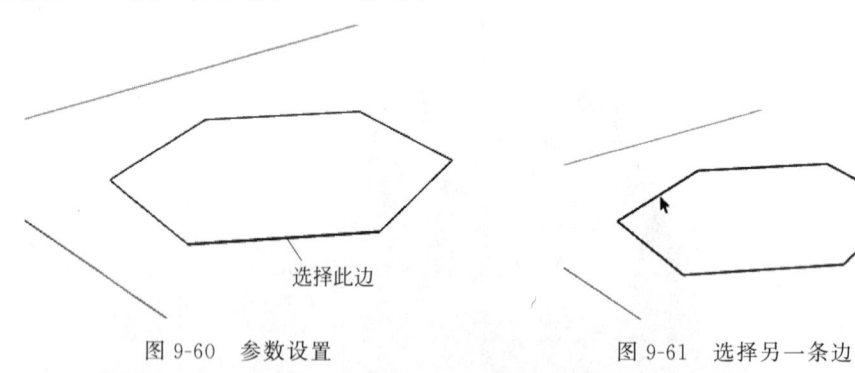

图 9-60　参数设置　　　　　图 9-61　选择另一条边

9.2.8　焊接线条

使用"焊接线条"命令可以将多个线段转化成一条线段，成为一个整体。

【执行方式】
- 菜单栏：扩展程序→线面工具→焊接线条。
- 工具栏：SUAPP 基本工具栏→焊接线条 ⚐。

【操作步骤】
（1）利用 9.2.7 节介绍的命令选中所有线条，单击 SUAPP 基本工具栏中的"焊接线条"按钮 ⚐，将图形转化为整体。单击图形上任意一点，选中整个图形，如图 9-62 所示。
（2）单击 SUAPP 基本工具栏中的"拉线成面"按钮 ⚐，拉伸六边形，角点位置不会生成竖线，如图 9-63 所示。

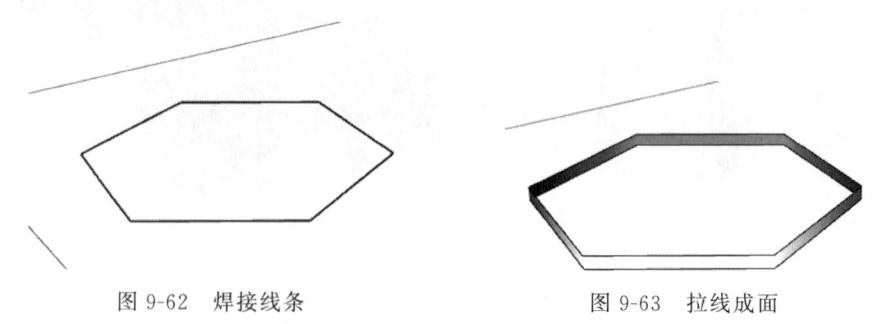

图 9-62　焊接线条　　　　　图 9-63　拉线成面

9.2.9　实例——绘制池塘

本节将通过绘制池塘的实例来重点学习"选连续线"和"焊接线条"命令，具体的绘制流程图如图 9-64 所示。

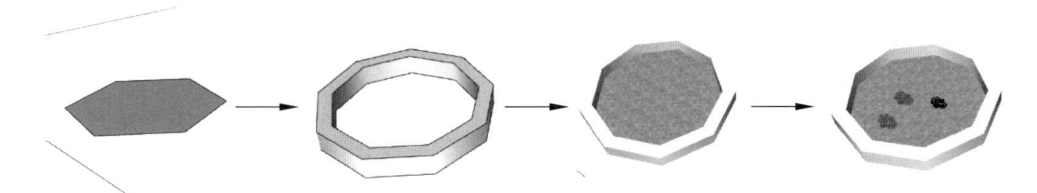

第9章 辅助建模插件

图 9-64 绘制池塘流程图

源文件：源文件\第 9 章\绘制池塘.skp

（1）单击"绘图"工具栏中的"多边形"按钮 ⬡，绘制六边形，如图 9-65 所示。

（2）单击"绘图"工具栏中的"选择"按钮，选中边右击，在弹出的快捷菜单中选择"拆分"命令，将边线拆分为九段，如图 9-66 所示。

（3）选择水池一条边，然后单击 SUAPP 基本工具栏中的"选连续线"按钮，选择水池另外一条边，系统会选中闭合区域内的所有边。

（4）单击 SUAPP 基本工具栏中的"焊接线条"按钮，将图形转化为整体，单击图形上任意一点，整个图形会被选中，如图 9-67 所示。

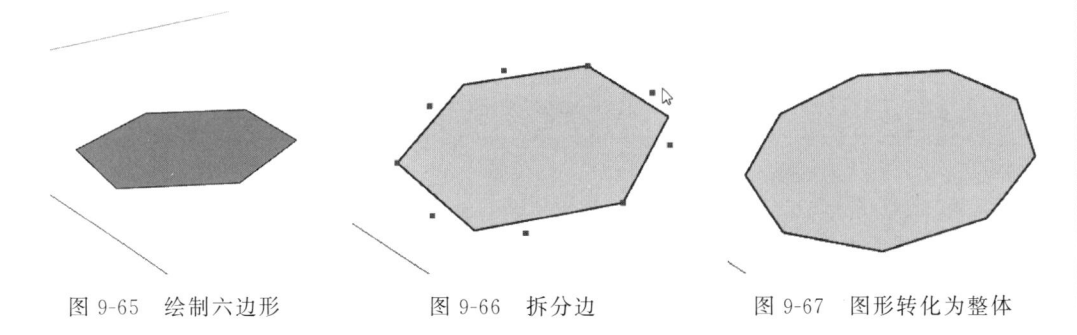

图 9-65 绘制六边形　　图 9-66 拆分边　　图 9-67 图形转化为整体

（5）单击"编辑"工具栏中的"偏移"按钮，将花池向内侧偏移，绘制水池边，如图 9-68 所示。

（6）单击"编辑"工具栏中的"推/拉"按钮，选择水池边，沿着蓝轴推拉适当距离，绘制水池造型，如图 9-69 所示。

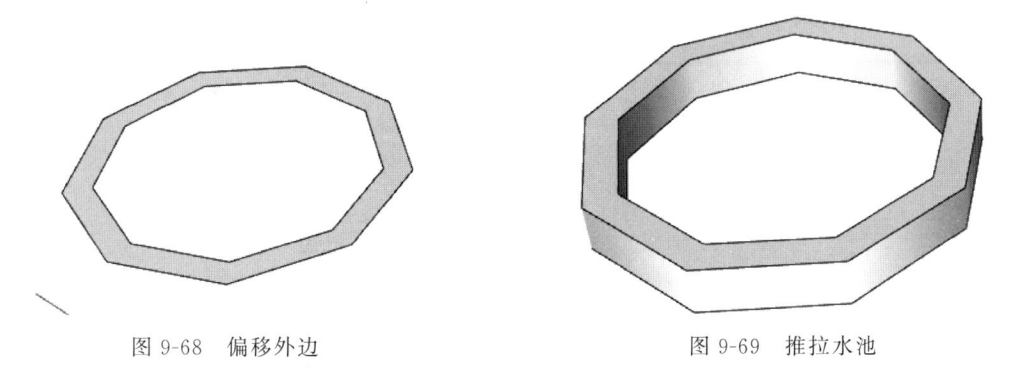

图 9-68 偏移外边　　图 9-69 推拉水池

（7）单击"绘图"工具栏中的"直线"按钮，封闭池塘底面，然后单击"绘图"工具栏中的"选择"按钮 并按 Delete 键，删除辅助直线。

215

（8）单击"大工具集"工具栏中的"颜料桶"按钮，赋予池塘"水纹中的深蓝水色"材质，如图9-70所示。

（9）选中水池上侧的内外边右击，在弹出的快捷菜单中选择"柔化"命令，柔化边线。

（10）选中水池其他边右击，在弹出的快捷菜单中选择"隐藏"命令，隐藏边，如图9-71所示。

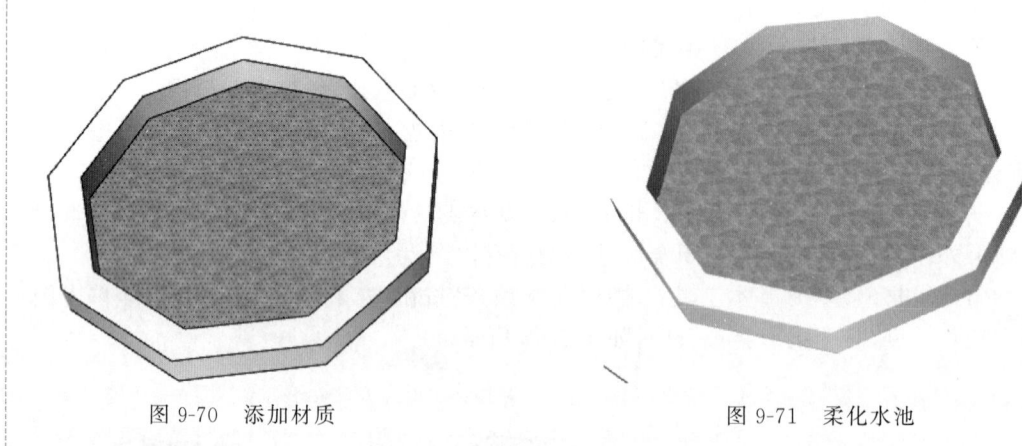

图9-70 添加材质

图9-71 柔化水池

（11）选择菜单栏中的"文件"→"导入"命令，导入源文件中的"荷花"图块，如图9-72所示。

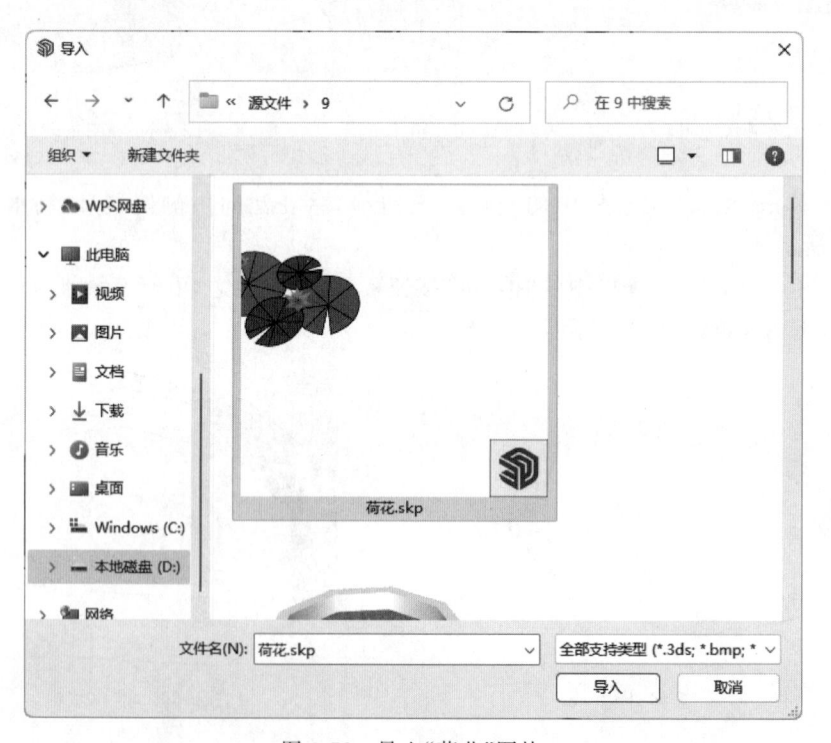

图9-72 导入"荷花"图块

（12）单击"编辑"工具栏中的"比例"按钮和"移动"按钮，调整荷花的大小、个数和位置，如图9-73所示。

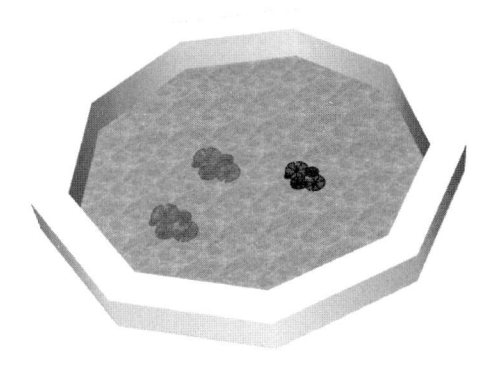

图9-73 调整荷花大小、个数和位置

9.2.10 生成面域

使用"生成面域"命令可以将封闭的区域生成平面。

【执行方式】
- 菜单栏：扩展程序→线面工具→生成面域。
- 工具栏：SUAPP基本工具栏→生成面域。

【操作步骤】
（1）单击"绘图"工具栏中的"选择"按钮，选择矩形区域，如图9-74所示。
（2）单击SUAPP基本工具栏中的"生成面域"按钮，系统自动生成平面，如图9-75所示。

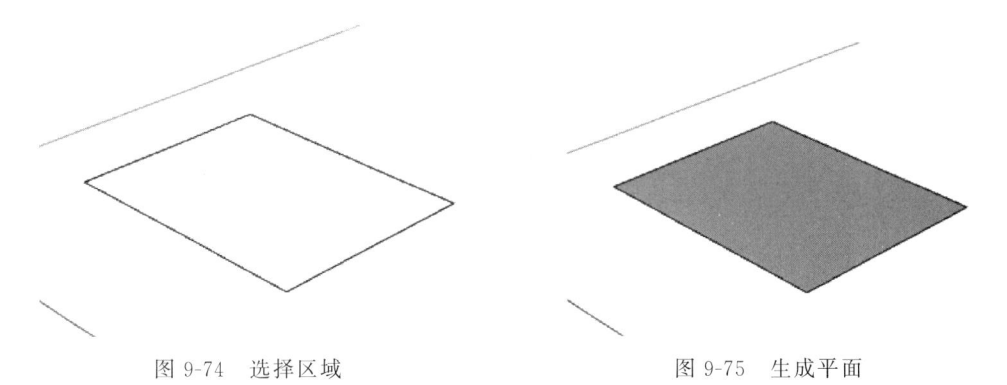

图9-74 选择区域　　　　图9-75 生成平面

第10章

辅助编辑插件

内容简介

本章详细介绍SUAPP插件中的辅助编辑插件相关命令,帮助读者掌握SketchUp常用编辑工具和推拉工具的使用方法。

内容要点

- 常用编辑工具
- 推拉工具

案 例 效 果

10.1 常用编辑工具

本节将介绍建模时常用的一些命令,使用这些命令能有效缩短绘图时间,显著提升绘图效率。

10.1.1 形体弯曲

使用"形体弯曲"命令,可以灵活地将群组或组件沿指定的曲线路径进行弯曲变形。要求弯曲的对象必须为群组或组件且与红轴平行,选择一条与红轴平行的直线作为基准,此直线有助于确定弯曲的起始与方向;随后,选择弯曲的曲线作为目标路径,得到复杂且自然的弯曲效果。

【执行方式】
- 菜单栏:扩展程序→三维体量→形体弯曲。
- 工具栏:SUAPP 基本工具栏→形体弯曲。

【操作步骤】
(1) 选择左侧已设置成群组的竖向平面为弯曲对象,如图 10-1 所示。
(2) 单击 SUAPP 基本工具栏中的"形体弯曲"按钮,选择竖向平面下侧平行于红轴的直线,然后选择右侧的曲线,结果如图 10-2 所示。

图 10-1　选择竖向平面

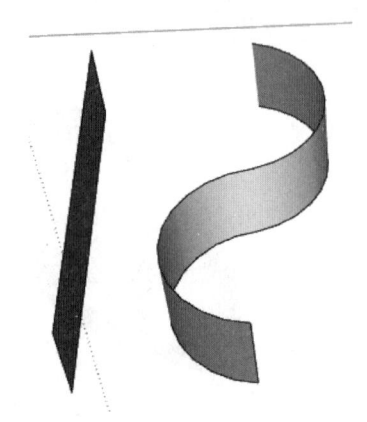

图 10-2　形体弯曲

10.1.2　实例——绘制廊架

本节将通过绘制廊架的实例来重点学习"形体弯曲"命令,具体的绘制流程图如图 10-3 所示。

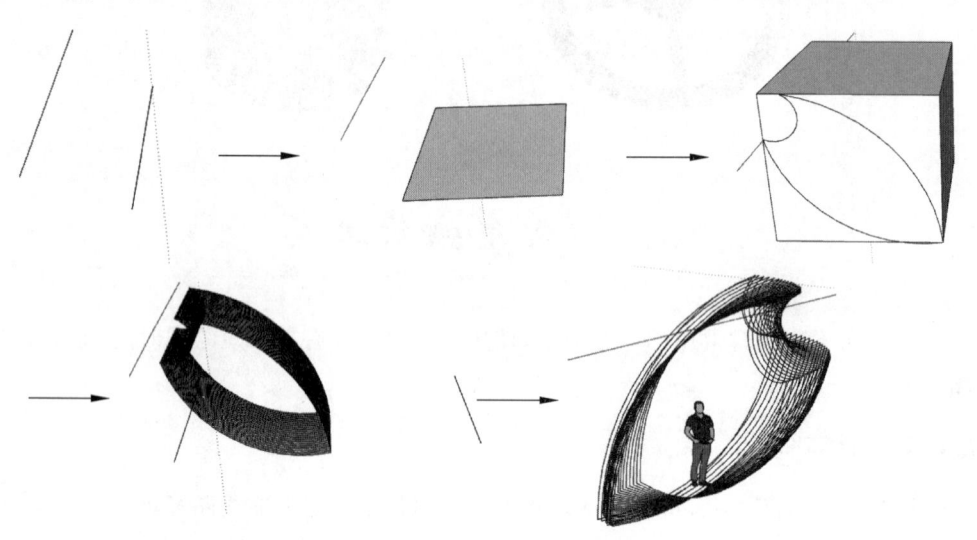

图 10-3　绘制廊架流程图

源文件：源文件\第 10 章\绘制廊架.skp

(1) 单击"绘图"工具栏中的"直线"按钮，绘制平行于红轴的直线,如图 10-4 所示。

(2) 单击"绘图"工具栏中的"直线"按钮，捕捉直线的端点确定起点,在适当位置单击确定直线的端点,绘制矩形,如图 10-5 所示。

(3) 单击"编辑"工具栏中的"推/拉"按钮，推拉矩形,绘制长方体,如图 10-6 所示。

(4) 单击"绘图"工具栏中的"两点圆弧"按钮，绘制封闭的异形曲面,如图 10-7 所示。

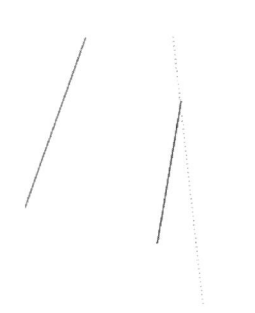

图 10-4　绘制直线　　　　　　　　图 10-5　绘制矩形

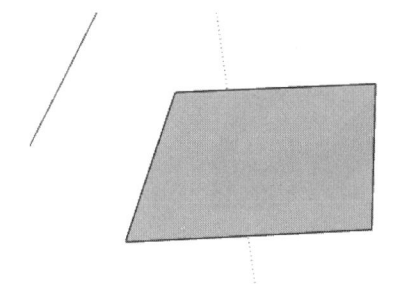

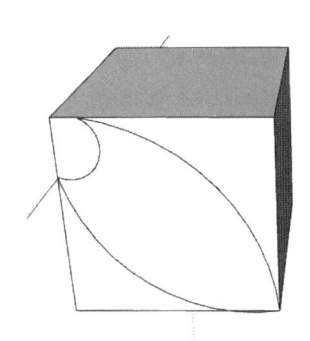

图 10-6　绘制长方体　　　　　　　图 10-7　绘制异形曲面

（5）单击"使用入门"工具栏中的"删除"按钮 ◆，删除多余图形，如图 10-8 所示。

（6）单击"编辑"工具栏中的"移动"按钮 ✣ 并按住 Ctrl 键，复制 30 份，复制间距为 100mm，绘制廊架，如图 10-9 所示。

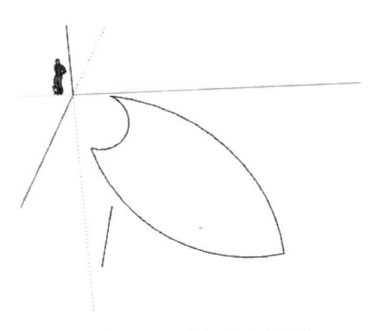

图 10-8　删除多余图形　　　　　　图 10-9　复制图形

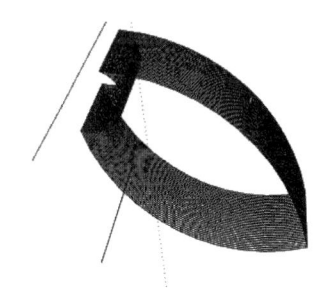

（7）选中廊架，选择菜单栏中的"编辑"→"创建组件"命令，将其创建为组件。

（8）单击"编辑"工具栏中的"移动"按钮 ✣ 并按住 Ctrl 键，复制左侧的直线，如图 10-10 所示。

（9）单击"绘图"工具栏中的"圆"按钮 ⊙，捕捉直线的中点为圆心，以直线的一半为半径绘制圆，如图 10-11 所示。

（10）单击"使用入门"工具栏中的"删除"按钮 ◆，删除平面和多余的直线，只保留半圆路径，如图 10-12 所示。

图 10-10　复制直线　　　　　　　　　图 10-11　绘制圆

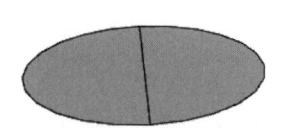

(11) 单击"绘图"工具栏中的"选择"按钮，选择左侧廊架，然后单击 SUAPP 基本工具栏中的"形体弯曲"按钮，选择左侧的直线，再选择右侧的曲线，绘制右侧的异形廊架，结果如图 10-13 所示。

图 10-12　保留半圆路径　　　　　　　图 10-13　形体弯曲

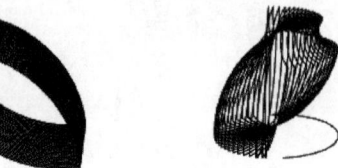

(12) 打开"组件"面板，将人物 Chris 拖动到异形廊架上，如图 10-14 所示。

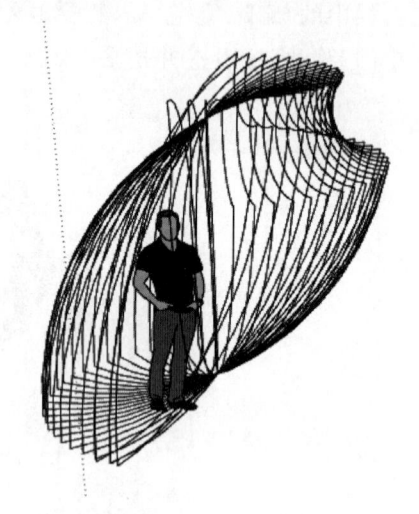

图 10-14　插入人物

10.1.3　旋转缩放

使用"旋转缩放"命令可以在将图形旋转的同时调整模型的比例。
【执行方式】
- 菜单栏：扩展程序→辅助工具→旋转缩放。
- 工具栏：SUAPP 基本工具栏→旋转缩放。

【操作步骤】

（1）单击"绘图"工具栏中的"选择"按钮，选中整个模型，如图10-15所示。

（2）单击SUAPP基本工具栏中的"旋转缩放"按钮，指定基点，移动鼠标位置，确定旋转的角度，继续移动鼠标，改变辅助线的长度，从而确定缩放的比例，结果如图10-15所示。

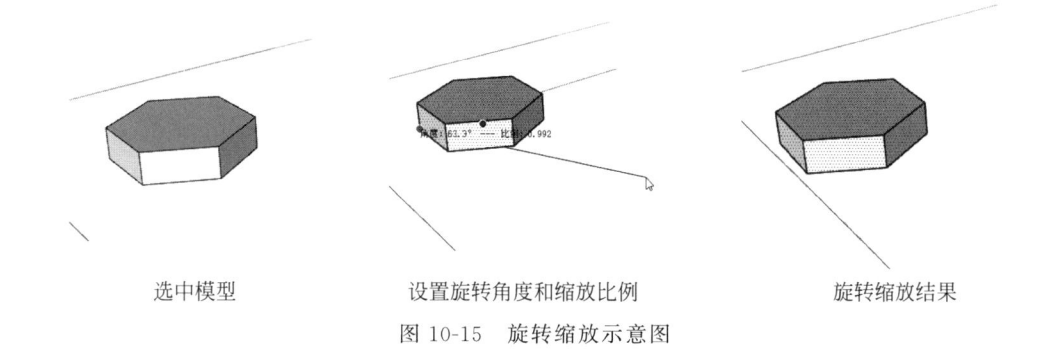

选中模型　　　　　设置旋转角度和缩放比例　　　　　旋转缩放结果

图10-15　旋转缩放示意图

10.1.4　实例——绘制彩色标志

本节将通过绘制彩色标志的实例来重点学习"旋转缩放"命令，具体的绘制流程图如图10-16所示。

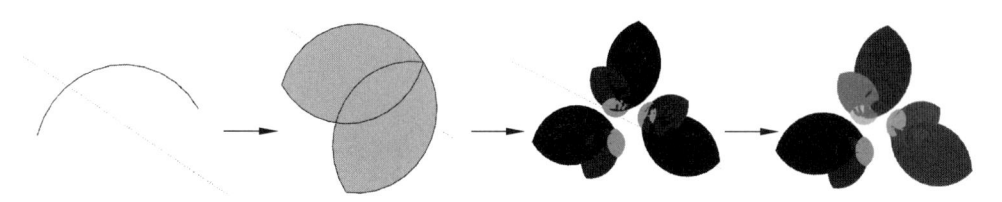

图10-16　绘制彩色标志流程图

源文件：源文件\第10章\绘制彩色标志.skp

（1）单击"绘图"工具栏中的"两点圆弧"按钮，绘制圆弧，如图10-17所示。

（2）单击SUAPP基本工具栏中的"镜像物体"按钮（此命令在下面章节有详细介绍，这里不再阐述），镜像圆弧，如图10-18所示。

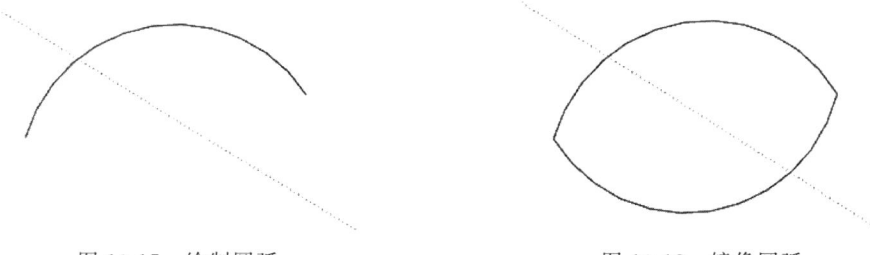

图10-17　绘制圆弧　　　　　图10-18　镜像圆弧

（3）单击SUAPP基本工具栏中的"生成面域"按钮，将封闭图形创建为面域，绘制花瓣，如图10-19所示。

(4)选中图形右击,在弹出的快捷菜单中选择"创建群组"命令,将图形创建为群组。

(5)单击"编辑"工具栏中的"旋转"按钮 ⟳ 并按住 Ctrl 键,将花瓣进行复制旋转,如图 10-20 所示。

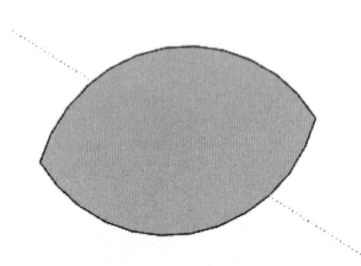

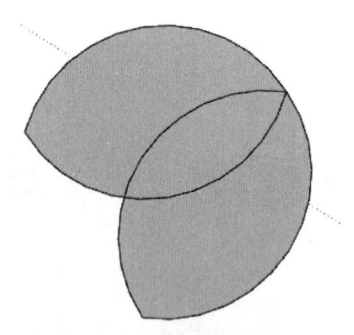

图 10-19 创建面域　　　　　图 10-20 复制旋转图形

(6)单击 SUAPP 基本工具栏中的"旋转缩放"按钮 ⟳,指定基点,移动鼠标位置,确定旋转的角度,继续移动鼠标,改变辅助线的长度,从而确定缩放的比例,如图 10-21 所示。

(7)单击"编辑"工具栏中的"旋转"按钮 ⟳ 并按住 Ctrl 键,复制花瓣并旋转,如图 10-22 所示。

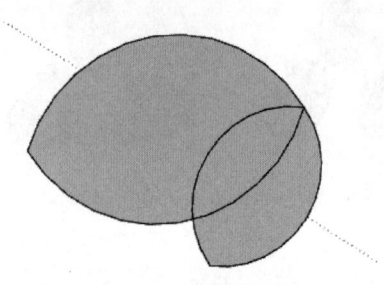

图 10-21 旋转缩放图形　　　　　图 10-22 复制图形

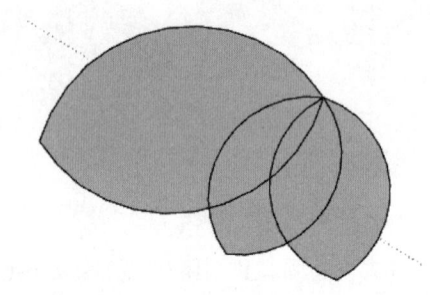

(8)单击 SUAPP 基本工具栏中的"旋转缩放"按钮 ⟳,指定基点后,移动鼠标位置,确定旋转的角度,继续移动鼠标,改变辅助线的长度,从而确定缩放的比例,如图 10-23 所示。

(9)双击刚刚复制的花瓣进入群组内部,然后单击"大工具集"工具栏中的"颜料桶"按钮 ⟳,为图形添加材质。在空白处双击,退出编辑框,结果如图 10-24 所示。

(10)双击刚刚赋予材质的花瓣进入群组内部,然后选中边线右击,在弹出的快捷菜单中选择"隐藏"命令,将边线隐藏。在空白处双击,退出编辑框,结果如图 10-25 所示。

(11)使用相同的方法为剩下的图形添加材质并隐藏边线,结果如图 10-26 所示。

(12)选中所有图形,单击"编辑"工具栏中的"旋转"按钮 ⟳ 并按住 Ctrl 键,复制花瓣并旋转,如图 10-27 所示。

224

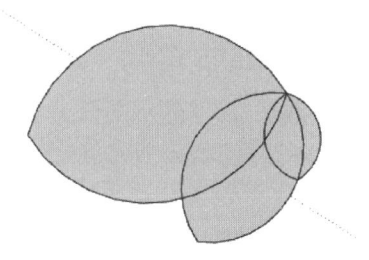

图 10-23　旋转缩放图形　　　　　　图 10-24　赋予材质

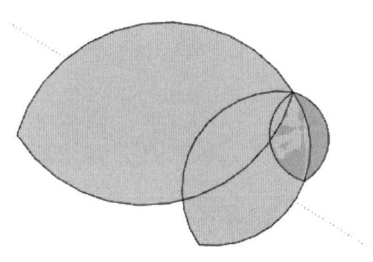

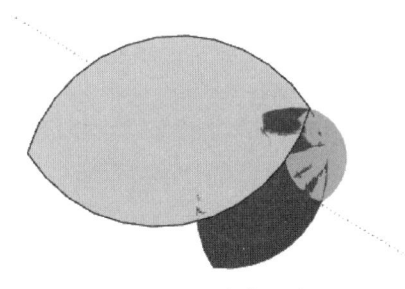

图 10-25　隐藏边线　　　　　　图 10-26　添加材质隐藏边线

（13）单击"大工具集"工具栏中的"颜料桶"按钮，填充颜色，如图 10-28 所示。

图 10-27　复制旋转　　　　　　图 10-28　赋予颜色

10.1.5　Z 轴归零

使用"Z 轴归零"命令可以将所有的线条压平到 Z 轴为零的同一平面内。

【执行方式】
- 菜单栏：扩展程序→辅助工具→Z 轴归零。
- 工具栏：SUAPP 基本工具栏→Z 轴归零。

【操作步骤】

（1）绘制一个长方体，如图 10-29 所示。

（2）单击 SUAPP 基本工具栏中的"Z 轴归零"按钮，系统会将所有的线条压到 Z 轴为 0 的平面，如图 10-30 所示。

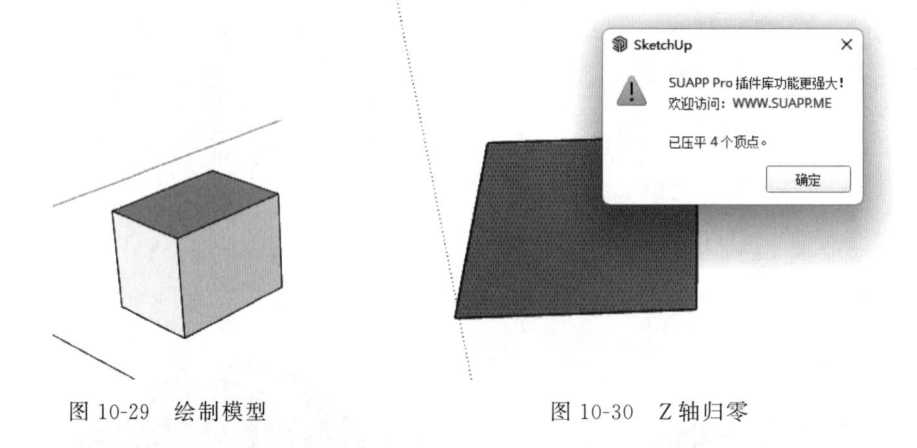

图 10-29　绘制模型　　　　　图 10-30　Z 轴归零

10.1.6　路径阵列

使用"路径阵列"命令可以沿着指定的路径将模型进行阵列。

【执行方式】
- 菜单栏：扩展程序→辅助工具→路径阵列。
- 工具栏：SUAPP 基本工具栏→路径阵列 。

【操作步骤】

（1）选择圆弧曲线，如图 10-31 所示。

（2）单击 SUAPP 基本工具栏中的"路径阵列"按钮 ，选择树木，将树木沿曲线阵列，如图 10-32 所示。

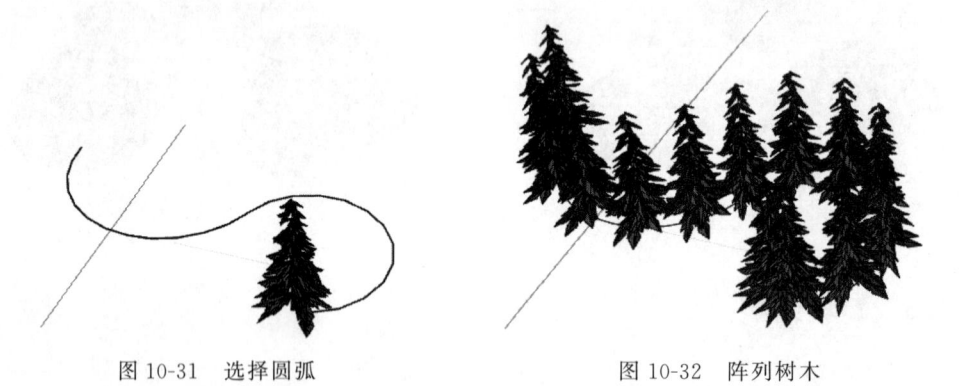

图 10-31　选择圆弧　　　　　图 10-32　阵列树木

10.1.7　镜像物体

SU 的基础镜像工具局限于坐标轴方向，而插件中的镜像物体命令则更为灵活，支持以点为中心、以线为轴或沿面进行镜像操作。

【执行方式】
- 菜单栏：扩展程序→辅助工具→镜像物体。
- 工具栏：SUAPP 基本工具栏→镜像物体 。

【操作步骤】

1．点镜像

(1) 选中图元右击,在弹出的快捷菜单中选择"镜像物体"命令,选取对称点。

(2) 按 Enter 键,系统弹出 SketchUp 提示框,询问是否删除源对象,如图 10-33 所示。如果单击"是"按钮,则删除源对象;如果单击"否"按钮,则不删除源对象。

选择镜像点　　　　　　提示框　　　　　　镜像图形

图 10-33　以点为中心镜像示意图

2．线对称

(1) 选中图元右击,在弹出的快捷菜单中选择"镜像物体"命令,选取对称线。

(2) 按 Enter 键,系统弹出 SketchUp 提示框,询问是否删除源对象,如图 10-34 所示。如果单击"是"按钮,则删除源对象;如果单击"否"按钮,则不删除源对象。

选择镜像线　　　　　　提示框　　　　　　镜像图形

图 10-34　以线为中心镜像示意图

3．面对称

(1) 选中图元右击,在弹出的快捷菜单中选择"镜像物体"命令,选取对称面。

(2) 按 Enter 键,系统弹出 SketchUp 提示框,询问是否删除源对象,如图 10-35 所示。如果单击"是"按钮,则删除源对象;如果单击"否"按钮,则不删除源对象。

10.1.8　实例——绘制方向盘

本节将通过绘制方向盘的实例来重点学习"镜像物体"命令,具体的绘制流程图如图 10-36 所示。

源文件：源文件\第 10 章\绘制方向盘.skp

(1) 选择菜单栏中的"扩展程序"→"三维体量"→"绘几何体"→"圆环体"命令,打

选择镜像面　　　　　　　　　提示框　　　　　　　　　镜像图形

图 10-35　以面为中心镜像示意图

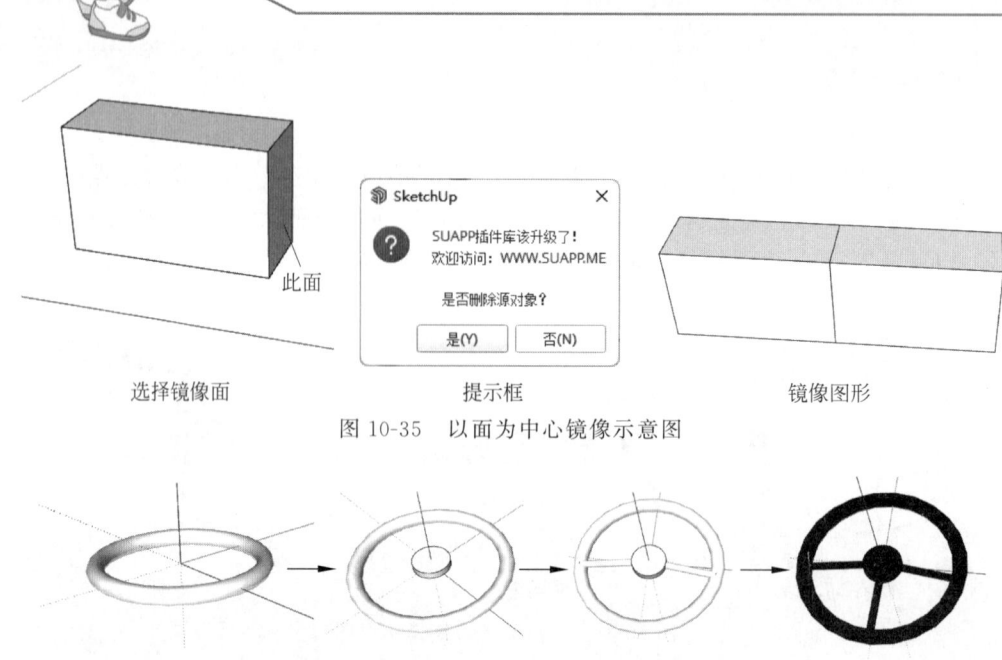

图 10-36　绘制方向盘流程图

开如图 10-37 所示的"创建 Torus"对话框。设置内半径为 16mm,外半径为 160mm,单击"好"按钮,系统以坐标原点为圆心绘制圆环体,如图 10-38 所示。

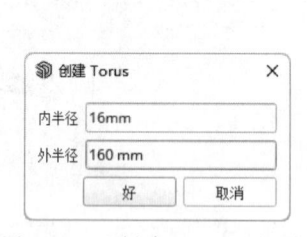

图 10-37　"创建 Torus"对话框　　　　　图 10-38　创建圆环体

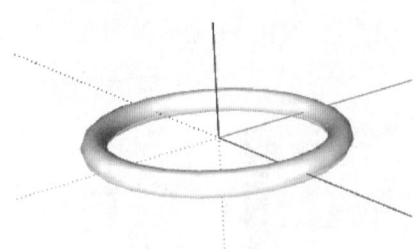

(2) 选择菜单栏中的"扩展程序"→"三维体量"→"绘几何体"→"圆柱体"命令,打开如图 10-39 所示的"创建 Cylinder"对话框。设置截面半径为 40mm,圆柱高度为 16mm,单击"好"按钮,系统以坐标原点为圆心绘制圆柱体,如图 10-40 所示。

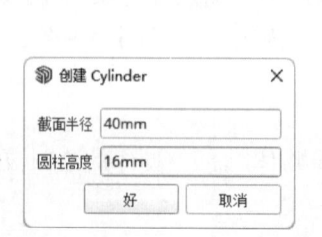

图 10-39　"创建 Cylinder"对话框　　　　图 10-40　创建圆柱体

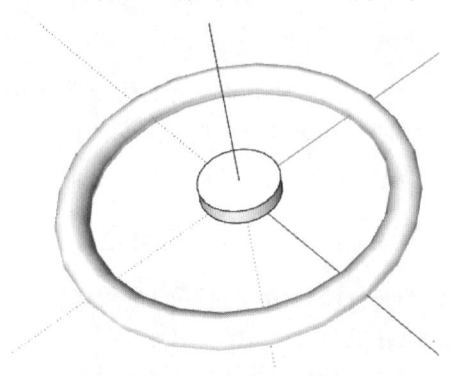

（3）单击"绘图"工具栏中的"圆"按钮 ⊙，捕捉圆柱面，绘制圆，如图10-41所示。

（4）单击"编辑"工具栏中的"推/拉"按钮 ◆，拉伸圆，绘制车把，如图10-42所示。

图10-41　绘制圆　　　　　　　　图10-42　拉伸圆

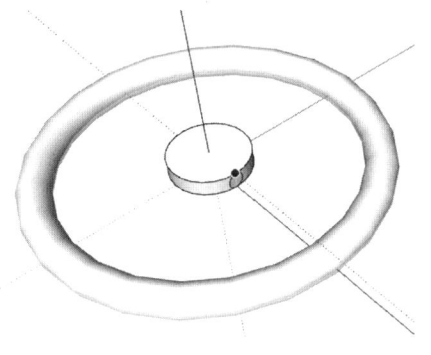

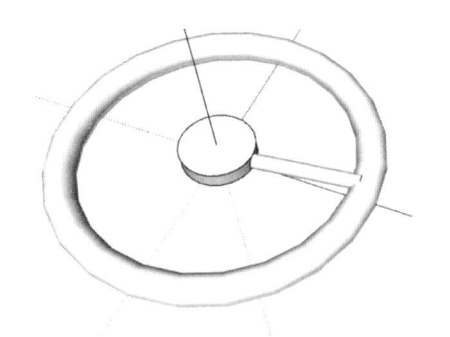

（5）单击"绘图"工具栏中的"选择"按钮 ▶，选中车把，如图10-43所示，然后单击SUAPP基本工具栏中的"镜像物体"按钮 ⚠，选取三点作为镜像点，如图10-44所示。按Enter键，系统弹出如图10-45所示的提示框。单击"否"按钮，即不删除源对象，如图10-45所示，将右侧的车把镜像到左侧，结果如图10-46所示。

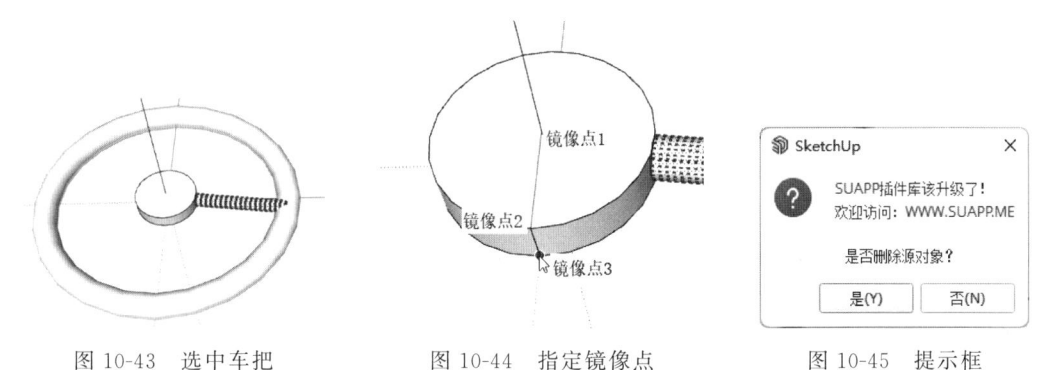

图10-43　选中车把　　　图10-44　指定镜像点　　　图10-45　提示框

（6）单击"编辑"工具栏中的"旋转"按钮 ⟲ 并按住Ctrl键，将车把进行复制旋转，绘制下侧的车把，如图10-47所示。

（7）单击"大工具集"工具栏中的"颜料桶"按钮 ◉，为图形添加材质，如图10-48所示。

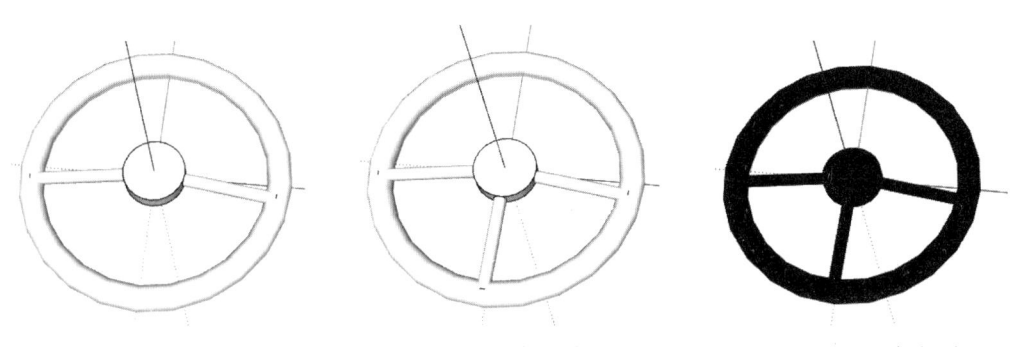

图10-46　镜像图形　　　　图10-47　复制旋转　　　　图10-48　添加材质

10.2 推拉工具

使用SketchUp中默认的推拉命令只能在一个面上进行垂直于面的推拉,在绘制模型时会受到限制。通过快速推拉插件,可以突破其中的诸多限制,实现多面同时推拉、任意方向推拉等操作。

10.2.1 联合推拉

"联合推拉"命令主要用于加厚模型。

【执行方式】
- 菜单栏:扩展程序→三维工具→超级推拉→联合推拉。
- 工具栏:SUAPP基本工具栏→联合推拉 。

【操作步骤】

(1) 使用SketchUp默认的"推拉"按钮 每次只能进行单面推拉,如图10-49所示。在对相邻面进行推拉时则会保持垂直于面的方向上的推拉,形成分叉的效果,如图10-50所示。

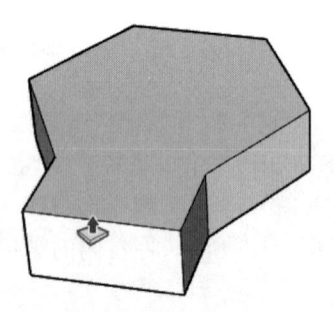

图10-49 单面推拉

(2) 单击SUAPP基本工具栏中的"联合推拉"按钮 ,可以同时选择相邻面以及间隔面进行推拉,且相邻面会产生合并的推拉效果,如图10-51所示。

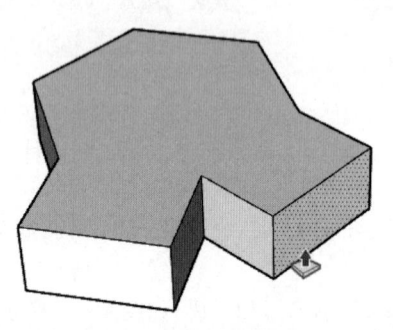

图10-50 推拉相邻面

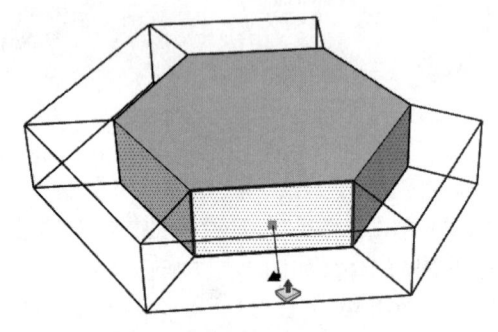

图10-51 联合推拉模型

10.2.2 实例——绘制垃圾桶

本节将通过绘制垃圾桶的实例来重点学习"联合推拉"命令,具体的绘制流程图如图10-52所示。

源文件:源文件\第10章\绘制垃圾桶.skp

(1) 选择菜单栏中的"视图"→"坐标轴"命令,将坐标系隐藏。

(2) 选择菜单栏中的"扩展程序"→"三维体量"→"绘几何体"→"圆柱体"命令,绘制截面半径为150mm、高度为300mm的圆柱体,如图10-53所示。

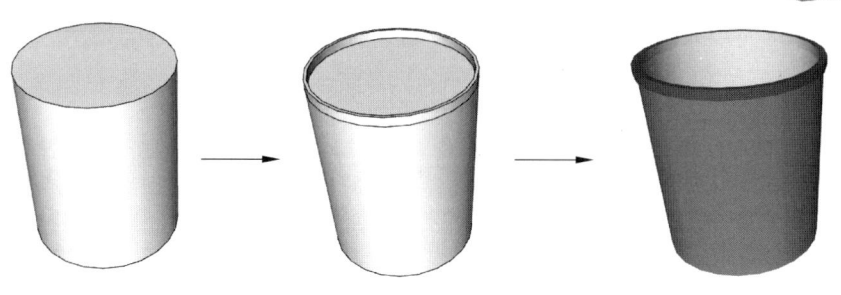

图 10-52　绘制垃圾桶流程图

（3）选中模型右击，在弹出的快捷菜单中选择"炸开模型"命令，炸开模型。

（4）单击"绘图"工具栏中的"选择"按钮，选中步骤（3）顶面，然后单击"编辑"工具栏中的"比例"按钮 并按住 Ctrl 键，设置缩放比例为 1.1，缩放顶面，如图 10-54 所示。

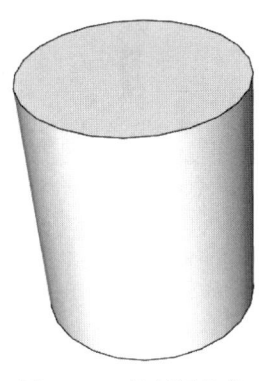

图 10-53　绘制圆柱体　　　　　图 10-54　缩放顶面

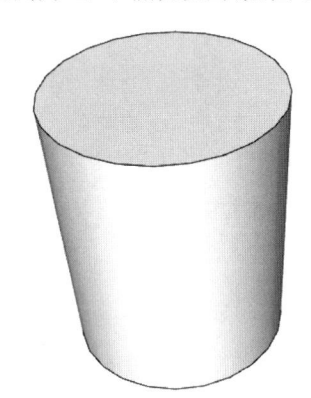

（5）单击"编辑"工具栏中的"偏移"按钮，将上顶面的外边线向内侧偏移 5mm，绘制垃圾桶内边线，如图 10-55 所示。

（6）单击"编辑"工具栏中的"推/拉"按钮，将垃圾桶边线向上推拉 10mm，绘制垃圾桶顶部造型，如图 10-56 所示。

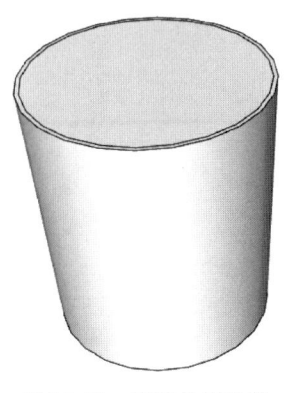

图 10-55　偏移外侧边线　　　　图 10-56　绘制垃圾桶顶部造型

（7）选择垃圾桶侧面，单击 SUAPP 基本工具栏中的"联合推拉"按钮，沿水平方向拉伸，推拉高度为 5mm，结果如图 10-57 所示。

（8）单击"使用入门"工具栏中的"删除"按钮，删除顶面，如图 10-58 所示。

（9）选中模型右击，在弹出的快捷菜单中选择"只选择面"和"隐藏其他"命令，将模型中的所有边线隐藏。

（10）单击"大工具集"工具栏中的"颜料桶"按钮，为图形添加不同的颜色材质，如图 10-59 所示。

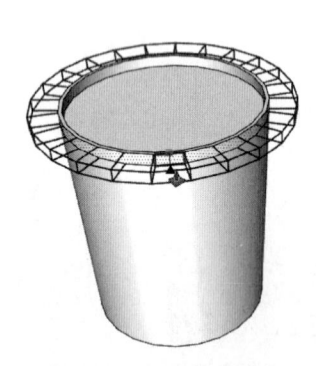

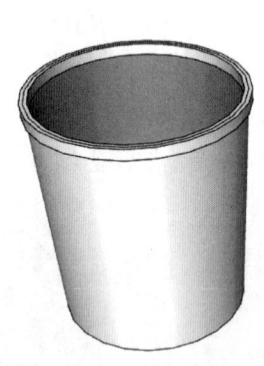

图 10-57　联合推拉侧面　　　　图 10-58　删除顶面　　　　图 10-59　添加材质

10.2.3　法线推拉

使用 SketchUp 默认的推拉工具只能沿法线方向进行单面推拉，使用法线推拉工具可以对多个面进行法线方向的推拉。

【执行方式】

菜单栏：扩展程序→三维工具→超级推拉→法线推拉。

【操作步骤】

（1）选择菜单栏中的"插件"→"几何体"→"多面球体"命令，创建如图 10-60 所示的模型。

（2）选中整个球体（如图 10-61 所示）右击，在弹出的快捷菜单中选择"仅选择面"命令，选择所有面，如图 10-62 所示。

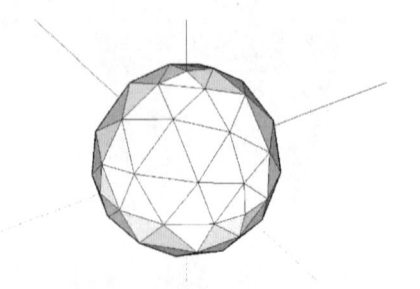

图 10-60　创建的多面球体　　　　图 10-61　全部选择

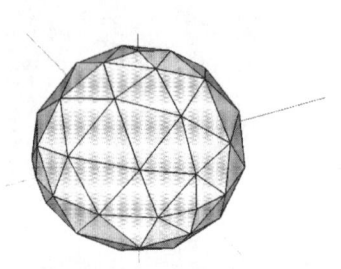

（3）选择菜单栏中的"扩展程序"→"三维工具"→"超级推拉"→"法线推拉"命令，在距离控制框中输入推拉距离，按 Enter 键进行法线推拉，结果如图 10-63 所示。

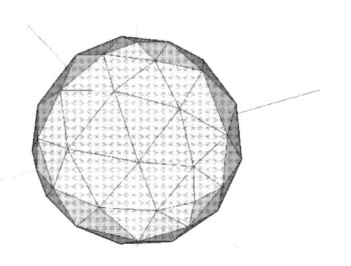

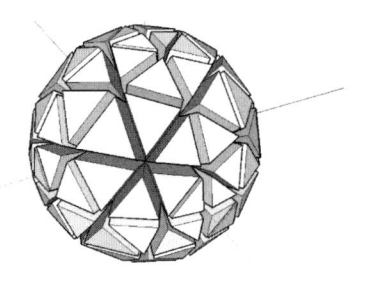

图 10-62　仅选择所有面　　　　　　图 10-63　完成拉伸后的模型

10.2.4　向量推拉

使用向量推拉命令可以在任意方向拉伸面形成体，面的拉伸方向是由绘制的直线定义的，是绘制直线时第一点到第二点的方向。

【执行方式】

菜单栏：扩展程序→三维工具→超级推拉→向量推拉。

【操作步骤】

（1）创建如图 10-64 所示的模型和直线，直线是任意方向的线，斜线或直线均可。

（2）选择菜单栏中的"扩展程序"→"三维工具"→"超级推拉"→"向量推拉"命令，系统弹出如图 10-65 所示的 SketchUp 提示框。

（3）选择面，然后选择菜单栏中的"扩展程序"→"三维工具"→"超级推拉"→"向量推拉"命令，选择直线的下端点，再选择直线的上端点，创建模型，拉伸的方向是向上，如图 10-66 所示。如果绘制的直线是从上端点到下端点，模型就是向下拉伸的，所以面的拉伸方向是由线的矢量方向决定的。

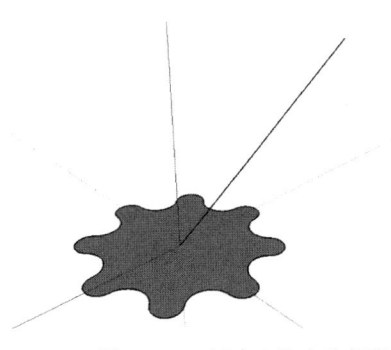

图 10-64　创建出的实验场景

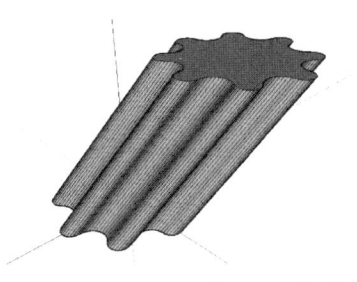

图 10-65　提示框　　　　　　图 10-66　向 Z 轴正方向拉伸

第11章

别墅建模实例

内容简介

　　本章将结合别墅建模实例，详细介绍应用 SketchUp 的技巧。在本章中将会应用到前面所讲解过的命令和插件，还会介绍一些解决实际问题的经验。

内容要点

- 建模准备
- 插入 CAD 图
- 创建墙体
- 创建坡屋顶
- 创建屋顶层
- 创建正立面入口处造型和屋顶管道造型

第11章 别墅建模实例

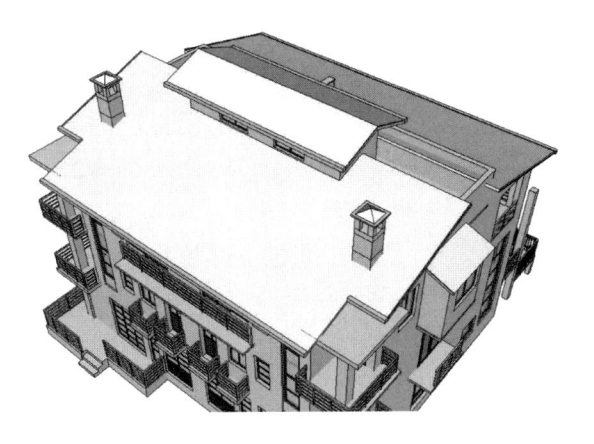

案 例 效 果

11.1 建模准备

建模前需要设定建模工作环境。

11.1.1 单位设定

在建筑模型制作过程中,如果缺乏统一单位,模型的尺度将变得难以控制,可能导致模型尺寸与实际设计不符,进而影响后续的设计、施工及验收等环节,因此必须使用统一的建模单位。

(1) 选择菜单栏中的"窗口"→"模型信息"命令,弹出"模型信息"对话框,选择"单位"选项卡。在建筑建模中通常使用毫米(mm)作为单位,因此将"度量单位"选项组中的"长度"设置为"毫米","显示精确度"设置为 0mm,选中"启用长度捕捉"和"启用角度捕捉"复选框,如图 11-1 所示。

(2) 设置完毕之后,单击"关闭"按钮 ✕,返回绘图区域。

图 11-1 "单位"选项卡

11.1.2 边线显示设定

操作步骤如下：

（1）导入 CAD 图形后，鉴于其复杂性，为避免轮廓线宽度干扰模型创建导致捕捉点困难，通常需取消模型轮廓线的宽度设置。选择菜单栏中的"窗口"→"默认面板"→"样式"命令，弹出"样式"面板，切换至"编辑"选项栏，取消选中"边线设置"选项组中的"轮廓线"选项，如图 11-2 所示，模型中轮廓线以默认线宽显示。

（2）切换至"背景设置"选项组，选中"天空"复选框，单击"天空"右侧的颜色样本，弹出"选择颜色"对话框。将拾色器设置为 RGB，数值分别为 255、255、255，如图 11-3 所示。单击"确定"按钮，将"天空"背景颜色设置为白色。

（3）使用相同的方法，选中"地面"复选框，RGB 数值分别设置为 255、255、255，将"地面"背景颜色设置为白色，如图 11-4 所示。

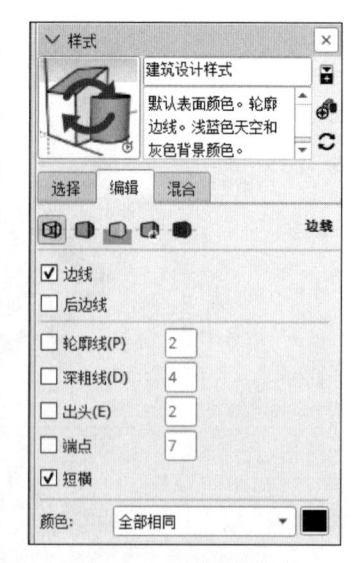

图 11-2 "样式"面板

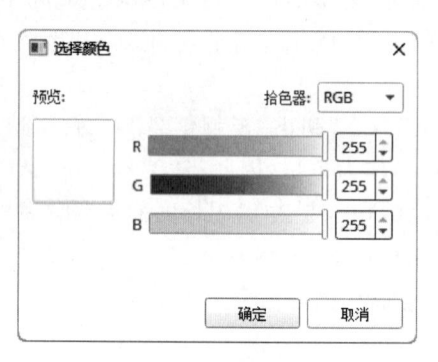

图 11-3 "选择颜色"对话框

图 11-4 设置"地面"背景

11.1.3 快捷键的设定

使用快捷键是提高建模效率的关键因素之一，其设置应基于个人偏好，但核心原则为避免重复，并对高频使用的操作进行快捷键配置，而低频操作则可视情况不设置快捷键。

操作方法：选择菜单栏中的"窗口"→"系统设置"命令，弹出"SketchUp 系统设置"对话框，如图 11-5 所示。切换至"快捷方式"选项卡，在"过滤器"文本框中输入"材质"文字，单击"功能"列表框中的"工具(T)/材质(T)"选项，如图 11-6 所示。在"添加快捷方式"下面的文本框中按要设置的快捷键 Alt+M，单击右边的"添加"按钮，添加快捷键,选择"已指定"列表框中之前的快捷方式,单击删除按钮 ⊟ ,删除系统默认的快捷方式,仅保留指定快捷方式"Alt+M"。

图 11-5 "快捷方式"选项卡

图 11-6 设置材质的快捷方式

下面介绍编者经常使用的快捷键,读者可以采用上述方法进行设置,也可以采用系统默认的快捷命令。

- 选择工具:设定为空格键。
- 材质工具:设定为 Alt+M 键。
- 删除工具:设定为 E 键。
- 矩形工具:设定为 B 键。

- 线工具：设定为 L 键。
- 圆工具：设定为 C 键。
- 圆弧工具：设定为 A 键。
- 移动工具：设定为 M 键。
- 推/拉工具：设定为 P 键。
- 旋转工具：设定为 R 键。
- 跟随路径工具：设定为 F 键。
- 缩放工具：设定为 S 键。
- 偏移工具：设定为 O 键。

11.2　插入 CAD 图

CAD 图纸作为建筑设计和建模过程中的重要蓝图，通常是创建三维模型的主要依据。因此，在进行 SU 的建模工作时，我们首先需要将 CAD 图纸导入 SU 中，为后续的工作奠定基础。

11.2.1　导入 CAD 图

操作步骤如下：

（1）选择菜单栏中的"文件"→"导入"命令，在弹出的"导入"对话框中将文件类型设置为"AutoCAD 文件（＊.dwg，＊.dxf）"，选择源文件中的"别墅 CAD 图"图形，如图 11-7 所示。

图 11-7　"导入"对话框

（2）单击"选项"按钮，弹出如图 11-8 所示的"导入 AutoCAD DWG/DXF 选项"对话框，将导入单位设置为"毫米"，选中"保持绘图原点"复选框，其余采用默认设置，如图 11-8 所示。

（3）单击"好"按钮，返回"导入"对话框，单击"导入"按钮，打开"导入结果"对话框，如图 11-9 所示，显示 CAD 图相关信息。单击"关闭"按钮，关闭对话框。

图 11-8　"导入 AutoCAD DWG/DXF 选项"对话框

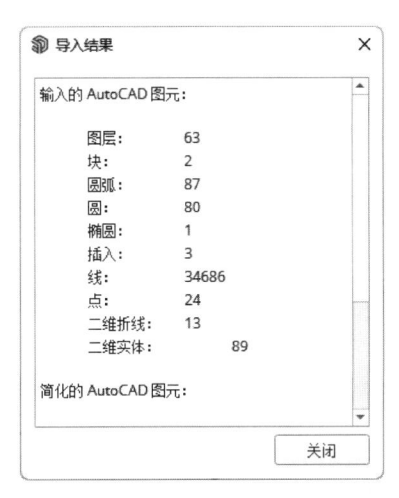

图 11-9　"导入结果"对话框

（4）将视图切换至顶视图，单击"大工具集"工具栏中的"缩放窗口"按钮，框选导入的 CAD 图，将图形全屏显示，如图 11-10 所示。

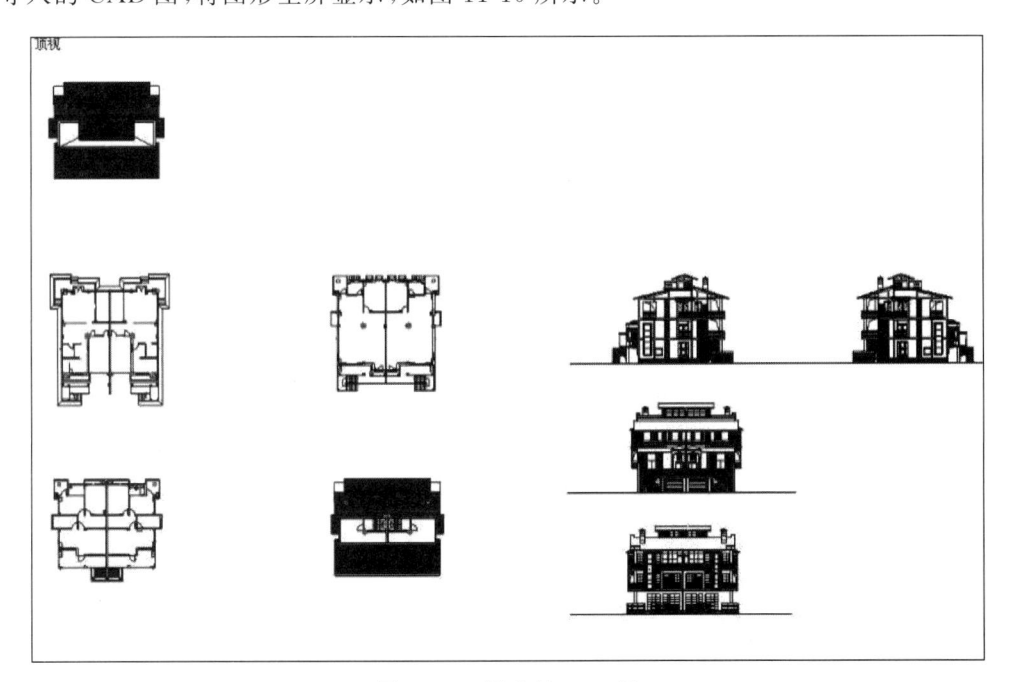

图 11-10　导入的 CAD 图

11.2.2 管理标记

操作步骤如下：

(1) 打开"标记"面板，如图 11-11 所示，显示模型中的所有标记。

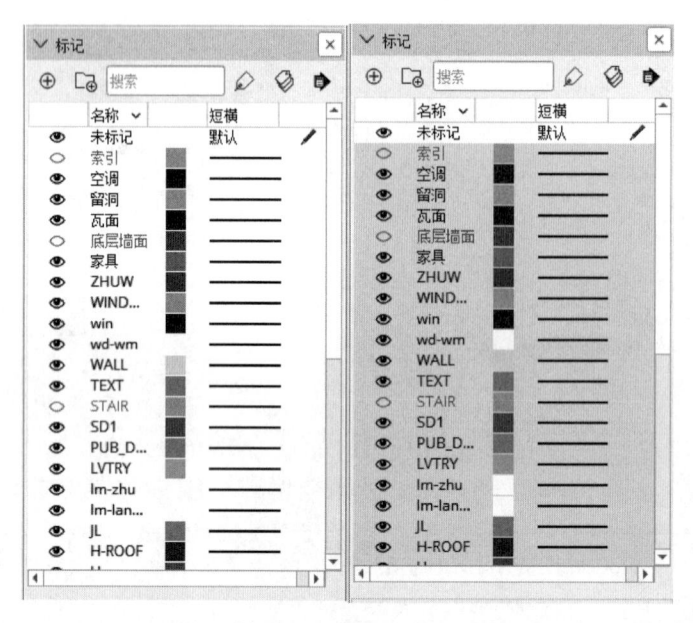

图 11-11 "标记"面板

(2) 单击"未标记"下面的第一个标记，然后按住 Shift 键单击最下面的标记，选中除"未标记"以外的所有标记右击，在弹出的快捷菜单中选择"删除标记"命令，弹出如图 11-12 所示的"删除包含图元的标记"对话框。选择"分配另一个标记"单选按钮，在后面的下拉列表框中选择"未标记"选项，将所有标记转换至"未标记"标记。

(3) 单击"标记"面板中的"添加标记"按钮 ⊕，新建"一层平面图""二层平面图""三层平面图""四层平面图""屋顶平面图""正立面图""背立面图""左立面图"和"右立面图"标记，如图 11-13 所示。

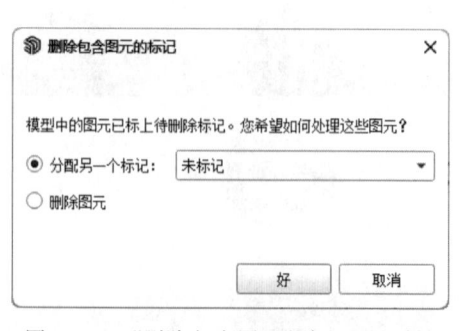

图 11-12 "删除包含图元的标记"对话框

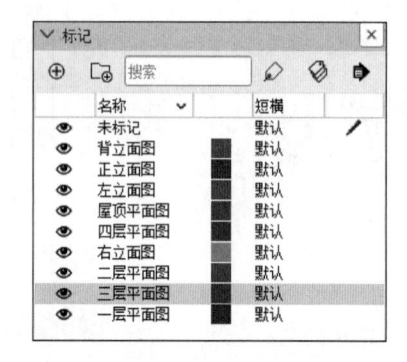

图 11-13 创建标记

(4) 导入系统中的各层 CAD 图为群组，双击一层平面图进入群组内部，删除一层平面图的轴线、轴号和图名下侧的直线，如图 11-14 所示。

图 11-14　删除轴线和直线

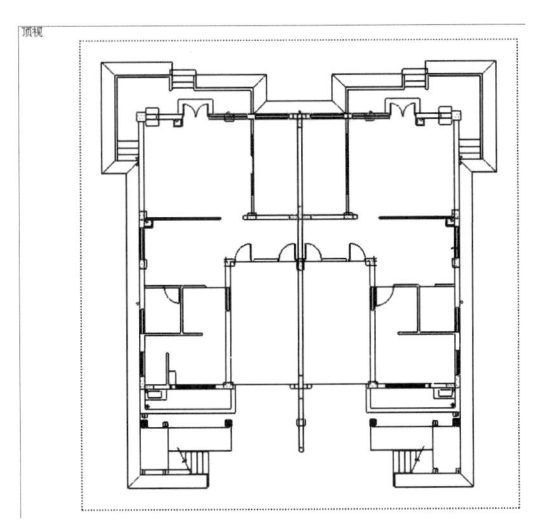

（5）选中一层平面图右击，在弹出的快捷菜单中选择"切换图层到"→"一层平面图"命令，切换图形标记至"一层平面图"标记，如图 11-15 所示。

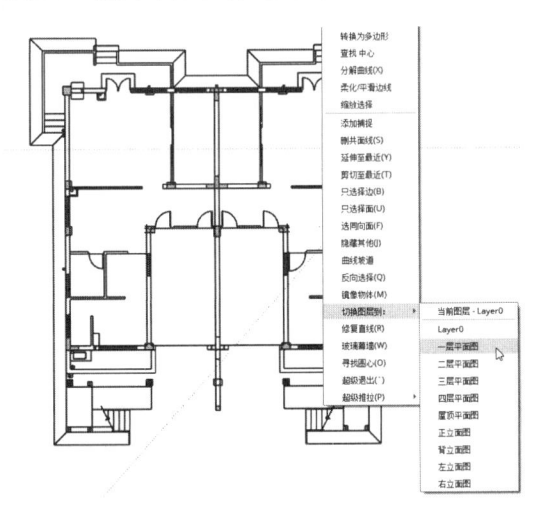

图 11-15　切换标记

（6）继续选中一层平面图右击，在弹出的快捷菜单中选择"创建群组"命令，将一层平面图创建为群组。

注意：在进行标记转换前，需确保待转换物体已全部解组或炸开，以避免受到群组或组件内的内容无法独立进行标记转换的限制。

（7）使用相同的方法，将其余 CAD 图都转换至各自相对应的标记上。

（8）绘制长方体。将视图切换至轴测图，单击"绘图"工具栏中的"矩形"按钮 和"编辑"工具栏中的"推/拉"按钮 ，绘制长方体，如图 11-16 所示。

（9）旋转立面图。单击"编辑"工具栏中的"旋转"按钮 ，将所有的立面图进行立面旋转，如图 11-17 所示。

241

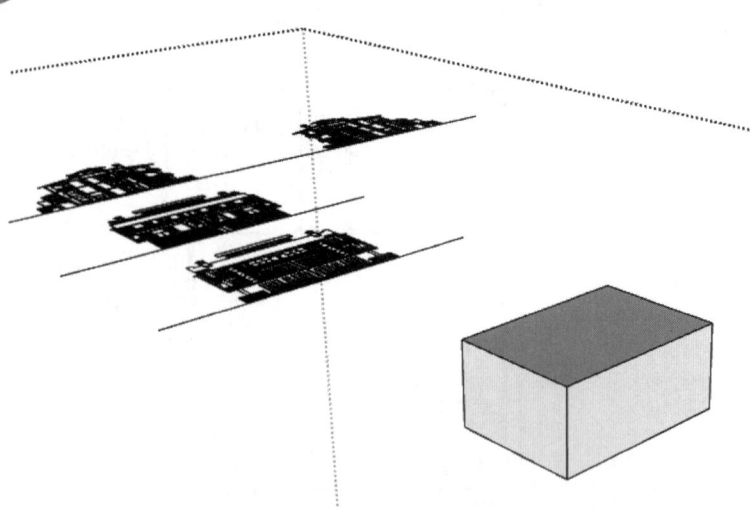

图 11-16　绘制长方体

（10）移动正立面图。单击"编辑"工具栏中的"移动"按钮，调整正立面图的位置，如图 11-18 所示。

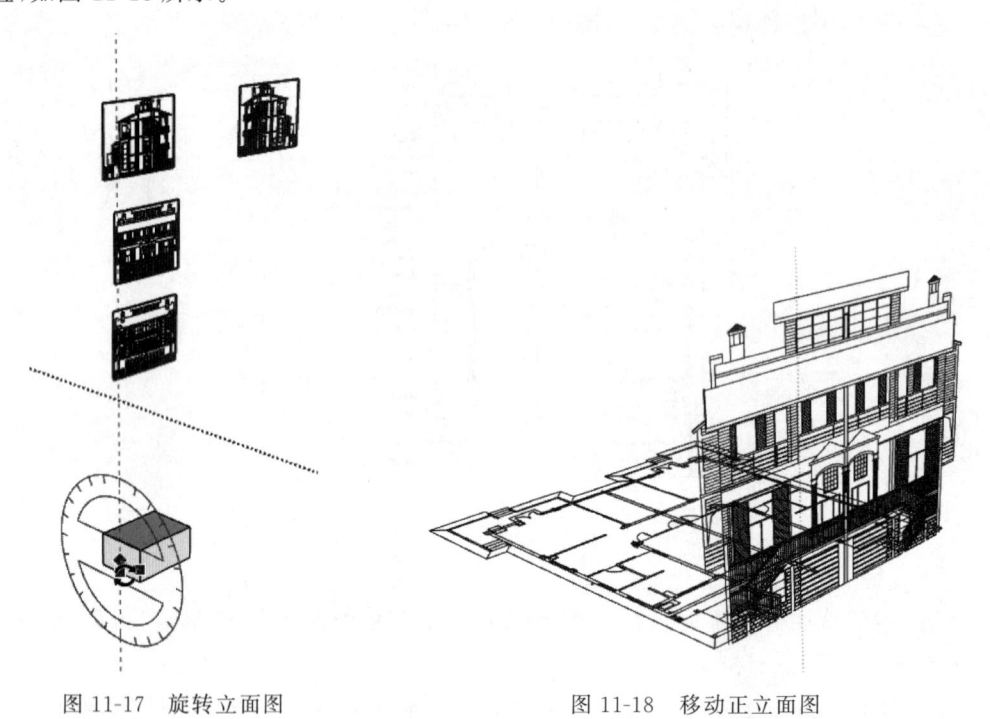

图 11-17　旋转立面图　　　　　图 11-18　移动正立面图

（11）移动背立面图。单击"编辑"工具栏中的"移动"按钮，调整背立面图的位置，如图 11-19 所示。

（12）依据屋顶平面图烟囱和造型屋顶的位置，使用相同的方法移动和旋转左立面图与右立面图，如图 11-20 所示。

（13）按住 Ctrl 键依次选择背立面图、左立面图和右立面图，选择菜单栏中的"编辑"→"隐藏"命令，隐藏所有立面图，方便布置平面图，结果如图 11-21 所示。

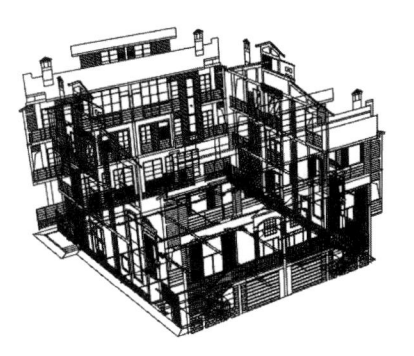

图 11-19　移动背立面图　　　　　　图 11-20　调整左右立面图的位置

(14) 移动二层平面图。单击"编辑"工具栏中的"移动"按钮✥，将平面图中的柱子对齐。单击"编辑"工具栏中的"移动"按钮✥并按"↑"键，锁定方向，将二层平面向上侧移动至立面图中楼板的位置，结果如图 11-22 所示。

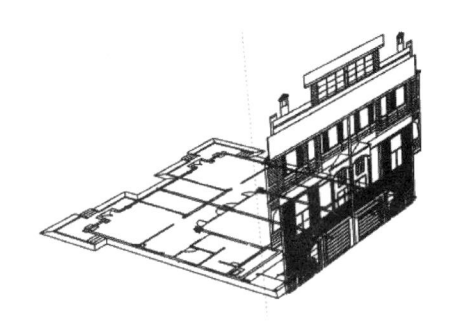

图 11-21　隐藏其他立面图　　　　　　图 11-22　移动二层平面图

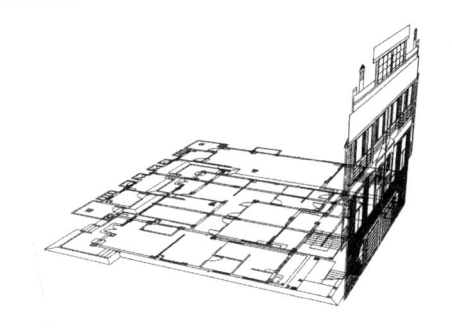

(15) 移动其他层平面图。单击"编辑"工具栏中的"移动"按钮✥，将其他层平面图中的柱子对齐。单击"编辑"工具栏中的"移动"按钮✥并按"↑"键，锁定方向，将其他层平面向上侧移动至立面图中楼板的位置。

(16) 显示所有 CAD 图。选择菜单栏中的"编辑"→"撤销隐藏"→"全部"命令，将显示所有 CAD 图，结果如图 11-23 所示。

图 11-23　显示所有 CAD 图

11.3 创建墙体

墙体不仅是建筑物的基本支撑结构,还是界定空间、分隔功能区域的关键元素。

11.3.1 勾画并拉伸墙体

操作步骤如下:

(1) 新建"墙体"标记,并设置为当前标记,如图 11-24 所示。

(2) 隐藏除一层平面图以外的其他标记,如图 11-25 所示。

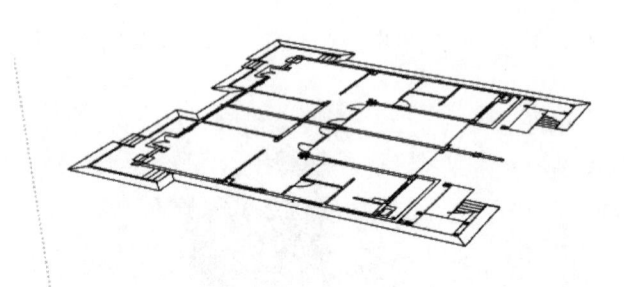

图 11-24 新建"墙体"标记　　　　图 11-25 仅显示一层平面

(3) 单击"绘图"工具栏中的"直线"按钮,捕捉 CAD 图的外墙轮廓进行勾画,最后封闭成面,如图 11-26 所示。

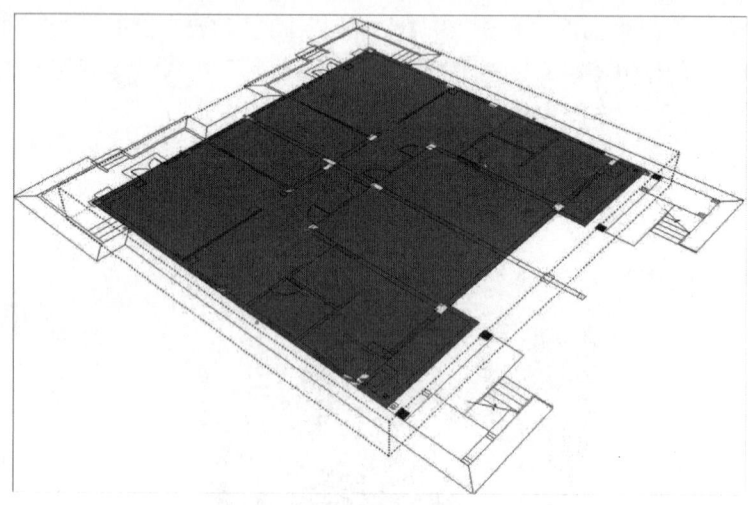

图 11-26 创建出平面并创建为群组

下面介绍勾画墙体内轮廓的方法:使用偏移复制命令进行创建。

操作步骤如下:

(1) 选择上步创建的面,单击"编辑"工具栏中的"偏移"按钮,将上步创建的边缘线向内侧偏移 200mm，如图 11-27 所示。

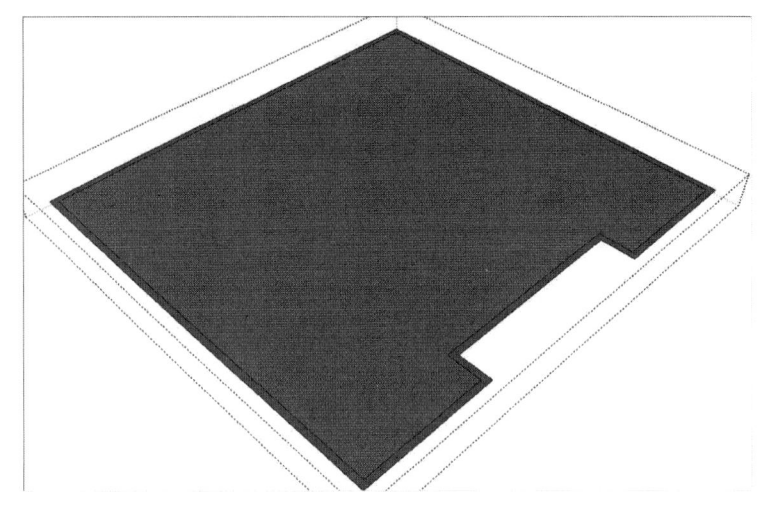

图 11-27　偏移边缘线

（2）单击"绘图"工具栏中的"选择"按钮，选择面，将其删除，仅保留墙体轮廓，如图 11-28 所示。

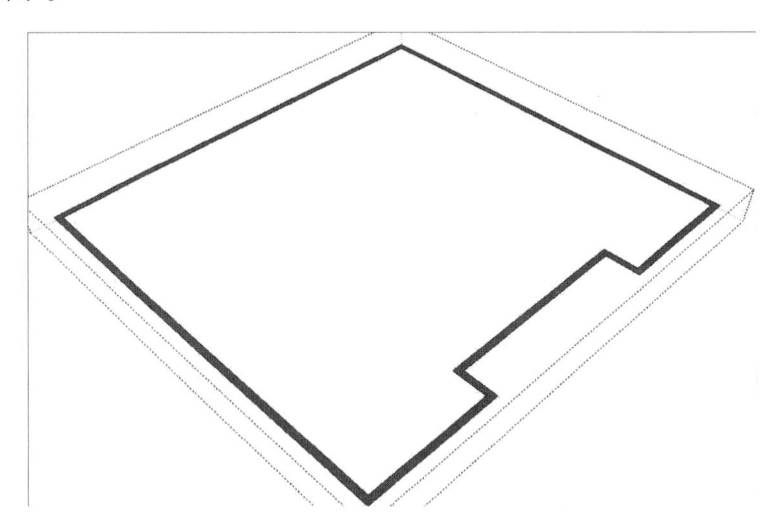

图 11-28　删除多余的面

（3）创建一层墙体的轮廓后，将正立面 CAD 图显示出来，单击"编辑"工具栏中的"推/拉"按钮，选择一层平面的外墙轮廓并拉伸至正立面图中一层墙顶的位置，如图 11-29 所示。

（4）将一层平面图和正立面图隐藏，仅显示二层平面图和墙体模型，如图 11-30 所示。

（5）单击"绘图"工具栏中的"直线"按钮，捕捉二层平面图，在一层墙体模型的基础上勾画出二层的外墙轮廓。

（6）单击"编辑"工具栏中的"推/拉"按钮，参照正立面图拉伸二层轮廓线的墙体模型到适当的位置，如图 11-31 所示。

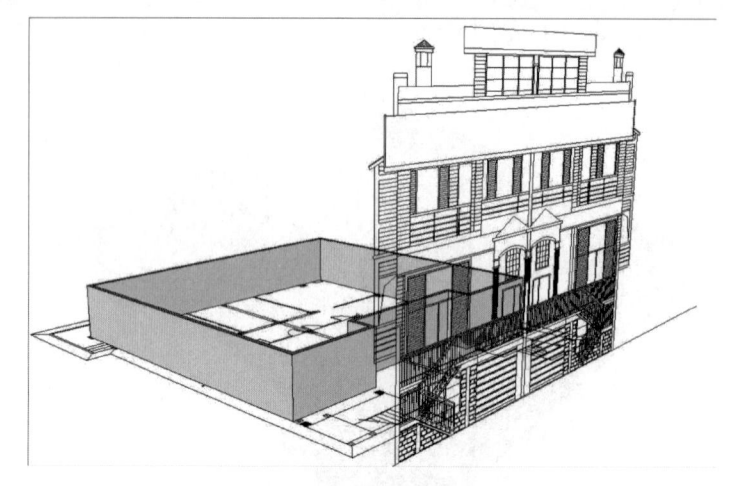

图 11-29 拉伸出墙体

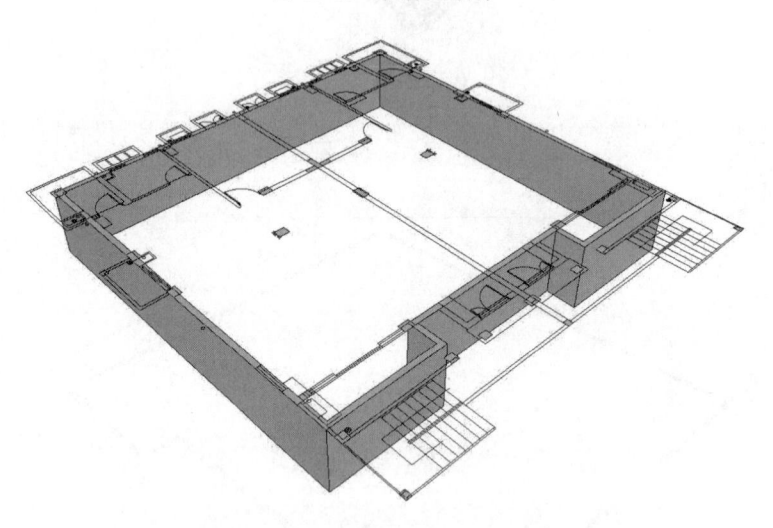

图 11-30 仅显示墙体和二层平面图

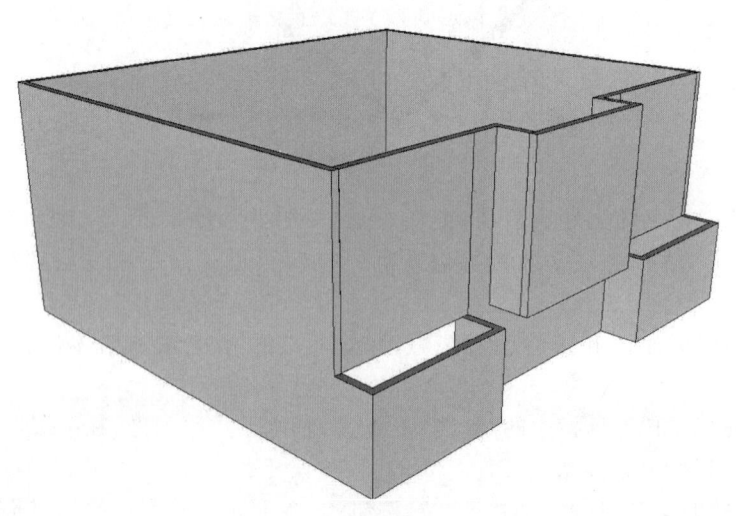

图 11-31 创建出二层墙体

（7）选择菜单栏中的"扩展程序"→"线面工具"→"清理废线"命令，删除图形中无用的边线，如图 11-32 所示。

（8）利用与上述相同的方法创建第三层的墙体以及柱子，如图 11-33 所示。

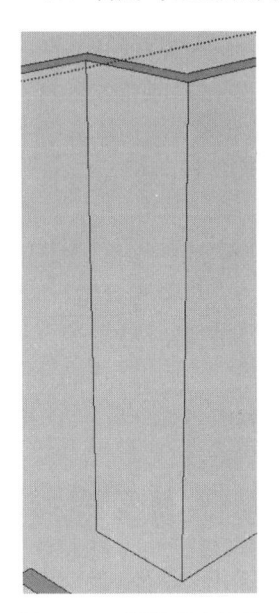

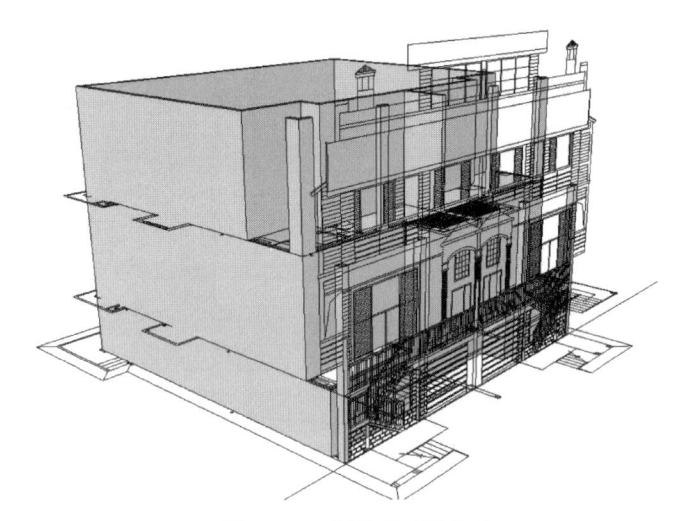

图 11-32　删除多余边线　　　　　图 11-33　创建出三层墙体

11.3.2　绘制窗洞和门洞

操作步骤如下：

（1）将正立面图移动到外墙处，然后双击墙体，进入墙体群组内部，进行编辑。单击"绘图"工具栏中的"矩形"按钮，参照正立面的窗洞位置绘制矩形，然后单击"使用入门"工具栏中的"删除"按钮，删除矩形面，绘制窗洞，如图 11-34 所示。

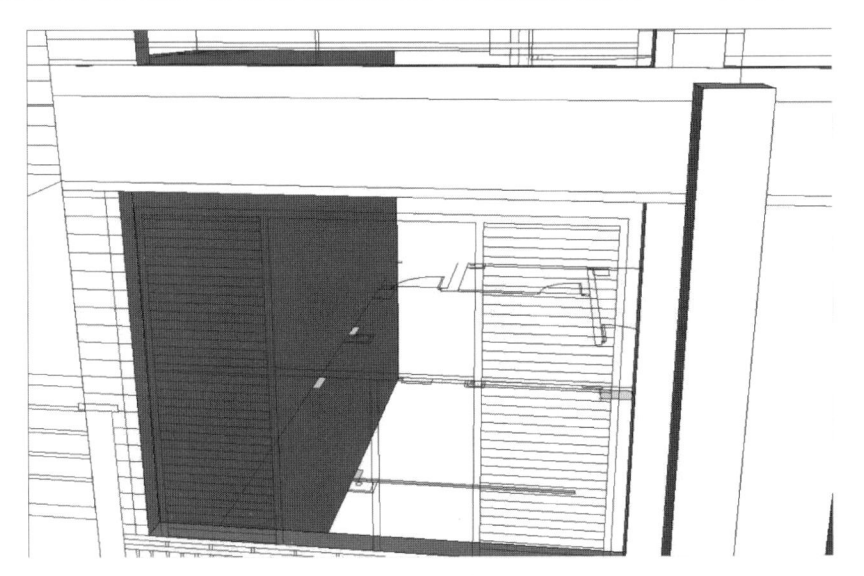

图 11-34　绘制窗洞

(2) 利用上述方法完成图形中所有窗洞的绘制,如图 11-35 所示。

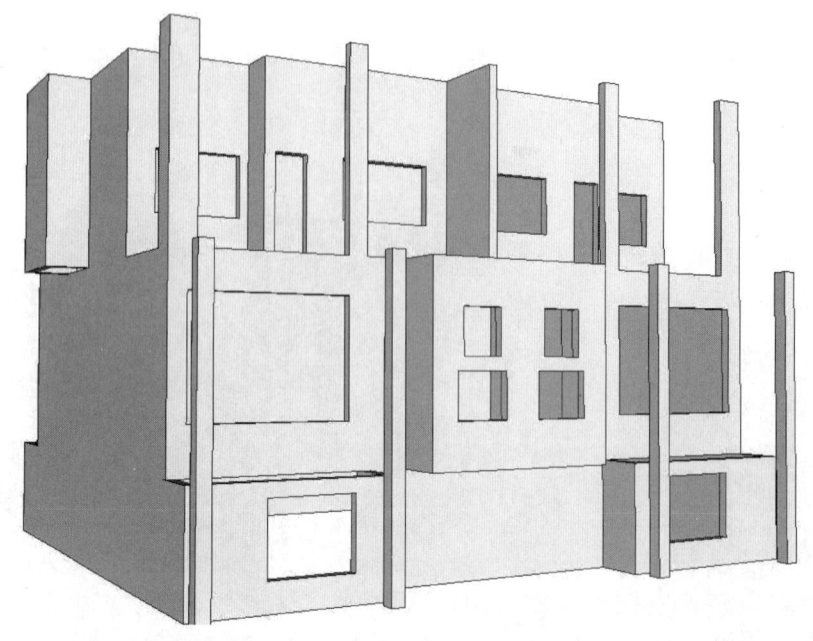

图 11-35 完成正立面窗洞和门洞的创建

(3) 在场景中显示侧立面 CAD 图和墙体模型,如图 11-36 所示。

图 11-36 仅显示侧立面图和墙体模型

(4) 双击群组进入墙体群组内部,利用之前学过的方法绘制两个侧面的洞口,如图 11-37 所示。

(5) 在场景中显示墙体模型和背立面图,如图 11-38 所示。

图 11-37 绘制两个侧立面窗洞和门洞

图 11-38 仅显示背立面图和墙体模型

（6）绘制背立面图的门窗洞口，如图 11-39 所示。

图 11-39　绘制背立面的洞口

11.3.3　创建窗户和门

操作步骤如下：

（1）在场景中显示背立面图和墙体模型，如图 11-40 所示。

图 11-40　显示背立面和墙体模型

(2) 单击"绘图"工具栏中的"矩形"按钮，捕捉立面图，创建矩形，如图11-41所示。

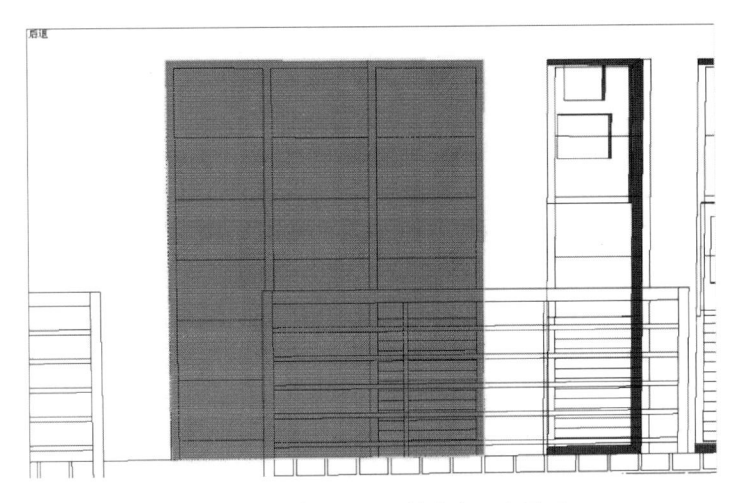

图 11-41　参照 CAD 创建出一个平面

(3) 单击"建筑施工"工具栏中的"卷尺工具"按钮，测量窗框的宽度为 50mm，如图 11-42 所示。

(4) 单击 SUAPP 基本工具栏中的"玻璃幕墙"按钮，弹出"参数设置"对话框，设置玻璃幕墙参数，如图 11-43 所示。单击"好"按钮，创建窗户，如图 11-44 所示。

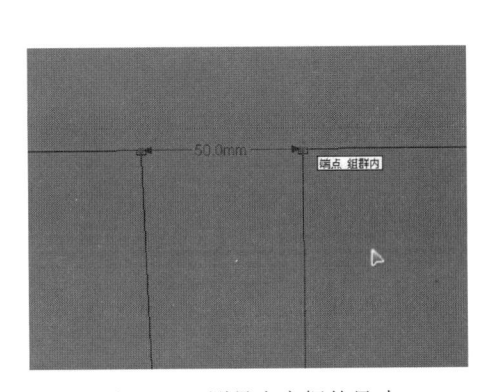

图 11-42　测量出窗框的尺寸　　　图 11-43　"参数设置"对话框

(5) 右击步骤(4)创建的窗户，在弹出的快捷菜单中选择"群组"命令，将窗户创建为群组，如图 11-45 所示。

(6) 单击"编辑"工具栏中的"移动"按钮，将窗户群组向内移动 100mm，并调整其位置，如图 11-46 所示。

(7) 将视图切换至适当位置，如图 11-47 所示。

(8) 利用上述方法创建另一种窗户图形，如图 11-48 所示。

(9) 单击"编辑"工具栏中的"移动"按钮，将窗户群组向内移动 100mm，并调整其位置，如图 11-49 所示。

251

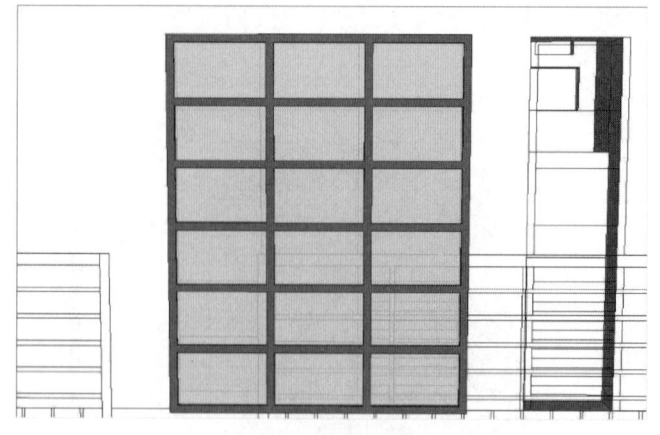

图 11-44　创建窗户

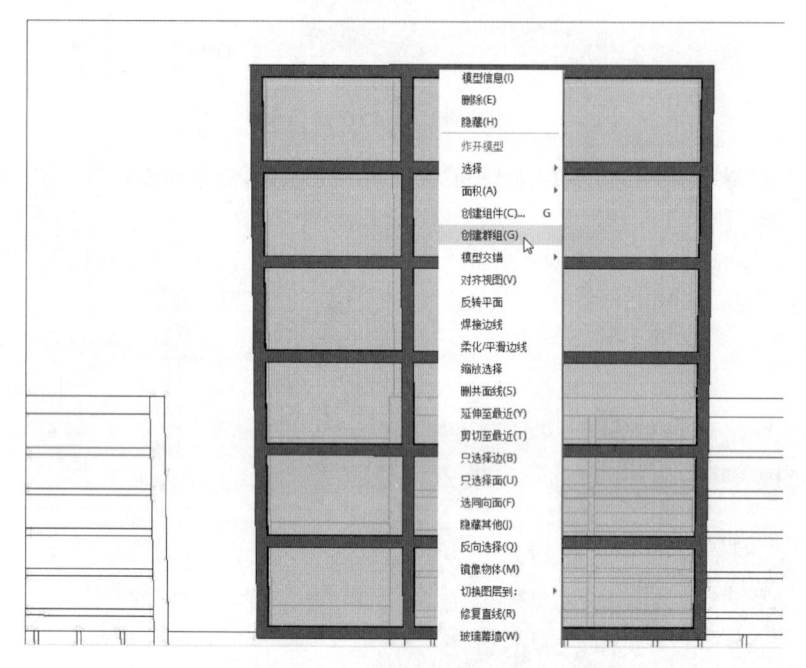

图 11-45　将窗户创建为群组

图 11-46　移动窗户到适当的位置 1

图 11-47 调整视图到适当的位置

图 11-48 创建窗户图形

图 11-49 移动窗户到适当的位置 2

(10) 使用相同的方法创建其他类似的窗户和门，如图 11-50 所示。

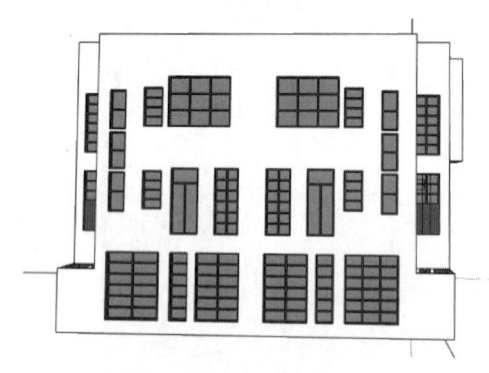

图 11-50　创建出背立面所有窗户和门

(11) 单击"视图"工具栏中的"前部"按钮，将视图切换至前视图，如图 11-51 所示。

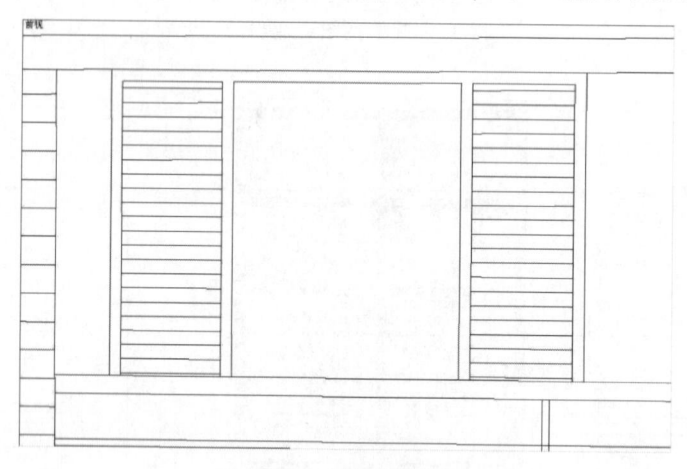

图 11-51　切换至前视图

(12) 利用上述方法绘制窗户图形，如图 11-52 所示。

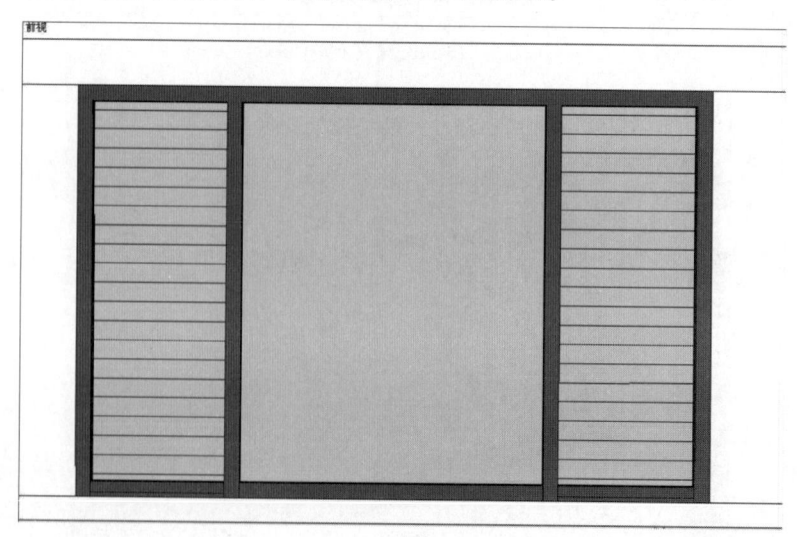

图 11-52　创建好窗户部分

(13) 单击"绘图"工具栏中的"矩形"按钮 ▱，绘制矩形。单击"编辑"工具栏中的"推/拉"按钮 ◈，将绘制的矩形进行拉伸。单击"编辑"工具栏中的"旋转"按钮 ↻，将拉伸后的矩形旋转一定角度，完成百叶的创建，如图11-53所示。

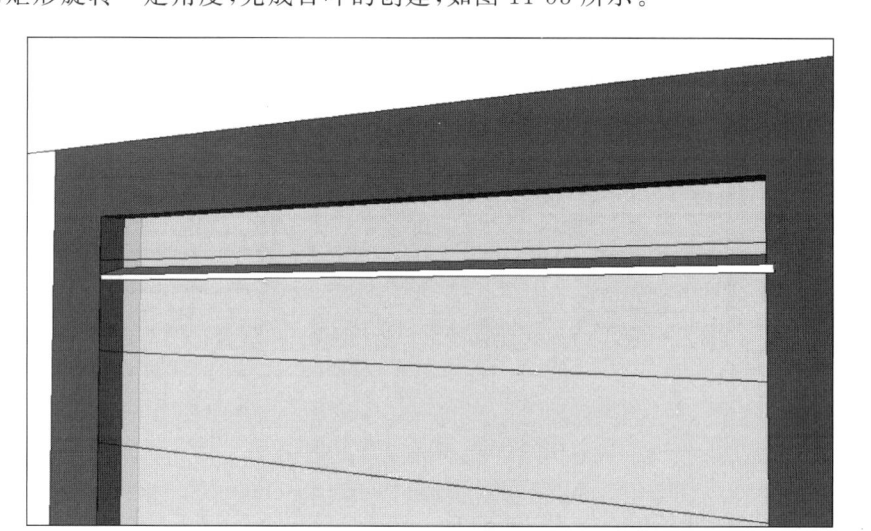

图11-53 创建百叶

(14) 选择步骤(13)创建的百叶，单击"编辑"工具栏中的"移动"按钮 ✥ 并按住Ctrl键，向下复制19片百叶，如图11-54所示。

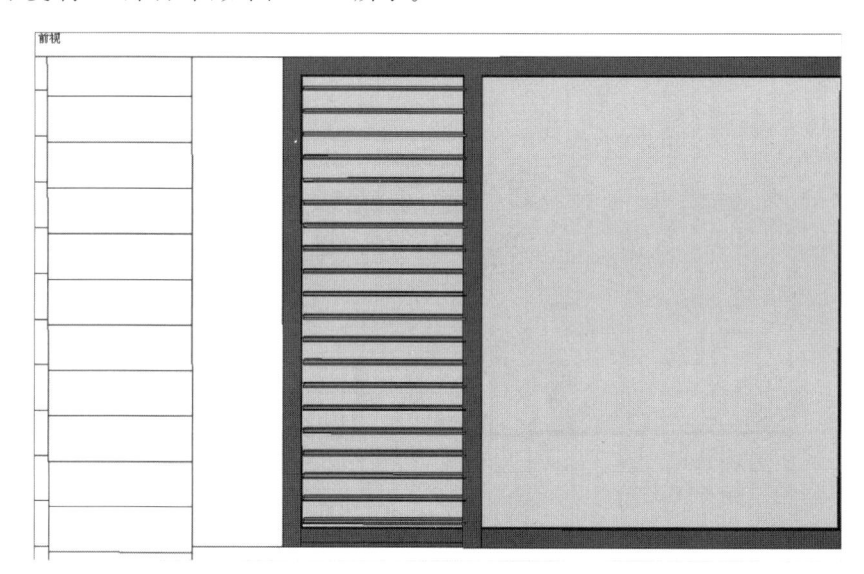

图11-54 向下复制百叶

(15) 选中所有的百叶右击，在弹出的快捷菜单中选择"创建群组"命令，将窗户图形创建为群组。

(16) 选择步骤(15)创建的百叶图形，单击"编辑"工具栏中的"移动"按钮 ✥ 并按住Ctrl键向右复制，绘制右侧的百叶图形，如图11-55所示。

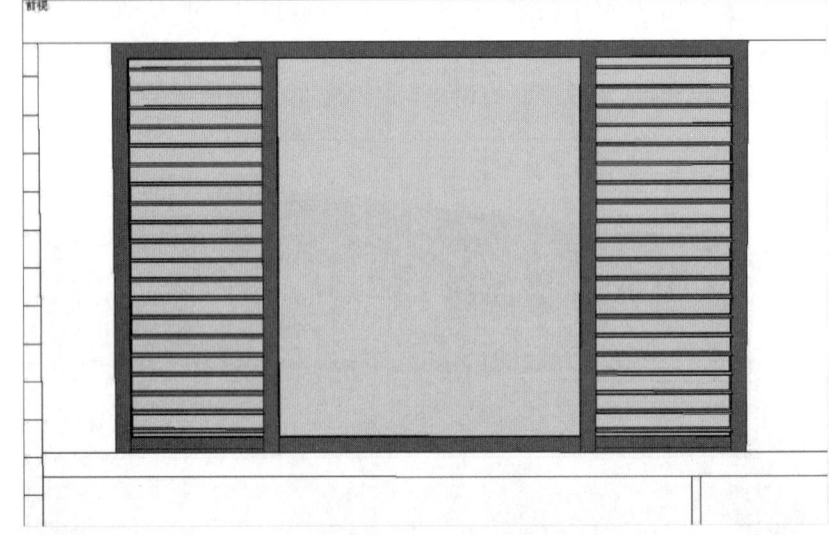

图 11-55　向右复制百叶

11.3.4　楼板踏步以及栏杆的创建

操作步骤如下：

（1）在场景中显示正立面图、左立面图以及一层平面图，如图 11-56 所示。

图 11-56　仅显示需要的标记

（2）单击"绘图"工具栏中的"直线"按钮，捕捉正立面图中的关键点，将踏步的轮廓勾画出来并将其创建为群组，如图 11-57 所示。

（3）单击"修改"工具栏中的"推/拉"按钮，选择步骤（2）创建的踏步轮廓，参照 CAD 平面图将其拉伸到适当的位置，如图 11-58 所示。

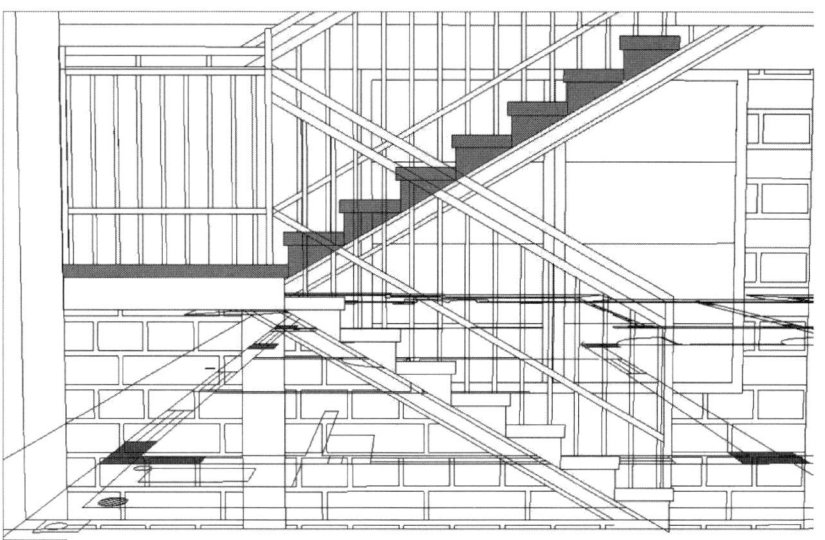

图 11-57　参照 CAD 勾画出踏步轮廓

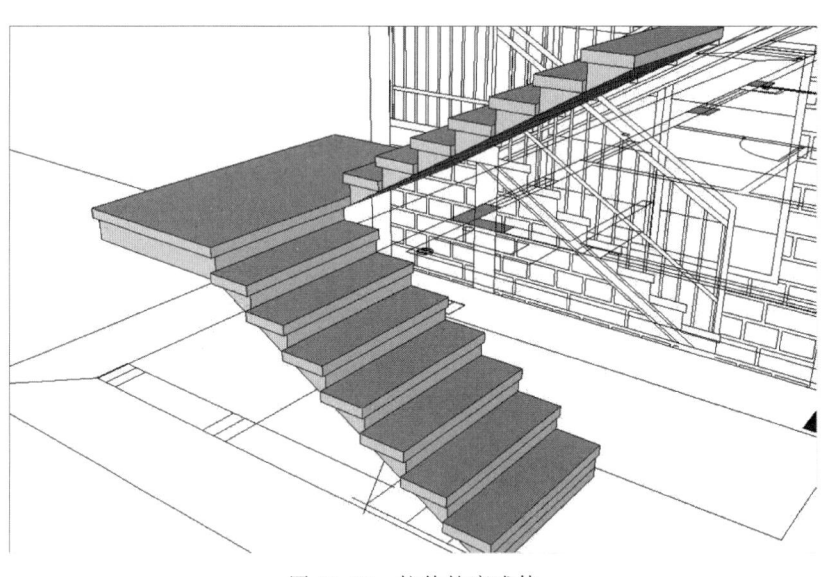

图 11-58　拉伸轮廓成体

（4）单击"绘图"工具栏中的"直线"按钮，捕捉 CAD 图，绘制斜梁的轮廓，如图 11-59 所示。

（5）单击"编辑"工具栏中的"推/拉"按钮，选择步骤（4）绘制的斜梁轮廓进行拉伸，如图 11-60 所示。

（6）将正立面图显示在场景当中，如图 11-61 所示。

（7）单击"绘图"工具栏中的"矩形"按钮，捕捉 CAD 然后勾画出栏杆的轮廓，如图 11-62 所示。

（8）单击"编辑"工具栏中的"推/拉"按钮，选择步骤（7）创建的栏杆轮廓，将面拉伸 60mm 并将其移动到适当的位置，如图 11-63 所示。

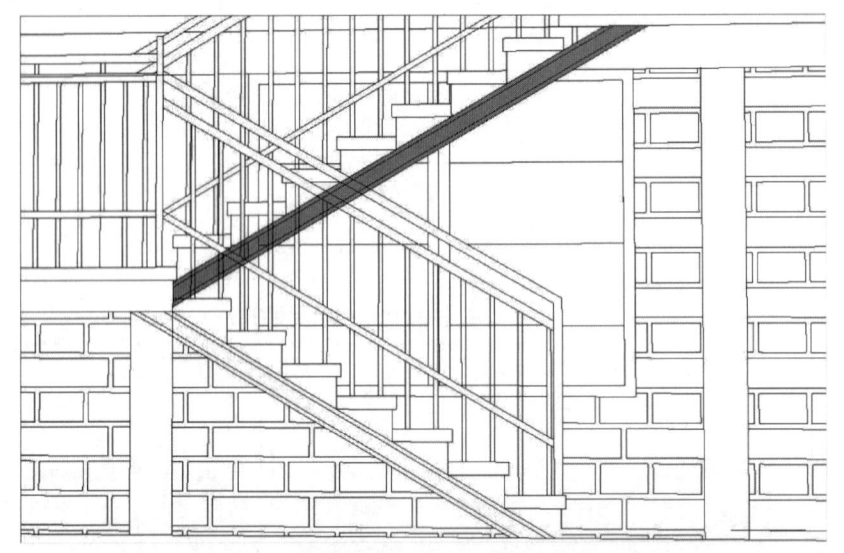

图 11-59 绘制斜梁轮廓

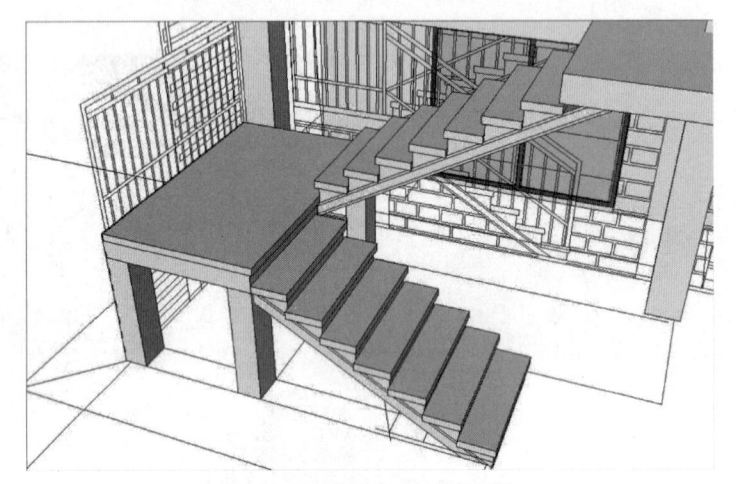

图 11-60 拉伸斜梁轮廓成体

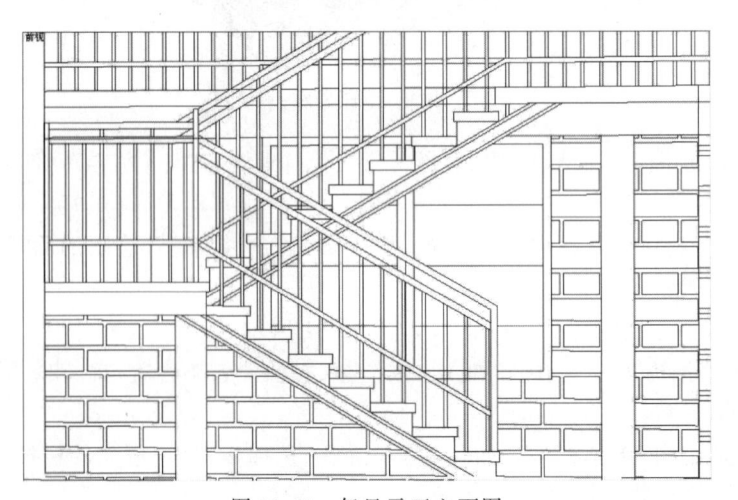

图 11-61 仅显示正立面图

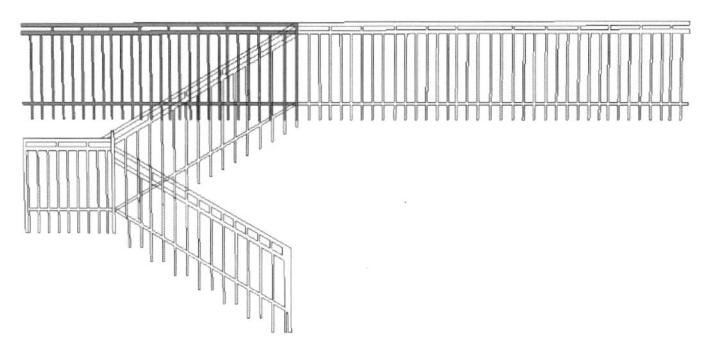

图 11-62 参照 CAD 图勾画出栏杆轮廓

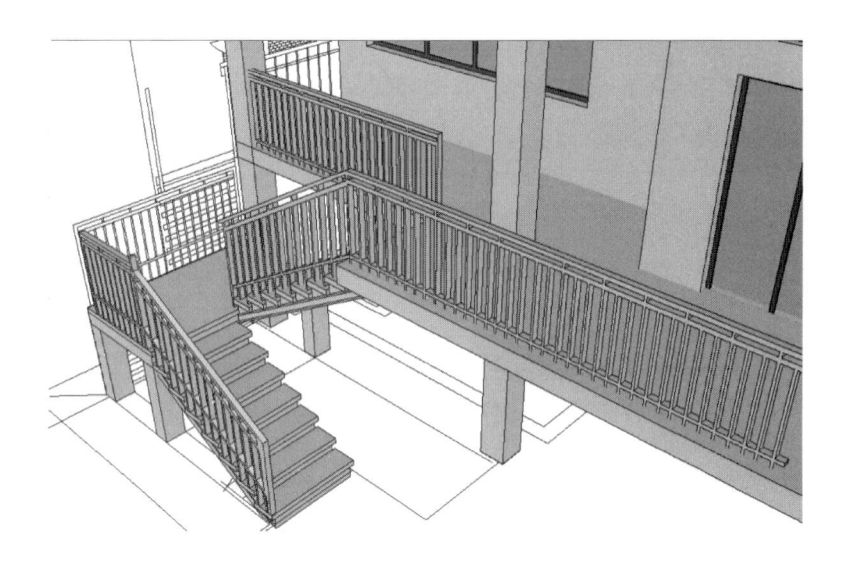

图 11-63 拉伸栏杆轮廓成体

（9）复制已有的楼梯到适当的位置，如图 11-64 所示。

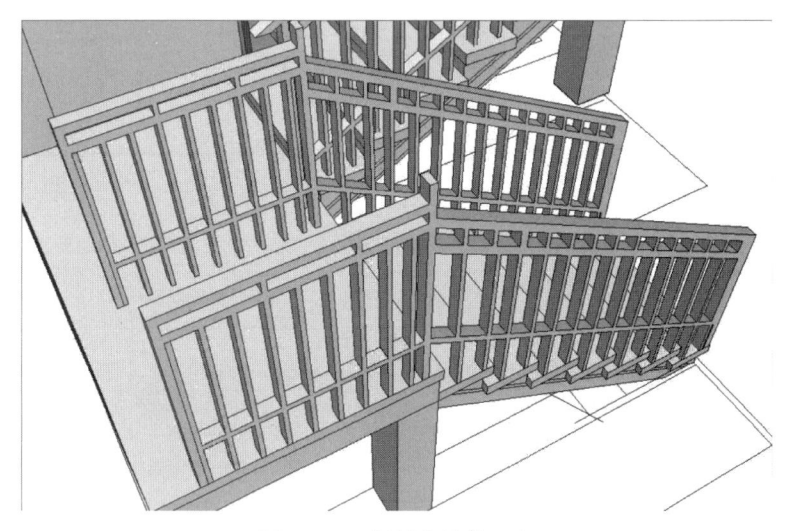

图 11-64 复制出另外一半

(10）单击"编辑"工具栏中的"推/拉"按钮 ◈，删去多余的部分，如图 11-65 所示。

图 11-65　修改复制出的栏杆

（11）单击"绘图"工具栏中的"选择"按钮 ▸ 并结合键盘上的 Delete 键，删除不需要的模型，如图 11-66 所示。

图 11-66　删除多余部分后的栏杆

（12）选择菜单栏中的"扩展程序"→"线面工具"→"清理废线"命令，删除多余的边线，如图 11-67 所示。

（13）利用上述方法创建其他的楼梯栏杆，如图 11-68 所示。

（14）因为另外一边的踏步是关于中间山墙对称的，因此选中已经绘制好的栏杆右击，在弹出的快捷菜单中选择"镜像"命令，复制出另外一边的栏杆，如图 11-69 所示。

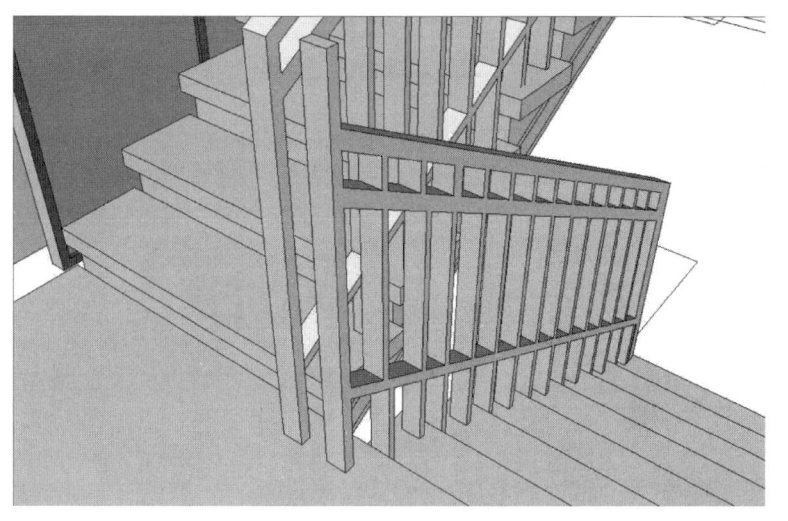

图 11-67　删除多余的构造线

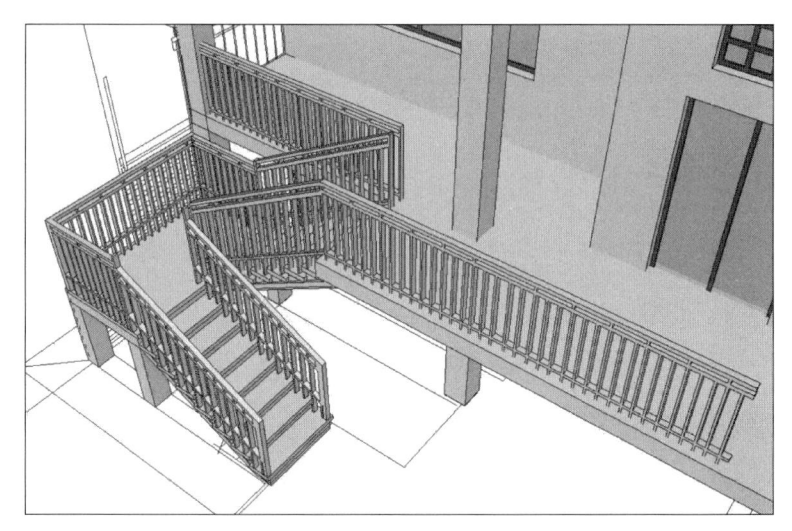

图 11-68　完成栏杆一边的创建

图 11-69　复制出另外一边的栏杆

(15) 将其他的栏杆创建出来，如图 11-70 所示。

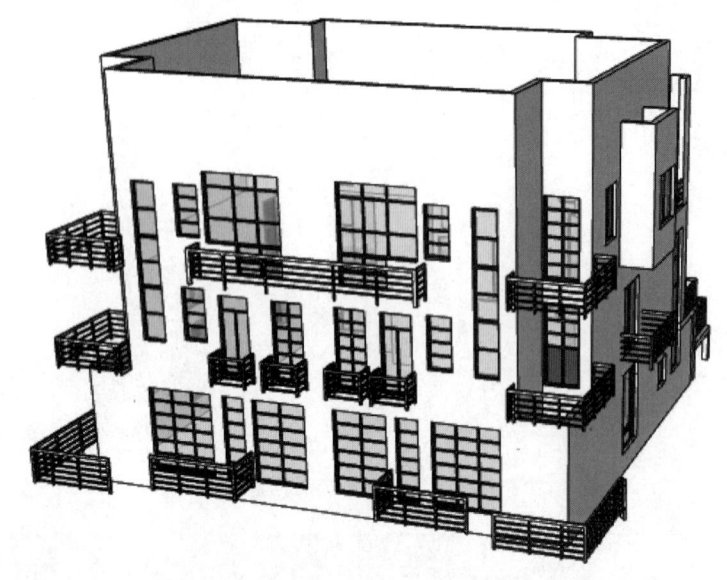

图 11-70　创建出背立面的栏杆

11.3.5　创建楼板

操作步骤如下：

(1) 新建"楼板"标记并将其设置为当前标记，如图 11-71 所示。

(2) 将二层平面图以外的 CAD 图和模型隐藏，如图 11-72 所示。

图 11-71　新建"楼板"标记

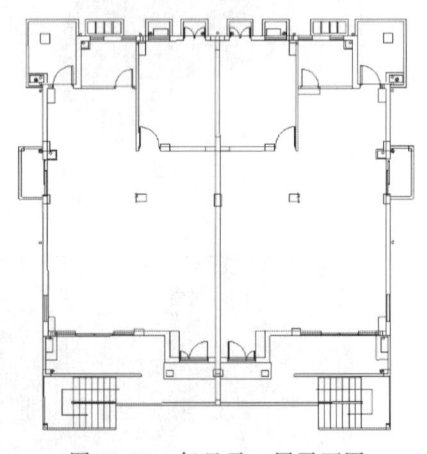

图 11-72　仅显示二层平面图

(3) 单击"绘图"工具栏中的"直线"按钮，捕捉 CAD 图沿着墙体内边缘和阳台的外边缘勾画出一个平面，如图 11-73 所示。

(4) 单击"编辑"工具栏中的"推/拉"按钮，将楼板平面向上拉伸 100mm，创建楼板，如图 11-74 所示。

图 11-73　创建二层楼板轮廓　　　　　图 11-74　拉伸轮廓成体

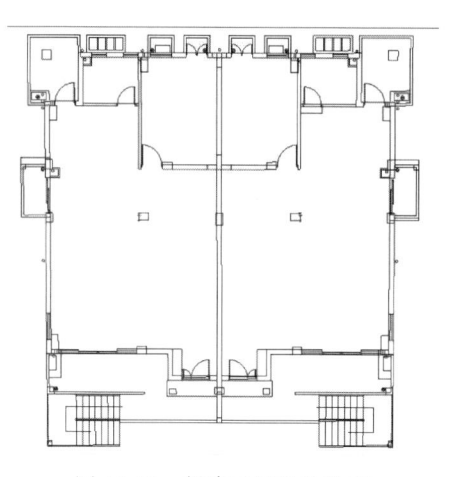

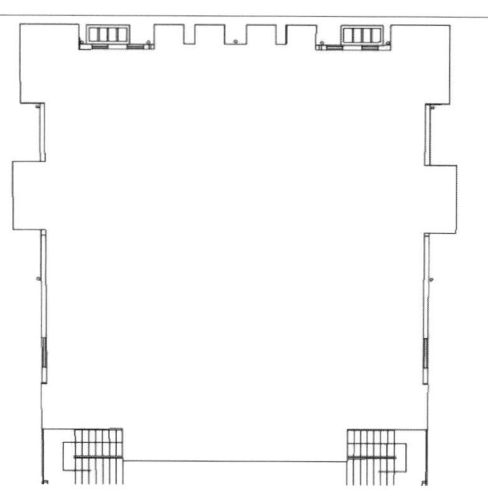

11.4　创建坡屋顶

操作步骤如下：

（1）仅显示左立面图并新建"屋顶"标记，将其设置为当前标记，如图 11-75 所示。

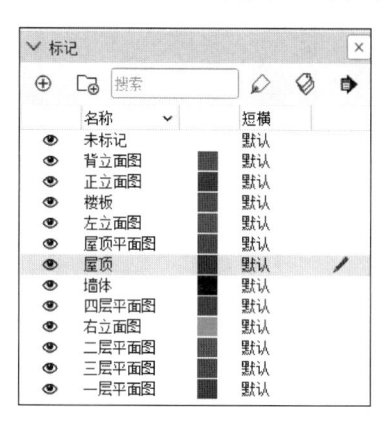

图 11-75　新建"屋顶"标记

（2）单击"绘图"工具栏中的"直线"按钮，捕捉坡屋顶的轮廓，绘制轮廓线，如图 11-76 所示。

（3）在场景中将墙体和正立面图显示出来，如图 11-77 所示。

（4）单击"编辑"工具栏中的"推/拉"按钮，选择绘制的屋顶轮廓，将其拉伸成体，如图 11-78 所示。

（5）在场景中仅显示墙体模型和坡屋顶，如图 11-79 所示。

（6）双击屋顶群组进入群组内部，单击"绘图"工具栏中的"选择"按钮，选择屋顶的下表面，如图 11-80 所示。

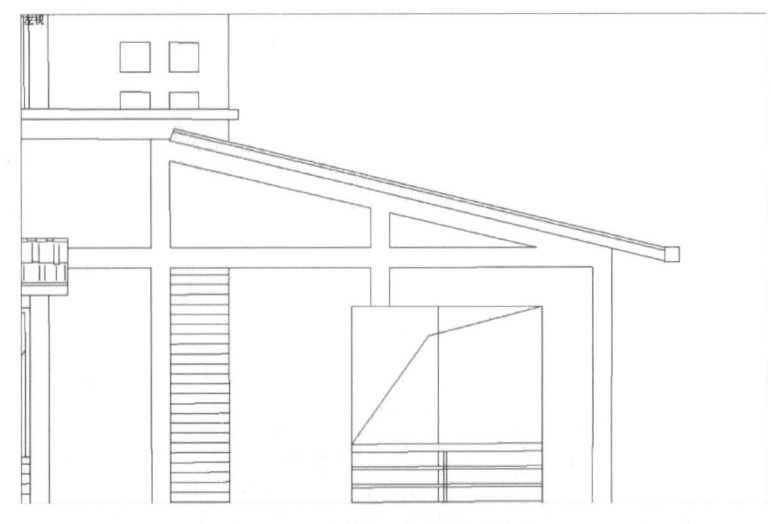

图 11-76　勾画出坡屋顶轮廓

图 11-77　显示出墙体和正立面图

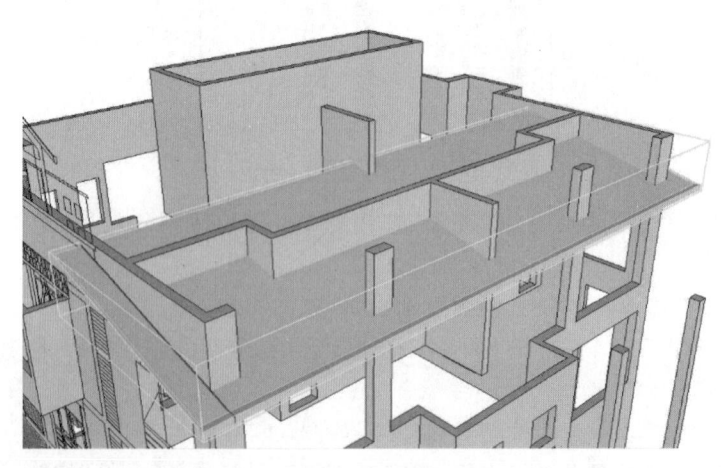

图 11-78　参照正立面拉伸轮廓成体

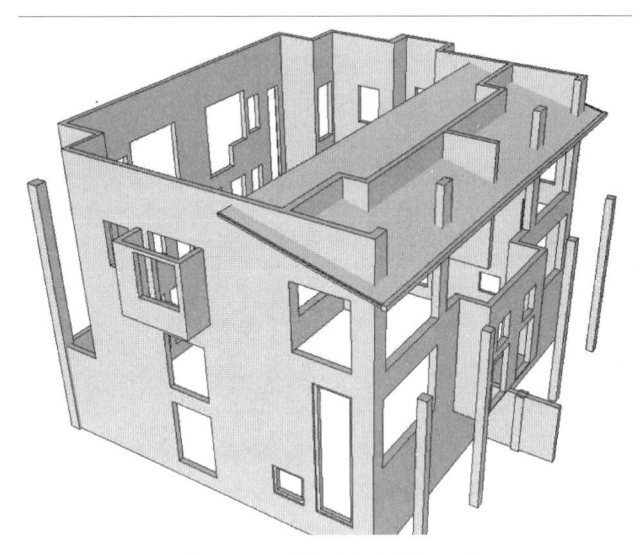

图 11-79　仅显示墙体和屋顶

图 11-80　进入屋顶群组选择屋顶下表面

（7）按 Ctrl+C 组合键，将选择的面复制到剪切板，然后进入墙体群组内部，进行编辑，最后按 Ctrl+V 组合键，将面粘贴至墙体模型，并放置到适当的位置且将屋顶模型隐藏，如图 11-81 所示。

（8）进入墙体群组内部，选中所有物体右击，在弹出的快捷菜单中选择"模型交错"→"模型交错"命令，进行模型交错，然后将粘贴的面删除，如图 11-82 所示。

（9）单击"绘图"工具栏中的"选择"按钮 ▸ ，删除不需要的模型，如图 11-83 所示。选择面，如图 11-84 所示。

（10）选中蓝色的面右击，在弹出的快捷菜单中选择"反转平面"命令，将反面进行反转，然后显示屋顶模型，如图 11-85 所示。

（11）利用上述方法将其他的坡屋顶创建出来，如图 11-86 所示。

图 11-81　进入墙体群组并将复制的屋顶粘贴到原来的位置

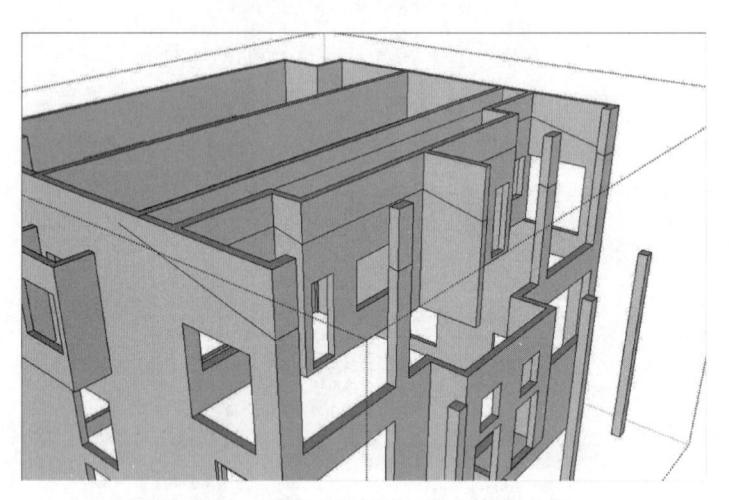

图 11-82　模型交错后在墙体上形成交线

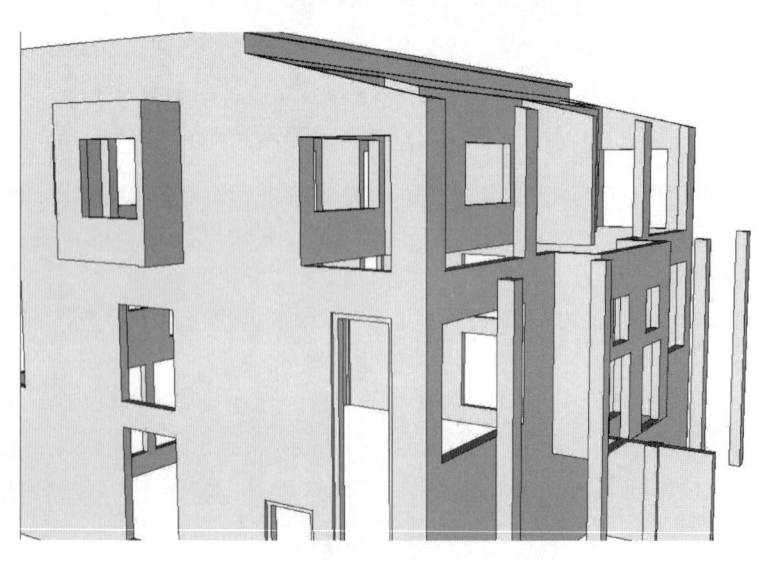

图 11-83　删除多余的面

第 11 章 别墅建模实例

图 11-84 选择面

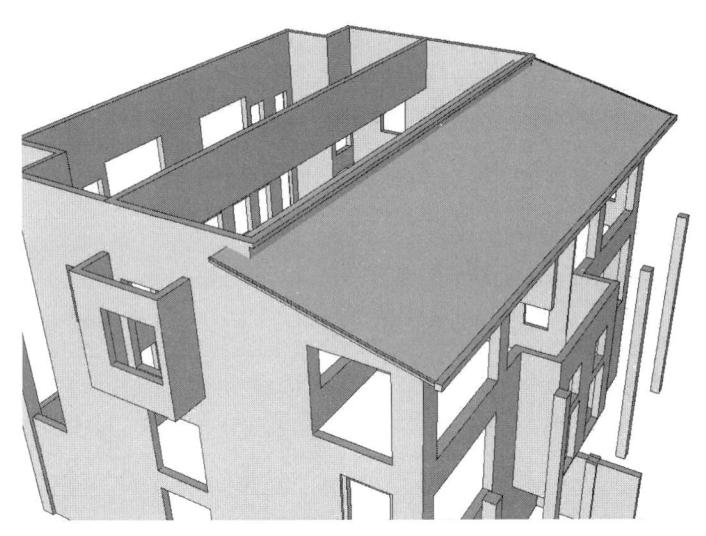

图 11-85 显示屋顶

图 11-86 创建其他坡屋顶

11.5 创建屋顶层

利用前面介绍的屋顶和窗户的创建方法创建屋顶层、窗户和其他墙体,如图11-87所示。

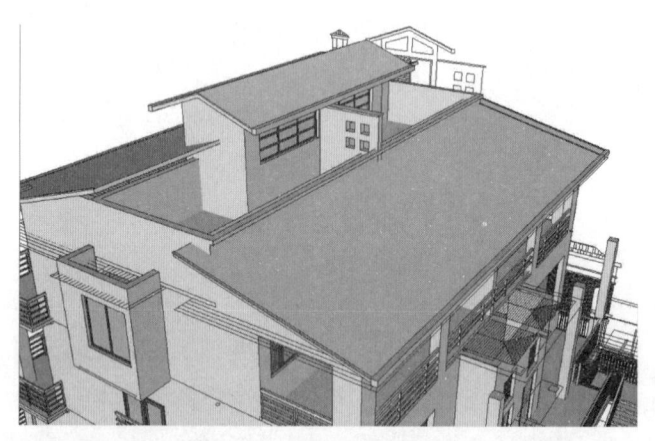

图 11-87 创建出屋顶层平面

11.6 创建正立面入口处造型和屋顶管道造型

操作步骤如下:

(1)在场景中显示正立面图和墙体模型,将当前标记设置为"墙体"标记,如图11-88所示。

图 11-88 显示墙体模型和正立面图

（2）双击墙体模型进入墙体群组内部，单击"绘图"工具栏中的"矩形"按钮 ◪，在正立面适当的位置勾画矩形。单击"编辑"工具栏中的"推/拉"按钮 ◈，将矩形拉伸到如图 11-89 所示的位置。

图 11-89　创建出入口处的柱子

（3）单击"编辑"工具栏中的"移动"按钮 ✥，选择正立面图，使其和拉伸面重合，并且根据正立面图对拉伸出的模型进行修改，如图 11-90 所示。

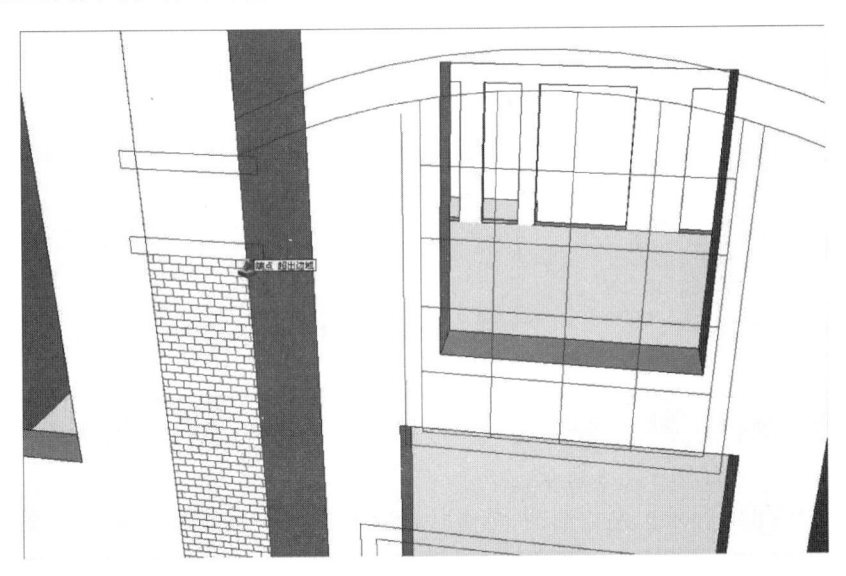

图 11-90　移动正立面图

（4）单击"绘图"工具栏中的"矩形"按钮 ◪，捕捉 CAD 图，勾画出如图 11-91 所示的矩形平面。

（5）单击"绘图"工具栏中的"圆弧"按钮 ◠，捕捉 CAD 图，绘制出两条弧线，选择多余的部分将其删除，如图 11-92 所示。

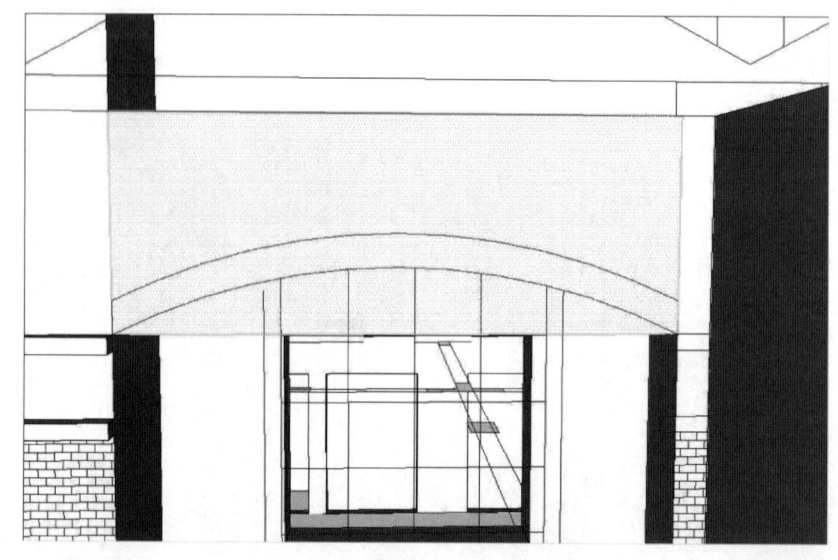

图 11-91 创建出一个矩形平面

图 11-92 删除多余的部分

（6）单击"编辑"工具栏中的"推/拉"按钮 ♦，选择绘制的矩形面和圆弧面分别向内拉伸适当的距离，如图 11-93 所示。

（7）在场景中显示出左立面图，单击"编辑"工具栏中的"移动"按钮 ✥，选择左立面图，将其进行移动，使其和步骤（6）创建的墙体模型重合，如图 11-94 所示。

（8）单击"绘图"工具栏中的"矩形"按钮 ▱ 和"圆弧"按钮 ▱，绘制出拉伸面。单击"编辑"工具栏中的"推/拉"按钮 ♦，将面向内进行拉伸并删除多余面，完成洞口的绘制，如图 11-95 所示。

（9）单击"绘图"工具栏中的"直线"按钮 ✎，捕捉 CAD 图，将图上的线条创建出来，如图 11-96 所示。

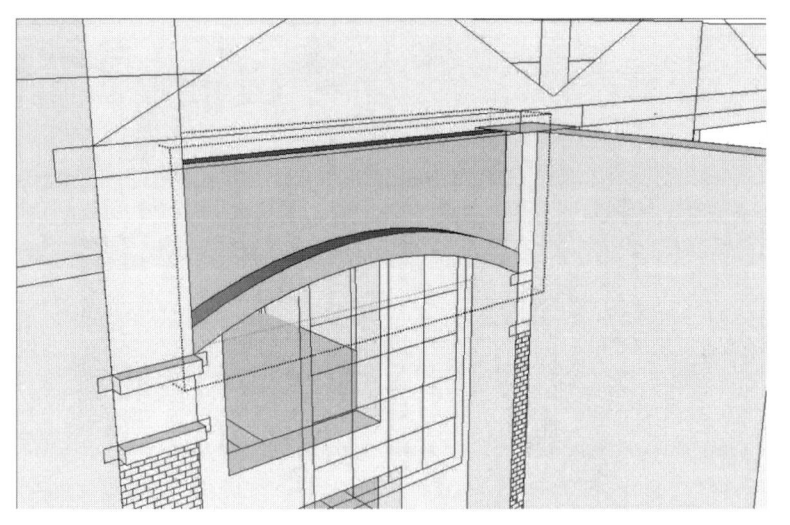

图 11-93　将面拉伸成体

图 11-94　显示出左立面图并将其移动到适当的位置

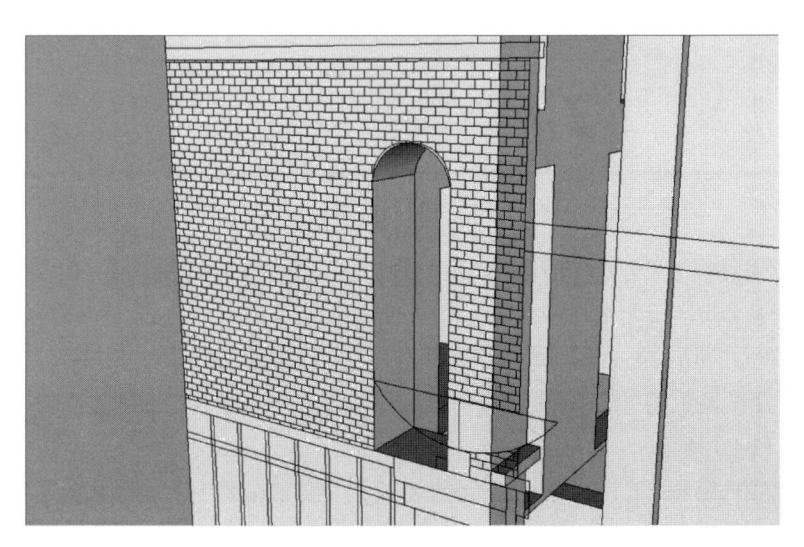

图 11-95　参照 CAD 图修剪洞口

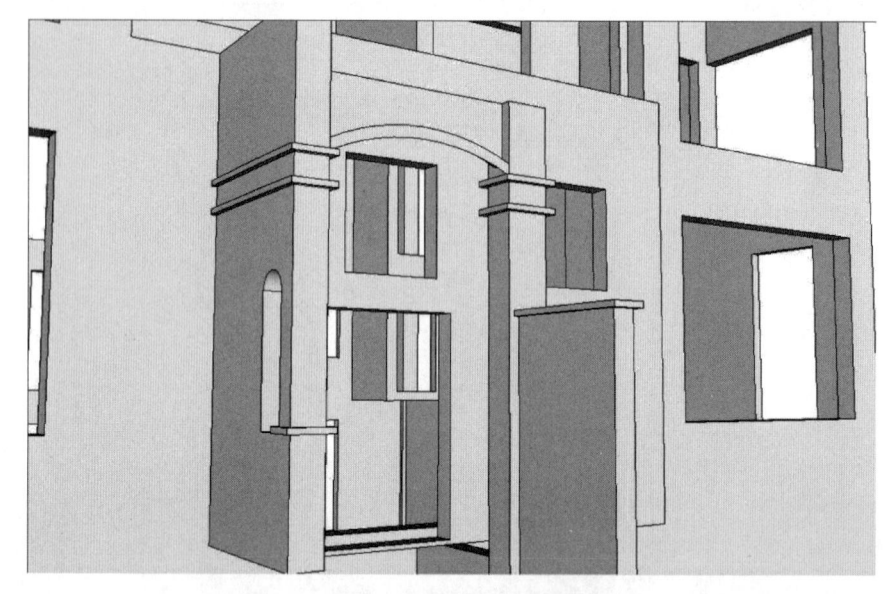

图 11-96　创建出线角

（10）单击"绘图"工具栏中的"直线"按钮 ✏️，捕捉正立面图上的关键点，绘制屋顶的轮廓，如图 11-97 所示。

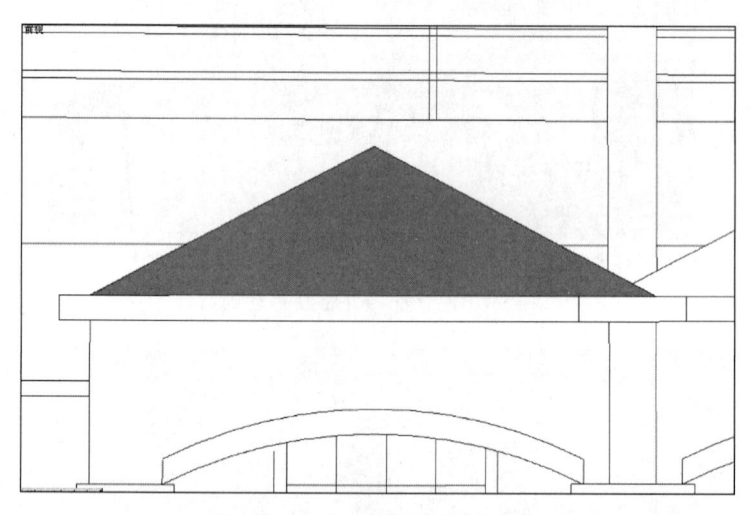

图 11-97　勾画出入口屋顶轮廓

（11）单击"修改"工具栏中的"推/拉"按钮 ⬆️，选择步骤（10）绘制的屋顶轮廓面，向内拉伸至紧贴墙体处，如图 11-98 所示。

（12）单击"建筑施工"工具栏中的"卷尺工具"按钮 🔍，测出屋顶短边的长度为 900mm，然后仅显示刚才创建的入口屋顶，单击"绘图"工具栏中的"直线"按钮 ✏️，画出短边，如图 11-99 所示。

（13）单击"绘图"工具栏中的"直线"按钮 ✏️，绘制屋顶其他的构造线，如图 11-100 所示。选择多余的面和线进行删除，如图 11-101 所示。

· 272 ·

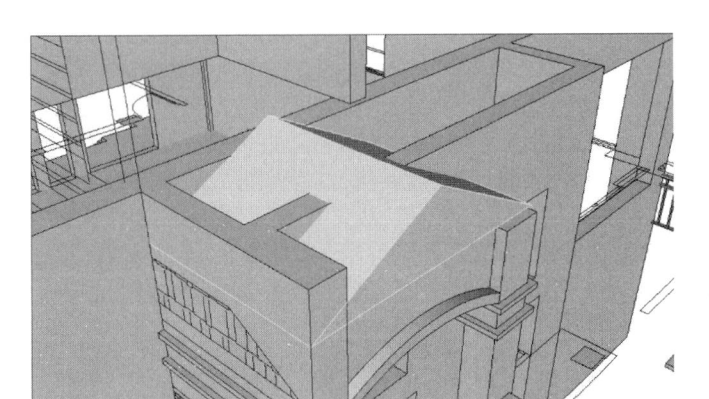

图 11-98　移动到适当的位置

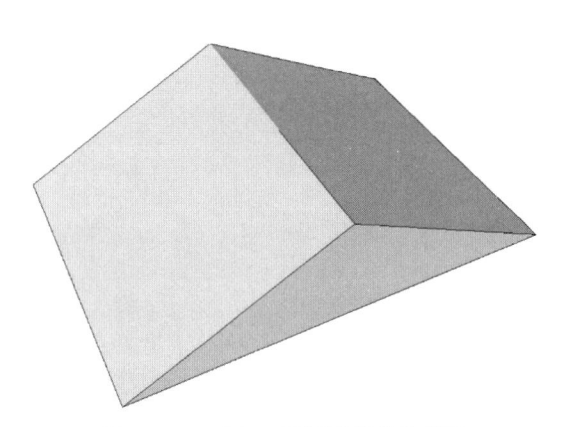

图 11-99　对入口屋顶进行单独编辑

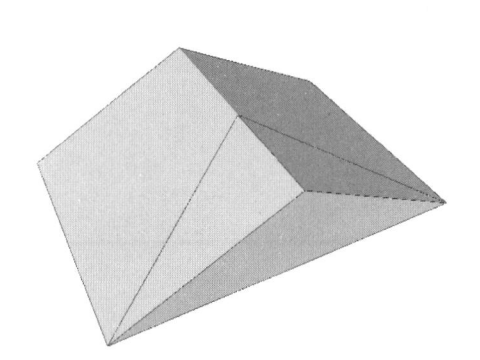

图 11-100　勾画出新的构造线 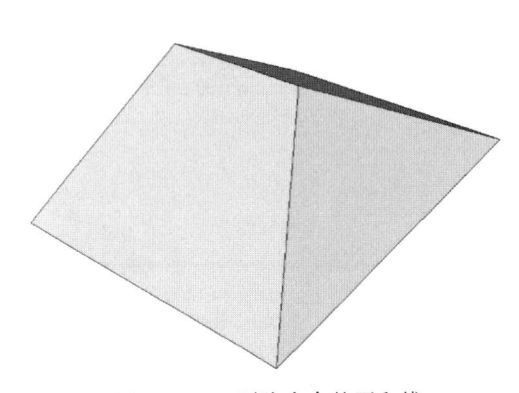　　　　图 11-101　删除多余的面和线

（14）创建屋顶的遮雨板，参照 CAD 图勾画出轮廓后拉伸成体，如图 11-102 所示。
（15）使用相同的方法创建另外一半入口，如图 11-103 所示。
（16）在场景中显示屋顶平面图和背立面图，如图 11-104 所示。
（17）单击"绘图"工具栏中的"直线"按钮 ，捕捉 CAD 图，勾画背立面模型轮廓并创建为群组，如图 11-105 所示。

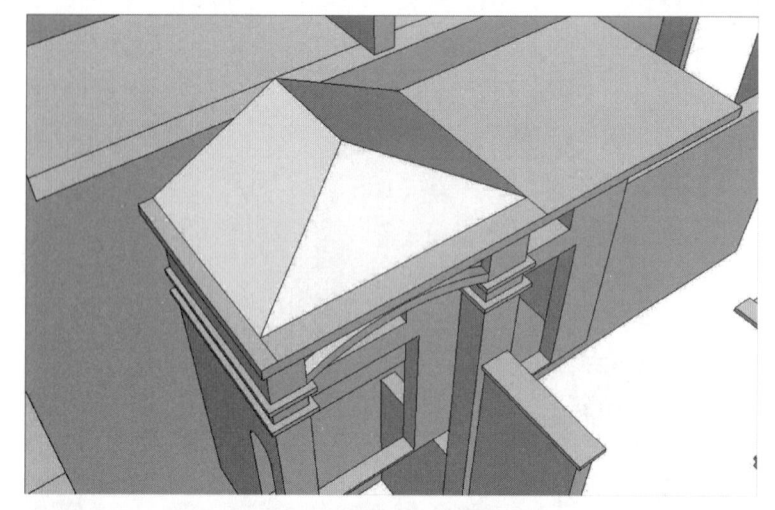

图 11-102 显示出其他模型

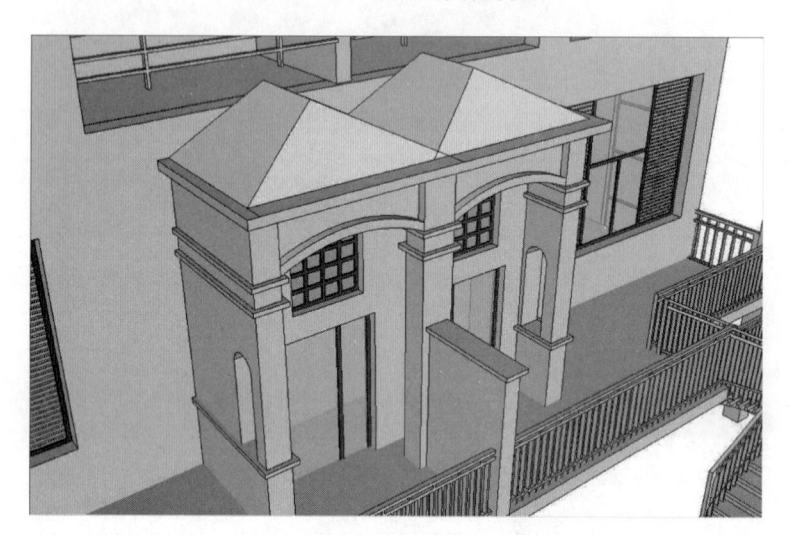

图 11-103 复制出另外一部分

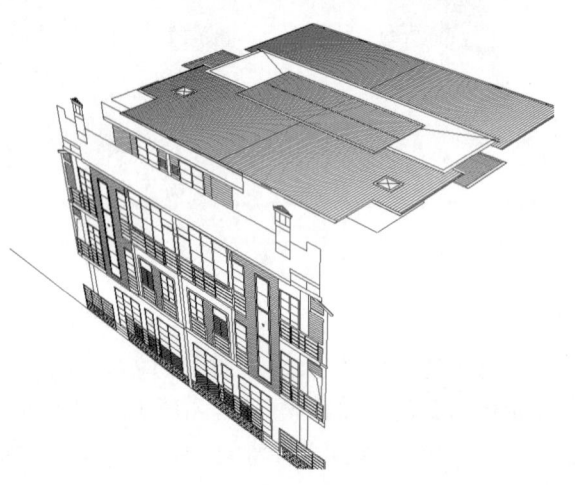

图 11-104 仅显示屋顶平面图和背立面图

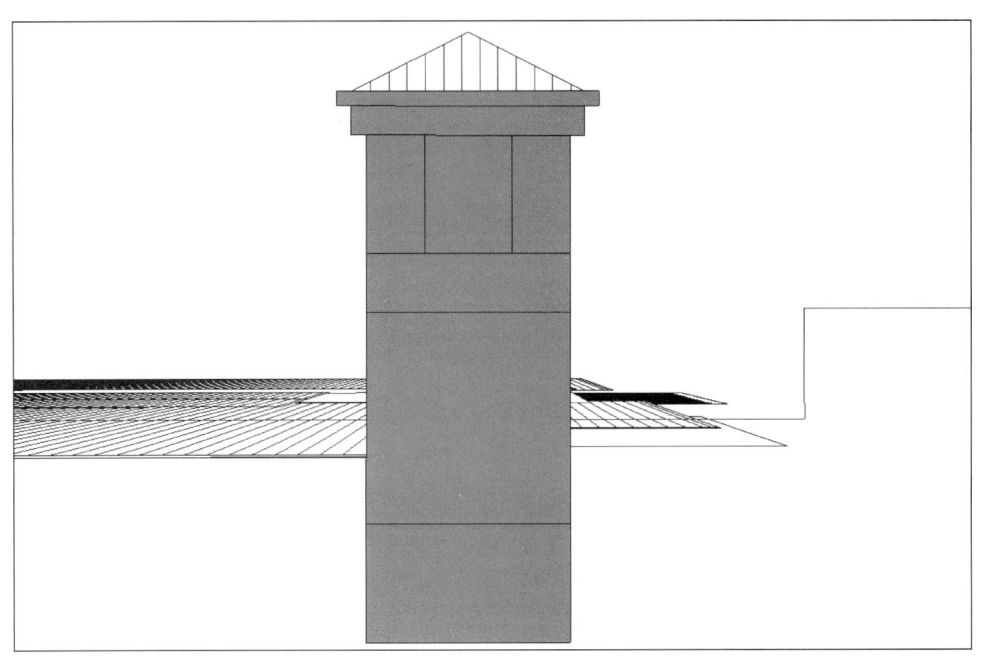

图 11-105 参照 CAD 图勾画出轮廓

（18）单击"编辑"工具栏中的"移动"按钮 ✥，选择步骤(17)群组图形并将其移动至屋顶平面上适当的位置。双击群组进入群组内部，单击"修改"工具栏中的"推/拉"按钮 ♦，选择群组进行拉伸，如图 11-106 所示。

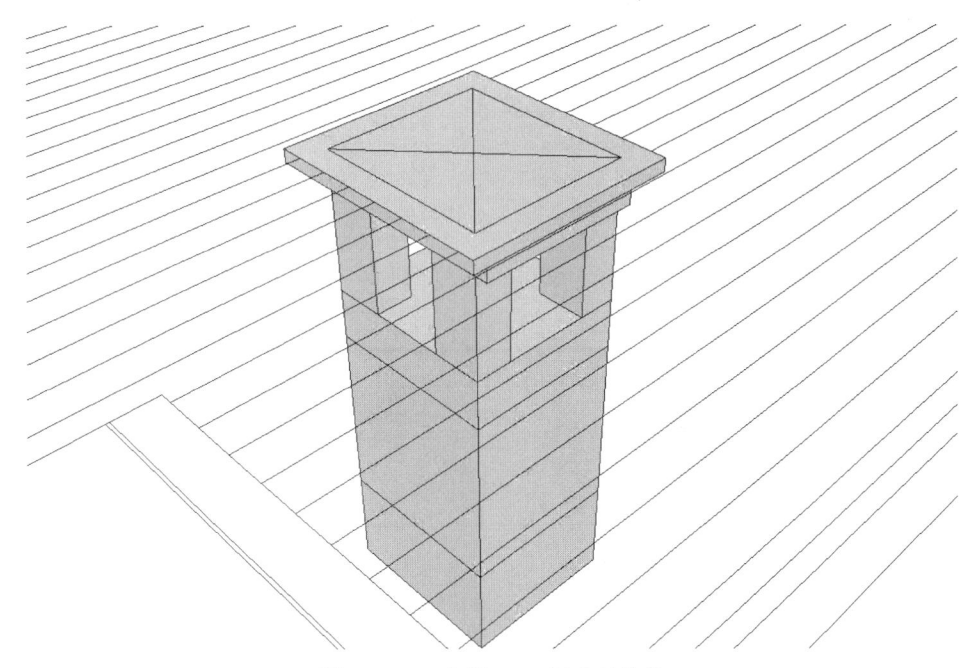

图 11-106 参照 CAD 图进行拉伸

(19) 参照 CAD 图画出四棱锥的底面,如图 11-107 所示。

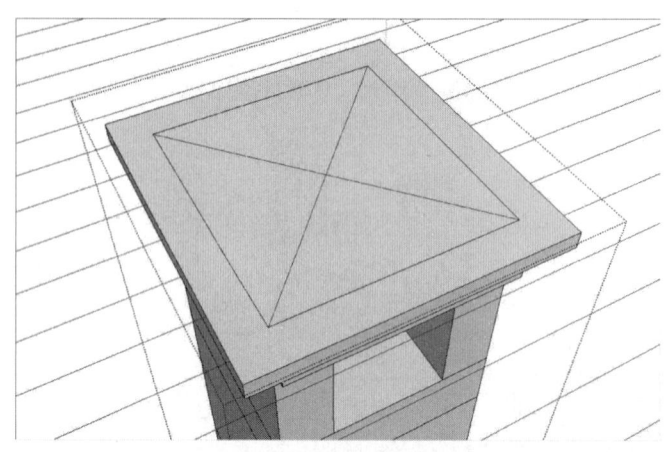

图 11-107　勾画出四棱锥底面

(20) 在 CAD 中测量出四棱锥的高度为 200mm,因此以所画四边形的中心点为第一点向上画一条长为 200mm 的直线,如图 11-108 所示。

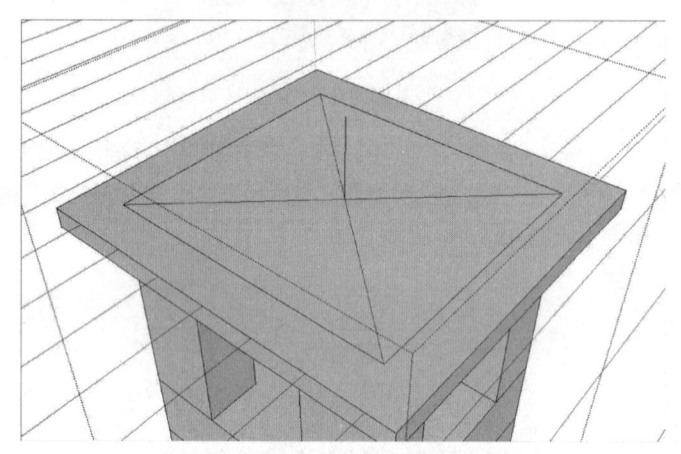

图 11-108　确定四棱锥的高度

(21) 绘制多条构造线,封闭成面,如图 11-109 所示。

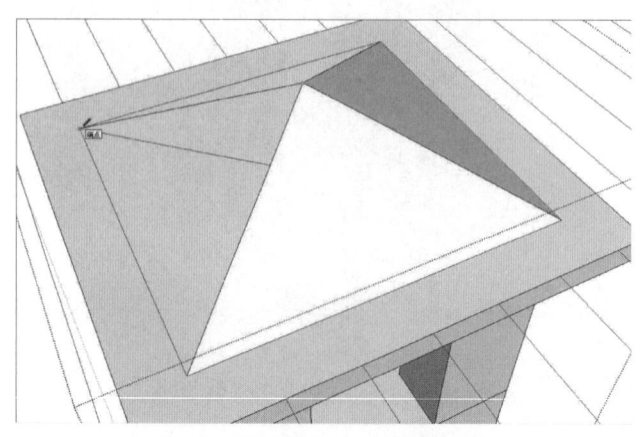

图 11-109　创建出四棱锥的四面

（22）将其复制到另外一面，完成屋顶造型的创建，如图 11-110 所示。

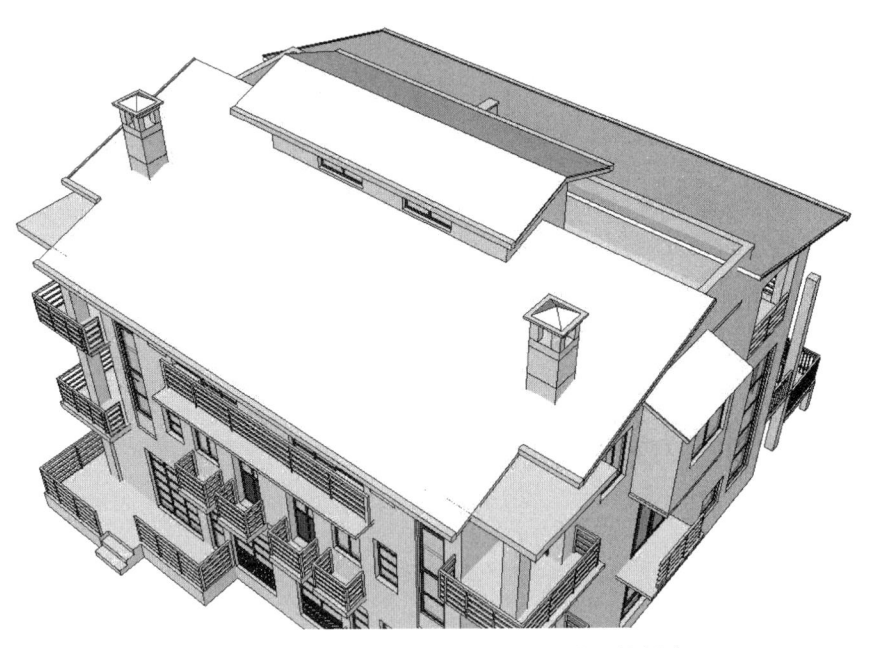

图 11-110　复制出另外一半完成屋顶造型的创建

第12章

乡村独栋屋建模实例

内容简介

　　本章聚焦于一个乡村独栋屋的建模实践案例,深入剖析SketchUp软件在实战中的高效运用技巧。我们将融合之前章节介绍的命令知识与插件应用,同时分享一系列针对实际建模难题的解决策略与经验之谈,助力读者在掌握理论基础上实现技能与经验的双重飞跃。

内容要点

- 建模准备
- 创建立体模型
- 细化图形

第12章 乡村独栋屋建模实例

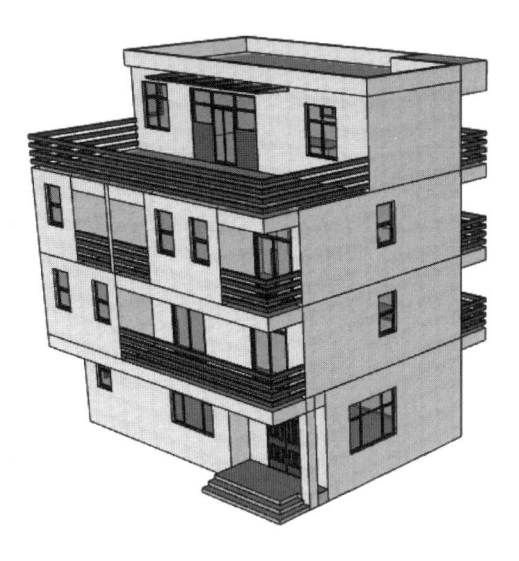

案例效果

12.1 建模准备

建模前,需先设定工作环境,包括统一单位、导入 CAD 图及有效管理标记,以确保建模的准确与高效。

12.1.1 单位设定

工作环境的设定涵盖多个方面,其中最为基础且重要的是单位的明确设定,它可确保建模过程中所有尺寸和度量的一致性与准确性。

(1)选择菜单栏中的"窗口"→"模型信息"命令,弹出"模型信息"对话框,选择"单位"选项卡。在建筑建模中通常使用毫米(mm)为单位,因此将"度量单位"选项组中的"长度"设置为"毫米","显示精确度"设置为 0mm,选中"启用长度捕捉"和"启用角度捕捉"复选框,如图 12-1 所示。

图 12-1 "单位"选项卡

(2)设置完毕,单击"关闭"按钮 ✕,返回绘图区域。

12.1.2 导入 CAD 图

导入 CAD 图纸作为建模的参考依据,有助于快速定位设计要点,减少误差,以及提高建模的精确度与效率。

(1)选择菜单栏中的"文件"→"导入"命令,在弹出的"导入"对话框中将文件类型设置为"AutoCAD 文件(＊.dwg,＊.dxf)",然后选择源文件中的"一层平面图"图形,如图 12-2 所示。

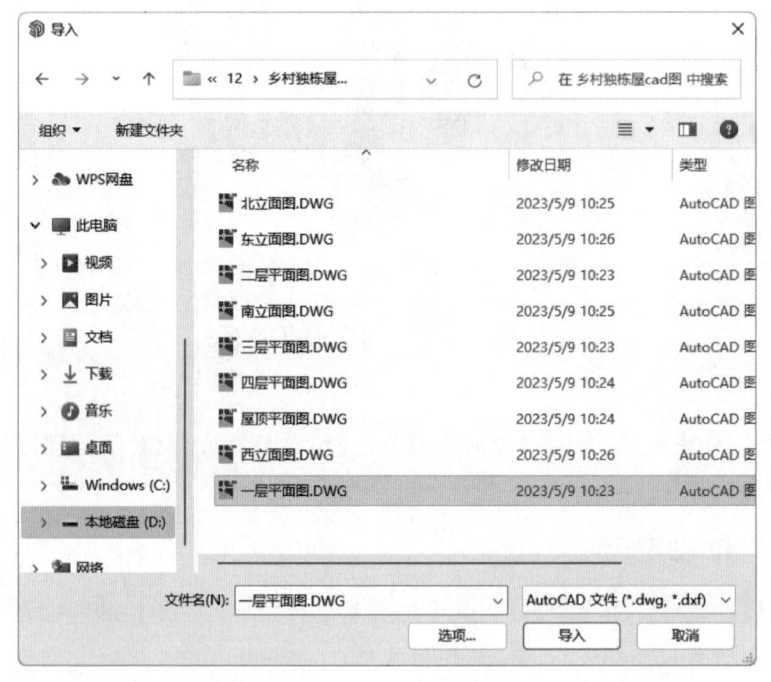

图 12-2 "导入"对话框

(2)单击"选项"按钮,弹出如图 12-3 所示的"导入 AutoCAD DWG/DXF 选项"对话框,将导入单位设置为"毫米",选中"保持绘图原点"复选框,其余采用默认设置,如图 12-3 所示。

(3)单击"好"按钮,返回"导入"对话框。单击"导入"按钮,打开"导入结果"对话框,如图 12-4 所示,显示 CAD 图相关信息。单击"关闭"按钮,关闭对话框。

(4)将视图切换至顶视图,将图形全屏显示。单击"编辑"工具栏中的"移动"按钮 ✥,将一层平面图移动至坐标原点,如图 12-5 所示。

(5)选择菜单栏中的"文件"→"导入"命令,在弹出的"导入"对话框中将文件类型设置为"AutoCAD 文件(＊.dwg,＊.dxf)"。选择源文件中的"二层平面图"图

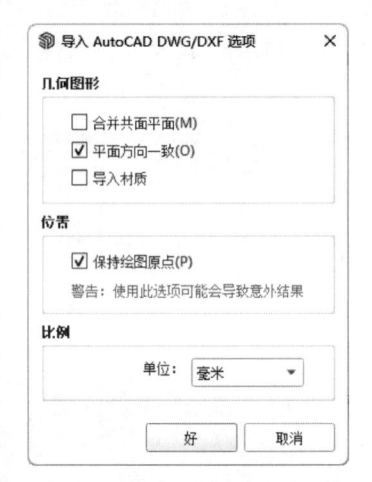

图 12-3 "导入 AutoCAD DWG/DXF 选项"对话框

280

形,导入模型中,然后单击"编辑"工具栏中的"移动"按钮✥,将"二层平面图"移动到"一层平面图"的右侧,如图12-6所示。

图 12-4 "导入结果"对话框

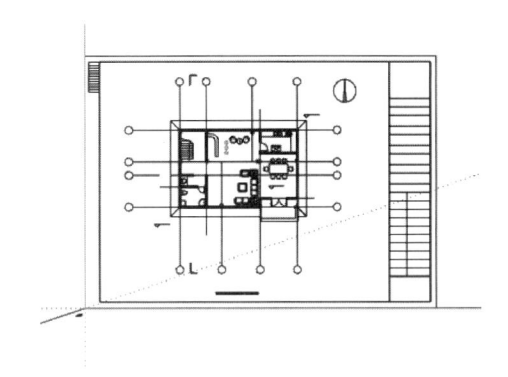

图 12-5 导入的 CAD 图

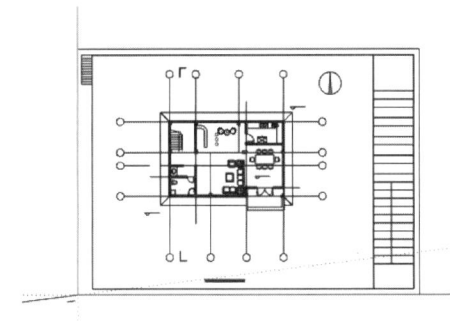

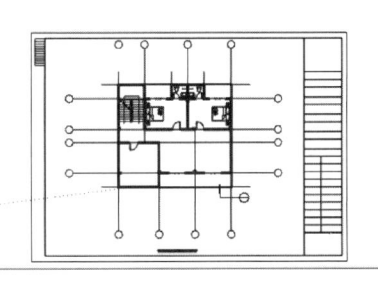

图 12-6 放置二层平面图

（6）选择菜单栏中的"文件"→"导入"命令,在弹出的"导入"对话框中将文件类型设置为"AutoCAD 文件(＊.dwg,＊.dxf)"。分别选择源文件中的"三层平面图""四层平面图"和"屋顶平面图"图形,导入模型中,然后单击"编辑"工具栏中的"移动"按钮✥,将"三层平面图""四层平面图"和"屋顶平面图"图形移动到右侧,如图12-7所示。

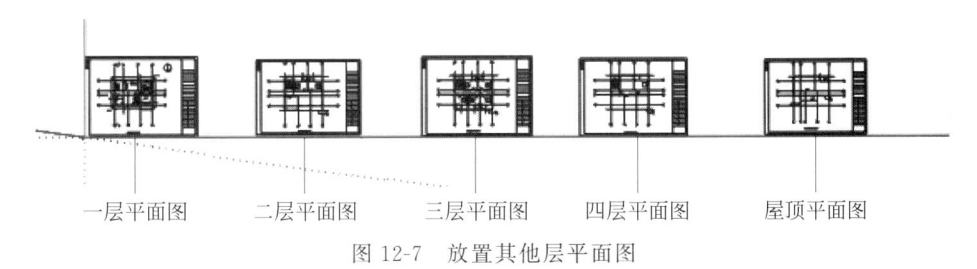

一层平面图　二层平面图　三层平面图　四层平面图　屋顶平面图

图 12-7 放置其他层平面图

（7）选择菜单栏中的"文件"→"导入"命令,在弹出的"导入"对话框中将文件类型设置为"AutoCAD 文件(＊.dwg,＊.dxf)"。分别选择源文件中的"东立面图""西立面图""南立面图"和"北立面图"图形,导入模型中,然后单击"编辑"工具栏中的"移动"按

钮 ✥，按照导入的顺序将这四张立面图移动到平面图的下方并且依次排列，如图 12-8 所示。

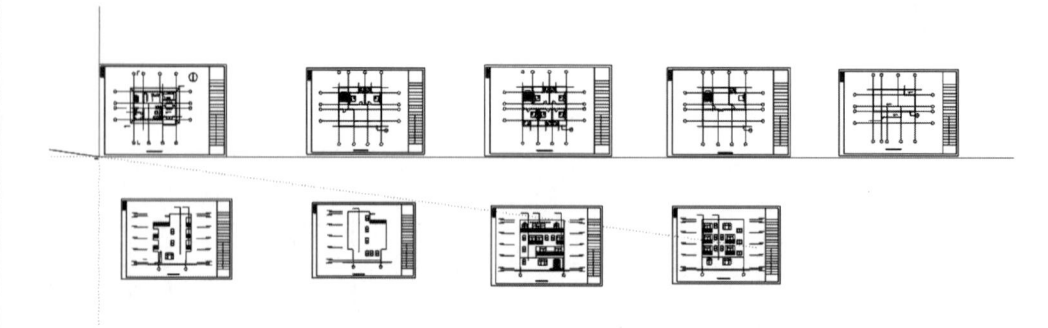

图 12-8　放置各个方向的立面图

12.1.3　管理标记

管理标记也是不可忽视的一环，通过合理的标记，可以对模型中的各个部分进行清晰标识与分类，便于后续的编辑、查找与修改，从而大大提升建模工作的组织性与可维护性。

(1) 打开"标记"面板，如图 12-9 所示，显示模型中的所有标记。

(2) 单击"未标记"下面的第一个标记，按住 Shift 键再单击最下面的标记，选中除"未标记"以外的所有标记右击，在弹出的快捷菜单中选择"删除标记"命令，弹出如图 12-10 所示的"删除包含图元的标记"对话框。选择"分配另一个标记"单选按钮，在其后面的下拉列表框中选择"未标记"选项，将所有标记转换至"未标记"标记。

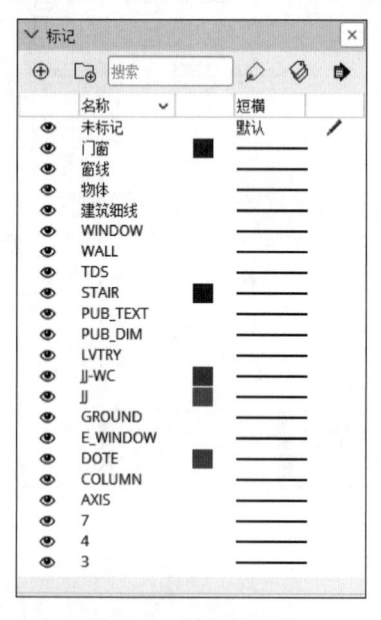

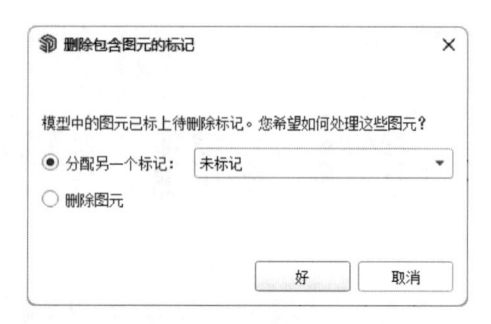

图 12-9　"标记"面板　　　　图 12-10　"删除包含图元的标记"对话框

(3) 单击"标记"面板中的"添加标记"按钮 ⊕，新建"一层平面图""二层平面图""三层平面图""四层平面图""屋顶层平面图""东立面图""西立面图""南立面图"和"北立面图"标记,如图 12-11 所示。

（4）导入系统中的各层 CAD 图为群组,双击各层 CAD 图进入群组内部,删除一层平面图的轴线、轴号、指北针等,如图 12-12 所示。

图 12-11　创建标记

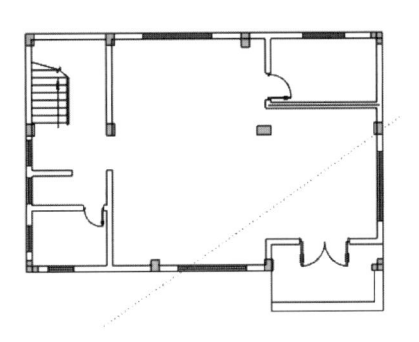

图 12-12　删除轴线和轴号等多余部分

（5）选中一层平面图右击,在弹出的快捷菜单中选择"切换图层到:"→"一层平面图"命令,如图 12-13 所示,切换图形标记至"一层平面图"标记。

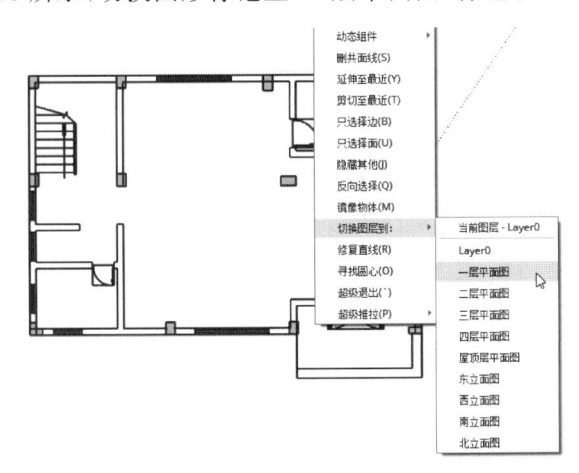

图 12-13　切换标记

（6）继续选中一层平面图右击,在弹出的快捷菜单中选择"创建群组"命令,将一层平面图创建为群组。

（7）采用相同的方法,将其余的 CAD 图进行整理,然后切换至各自相对应的标记上,如图 12-14 所示。

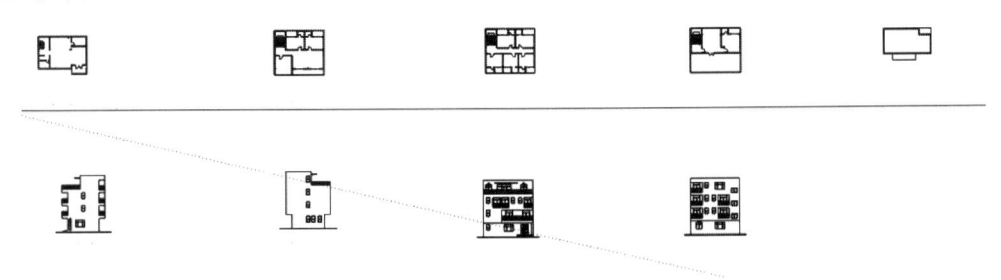

图 12-14　整理其余各层图形

(8) 绘制长方体。将视图切换至轴测图，单击"绘图"工具栏中的"矩形"按钮 ◻ 和"编辑"工具栏中的"推/拉"按钮 ◆，绘制长方体，如图 12-15 所示。

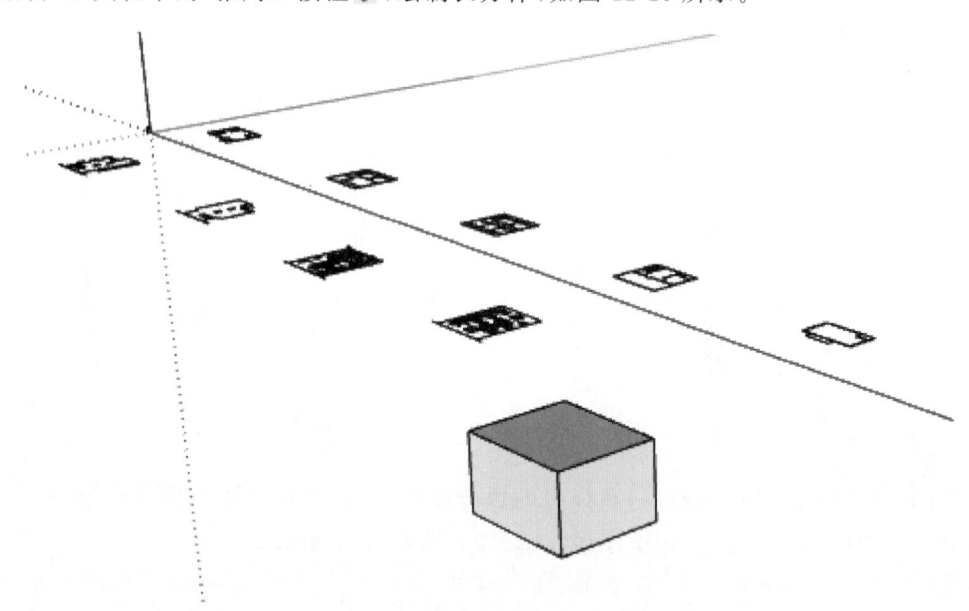

图 12-15　绘制长方体

(9) 旋转立面图。单击"编辑"工具栏中的"旋转"按钮 ◯，将所有的立面图进行旋转，如图 12-16 所示。

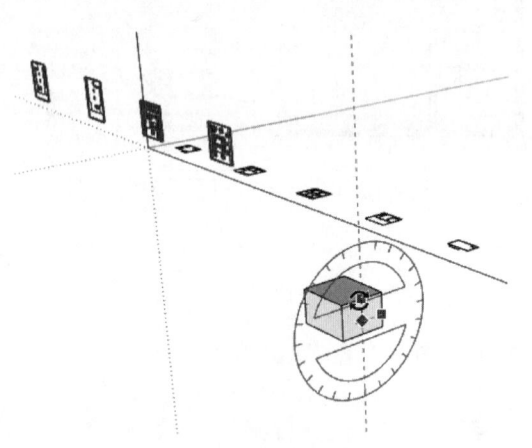

图 12-16　旋转立面图

(10) 移动南立面图。单击"编辑"工具栏中的"移动"按钮 ✥，调整南立面图的位置，如图 12-17 所示。

(11) 镜像北立面图。单击 SUAPP 基本工具栏中的"镜像物体"按钮 ⚠，将北立面图进行左右镜像。

(12) 移动北立面图。单击"编辑"工具栏中的"移动"按钮 ✥，调整北立面图的位置，如图 12-18 所示。

图 12-17　移动南立面图　　　　　图 12-18　移动北立面图

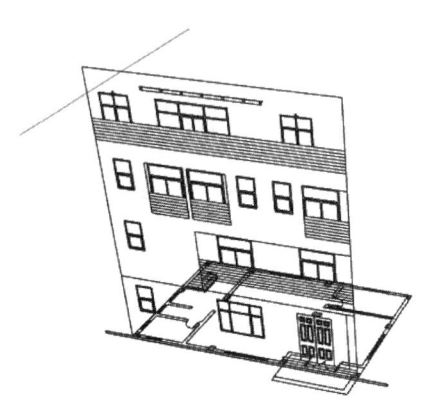

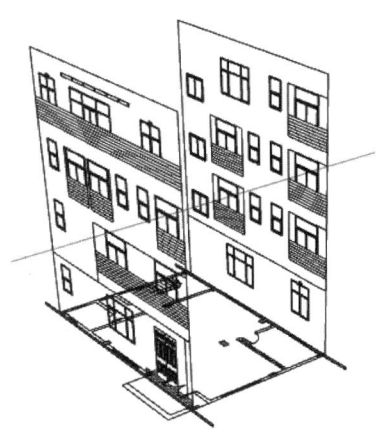

(13) 依据北立面图的位置,使用相同的方法移动和旋转左立面图与右立面图,如图 12-19 所示。

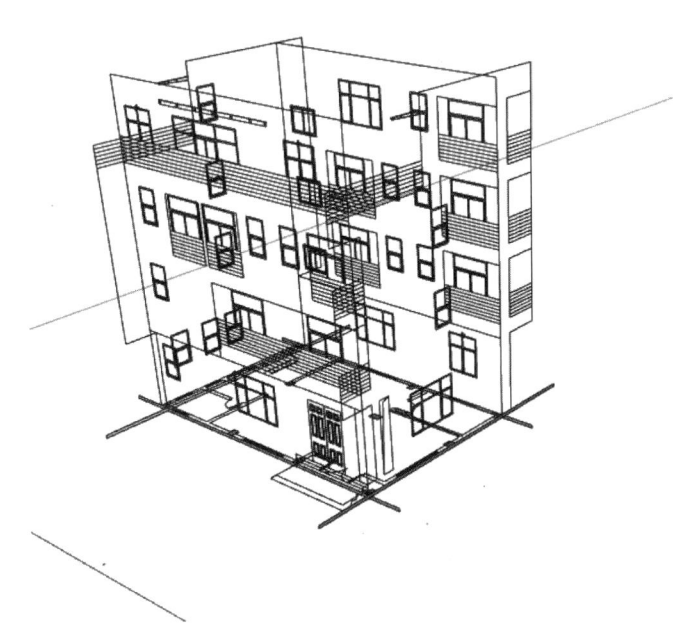

图 12-19　调整东西立面图的位置

(14) 将"标记"面板中的南立面图、东立面图和西立面图隐藏,以方便布置平面图。

(15) 移动二层平面图。单击"编辑"工具栏中的"移动"按钮✥,将平面图中楼梯的柱子对齐,然后将一层平面图隐藏,结果如图 12-20 所示。

(16) 从南立面图中看到室内外地坪标高差为 450mm,一层的层高是 3600mm,因此室外地坪到二层平面图的高度差为 4050mm。单击"编辑"工具栏中的"移动"按钮✥,并按"↑"键,锁定方向,将二层平面图向上侧移动 4050mm,结果如图 12-21 所示。

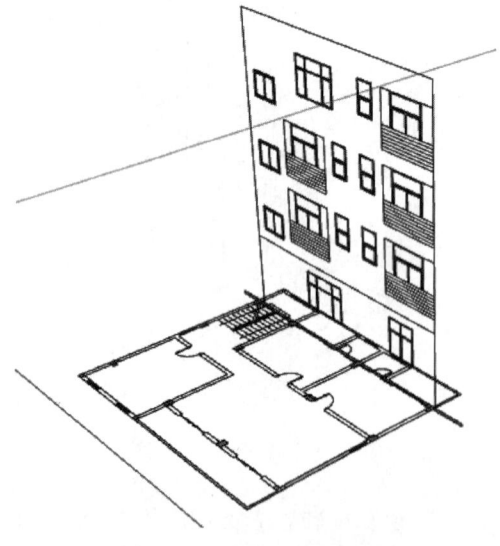

图 12-20　隐藏一层平面图 　　　　　　　图 12-21　移动二层平面图

（17）移动其他层平面图。在场景中显示一层平面图，从南立面图中看到室内外地坪标高差为 450mm，一层和二层的层高总和是 6800mm，一层到三层的层高总和是 10000mm，一层到四层的层高总和是 13200mm，因此室外地坪到三层、四层和屋顶平面图的高度差分别是 7250mm、10450mm 和 13650mm。单击"编辑"工具栏中的"移动"按钮✥，并按"↑"键，锁定方向，将二层到屋顶平面分别向上侧移动 7250mm、10450mm 和 13650mm，结果如图 12-22 所示。

（18）在场景中显示所有 CAD 图。取消所有的立面图隐藏，将所有 CAD 图进行显示，结果如图 12-23 所示。

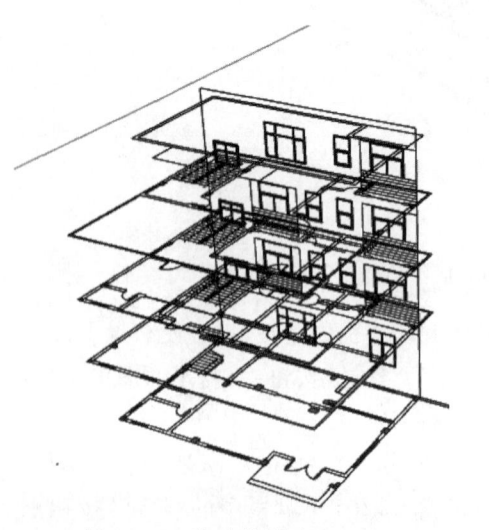

图 12-22　移动其他层平面图 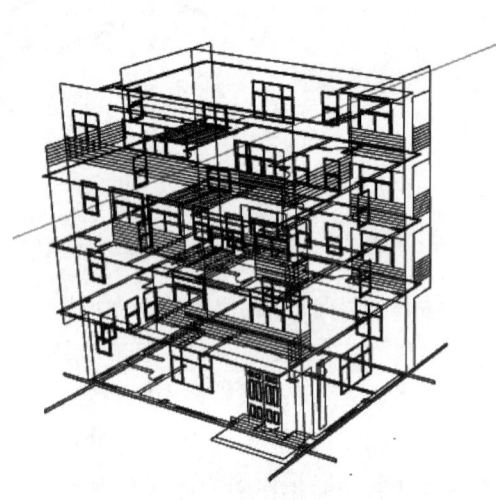　　　　　　　图 12-23　显示所有 CAD 图

12.2　创建立体模型

本节首先创建墙体,然后绘制门窗、台阶、柱子和阳台等,最后将模型进行细化。

12.2.1　勾画并拉伸墙体

绘制实例的首要任务为绘制墙体模型。绘制墙体的操作步骤如下:

(1) 新建"墙体"标记,并设置为当前标记,如图 12-24 所示。

(2) 隐藏除一层平面图以外的其他标记,如图 12-25 所示。

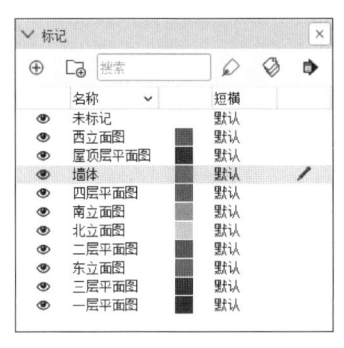

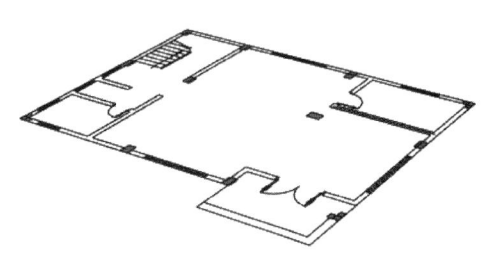

图 12-24　新建"墙体"标记　　　图 12-25　只显示一层平面图

(3) 单击"绘图"工具栏中的"矩形"按钮,沿着墙体的内外边绘制墙体轮廓,如图 12-26 所示。

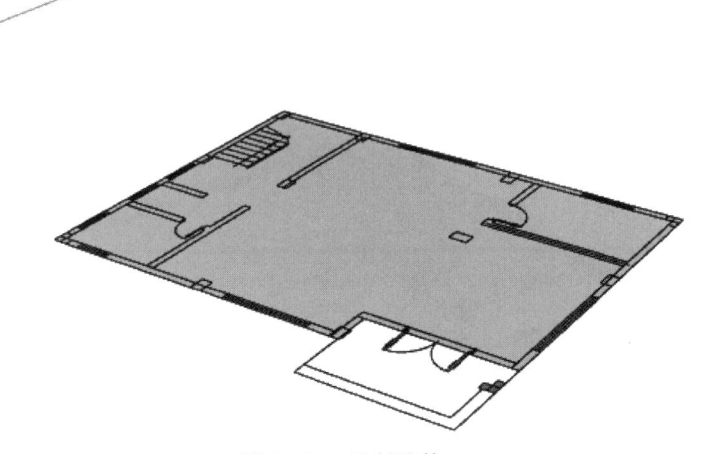

图 12-26　绘制墙体

(4) 单击"绘图"工具栏中的"选择"按钮并结合键盘上的 Delete 键删除多余的平面,仅保留墙体的平面。

(5) 单击"绘图"工具栏中的"选择"按钮并结合键盘上的 Delete 键删除墙体平面中的多余直线部分,形成贯通的墙体,并隐藏一层平面图,如图 12-27 所示。

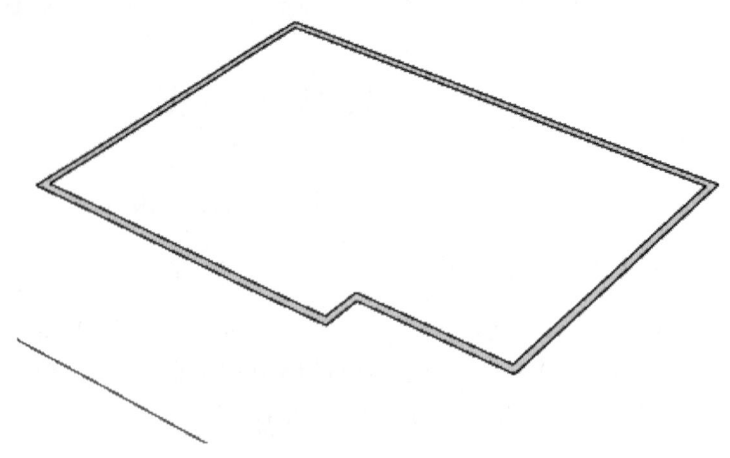

图 12-27 隐藏一层平面图

（6）单击"编辑"工具栏中的"推/拉"按钮，根据 CAD 图纸可以确定室外地坪到一层楼顶的高度为 4050mm，因此推拉的高度为 4050mm，绘制一层墙体，如图 12-28 所示。

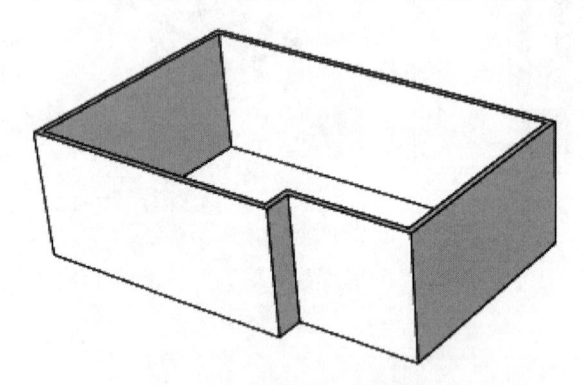

图 12-28 推拉室外地坪到一层楼顶的墙体

（7）在场景中仅显示二层平面图和墙体模型，如图 12-29 所示。

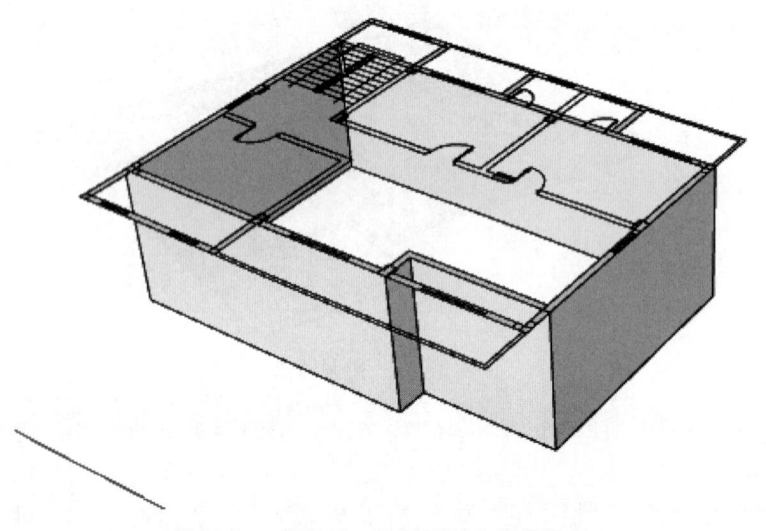

图 12-29 仅显示二层平面图和墙体模型

（8）单击"绘图"工具栏中的"矩形"按钮☐，捕捉二层平面图，在一层墙体模型的基础上将二层的外墙轮廓勾画出来，如图12-30所示。

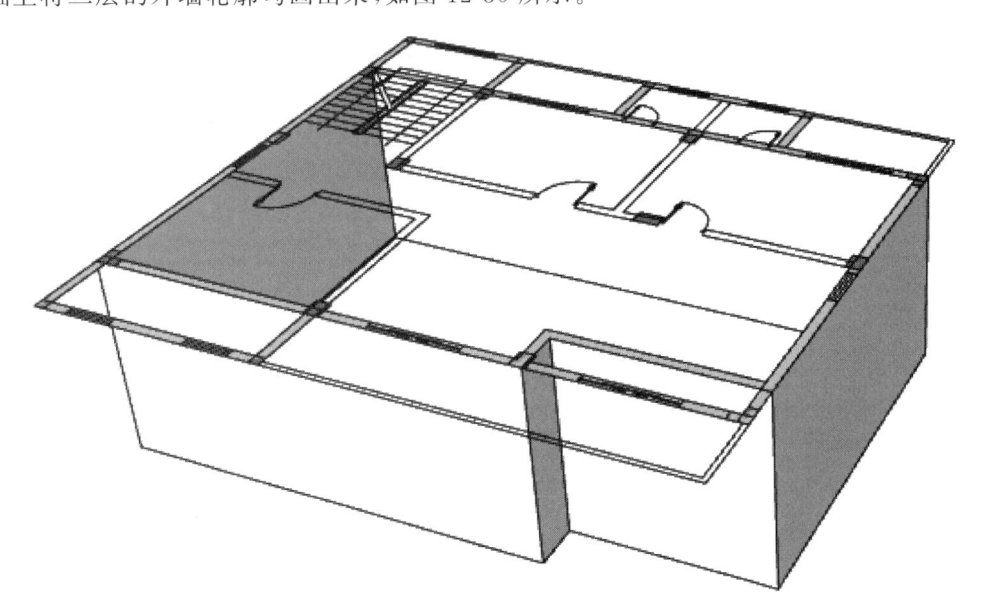

图12-30　绘制外墙轮廓

（9）将二层平面图隐藏，然后单击"使用入门"工具栏中的"删除"按钮，将绘制的矩形轮廓中的多余直线删除，形成贯通的墙体，如图12-31所示。

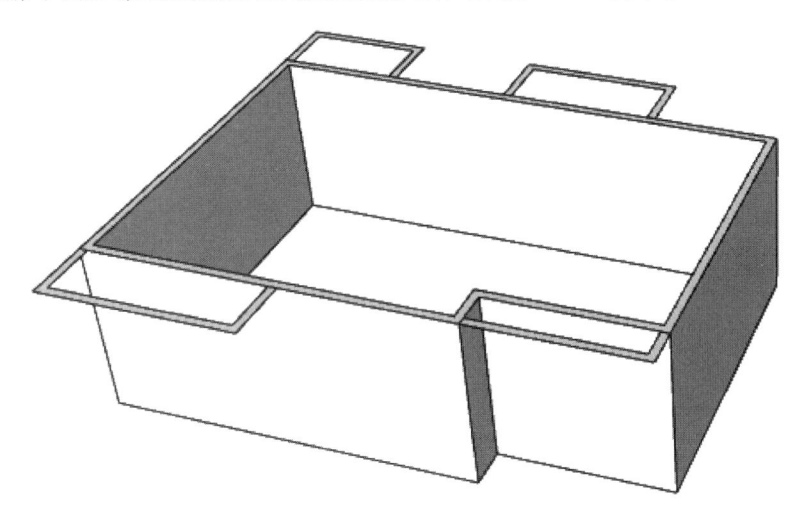

图12-31　删除多余的直线

（10）单击"编辑"工具栏中的"推/拉"按钮，参照立面图的标高尺寸可以推断出二层的层高为3200mm，因此将墙体推拉3200mm，绘制二层墙体，如图12-32所示。

（11）单击"绘图"工具栏中的"矩形"按钮☐，绘制矩形，将墙体的底部进行封闭，如图12-33所示。

（12）单击"绘图"工具栏中的"矩形"按钮☐，绘制矩形，将其他墙体的底部进行封闭，如图12-34所示。

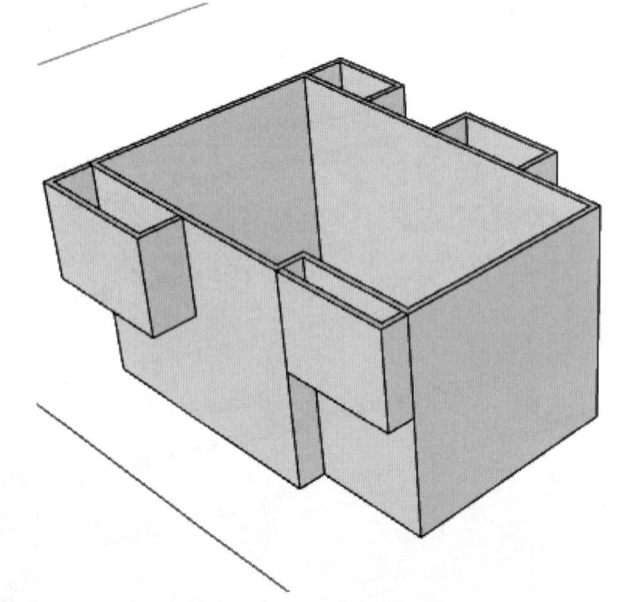

图 12-32 创建二层墙体

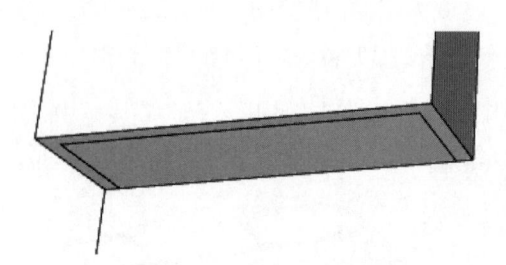

图 12-33 封闭墙体的底部

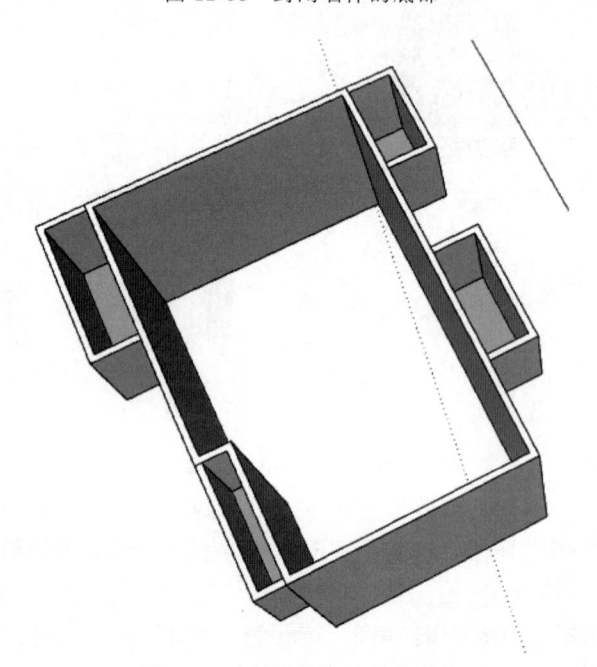

图 12-34 封闭其他墙体的底部

(13) 单击"绘图"工具栏中的"矩形"按钮,绘制矩形,将最下侧墙体的底部进行封闭,如图 12-35 所示。

(14) 单击"使用入门"工具栏中的"删除"按钮,将底部墙体中的多余直线删除,形成贯通的平面,如图 12-36 所示。

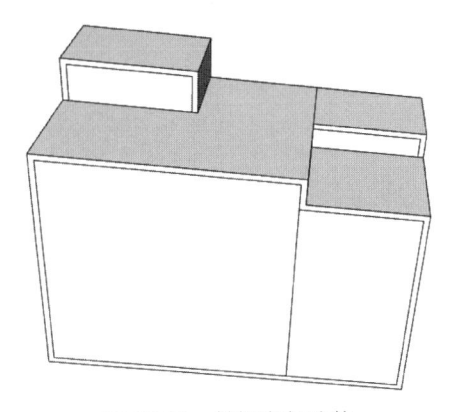

图 12-35 封闭底部墙体　　　　图 12-36 删除直线

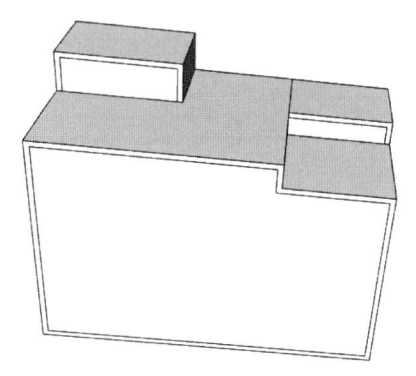

(15) 这里仅需要保留二层墙体的外轮廓,因此应将推拉的多余的墙体删除。由于二层的层高是 3200mm,因此单击"建筑施工"工具栏中的"卷尺工具"按钮,绘制距离二层平面 3200mm 的辅助线。然后单击"绘图"工具栏中的"直线"按钮,绘制平行于墙体的水平直线和竖直直线,将墙体分割,结果如图 12-37 所示。

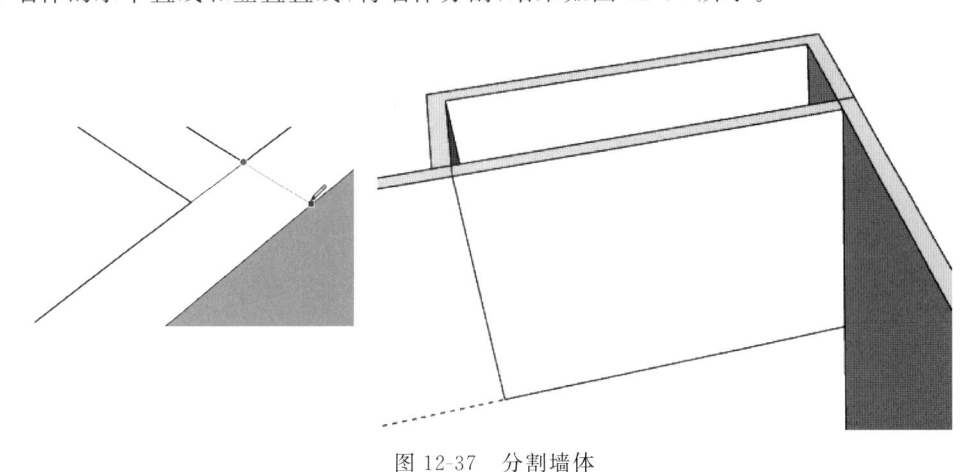

图 12-37 分割墙体

(16) 单击"使用入门"工具栏中的"删除"按钮,将刚刚封闭的面删除,如图 12-38 所示。

(17) 单击"绘图"工具栏中的"直线"按钮,修补墙体,如图 12-39 所示。

(18) 单击"使用入门"工具栏中的"删除"按钮,将平面上的多余直线和参考线删除,如图 12-40 所示。在删除直线时需要观察绘制的平面,避免误删。

(19) 观察此处的墙体地面,可以看到现在是背面朝上,因此需要进行反转。单击"绘图"工具栏中的"选择"按钮,选中背面右击,在弹出的快捷菜单中选择"反转平面"命令,如图 12-41 所示,使正面朝上,结果如图 12-42 所示。

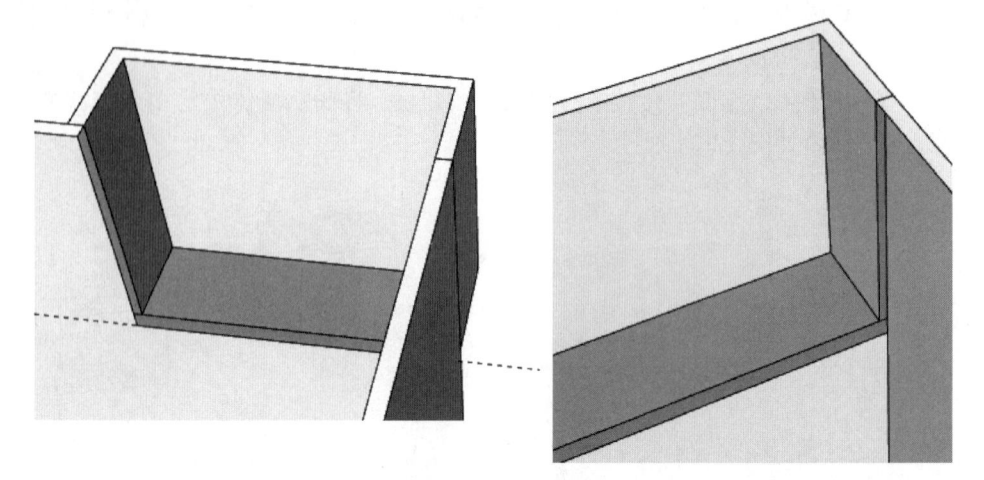

图 12-38　删除封闭的面

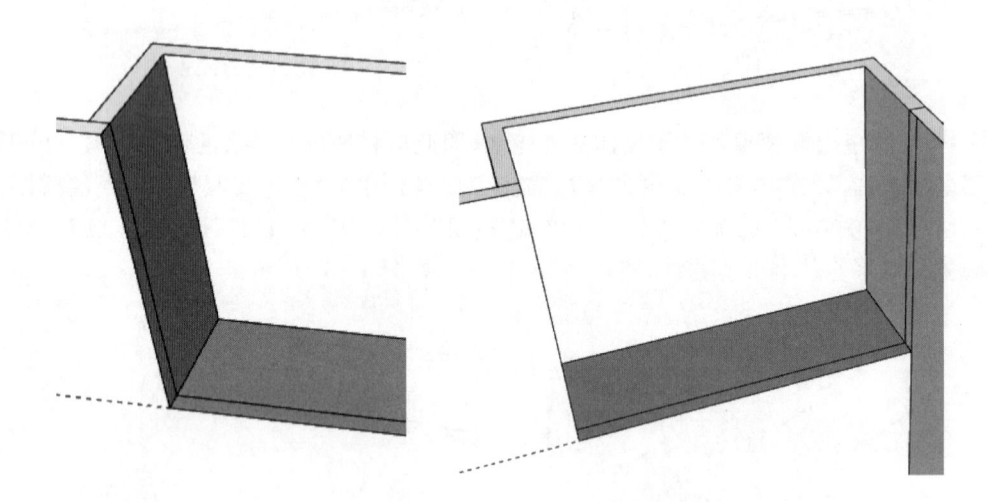

图 12-39　绘制直线

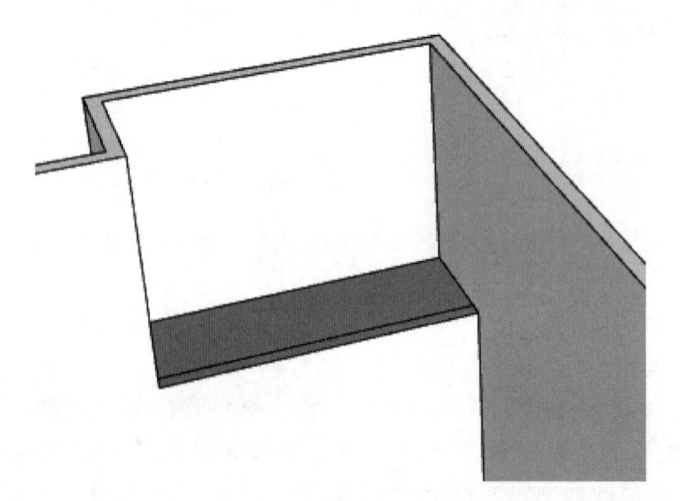

图 12-40　删除多余直线

第12章　乡村独栋屋建模实例

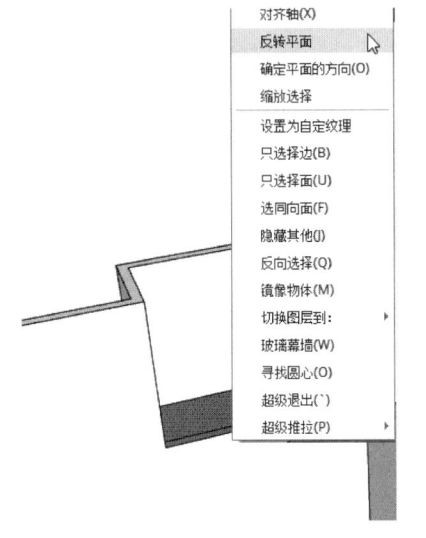

图 12-41　选择"反转平面"命令　　　　图 12-42　反转后的平面

（20）使用相同的方法将另外一侧的墙体修剪,结果如图 12-43 所示。

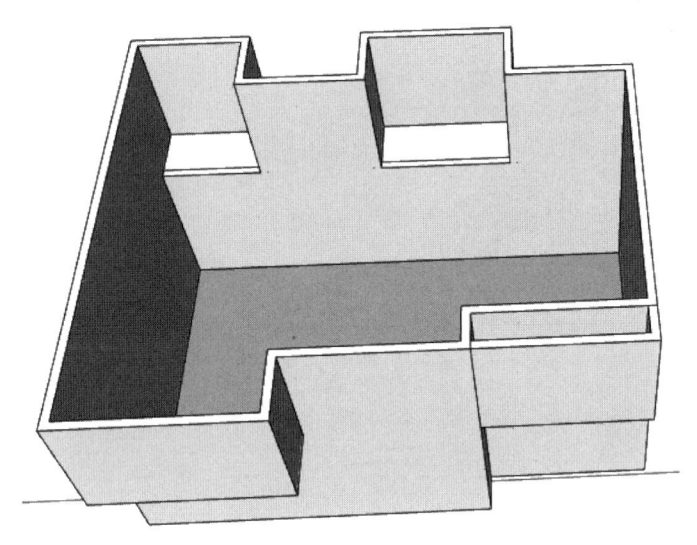

图 12-43　修剪墙体

（21）单击"建筑施工"工具栏中的"卷尺工具"按钮，绘制距离二层平面 3200mm 的辅助线。然后单击"绘图"工具栏中的"直线"按钮，绘制平行于墙体的水平直线和竖直直线,将墙体进行分割,结果如图 12-44 所示。

（22）单击"使用入门"工具栏中的"删除"按钮，将多余的面和参考线删除,如图 12-45 所示。

（23）单击"绘图"工具栏中的"直线"按钮，修补墙体,如图 12-46 所示。

（24）单击"使用入门"工具栏中的"删除"按钮，将平面上的多余直线删除,如图 12-47 所示。在删除直线时需要观察绘制的平面,避免误删。

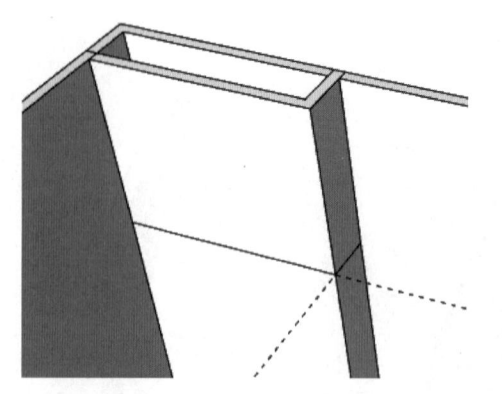

图 12-44　分割墙体

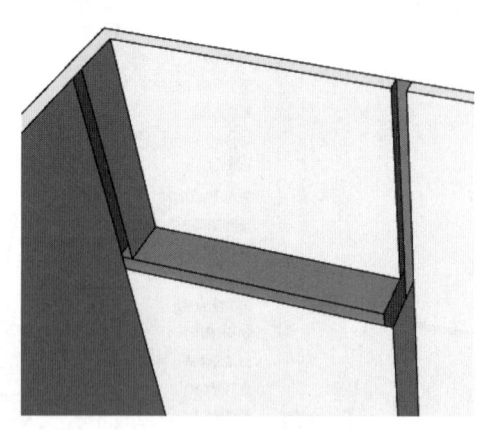

图 12-45　删除多余的面和参考线

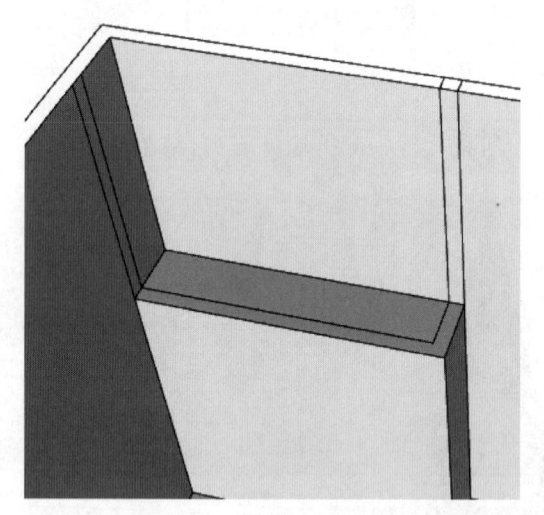

图 12-46　绘制直线

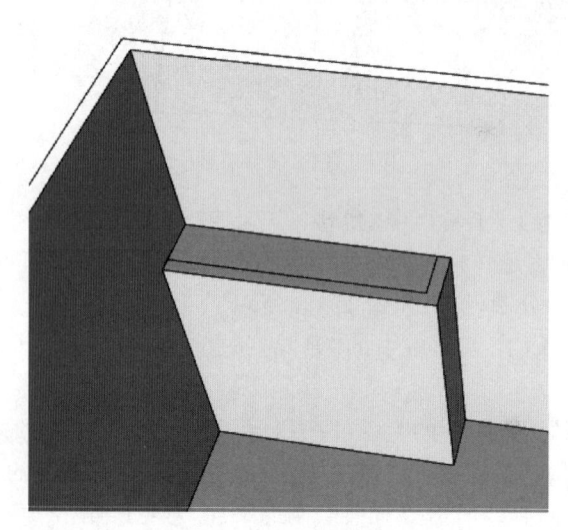

图 12-47　删除多余直线

(25)观察此处的墙体地面,可以看到现在是背面朝上,因此需要进行反转。单击"绘图"工具栏中的"选择"按钮,选中背面右击,在弹出的快捷菜单中选择"反转平面"命令,使正面朝上,结果如图 12-48 所示。

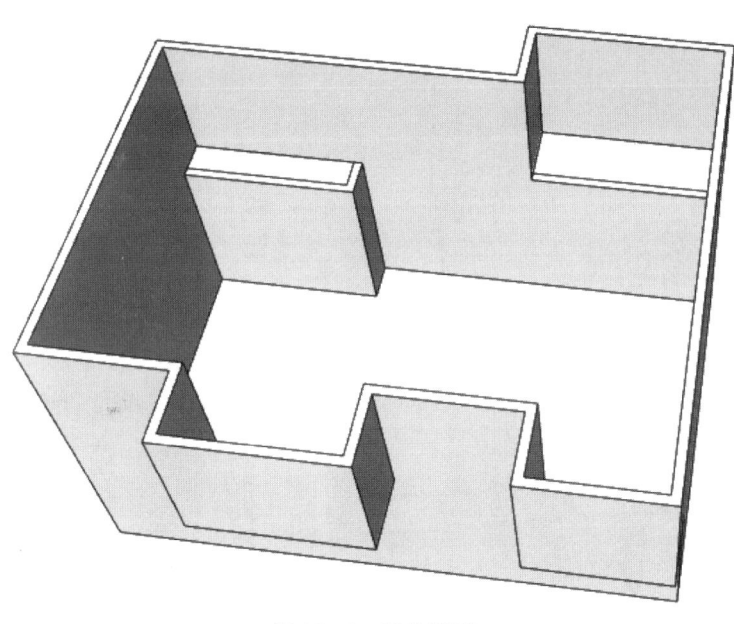

图 12-48　反转墙面

(26)单击"绘图"工具栏中的"选择"按钮 并结合键盘上的 Delete 键,删除图形中没有使用的边线,如图 12-49 所示。

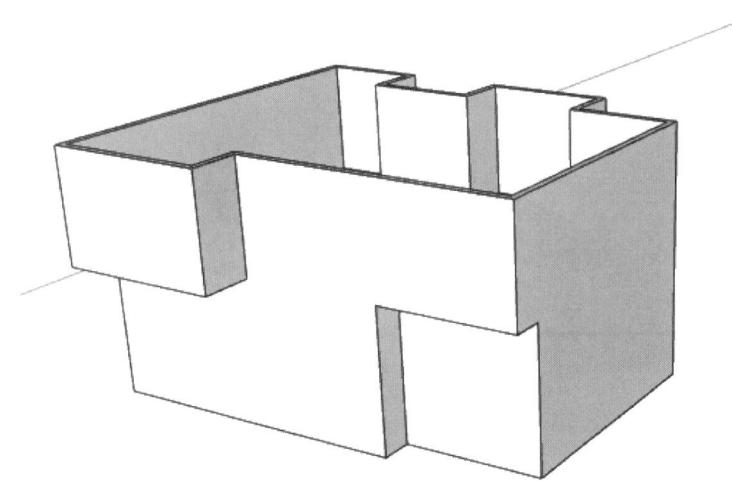

图 12-49　删除多余边线

(27)单击"绘图"工具栏中的"直线"按钮 和"卷尺工具"按钮,绘制距离地面 4050mm 的多条直线。选择菜单栏中的"编辑"→"删除参考线"命令,将所有参考线删除,如图 12-50 所示。

(28)在场景中显示三层平面图,如图 12-51 所示。

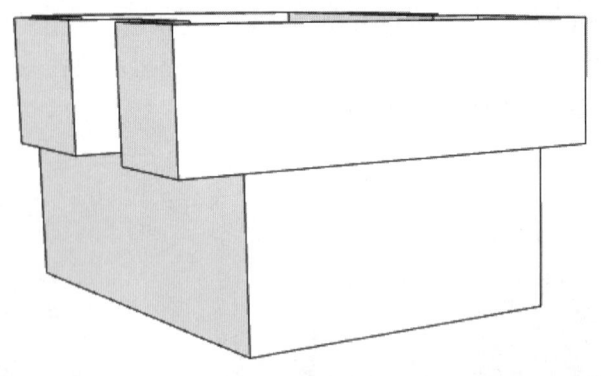

图 12-50　删除参考线

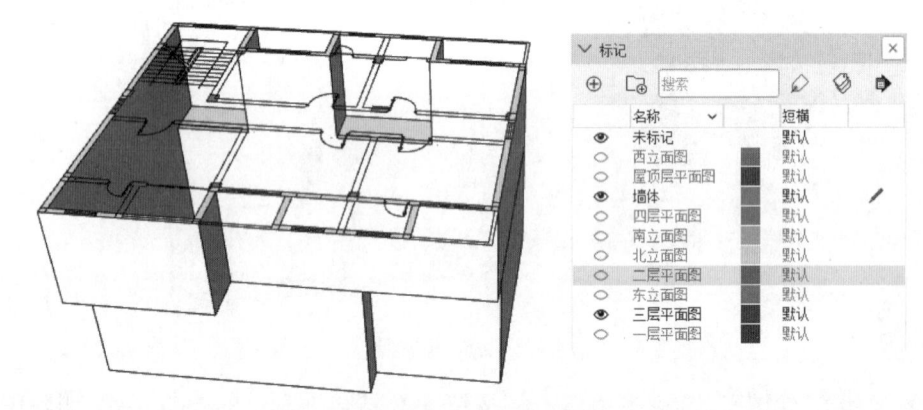

图 12-51　只显示三层平面图

（29）单击"绘图"工具栏中的"矩形"按钮，捕捉三层平面图，在二层墙体模型的基础上将三层的外墙轮廓勾画出来，如图 12-52 所示。

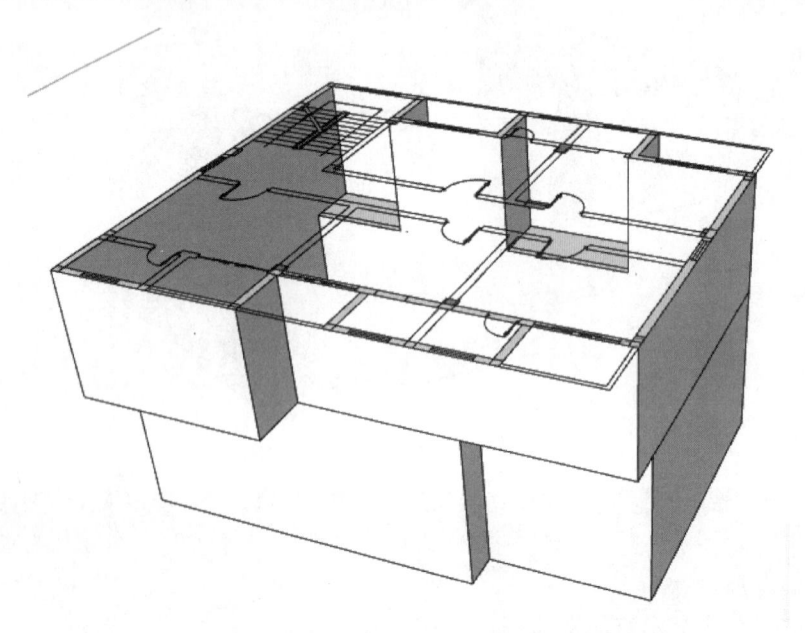

图 12-52　绘制外墙轮廓

（30）将三层平面图隐藏，然后单击"编辑"工具栏中的"推/拉"按钮并按住 Ctrl 键，参照立面图的标高尺寸可以推断出三层的层高为 3200mm，因此将墙体推拉 3200mm，绘制三层墙体，如图 12-53 所示。

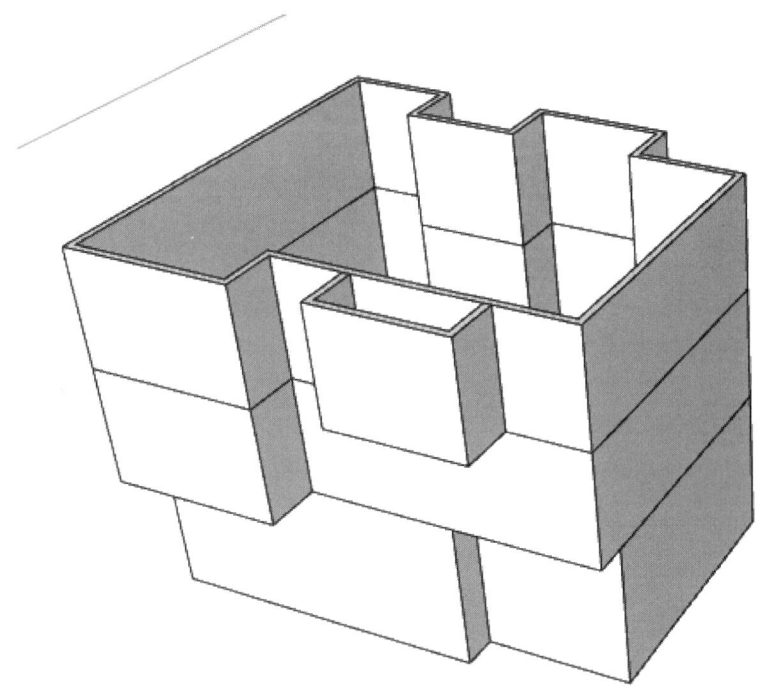

图 12-53　绘制三层墙体

（31）在场景中显示四层平面图，如图 12-54 所示。

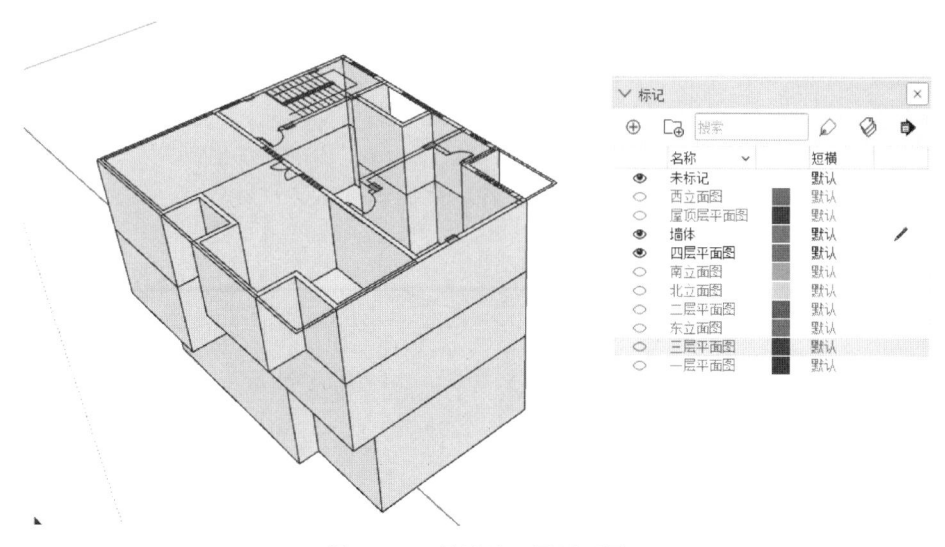

图 12-54　只显示四层平面图

（32）单击"绘图"工具栏中的"矩形"按钮，捕捉四层平面图，在三层墙体模型的基础上将四层的外墙轮廓勾画出来，如图 12-55 所示。

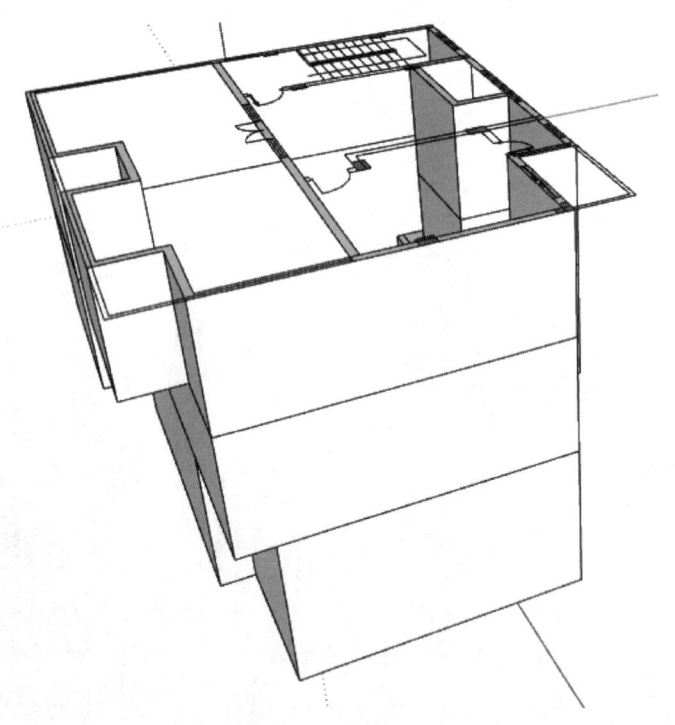

图 12-55　绘制外墙轮廓

(33) 将四层平面图隐藏，然后单击"编辑"工具栏中的"推/拉"按钮并按住 Ctrl 键，参照立面图的标高尺寸可以推断出三层的层高为 3200mm，因此将墙体推拉 3200mm，绘制四层墙体，如图 12-56 所示。

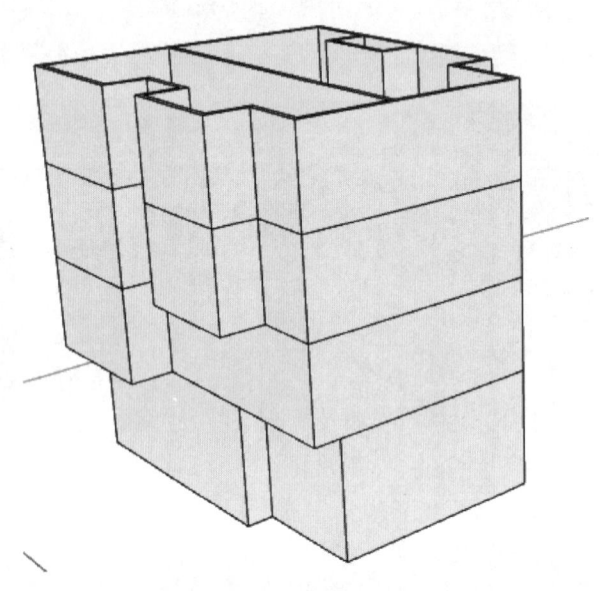

图 12-56　绘制四层墙体

(34) 单击"绘图"工具栏中的"选择"按钮并结合键盘上的 Delete 键，将多余的面和直线删除，如图 12-57 所示。

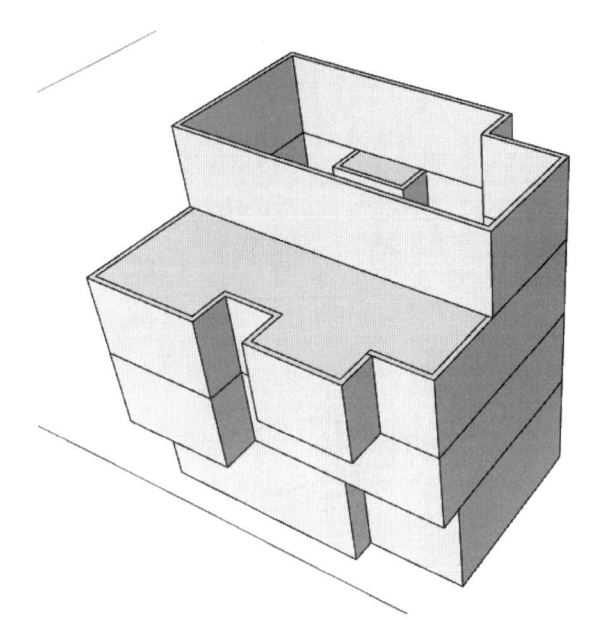

图 12-57　删除多余的面和直线

（35）在场景中显示屋顶层平面图，如图 12-58 所示。

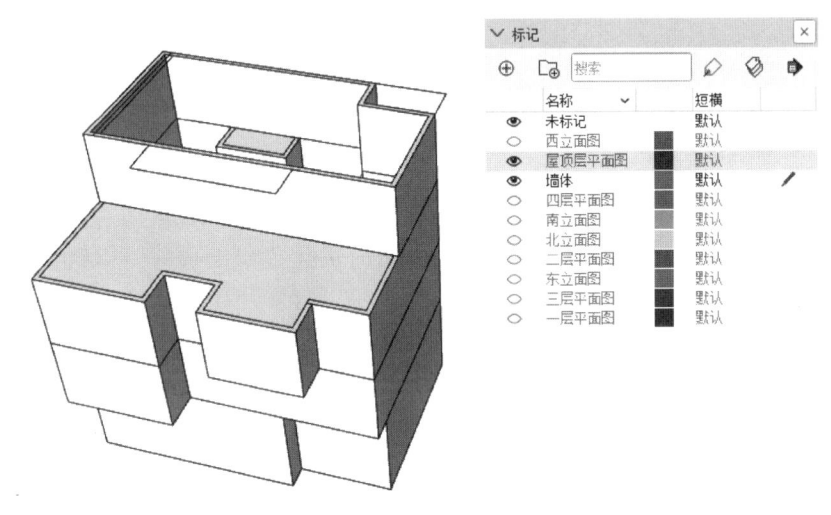

图 12-58　只显示屋顶层平面图

（36）观察屋顶平面图，可以看到左侧屋顶的边线在四层平面图里面，这是不合理的。双击屋顶平面图，进入群组内部，单击"编辑"工具栏中的"移动"按钮✥，选择这两条直线，向左侧移动 800mm，调整直线位置，如图 12-59 所示。

（37）将屋顶平面图隐藏，然后单击"绘图"工具栏中的"矩形"按钮▱，绘制屋顶轮廓。单击"编辑"工具栏中的"推/拉"按钮◆并按住 Ctrl 键，参照立面图的标高尺寸可以推断出屋顶的层高为 600mm，因此将墙体推拉 600mm，绘制屋顶。

（38）单击"绘图"工具栏中的"选择"按钮▸并结合键盘上的 Delete 键，将多余的面和直线删除，如图 12-60 所示。

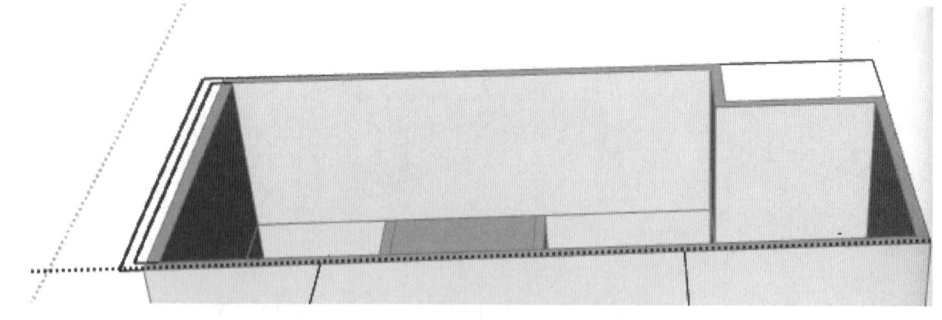

图 12-59　修改屋顶的外轮廓

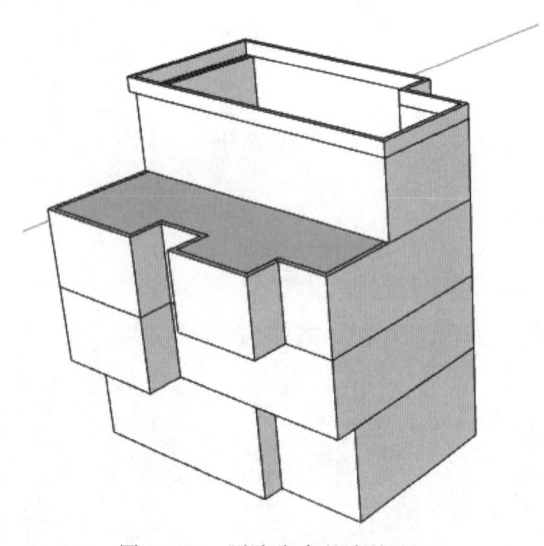

图 12-60　删除多余的直线和面

(39) 选中模型中的所有墙体右击,在弹出的快捷菜单中选择"创建群组"命令,将墙体创建为群组。

12.2.2　绘制窗洞和门洞

本节在之前章节绘制的墙体模型的基础上绘制窗洞和门洞。

(1) 本实例的门窗表如表 12-1 所示,通过比对立面图和门窗表来绘制窗洞和门洞。需要注意的是门窗表中的备注,四层平面图中缺少的两个窗户类型为 C2,二层到四层平面图中的 C4 尺寸为 1500mm×1200mm,但是在立面图中更改为 1800mm×2700mm,以立面图为准,因此需要将二层到四层平面图中的 C4 尺寸进行更改。

表 12-1　门窗表

名称	尺寸(单位:mm×mm)	备　注
M1	1800×2700	
M2	900×2100	
M3	800×2100	
M4	700×2100	
TL1	1800×2700	

续表

名称	尺寸(单位：mm×mm)	备注
MC1	3600×2700	
C1	2400×1800	
C2	1500×1800	四层平面图中缺少的两个窗户类型为 C2
C3	900×1500	
C4	1500×1200	以立面图为准，更改所有平面图尺寸为 1800mm×2700mm

（2）关闭所有标记，仅显示二层平面图。双击二层平面图进入群组内部，单击"编辑"工具栏中的"移动"按钮，将 C4 的边界线向左右两侧移动 150mm。单击"绘图"工具栏中的"直线"按钮，将窗户补全，如图 12-61 所示。

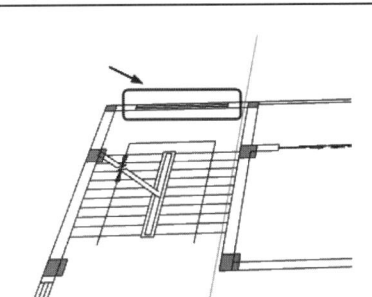

（3）采用相同的方法将三层平面图和四层平面图中的 C4 尺寸进行更改。

（4）将南立面图在场景中进行显示，并移动到外墙处。

图 12-61　修改 C4 尺寸

（5）双击墙体进入墙体群组进行编辑。单击"绘图"工具栏中的"矩形"按钮，捕捉一层平面图 C3 的外轮廓线，绘制矩形，如图 12-62 所示。

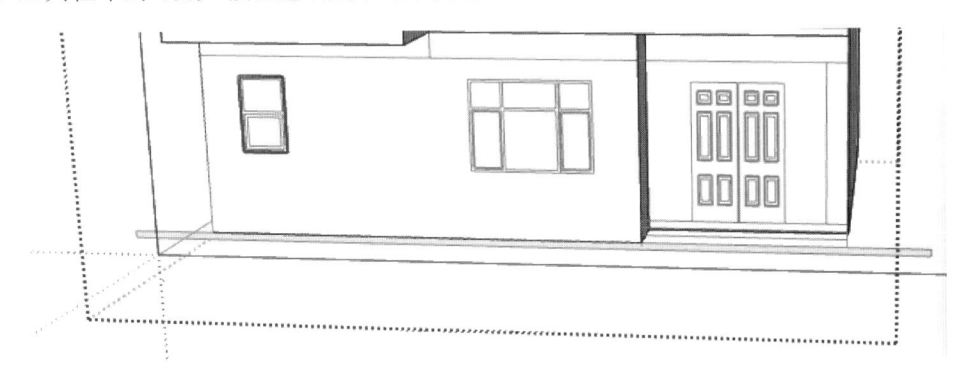

图 12-62　绘制矩形

（6）单击"编辑"工具栏中的"推/拉"按钮，将墙体向内侧推拉 200mm，绘制窗洞，如图 12-63 所示。

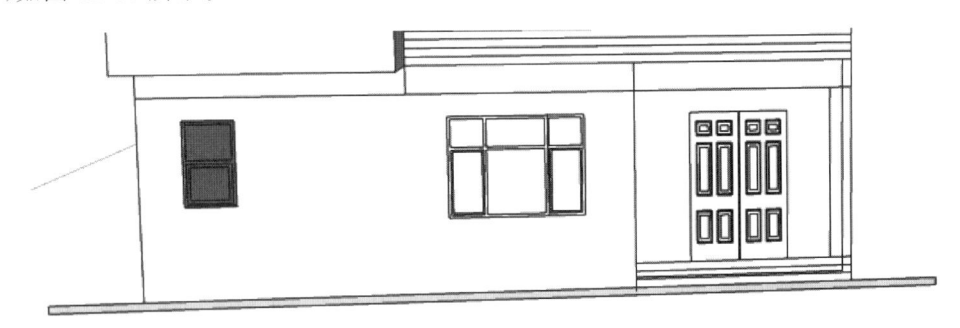

图 12-63　绘制 C3 窗洞

(7) 使用相同的方法绘制 C1 窗洞，如图 12-64 所示。

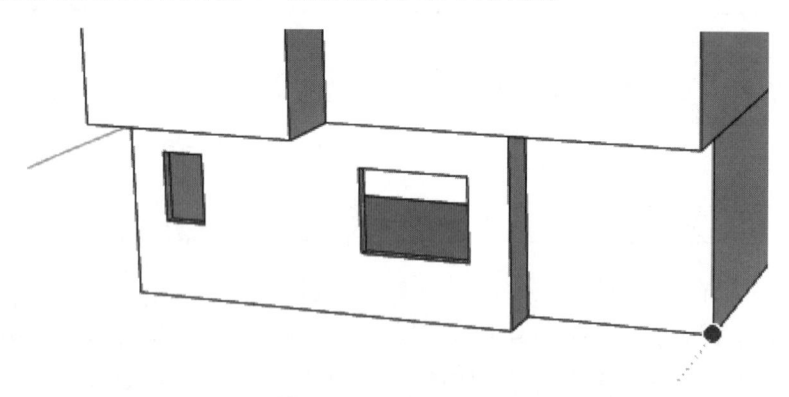

图 12-64　绘制 C1 窗洞

(8) 单击"编辑"工具栏中的"移动"按钮✥，将南立面图移动到一层 M1 的外墙处，如图 12-65 所示。

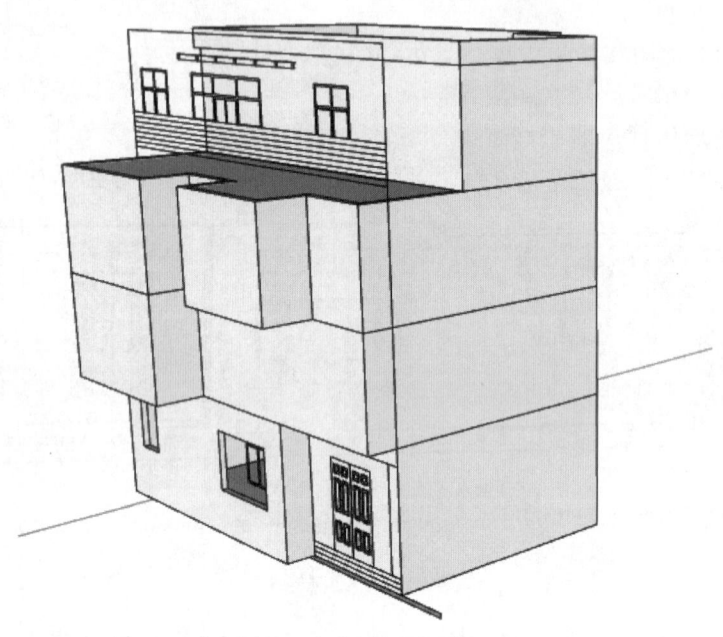

图 12-65　移动南立面图

(9) 双击墙体进入墙体群组进行编辑。单击"绘图"工具栏中的"矩形"按钮◿，捕捉一层平面图 M1 的外轮廓线，绘制矩形，然后将墙体向内侧推拉 200mm，绘制 M1 门洞，如图 12-66 所示。最后退出墙体群组。

(10) 观察南立面图，可以看到右侧的窗户外侧有一段阳台将窗户挡住，并且通过门窗表确定这里的窗户 TL1 尺寸为 1800mm×2700mm，因此单击"绘图"工具栏中的"矩形"按钮◿，以 TL1 的左上角点为基点，系统默认竖向方向上的尺寸为长度方向，横向方向上的尺寸为宽度方向，在尺寸数值框中输入"(1800,2700)"，然后按 Enter 键。最后单击"编辑"工具栏中的"推/拉"按钮◆，将墙体推拉 200mm，绘制 TL1 门洞，如图 12-67 所示。

图 12-66 绘制 M1 门洞

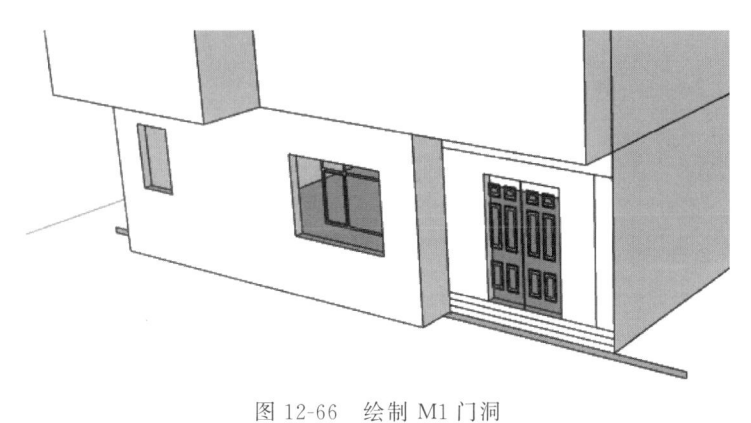

图 12-67 绘制 TL1 门洞

（11）单击"编辑"工具栏中的"移动"按钮，将南立面图移动到二层平面图 C3 的外墙处，如图 12-68 所示。

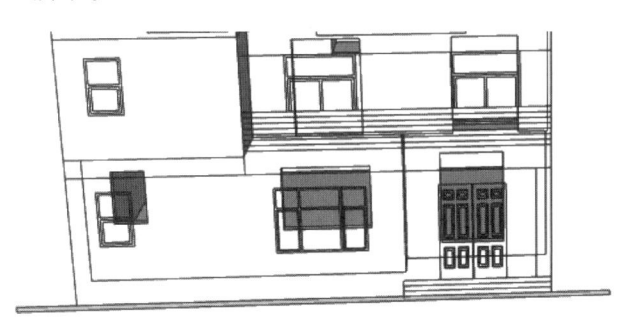

图 12-68 移动南立面图

（12）打开源文件中的二层平面图，观察如图 12-69 所示的二层平面图南侧，可知这里的窗户 C3 有两个，这两个窗户之间的间距为 1500mm，而南立面图中二层中仅绘制了一个 C3。单击"编辑"工具栏中的"移动"按钮 并按住 Ctrl 键，将南立面图二层中的 C3 向右侧复制，复制的基点为 C3 左下角点，间距为 1500mm + 900mm = 2400mm，从而得到另外一个 C3，如图 12-70 所示。

（13）单击"绘图"工具栏中的"矩形"按钮，捕捉矩形的角点，绘制 C3 的轮廓。单击"编辑"工具栏中的"推/拉"按钮，将墙体推拉 200mm，绘制 C3 的窗洞，如图 12-71 所示。

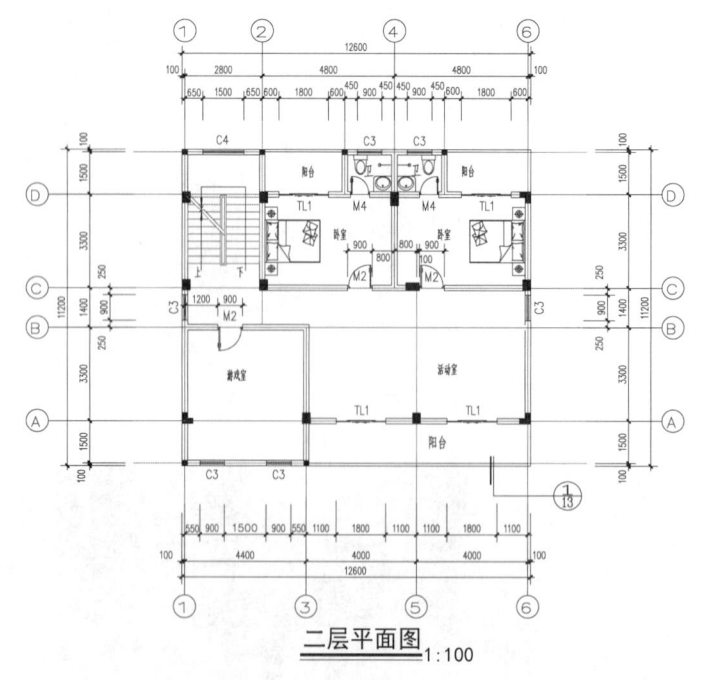

图 12-69　二层平面图

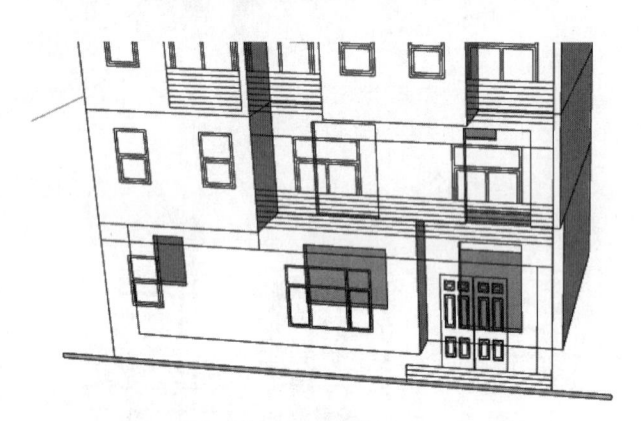

图 12-70　复制 C3

图 12-71　绘制二层 C3 的窗洞

（14）利用上述方法完成图形中所有南立面图窗洞和门洞的绘制，四层平面图中缺少了两个窗户，但是立面图中是存在的，以立面图为准。通过比对门窗表和立面图，可以确认此处为 C2，尺寸为 1500mm×1800mm，MC1 尺寸为 3600mm×2700mm，如图 12-72 所示。

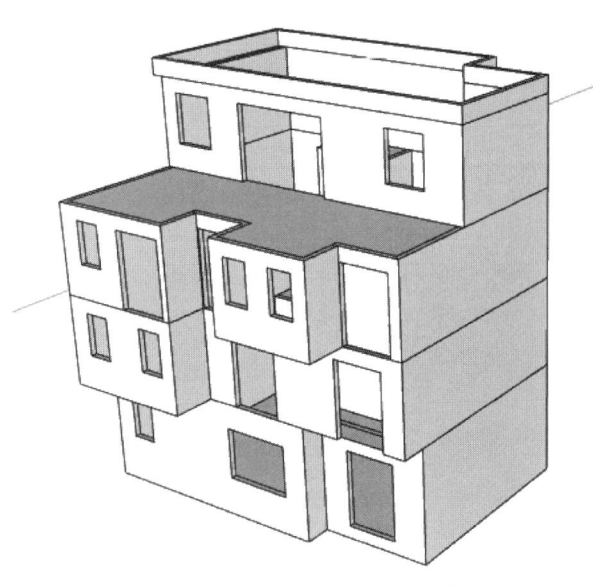

图 12-72　完成南立面窗洞和门洞的创建

（15）将东立面 CAD 图和墙体模型进行显示，并且调整 CAD 图的位置，将 CAD 图放置在外墙上，如图 12-73 所示。

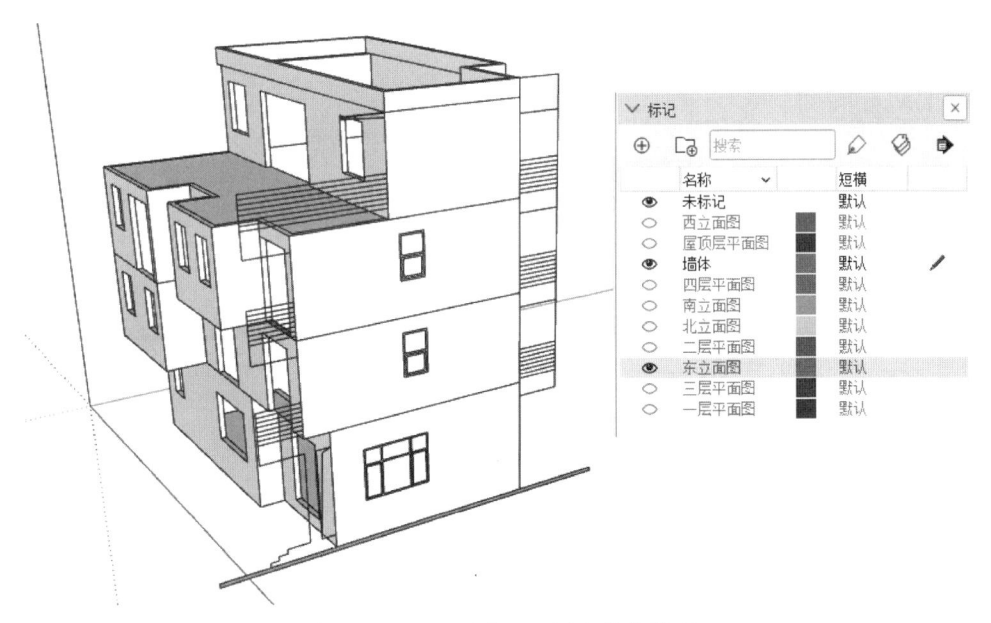

图 12-73　只显示东立面图和墙体模型

（16）双击群组进入墙体群组，利用之前学过的方法，绘制一层的 C1 洞口，二层和三层的 C3 洞口，结果如图 12-74 所示，最后将东立面 CAD 图隐藏。

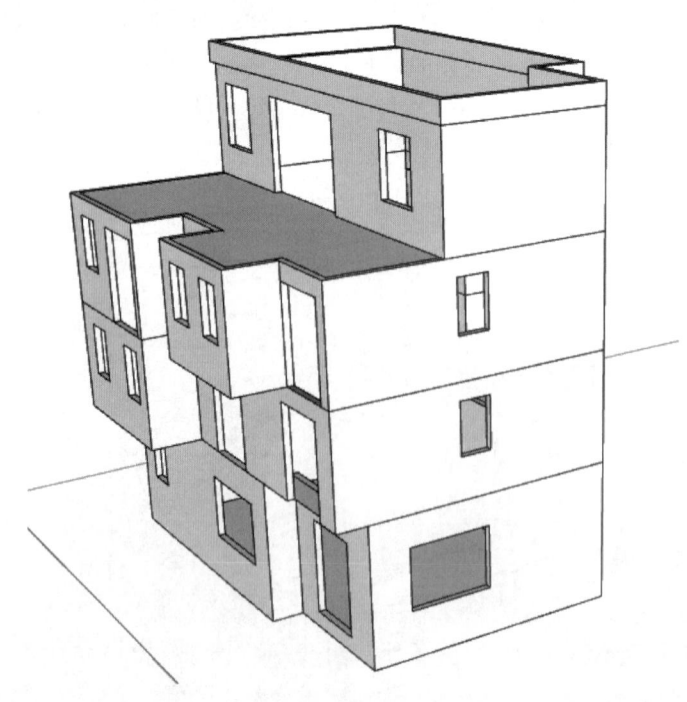

图 12-74　绘制出东立面图的窗洞

（17）将墙体模型和北立面图进行显示。将北立面图的左下角点和墙体对齐后，观察到右下角存在两个边，北立面图右侧的边缘线没有和墙体模型对齐，它们之间的距离为 400mm，如图 12-75 所示。

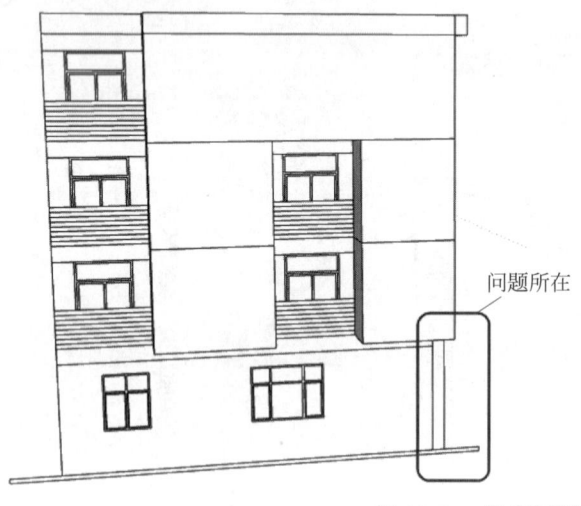

图 12-75　发现问题

（18）首先将墙体模型隐藏，然后双击进入北立面图群组内部，将右侧的边缘线向右侧移动 400mm。根据平面图中右侧窗的位置可以确认右侧的窗户距离边缘线 750mm，现在的距离是 950mm。单击"编辑"工具栏中的"移动"按钮，将窗户向右侧移动 200mm，如图 12-76 所示。

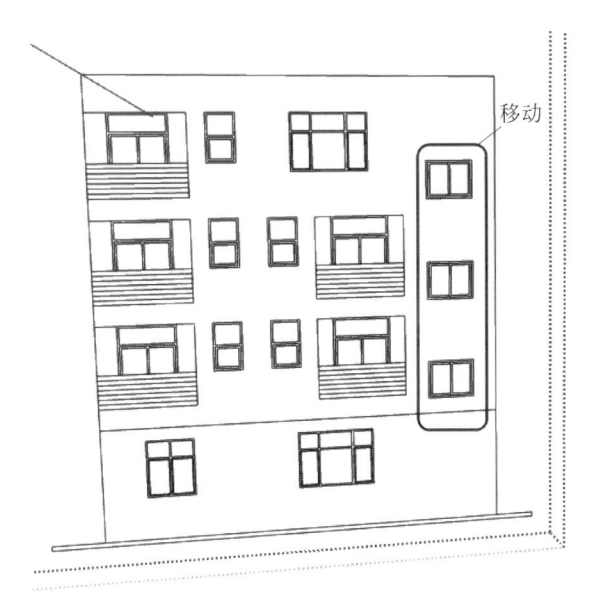

图 12-76　移动窗户

(19) 单击"绘图"工具栏中的"选择"按钮，在立面图的空白区域双击，退出立面图编辑模式，如图 12-77 所示。

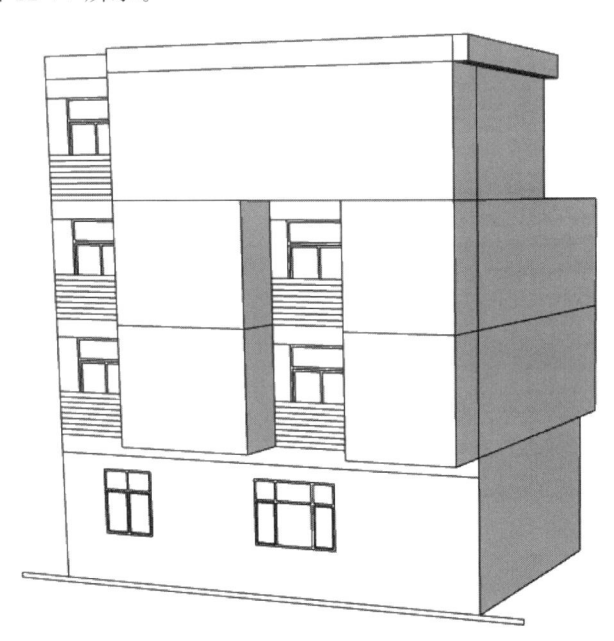

图 12-77　退出立面图编辑模式

(20) 绘制北立面图的门窗洞口，如图 12-78 所示。

(21) 将西立面 CAD 图和墙体模型显示出来，并且调整 CAD 图的位置，将 CAD 图放置在外墙上，如图 12-79 所示。

(22) 双击群组进入墙体群组，利用之前学过的方法绘制一层到四层的 C3 洞口，如图 12-80 所示。最后将西立面图隐藏。

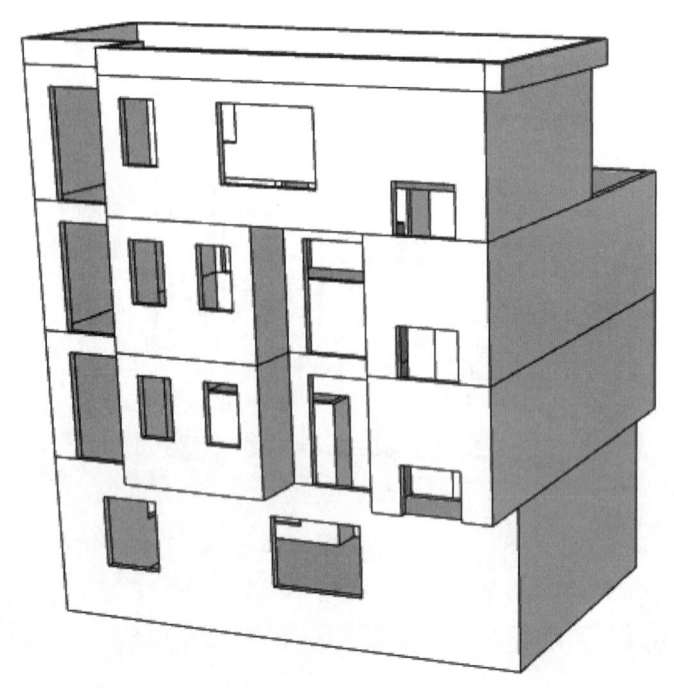

图 12-78 绘制北立面的洞口

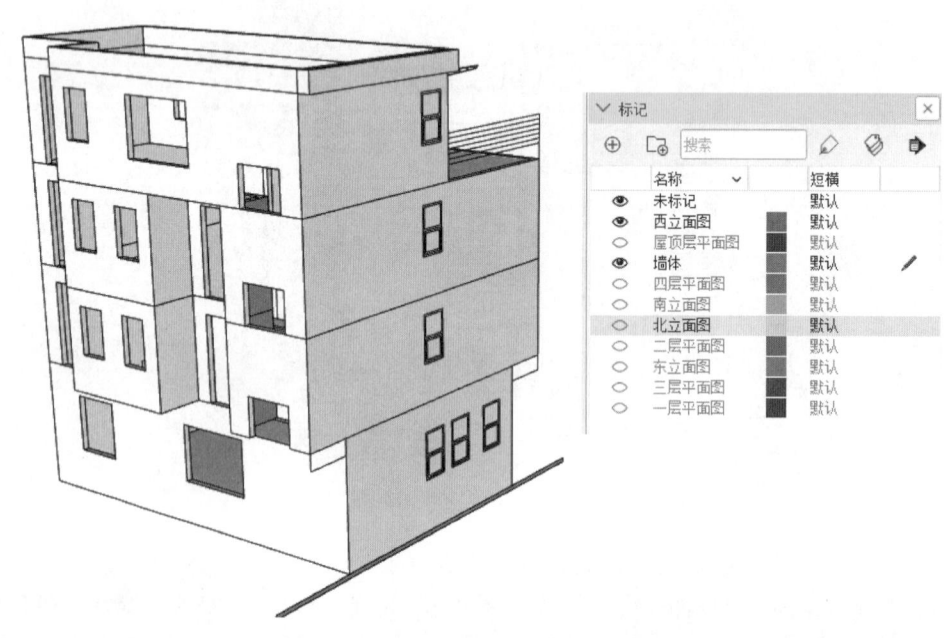

图 12-79 只显示西立面图和墙体模型

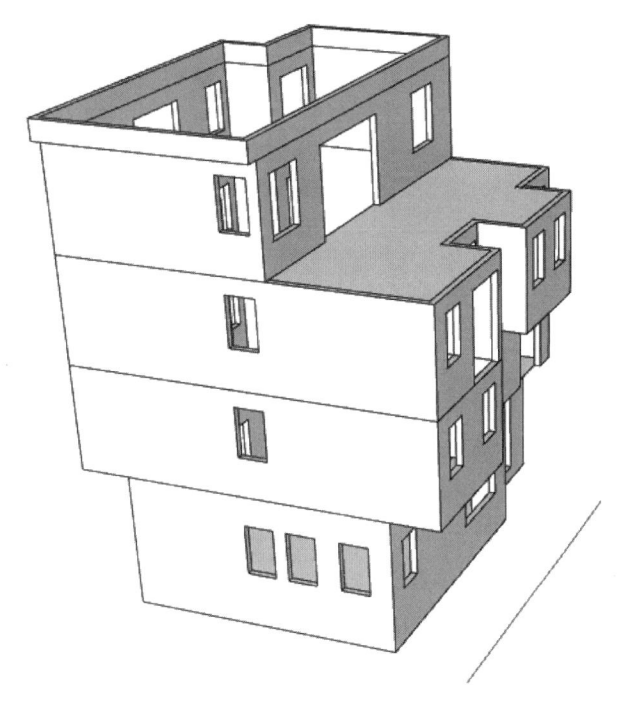

图 12-80　绘制西立面图的窗洞

12.2.3　创建窗户和门

窗洞和门洞绘制完毕，接下来绘制窗洞和门洞上的窗户与门图形，步骤如下：

(1) 在场景中显示南立面图和墙体模型，如图 12-81 所示。

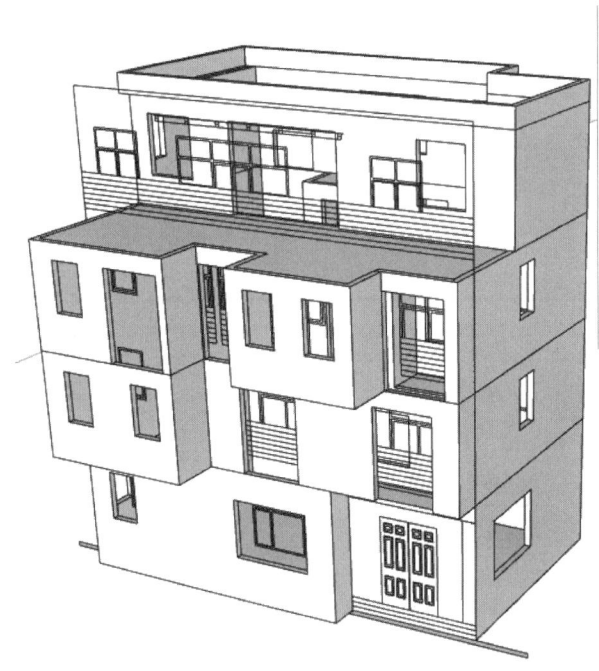

图 12-81　显示南立面图和墙体

（2）双击墙体进入墙体模型群组内部。单击"绘图"工具栏中的"矩形"按钮和"编辑"工具栏中的"移动"按钮并按住 Ctrl 键，根据南立面图的门轮廓线绘制多个矩形，如图 12-82 所示。

（3）单击"编辑"工具栏中的"推/拉"按钮，将外侧的门框和内部的门造型中两个矩形之间的内部区域向内侧推拉 50mm，绘制门造型，如图 12-83 所示。

（4）单击"编辑"工具栏中的"推/拉"按钮，将门框的中间分割区域和内部的门造型中两个矩形区域向内侧推拉 40mm，绘制门造型，如图 12-84 所示。

（5）单击"大工具集"工具栏中的"颜料桶"按钮，在"材质"面板中选择"木质纹"中的"原色樱桃木"材质，如图 12-85 所示。单击其中一块需要赋予材质的区域，赋予材质，如图 12-86 所示。

图 12-82　绘制多个矩形

图 12-83　推拉 50mm

图 12-84　推拉 40mm

（6）通过观察可以发现，系统仅将这一块封闭区域进行了填充。门的造型有很多面，除了正面的封闭区域，还有许多侧面很小的封闭区域，如果不断选择封闭区域进行填充，会非常麻烦，浪费时间，还可能出现遗漏的情况。

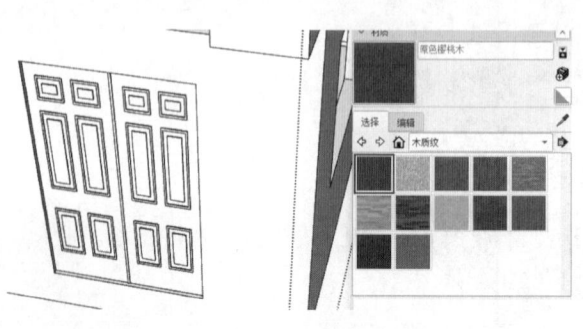

图 12-85　选择材质

图 12-86　赋予材质

（7）更加快捷的方法为：首先按 Ctrl+Z 键，将赋予的材质取消，然后框选门造型右击，在弹出的快捷菜单中选择"创建群组"命令，将门创建为群组。单击"大工具集"工具栏中的"颜料桶"按钮，并按住 Ctrl 键，"颜料桶"按钮右下侧出现带三个点的图标，选择与步骤(6)相同的材质进行填充，快速赋予相同的材质，如图 12-87 所示。

（8）观察模型可以发现群组的所有面都被赋予了材质，这样的门不那么真实，需要进一步调整。单击"大工具集"工具栏中的"颜料桶"按钮，进入群组内部，将上下左右四个门边赋予"颜色"中的"白色"材质，如图 12-88 所示。

图 12-87　快速赋予材质　　　　图 12-88　赋予"白色"材质

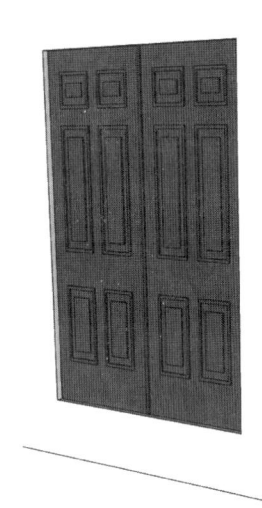

（9）在"标记"面板中新建"门窗"标记，将其设置为当前标记，将门的标记切换到"门窗"标记。

（10）打开南立面图，单击"编辑"工具栏中的"移动"按钮，将南立面图移动到墙体上。双击墙体，进入模型内部，单击"绘图"工具栏中的"矩形"按钮和"直线"按钮，沿着墙体的轮廓绘制轮廓线，如图 12-89 所示。

（11）单击"编辑"工具栏中的"推/拉"按钮，将大的窗框和所有的玻璃部分向内侧推拉 100mm，绘制大窗框和玻璃，如图 12-90 所示。

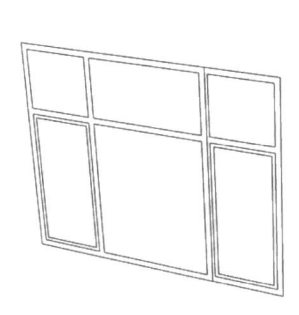

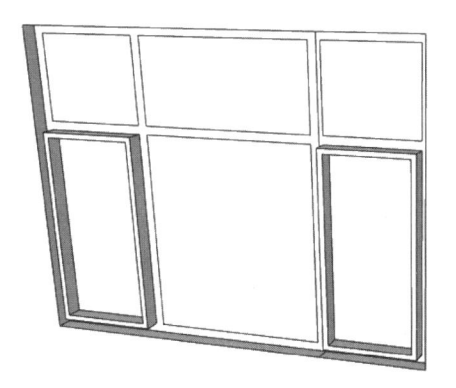

图 12-89　绘制轮廓线　　　　图 12-90　推拉大窗框和玻璃

311

（12）单击"编辑"工具栏中的"推/拉"按钮，将左右两个小窗框向内侧推拉90mm，绘制小窗框造型，如图12-91所示。

（13）单击"大工具集"工具栏中的"颜料桶"按钮，将所有窗框赋予"金属"→"有缝金属"材质，将所有的玻璃赋予"玻璃和镜子"→"半透明的玻璃蓝"材质，完成窗和玻璃材质的赋予，如图12-92所示。

图 12-91　推拉左右两个小窗框

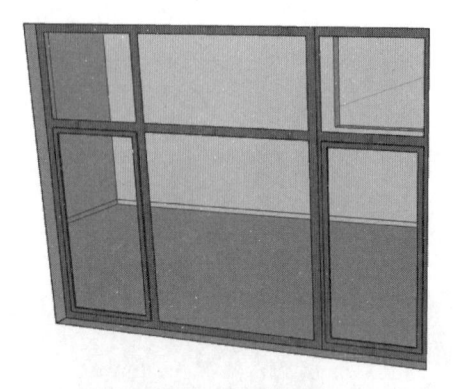

图 12-92　赋予材质

（14）单击"绘图"工具栏中的"选择"按钮，将窗户进行框选后右击，在弹出的快捷菜单中选择"创建群组"命令，将窗户创建为群组。

（15）单击"绘图"工具栏中的"选择"按钮，将窗户进行框选后右击，在弹出的快捷菜单中选择"切换图层到"→"窗户"命令，将其切换到窗户标记。

（16）使用相同的方法继续创建一楼南侧的窗户并将其创建为群组，如图12-93所示。

（17）单击"编辑"工具栏中的"移动"按钮并按住 Ctrl 键，将窗户复制到其他楼层，如图12-94所示。

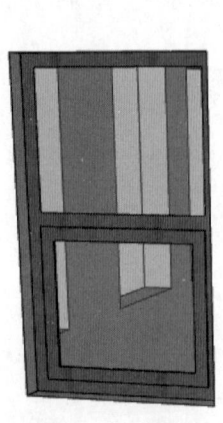

图 12-93　创建窗户

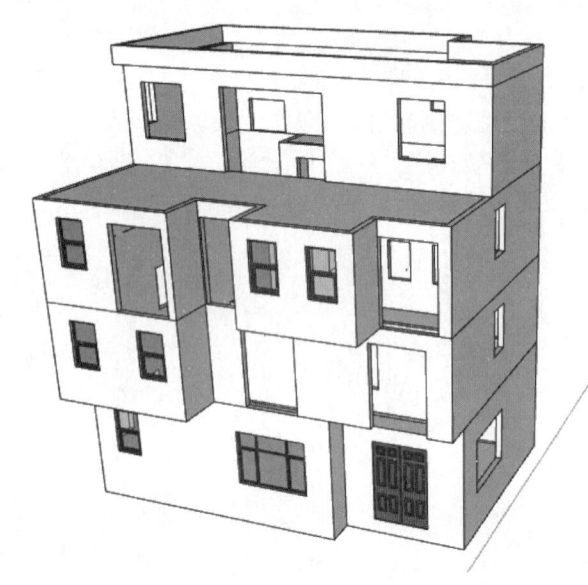

图 12-94　复制窗户

第12章　乡村独栋屋建模实例

(18) 单击"编辑"工具栏中的"旋转"按钮 ◯，将窗户群组进行移动并进入窗户群组的内部，将窗户旋转 90°，然后单击"编辑"工具栏中的"移动"按钮 ✥ 并按住 Ctrl 键，将窗户复制到墙体适当的位置，如图 12-95 所示。

(19) 单击"绘图"工具栏中的"矩形"按钮 ▱，绘制 TL1 的门框，从门窗表中确定尺寸为 1800mm×2700mm，如图 12-96 所示。

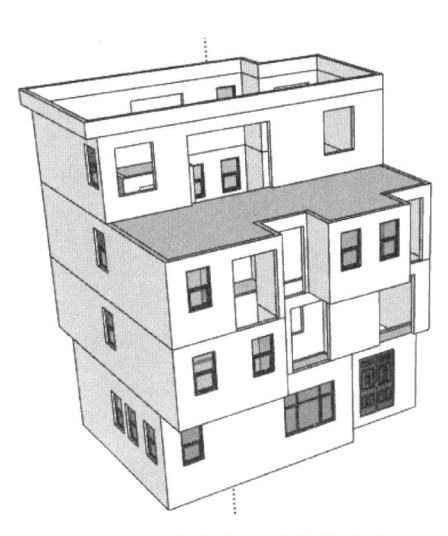

图 12-95　复制窗户到其他平面　　　　图 12-96　绘制 TL1 门框

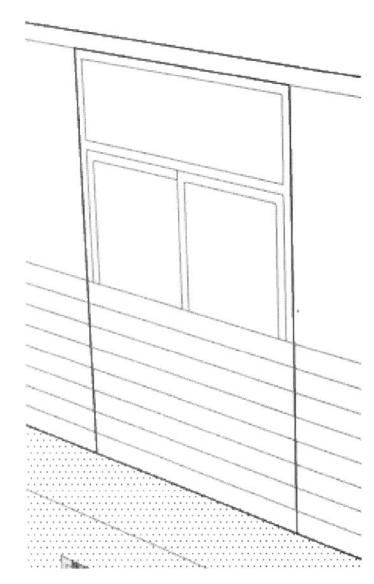

(20) 单击"建筑施工"工具栏中的"卷尺工具"按钮 ◎，测量左上角的外边门框和内边门框之间的距离为 60mm。

(21) 单击"建筑施工"工具栏中的"卷尺工具"按钮 ◎，绘制距离水平和竖直外边框 60mm 的参考线。

(22) 单击"绘图"工具栏中的"矩形"按钮 ▱，捕捉参考线的交点为第一角点、左上角点为第二角点，绘制内边框，如图 12-97 所示。

(23) 单击"建筑施工"工具栏中的"卷尺工具"按钮 ◎，绘制距刚绘制的内边框 60mm 的参考线。

(24) 单击"绘图"工具栏中的"矩形"按钮 ▱，绘制左右两个玻璃门框，如图 12-98 所示。

(25) 选择菜单栏中的"编辑"→"删除参考线"命令，将参考线删除。

(26) 观察门，发现它并不是推拉门，说明这里的南立面图是有问题的，需要改正。单击"绘图"工具栏中的"直线"按钮 ✎，绘制竖直短线，最后在绘图区空白处单击，退出墙体群组，如图 12-99 所示。

(27) 进入南立面群组，将当前标记切换至"南立面图"标记，然后单击"绘图"工具栏中的"直线"按钮 ✎，绘制竖直短线，分割左右两个门框，如图 12-100 所示。

(28) 将当前标记设置为"门窗"标记，单击"编辑"工具栏中的"推/拉"按钮 ⬥，将外侧门框推拉 40mm，右侧的小门框推拉 70mm，推拉门框，如图 12-101 所示。

313

图 12-97　绘制内边框 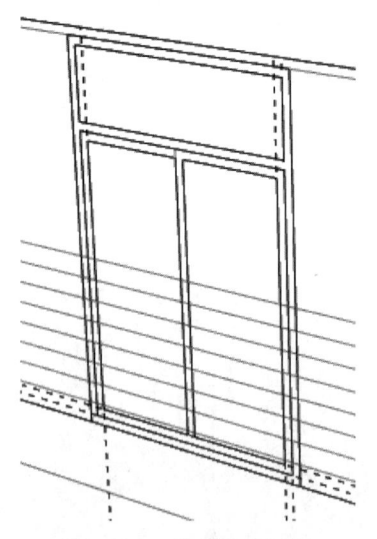　　　　　　　图 12-98　绘制玻璃门框

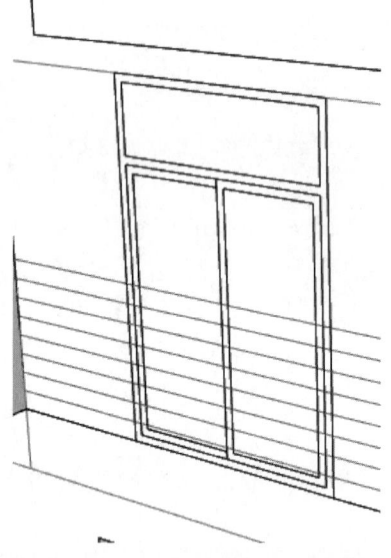

图 12-99　绘制墙体群组上的竖直短线 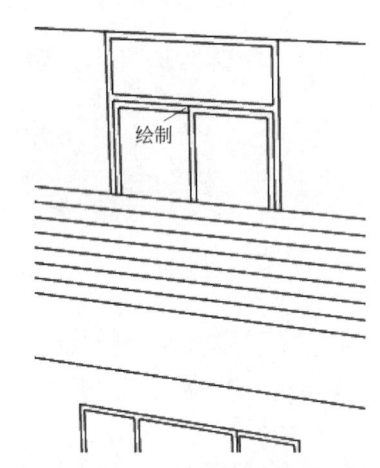　　　　图 12-100　绘制南立面图中的竖直短线

(29) 单击"大工具集"工具栏中的"颜料桶"按钮 🎨，将所有窗框赋予"金属"→"有缝金属"材质，将所有的玻璃赋予"玻璃和镜子"→"半透明的玻璃蓝"材质，如图 12-102 所示。

(30) 单击"编辑"工具栏中的"移动"按钮 ✥ 并按住 Ctrl 键，将 TL1 复制到模型群组中的南立面和北立面，如图 12-103 所示。

(31) 南北立面模型布置 TL1 后，将南北立面图中 TL1 的门框进行分割。单击"绘图"工具栏中的"直线"按钮 ✏，将南北立面图中 TL1 的门框分割成左右两个。

(32) 使用相同的方法创建其他类似的窗户。利用上述方法绘制的门窗图形如图 12-104 所示。

第12章 乡村独栋屋建模实例

图 12-101 推拉门框　　　　图 12-102 赋予材质

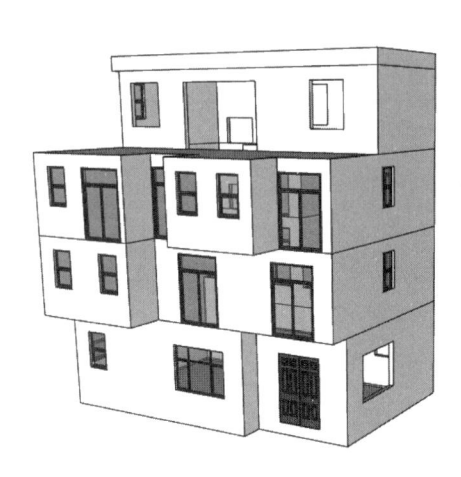

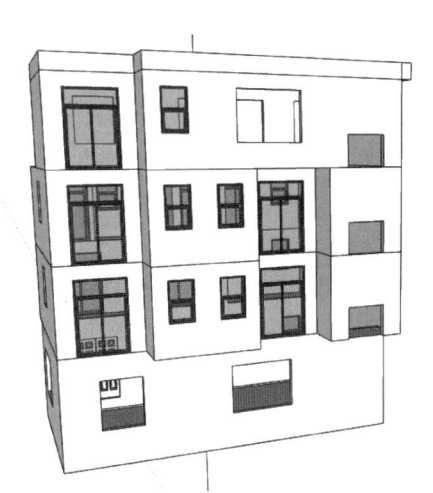

图 12-103 复制 TL1 到南北立面模型

图 12-104 绘制剩余的门窗

12.2.4 室外台阶和柱子的创建

模型的大体轮廓绘制完毕之后，下面进行附属设施的绘制。

（1）在场景中显示南立面图以及一层平面图，将南立面图进行移动，使其和一层平面图对齐，最好不要移动平面图的位置，如图 12-105 所示。

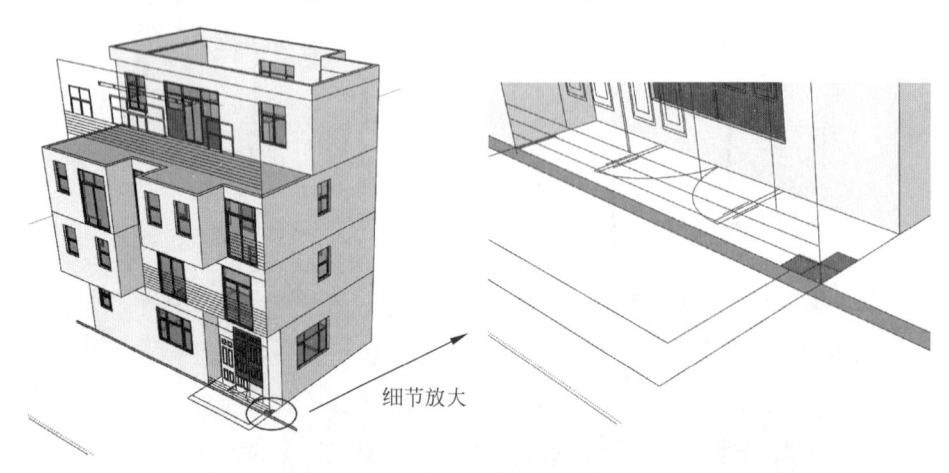

图 12-105　对齐一层平面图和南立面图

（2）绘制室外柱子。新建"柱子"标记，并将其设置为当前标记。

（3）单击"绘图"工具栏中的"矩形"按钮，绘制三个矩形，隐藏南立面图和一层平面图。单击"编辑"工具栏中的"推/拉"按钮，推拉 4050mm，绘制矩形柱子，如图 12-106 所示。

（4）单击"使用入门"工具栏中的"删除"按钮，将柱子上的多余直线删除，如图 12-107 所示。

（5）选中柱子右击，在弹出的快捷菜单中选择"创建群组"命令，将绘制的柱子创建为群组。

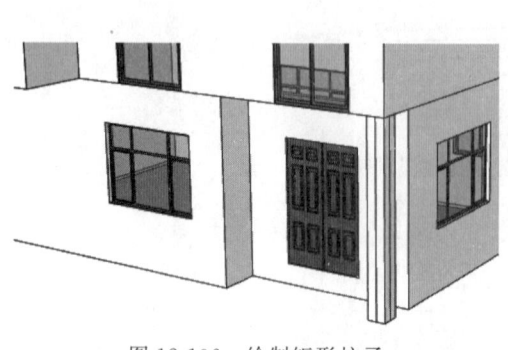

图 12-106　绘制矩形柱子　　　　图 12-107　删除多余直线

（6）新建"室外台阶"标记，并将其设置为当前标记。

（7）在场景中重新显示南立面图和一层平面图，单击"绘图"工具栏中的"矩形"按钮，绘制室外台阶的轮廓线。单击"使用入门"工具栏中的"删除"按钮，将多余直线删除,如图 12-108 所示。

(8) 从平面图分析出室外台阶是带转角的台阶,并且正面和侧面都是有台阶的,通过测量可知台阶的宽度是 300mm,从南立面图可以分析出台阶的个数是三个,高度为 150mm。单击"编辑"工具栏中的"移动"按钮 ✣ 并按住 Ctrl 键,将直线向内侧复制,复制的间距为台阶的宽度 300mm。单击"使用入门"工具栏中的"删除"按钮 ◆,将多余直线删除,绘制内部台阶轮廓线,如图 12-109 所示。

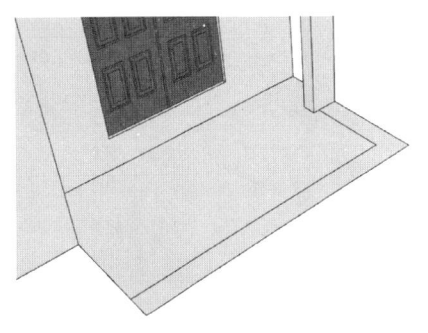

图 12-108 绘制台阶轮廓线 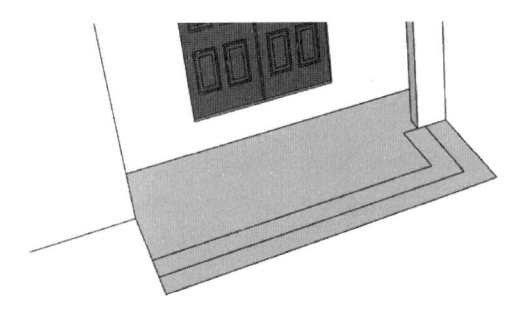　　图 12-109 绘制内部台阶轮廓线

(9) 单击 SUAPP 基本工具栏中的"梯步拉伸"按钮 ,拉伸的高度为 150mm,绘制室外台阶,如图 12-110 所示。

(10) 三击选中所有台阶,在弹出的快捷菜单中选择"创建群组"命令,将绘制的台阶创建为群组。

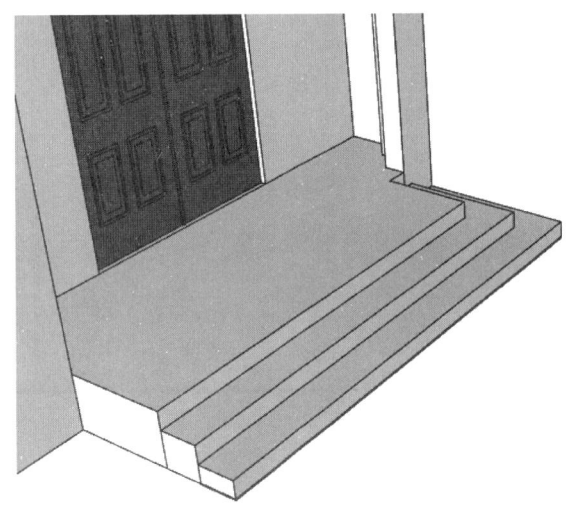

图 12-110 拉伸室外台阶

12.2.5 阳台以及栏杆的创建

本节在 12.2.4 节的基础上,继续绘制附属设施。

(1) 在场景中显示南立面图、东立面图以及二层平面图,如图 12-111 所示。

(2) 新建"阳台"标记,并将其设置为当前标记。

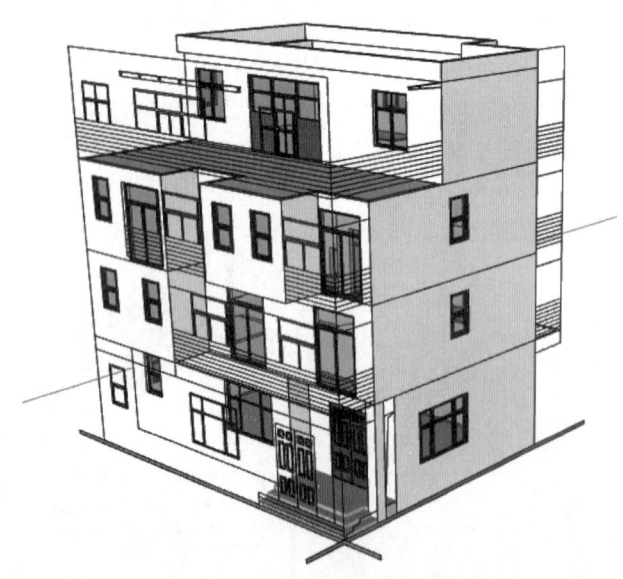

图 12-111　显示相关图形

（3）单击"绘图"工具栏中的"矩形"按钮，捕捉二层平面图中阳台的外轮廓线绘制阳台。单击"编辑"工具栏中的"推/拉"按钮，捕捉南立面图中阳台的底边，绘制高度为500mm 的阳台，如图 12-112 所示。

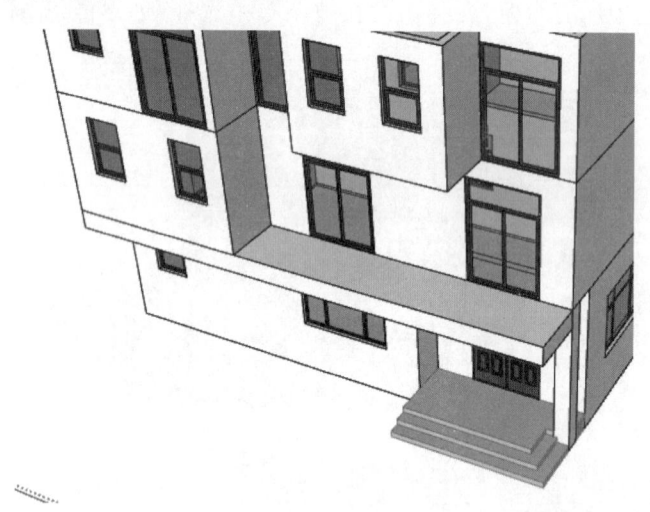

图 12-112　绘制阳台

（4）选中阳台，在弹出的快捷菜单中选择"创建群组"命令，将绘制的台阶创建为群组。

（5）新建"栏杆"标记，并将其设置为当前标记。

（6）单击"绘图"工具栏中的"直线"按钮，捕捉二层平面图中栏杆的外轮廓线绘制栏杆。单击"编辑"工具栏中的"推/拉"按钮，捕捉南立面图中栏杆的顶面，绘制高度为 1200mm 的栏杆轮廓，如图 12-113 所示。

（7）单击"绘图"工具栏中的"选择"按钮并按住 Ctrl 键，一次选中两条栏杆边，如图 12-114 所示。单击"编辑"工具栏中的"移动"按钮✤并按住 Ctrl 键,进行复制,复制间距为 150mm,个数为 8*,等间距地阵列直线,结果如图 12-115 所示。

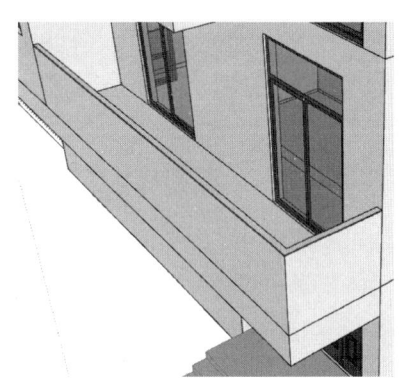

图 12-113　绘制栏杆轮廓　　　　图 12-114　选择两条栏杆边

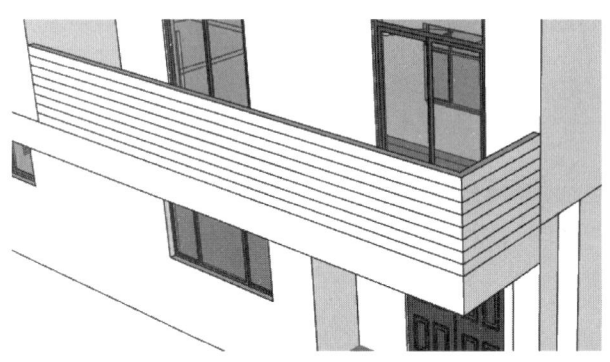

图 12-115　阵列直线

(8) 选中栏杆,在弹出的快捷菜单中选择"创建群组"命令,将绘制的台阶创建为群组。

(9) 单击"编辑"工具栏中的"推/拉"按钮◆,将栏杆推拉 100mm。单击"使用入门"工具栏中的"删除"按钮◆,将多余面和直线删除,如图 12-116 所示。

(10) 打开三层平面图和墙体标记,关闭其他标记,可以发现平面图中两个推拉门在一条直线上,外侧有阳台和栏杆,但是墙体模型中左侧的推拉门的位置不正确,需要进行更改,如图 12-117 所示。

(11) 将当前标记切换至"墙体"标记,双击墙体进入墙体模型内部,选中墙体模型右击,在弹出的快捷菜单中选择"隐藏"命令,将墙体模型隐藏,如图 12-118 所示。

(12) 单击"绘图"工具栏中的"矩形"按钮▱,沿着墙体轮廓绘制两个矩形,如图 12-119 所示。

(13) 选择菜单栏中的"编辑"→"撤销隐藏"→"全部"命令,将墙体模型进行显示。单击"编辑"工具栏中的"推/拉"按钮◆,将墙体推拉到四层顶面,如图 12-120 所示。

(14) 单击"绘图"工具栏中的"直线"按钮✎,绘制多条直线分割平面,如图 12-121 所示。

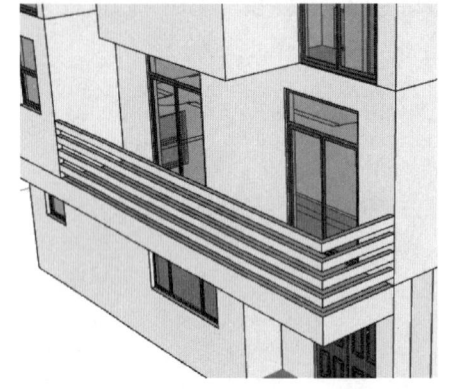

图 12-116　删除多余面和直线　　　　　图 12-117　不正确的位置

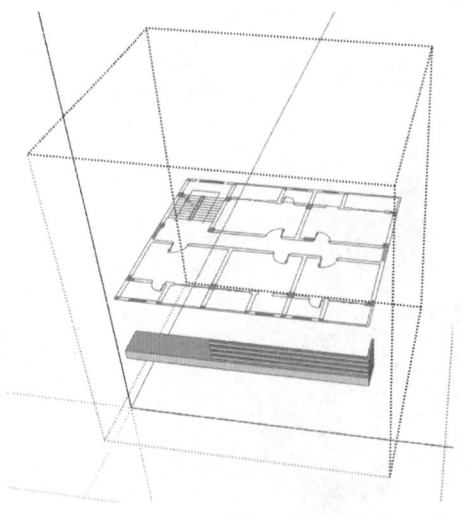

图 12-118　隐藏墙体模型　　　　　　　图 12-119　绘制矩形

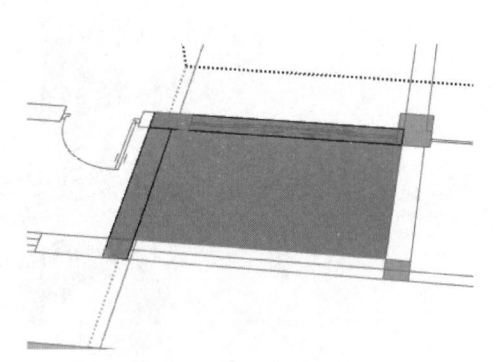

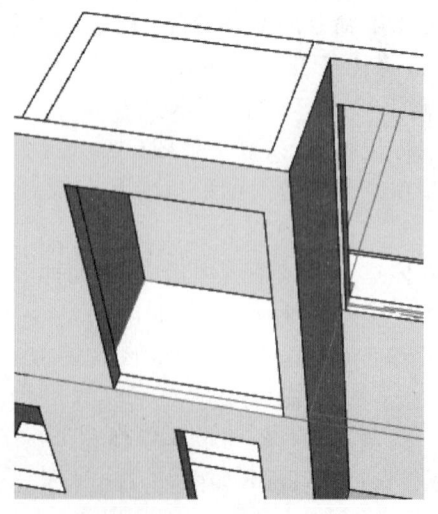

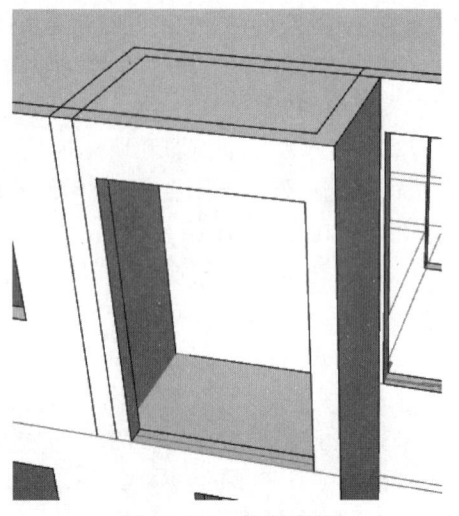

图 12-120　推拉墙体　　　　　　　　　图 12-121　绘制直线

(15)单击"使用入门"工具栏中的"删除"按钮◆,将多余面和直线删除。单击"绘图"工具栏中的"直线"按钮✎,补全部分平面。单击"编辑"工具栏中的"移动"按钮✥,调整 TL1 的位置,结果如图 12-122 所示。

(16)使用与之前相同的方法,参照 CAD 图勾画出栏杆,绘制三层和四层南侧的阳台与栏杆,如图 12-123 所示。

图 12-122 调整 TL1 的位置

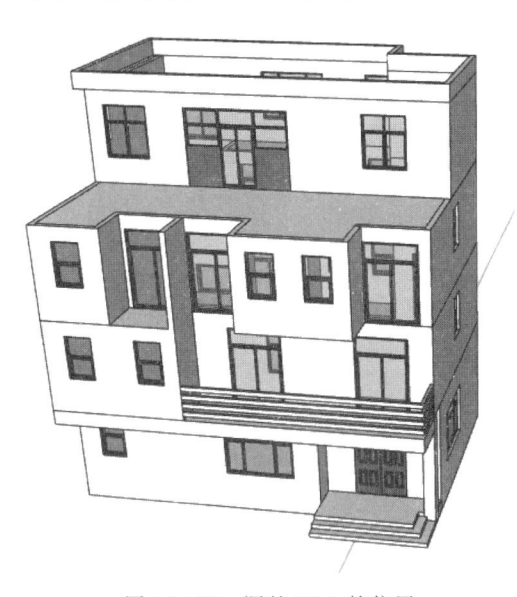

图 12-123 参照 CAD 图勾画出栏杆

(17)将北立面图、东立面图和二层平面图标记打开并调整它们之间的位置,最好不要移动二层平面图的位置,以二层平面图为基准平面进行对齐,如图 12-124 所示。

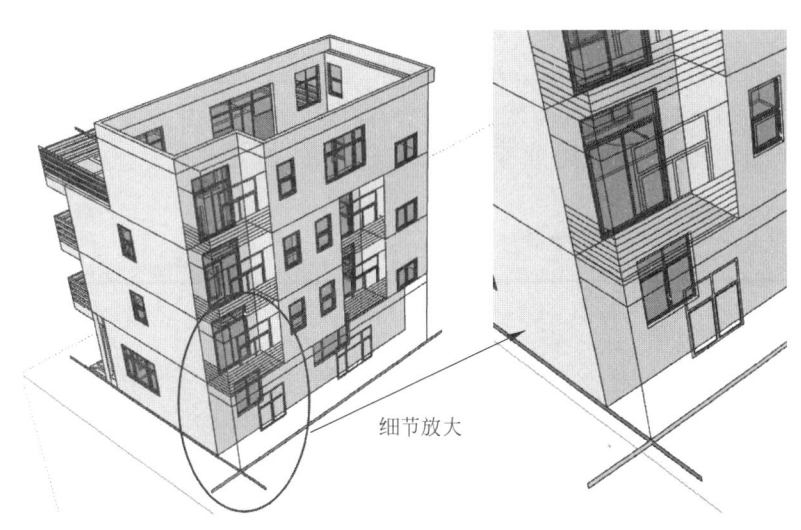

图 12-124 调整图形的位置

(18)绘制北侧的阳台。将当前标记设置为"阳台",单击"绘图"工具栏中的"矩形"按钮▭,捕捉阳台的轮廓线绘制 6 个矩形,如图 12-125 所示。

（19）单击"编辑"工具栏中的"推/拉"按钮，捕捉阳台的边界线绘制出 6 个阳台，如图 12-126 所示。

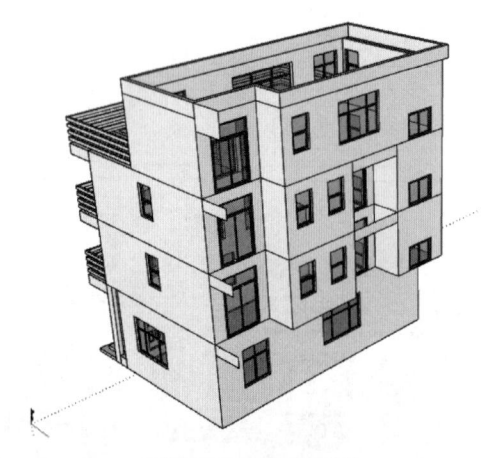

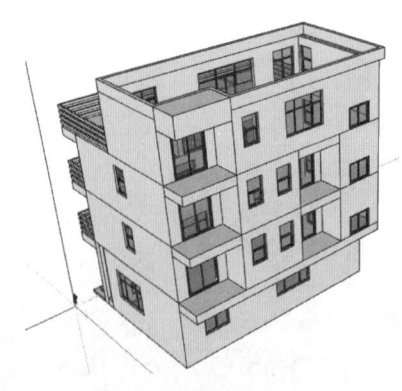

图 12-125　绘制矩形

图 12-126　推拉阳台

（20）选中所有阳台右击，在弹出的快捷菜单中选择"创建群组"命令，将绘制的阳台创建为群组。

（21）绘制北侧的栏杆。将栏杆标记设置为当前标记。单击"绘图"工具栏中的"直线"按钮，沿着南立面图和东立面图的轮廓线绘制栏杆边界。单击"编辑"工具栏中的"推/拉"按钮，将栏杆推拉 100mm，如图 12-127 所示。

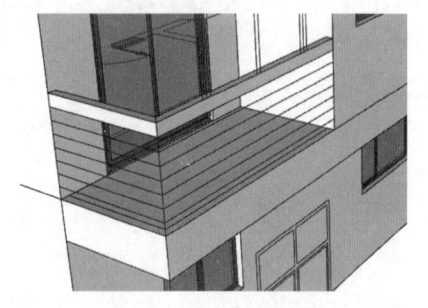

图 12-127　推拉栏杆

（22）单击"绘图"工具栏中的"选择"按钮，三击栏杆，选中栏杆所有面和线。单击"编辑"工具栏中的"移动"按钮并按住 Ctrl 键，捕捉栏杆，间隔一个栏杆的宽度复制栏杆，如图 12-128 所示。

（23）使用相同的方法绘制北侧的剩余栏杆，如图 12-129 所示。

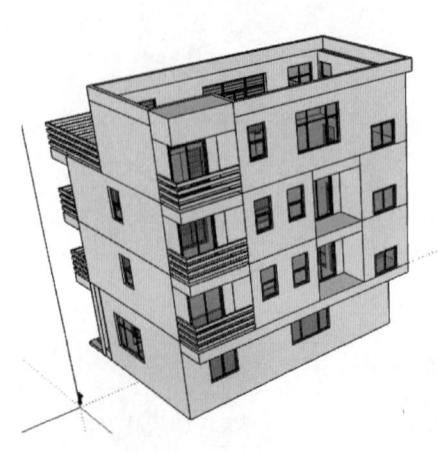

图 12-128　复制出其他栏杆

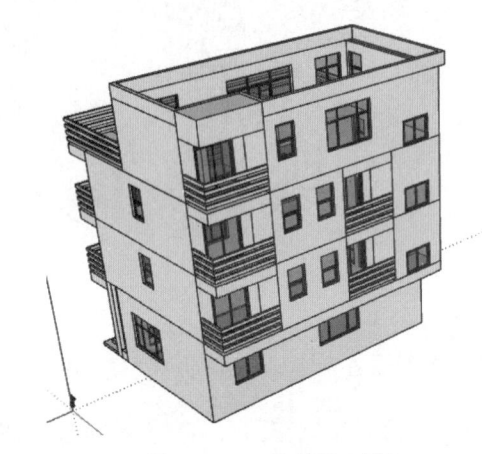

图 12-129　绘制剩余栏杆

(24)选中北侧的所有栏杆右击,在弹出的快捷菜单中选择"创建群组"命令,将绘制的栏杆创建为群组。

12.2.6 创建屋顶

模型中的屋顶也是必不可少的一部分,接下来绘制屋顶。

(1)创建"屋顶"标记并将其设为当前标记,如图12-130所示。

(2)双击墙体模型,进入墙体模型内部。单击"绘图"工具栏中的"矩形"按钮,捕捉屋顶边缘,绘制屋顶,如图12-131所示。

(3)单击"使用入门"工具栏中的"删除"按钮,删除多余直线。

(4)单击"绘图"工具栏中的"选择"按钮,选中屋顶右击,在弹出的快捷菜单中选择"反转平面"命令,将平面反转并退出墙体群组,如图12-132所示。

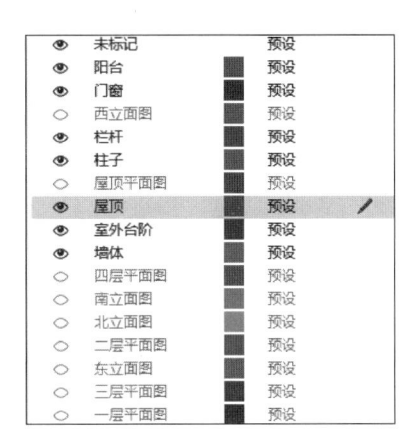

图12-130 创建"屋顶"标记并设为当前标记

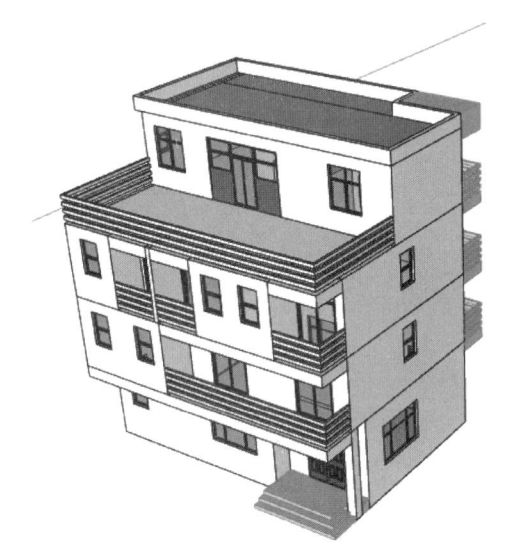

图12-131 绘制屋顶

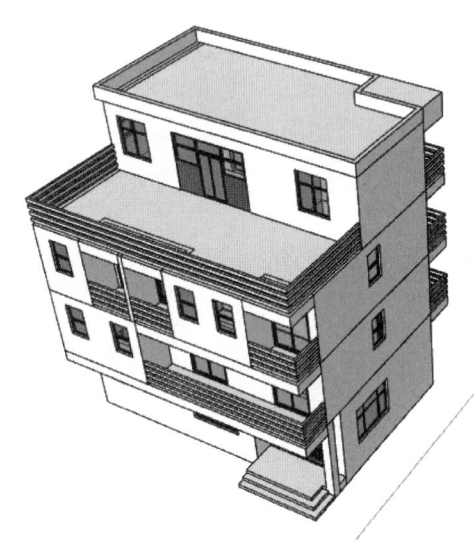

图12-132 反转屋顶并退出群组

12.2.7 创建雨篷

本节绘制顶层上的雨篷。

(1)在场景中显示南立面图和东立面图并创建"雨篷"标记,将其设为当前标记,如图12-133所示。

(2)单击"编辑"工具栏中的"移动"按钮,调整东立面图和南立面图的位置,使其在雨篷处对齐,如图12-134所示。

图 12-133　创建"雨篷"标记并设为当前标记

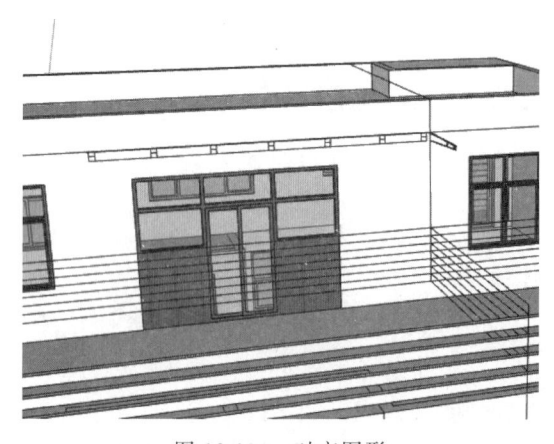

图 12-134　对齐图形

（3）单击"绘图"工具栏中的"直线"按钮 和"圆"按钮 ，绘制东立面图上的雨篷端面，如图 12-135 所示。

（4）单击"绘图"工具栏中的"选择"按钮 ，三击雨篷，选中雨篷的所有面和线。单击"编辑"工具栏中的"移动"按钮 ，将雨篷端面移动到南立面图中的适当位置，如图 12-136 所示。

（5）单击"建筑施工"工具栏中的"卷尺工具"按钮 ，测量出金属构件在南立面图上的长度为 100mm。单击"编辑"工具栏中的"推/拉"按钮 ，将雨篷端面推拉 100mm，如图 12-137 所示。

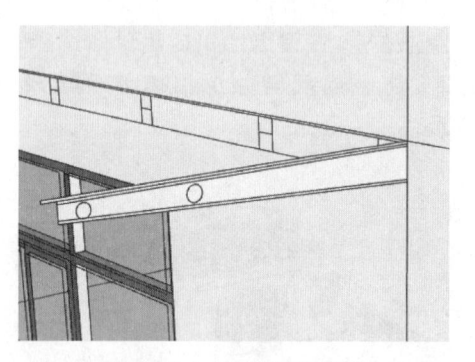

图 12-135　绘制雨篷端面

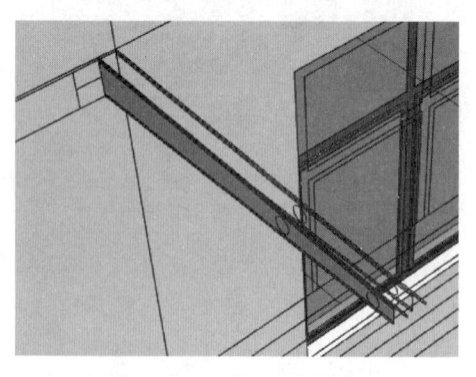

图 12-136　移动雨篷端面

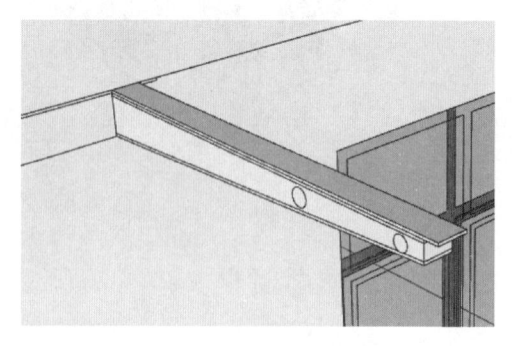

图 12-137　推拉雨篷端面

（6）选择雨篷上的金属构件，将其创建为群组。

（7）单击"编辑"工具栏中的"移动"按钮 并按住 Ctrl 键，将金属构件以南立面图上的点为基准点进行多次复制，如图 12-138 所示。

324

(8)单击"绘图"工具栏中的"直线"按钮 ∕ 和"编辑"工具栏中的"推/拉"按钮 ◆，绘制金属构件中的玻璃造型，如图 12-139 所示。

(9)选择雨篷上的玻璃构件，将其创建为群组。

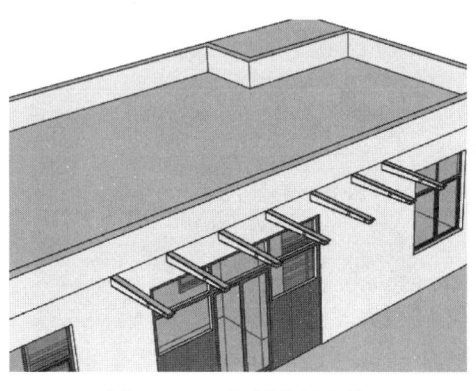

图 12-138　复制金属构件　　　　　图 12-139　绘制玻璃造型

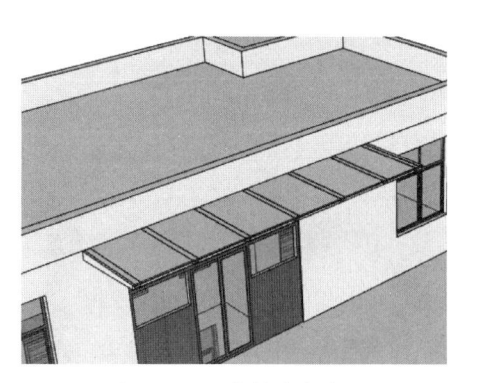

(10)单击"大工具集"工具栏中的"颜料桶"按钮 ⊘，将所有金属构件赋予"金属"→"有缝金属"材质，将所有玻璃构件赋予"玻璃和镜子"→"半透明的玻璃蓝"材质，如图 12-140 所示。

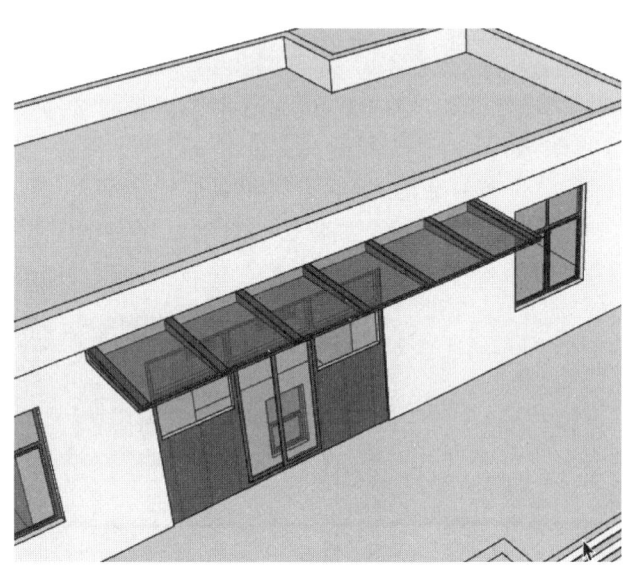

图 12-140　赋予材质

12.3　细化图形

模型绘制完毕后，需要观察图形，看看有没有画错、不美观或者遗漏的部分，如有就需要对模型继续进行调整。

(1)从顶部可以看到这个露台和屋顶上有一些线看着不美观，给人的感觉是模型乱糟糟的，如图 12-141 所示。选中屋顶和露台上的直线右击，在弹出的快捷菜单中选择"隐藏"命令,将多余的线隐藏。

（2）单击"大工具集"工具栏中的"颜料桶"按钮,将所有墙体、阳台和柱子赋予"沥青和混凝土"→"新抛光混凝土"材质,将台阶赋予"沥青和混凝土"→"旧抛光混凝土"材质,将栏杆赋予"石头"→"土灰色花岗岩"材质,如图 12-142 所示。

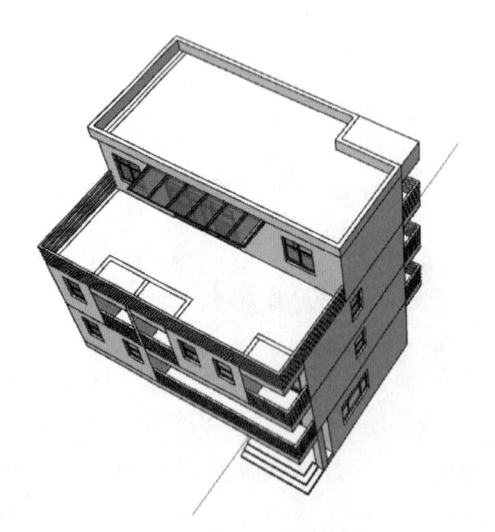

图 12-141　显示多余直线　　　　　图 12-142　赋予材质

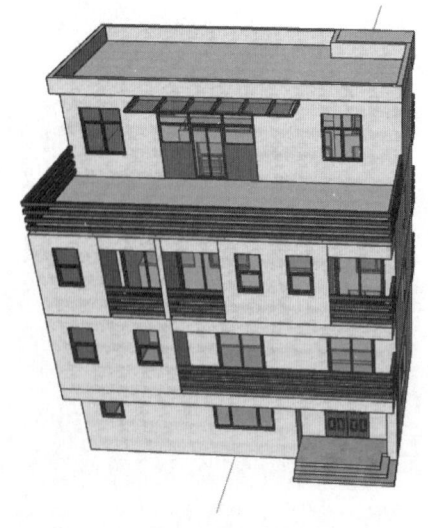

（3）将东立面图移动到东侧的墙面上,可以看出圈出来的这部分在东立面图中显示有阳台,因此需要更改,如图 12-143 所示。

（4）将"阳台"标记设为当前标记,然后进入阳台群组内部。单击"编辑"工具栏中的"推/拉"按钮,进行推拉,此时可以发现系统自动将阳台的材质赋予新拉伸的实体,而不需要再次采用"颜料桶"按钮赋予材质。更改后的阳台如图 12-144 所示。

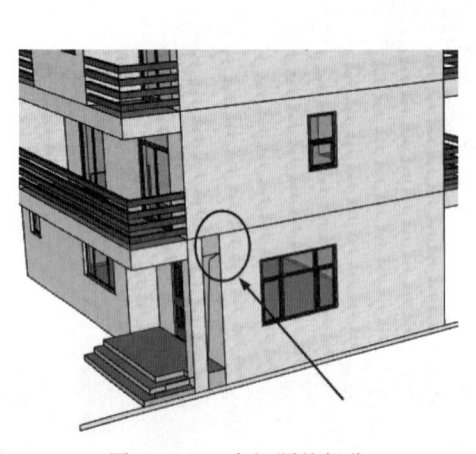

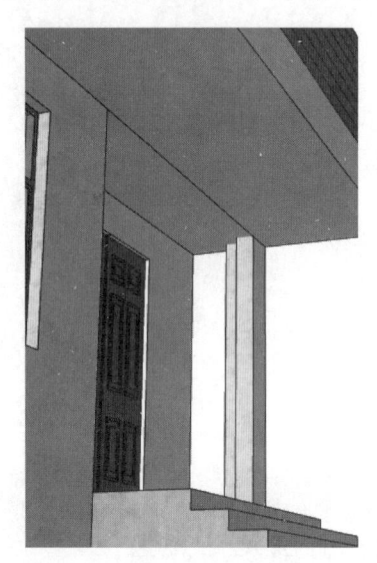

图 12-143　有问题的部分　　　　　图 12-144　调整阳台的尺寸

（5）关闭所有的平面图和立面图标记，打开其他的标记，调整图形，查看模型，如图 12-145 所示。

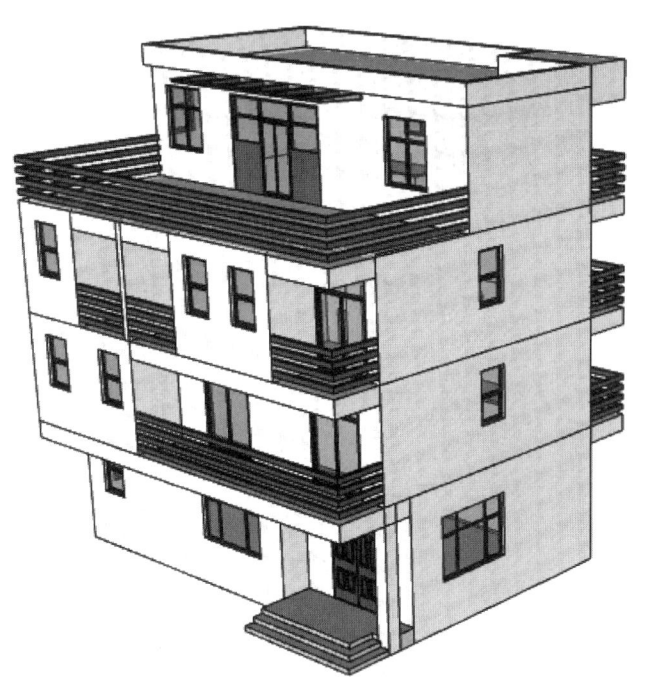

图 12-145 查看模型

第13章

高层住宅小区建模实例

内容简介

本章介绍一个高层住宅小区建模实例,共有 6 栋楼,它们前后错落地布置。留出来的空间用于进行景观布置,感兴趣的读者可以自行绘制景观。

内容要点

- 建模准备
- 创建立体模型
- 小区生长动画

第13章 高层住宅小区建模实例

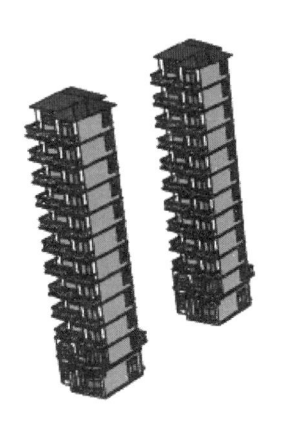

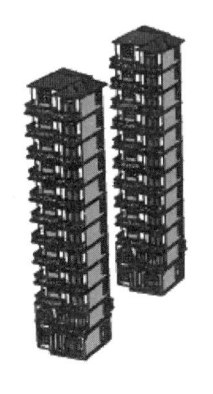

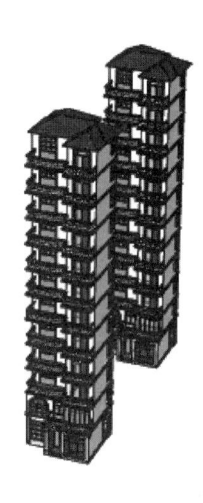

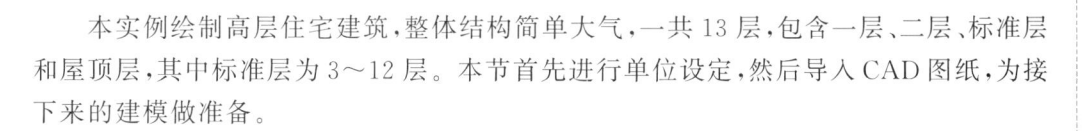

案 例 效 果

13.1 建模准备

本实例绘制高层住宅建筑,整体结构简单大气,一共13层,包含一层、二层、标准层和屋顶层,其中标准层为3~12层。本节首先进行单位设定,然后导入CAD图纸,为接下来的建模做准备。

13.1.1 单位设定

如果每次使用SketchUp时都设置单位,就会过于烦琐,为此可以使用单位模板,采用我国规范规定的尺寸。设定方法如下:

(1) 选择菜单栏中的"窗口"→"模型信息"命令,弹出"模型信息"对话框,选择"单位"选项卡。在建筑建模中通常使用毫米(mm)为单位,因此将"度量单位"选项组中的"长度"设置为"毫米","显示精确度"设置为"0mm",选中"启用长度捕捉"和"启用角度捕捉"复选框,如图13-1所示。

(2) 设置完毕之后,单击"关闭"按钮×,返回绘图区域。

13.1.2 导入CAD图

选择菜单栏中的"文件"→"导入"命令,导入源文件中的CAD图形,以CAD图为对照依据,绘制高层建筑模型。

(1) 选择菜单栏中的"文件"→"导入"命令,在弹出的"导入"对话框中将文件类型设置为"AutoCAD文件(*.dwg,*.dxf)",然后选择源文件中的"一层平面图"图形,如图13-2所示。

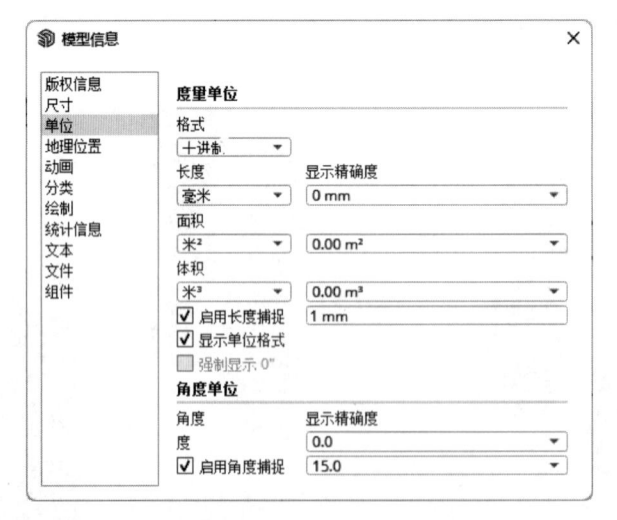

图 13-1 "单位"选项卡

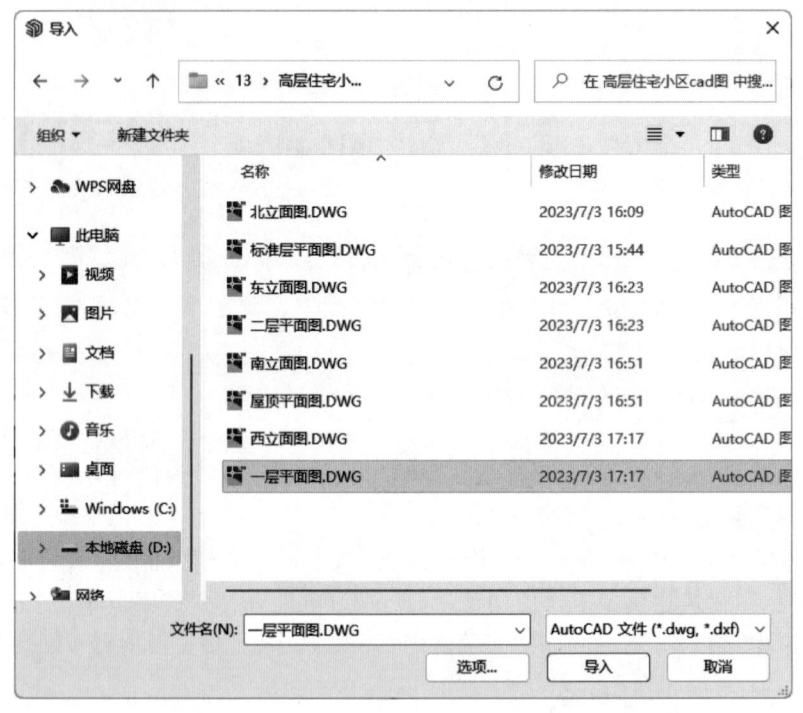

图 13-2 "导入"对话框

（2）单击"选项"按钮，弹出如图 13-3 所示的"导入 AutoCAD DWG/DXF 选项"对话框，将导入单位设置为"毫米"，选中"保持绘图原点"复选框，其余采用默认设置，如图 13-3 所示。

（3）单击"好"按钮，返回"导入"对话框。单击"导入"按钮，打开"导入结果"对话框，如图 13-4 所示，显示 CAD 图相关信息。单击"关闭"按钮，将 CAD 图加载到场景中。

（4）将视图切换至顶视图，将图形全屏显示。单击"编辑"工具栏中的"移动"按钮 ✣，将一层平面图移动至坐标原点，如图 13-5 所示。

第13章 高层住宅小区建模实例

图 13-3 "导入 AutoCAD DWG/DXF 选项"对话框

图 13-4 "导入结果"对话框

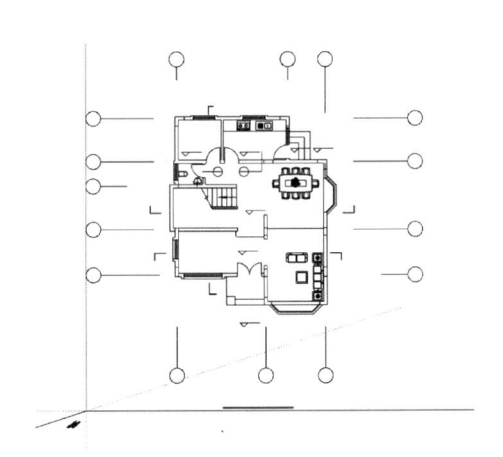

图 13-5 导入的 CAD 图

（5）选择菜单栏中的"文件"→"导入"命令，在弹出的"导入"对话框中将文件类型设置为"AutoCAD 文件（*.dwg, *.dxf）"，然后选择"二层平面图"图形，导入模型中。单击"编辑"工具栏中的"移动"按钮，将"二层平面图"移动至"一层平面图"的右侧，如图 13-6 所示。

（6）选择菜单栏中的"文件"→"导入"命令，在弹出的"导入"对话框中将文件类型设置为"AutoCAD 文件（*.dwg, *.dxf）"，然后分别选择"标准层平面图"和"屋顶平面图"图形，导入模型中。单击"编辑"工具栏中的"移动"按钮，将"标准层平面图"和"屋顶平面图"图形移动至右侧，如图 13-7 所示。

（7）选择菜单栏中的"文件"→"导入"命令，在弹出的"导入"对话框中将文件类型设置为"AutoCAD 文件（*.dwg, *.dxf）"，然后分别选择"东立面图""西立面图""南立面图"和"北立面图"图形，导入模型中。单击"编辑"工具栏中的"移动"按钮，按照导入的顺序将这四张立面图移动至平面图的下方并依次排列，如图 13-8 所示。

331

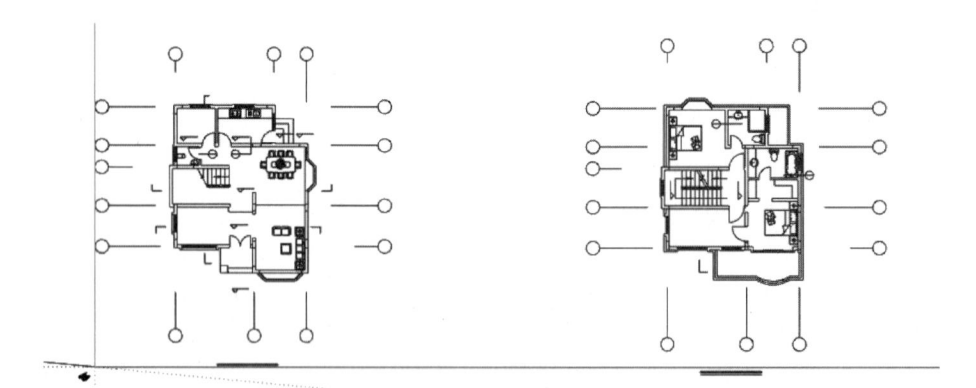

图 13-6　放置二层平面图

一层平面图　　二层平面图　　标准层平面图　　屋顶平面图

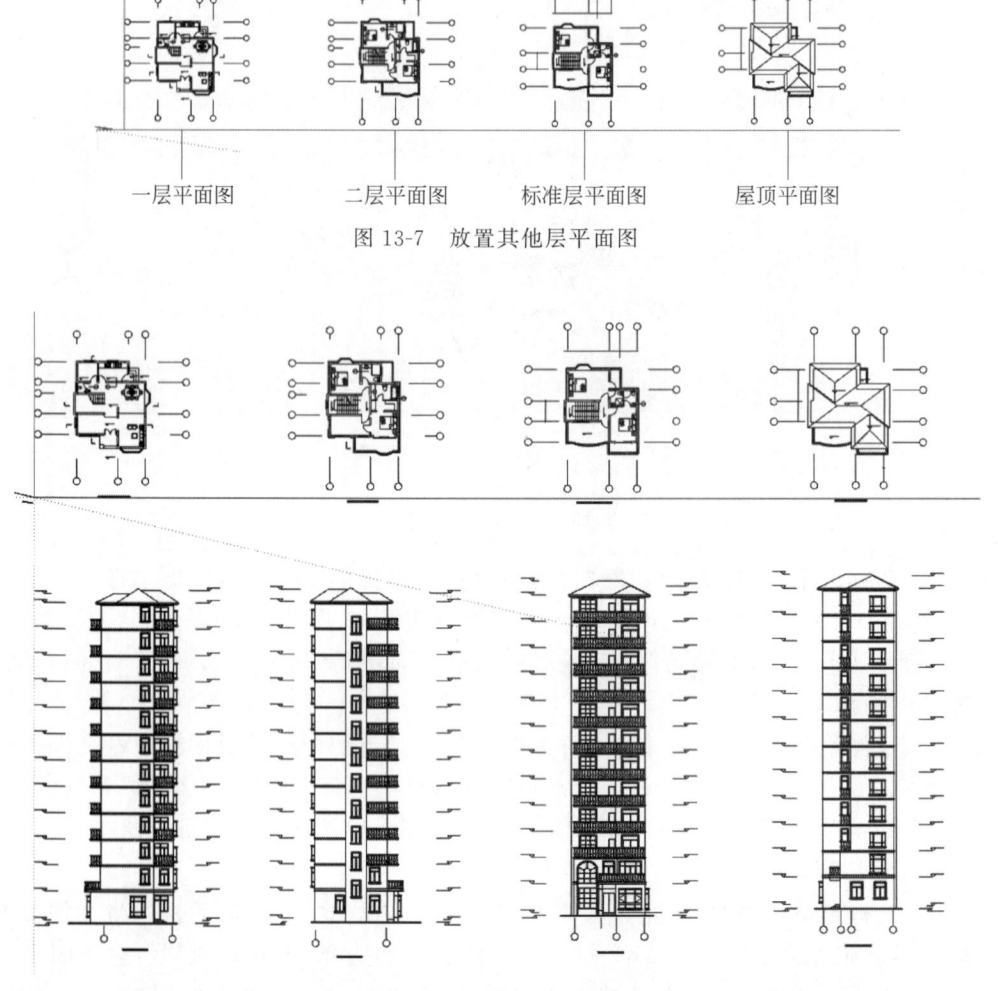

图 13-7　放置其他层平面图

图 13-8　放置各个方向的立面图

13.1.3 管理标记

导入CAD图后，建立在CAD图上的图层也导入了系统中，看着很凌乱，需要重新建立新的标记。

（1）打开"标记"面板，如图13-9所示，显示模型中的所有标记。

（2）单击"未标记"下面的第一个标记，按住Shift键再单击最下面的标记，选中除"未标记"以外的所有标记右击，在弹出的快捷菜单中选择"删除标记"命令，弹出如图13-10所示的"删除包含图元的标记"对话框。选择"分配另一个标记"单选按钮，在后面的文本框中选择"未标记"选项，将所有标记转换至"未标记"标记。

图13-9 "标记"面板

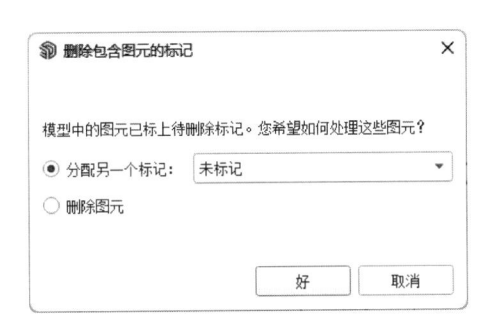

图13-10 删除标记选项

（3）新建"一层平面图""二层平面图""标准层平面图""屋顶平面图""东立面图""西立面图""南立面图"和"北立面图"标记，如图13-11所示。

（4）导入系统中的各层CAD图为群组，双击各层CAD图进入群组内部，删除一层平面图的家具、轴号、剖切符号等，如图13-12所示。

图13-11 创建标记

（5）选中一层平面图右击，在弹出的快捷菜单中选择"切换图层到："→"一层平面图"命令，切换图形标记至"一层平面图"标记，如图13-13所示。

（6）继续选中一层平面图右击，在弹出的快捷菜单中选择"创建群组"命令，将一层平面图创建为群组。

（7）采用相同的方法分别将其余的CAD图进行整理，然后切换至各自相对应的标记上，如图13-14所示。

（8）绘制长方体。将视图切换至轴测图，单击"绘图"工具栏中的"矩形"按钮和"编辑"工具栏中的"推/拉"按钮，绘制长方体，如图13-15所示。

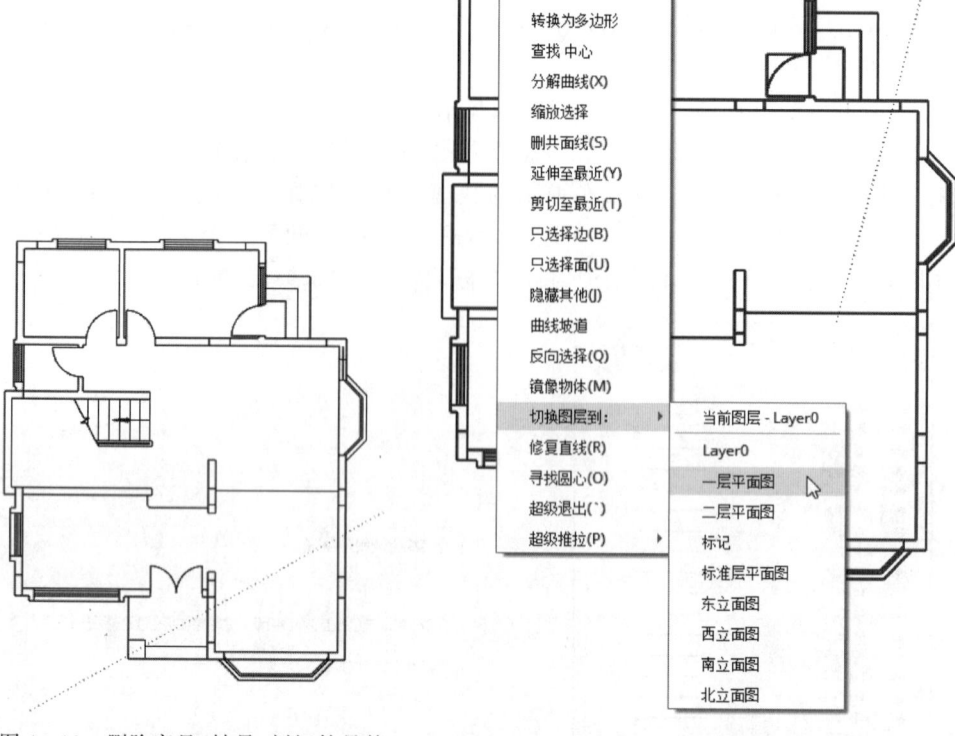

图 13-12　删除家具、轴号、剖切符号等

图 13-13　切换标记

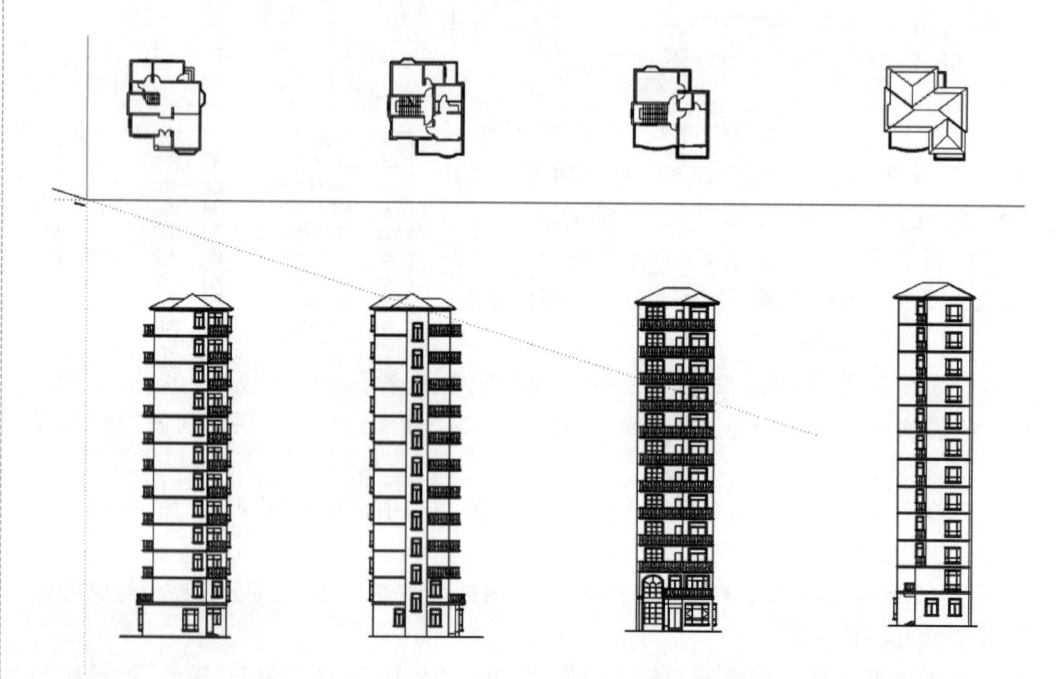

图 13-14　整理其余各层图形

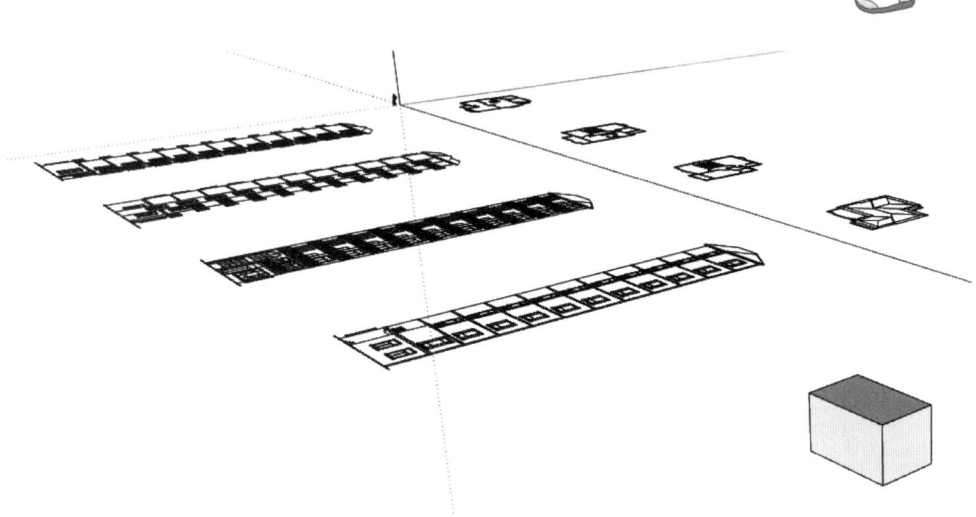

图 13-15　绘制长方体

（9）旋转立面图。单击"编辑"工具栏中的"旋转"按钮 ，将所有的立面图进行旋转，如图 13-16 所示。

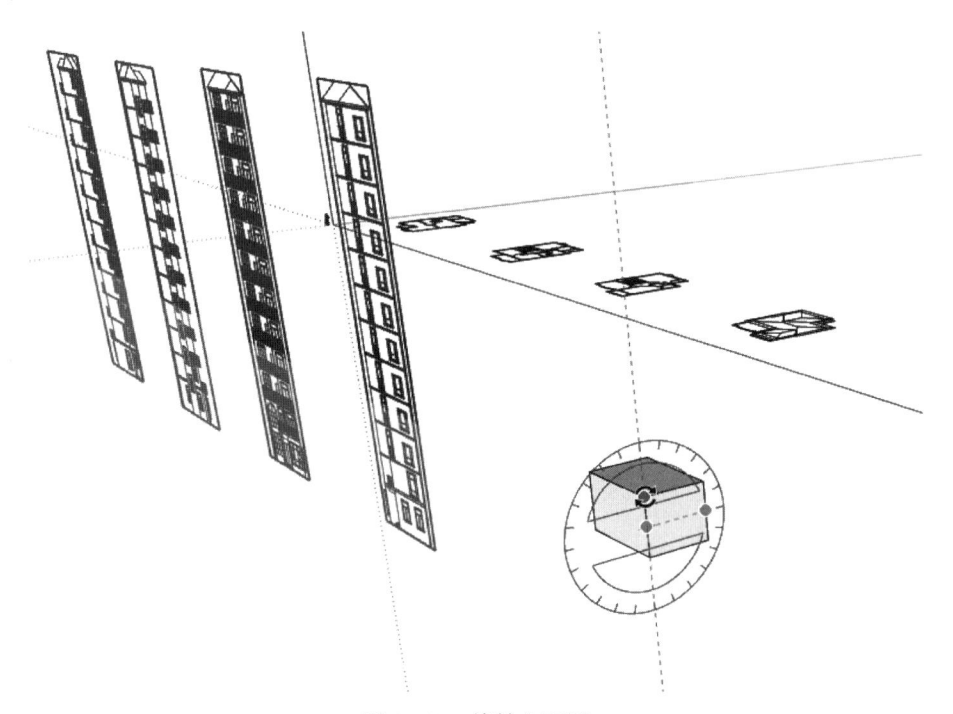

图 13-16　旋转立面图

（10）移动南立面图。单击"编辑"工具栏中的"移动"按钮 ，调整南立面图的位置，如图 13-17 所示。

（11）镜像北立面图。单击 SUAPP 基本工具栏中的"镜像物体"按钮 ，指定镜像的两点，按 Enter 键，打开如图 13-18 所示的"提示"对话框。单击"是"按钮，删除源对象，将原来的北立面图进行左右镜像。

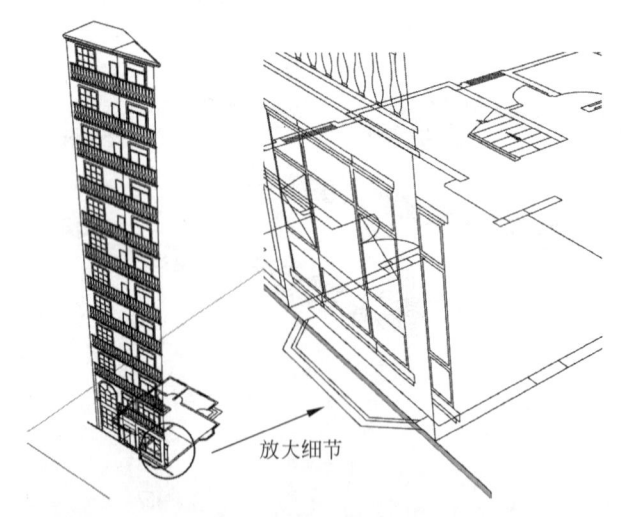

图 13-17　移动南立面图

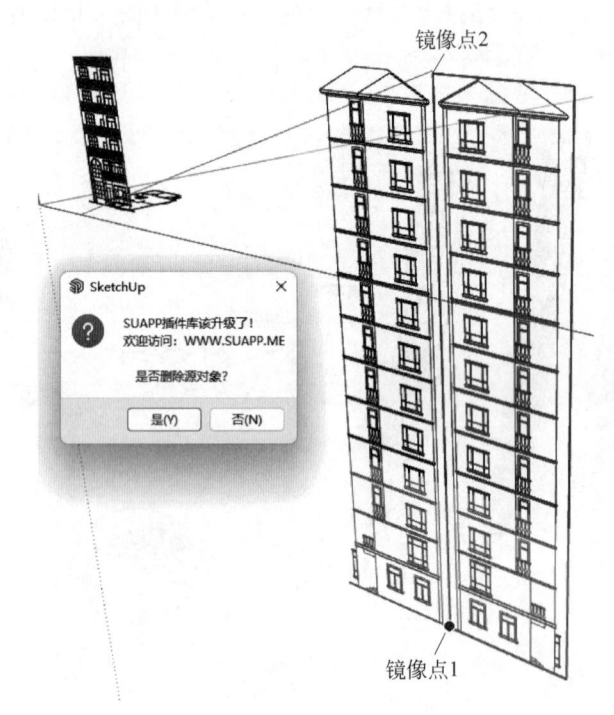

图 13-18　镜像图形

（12）移动北立面图。单击"编辑"工具栏中的"移动"按钮，调整北立面图的位置，如图 13-19 所示。

（13）依据北立面图的位置，使用相同的方法移动和旋转东立面图和西立面图，如图 13-20 所示。

（14）隐藏南立面图、东立面图和西立面图，以方便布置平面图。

（15）移动二层平面图。单击"编辑"工具栏中的"移动"按钮，将平面图中楼梯的柱子对齐，然后将一层平面图隐藏，结果如图 13-21 所示。

放大细节

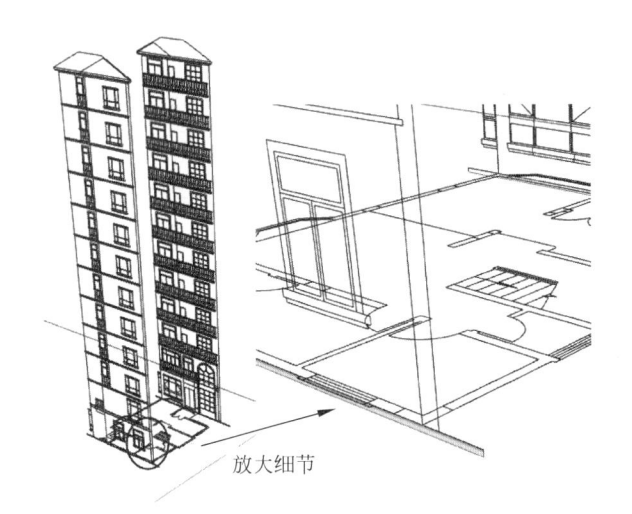

图 13-19　移动北立面图

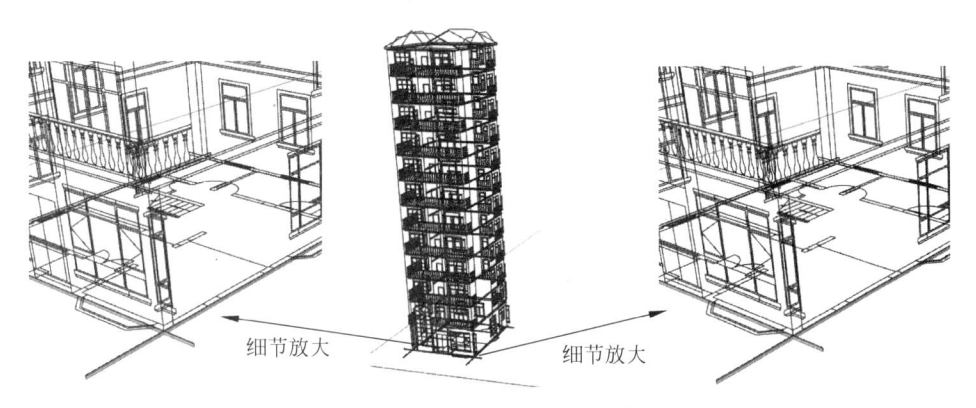

细节放大　　　细节放大

图 13-20　调整东西立面图的位置

（16）从南立面图中看到室内外地坪标高差为 300mm，一层的层高是 3300mm，因此室外地坪到二层平面图的高度差为 3600mm。单击"编辑"工具栏中的"移动"按钮✥，并按"↑"键，锁定方向，将二层平面图向上侧移动 3600mm，结果如图 13-22 所示。

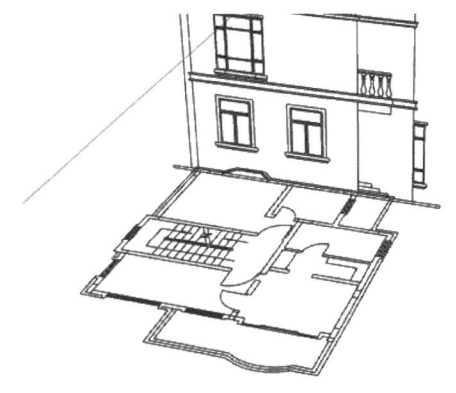

图 13-21　隐藏一层平面图　　　图 13-22　移动二层平面图

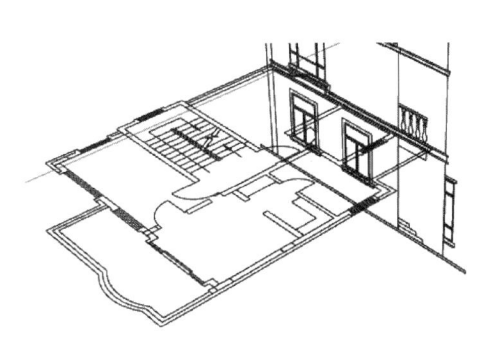

(17)移动其他层平面图。在场景中显示一层平面图。从南立面图中看到室内外地坪标高差为300mm，一层和二层的层高总和是6300mm，一层到十二层的层高总和是36300mm。单击"编辑"工具栏中的"移动"按钮，并按住"↑"键，锁定方向，将标准层和屋顶平面图分别向上侧移动6600mm和36600mm，结果如图13-23所示。

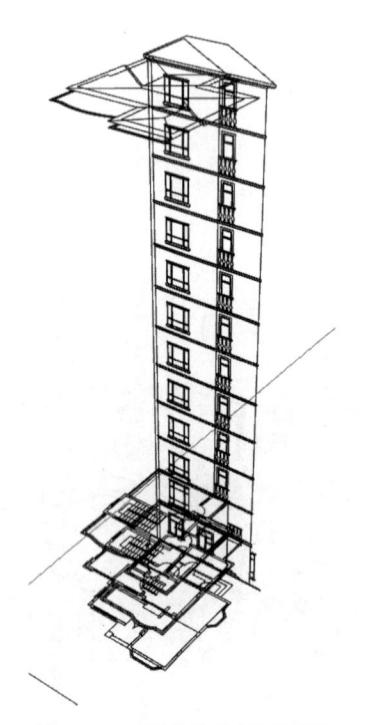

(18)在场景中显示所有CAD图，结果如图13-24所示。

图13-23　移动其他层平面图

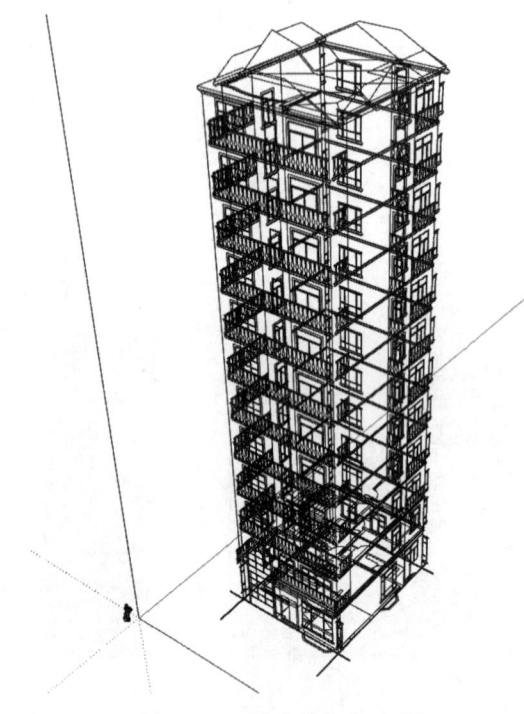

图13-24　显示所有CAD图

13.2　创建立体模型

本节首先构建墙体框架，随后添加门窗、台阶及柱子，最后细化装饰，完成整体模型构建。

13.2.1　勾画并拉伸墙体

在启动建模项目时，首要任务是勾勒出建筑的基本形态，也就是墙体。

(1)新建"墙体"标记，并设为当前标记，如图13-25所示。

(2)隐藏除一层平面图以外的其他标记，仅显示一层平面图，如图13-26所示。

(3)单击"绘图"工具栏中的"矩形"按钮，沿

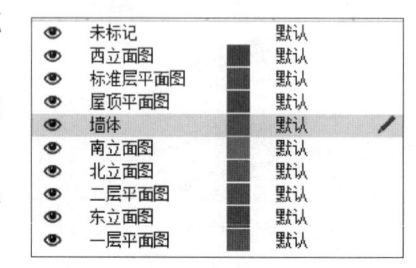

图13-25　新建"墙体"标记

着墙体的内外边绘制墙体轮廓，如图 13-27 所示。

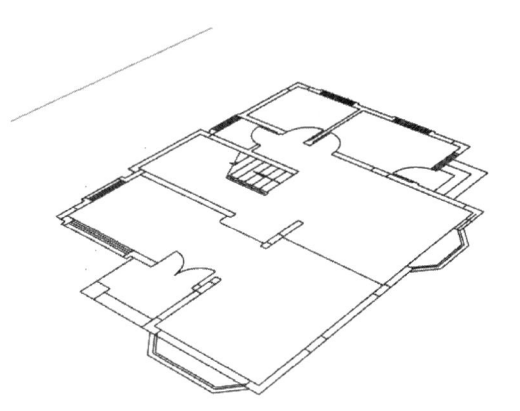

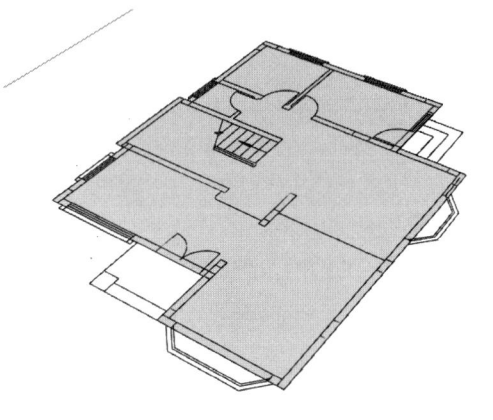

图 13-26　仅显示一层平面图　　　　　　图 13-27　绘制墙体

（4）单击"绘图"工具栏中的"选择"按钮，并结合键盘上的 Delete 键，删除多余的平面，仅保留墙体的平面。

（5）隐藏一层平面图。单击"绘图"工具栏中的"选择"按钮，并结合键盘上的 Delete 键，删除墙体平面中的多余直线部分，形成贯通的墙体，并隐藏一层平面图，如图 13-28 所示。

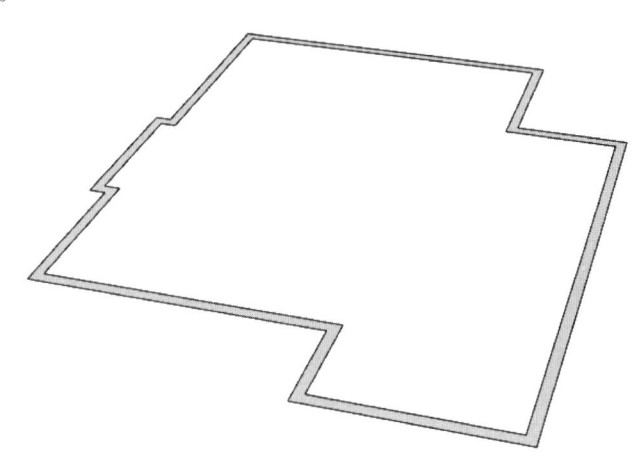

图 13-28　隐藏一层平面图

（6）单击"绘图"工具栏中的"选择"按钮，选择墙体。单击 SUAPP 基本工具栏中的"拉线成面"按钮，根据 CAD 图纸确定室外地坪到一层楼底的高度为 300mm，一层的层高为 3300mm，因此拉线的高度为 300mm 和 3300mm。在任意位置双击，弹出 SketchUp 提示框，如图 13-29 所示，提醒是否需要翻转面的方向。单击"是"按钮，模型正反平面将翻转，系统继续打开另一个 SketchUp 提示框，提醒拉伸结果是否需要生成群组，如图 13-30 所示。单击"是"按钮，模型将会创建为群组，绘制一层墙体，如图 13-31 所示。

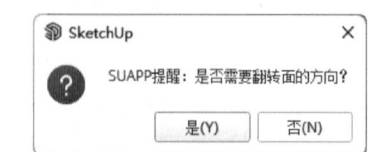

图 13-29　提醒是否翻转

图 13-30　提醒是否生成群组

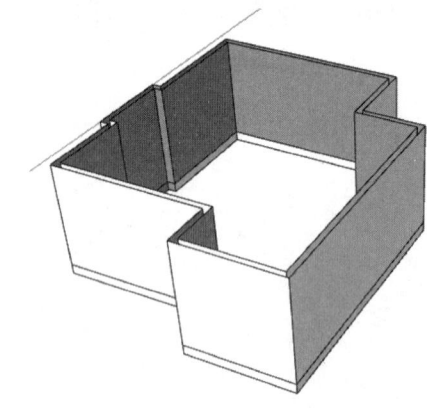

图 13-31　绘制室外地坪到一层楼顶的墙体

（7）观察生成的墙体模型，发现底部是镂空的，没有生成地面，墙体的顶部没有封闭成面。单击"绘图"工具栏中的"选择"按钮，双击墙体进入群组内部，选中所有的模型，单击 SUAPP 基本工具栏中的"生成面域"按钮，系统打开 SketchUp 提示框，如图 13-32 所示，提示共有 6 个面生成。单击"确定"按钮，退出群组，结果如图 13-33 所示。

图 13-32　系统提示生成 6 个面

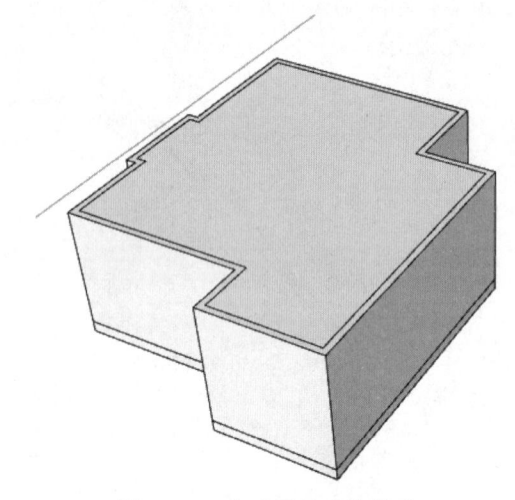

图 13-33　生成面域后的模型

（8）单击"使用入门"工具栏中的"删除"按钮，进入墙体群组内部将顶面删除。

（9）观察模型，发现生成的内墙现在是反面朝外，需要进行反转。进入墙体群组内部，选中其中一个内墙平面右击，在弹出的快捷菜单中选择"反转平面"命令，如图 13-34 所示，将内墙正反面反转。右击刚才的内墙，在弹出的快捷菜单中选择"确定平面方向"命令，系统自动将所有内墙反面反转为正面，如图 13-35 所示。

（10）在场景中显示二层平面图，如图 13-36 所示。

（11）单击"绘图"工具栏中的"矩形"按钮，捕捉二层平面图，在一层墙体模型的基础上将二层的外墙轮廓勾画出来，如图 13-37 所示。

第13章　高层住宅小区建模实例

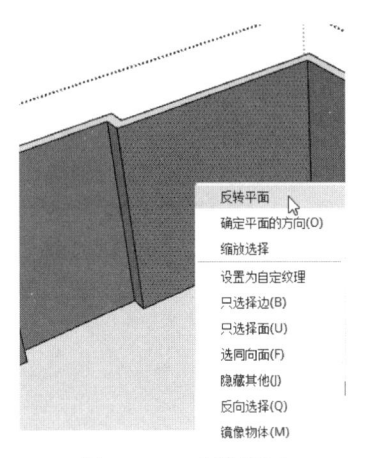

图 13-34　反转平面

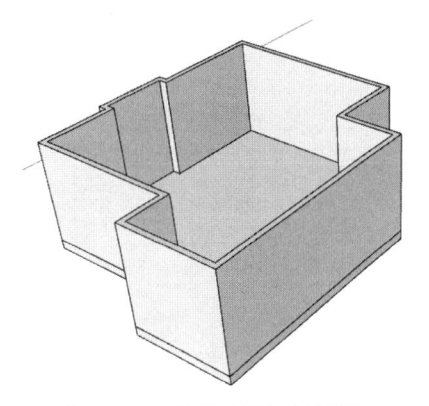

图 13-35　反转内墙后的模型

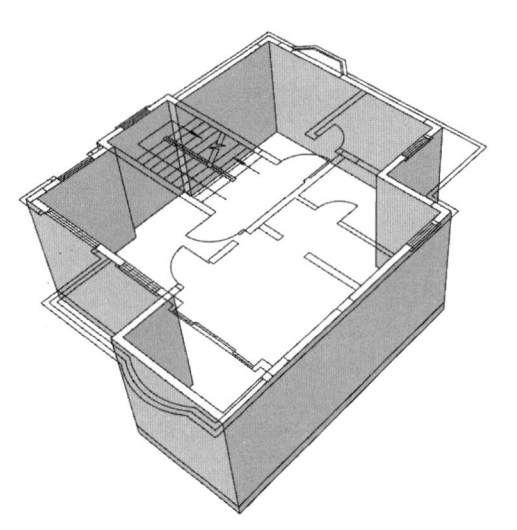

图 13-36　显示二层平面图

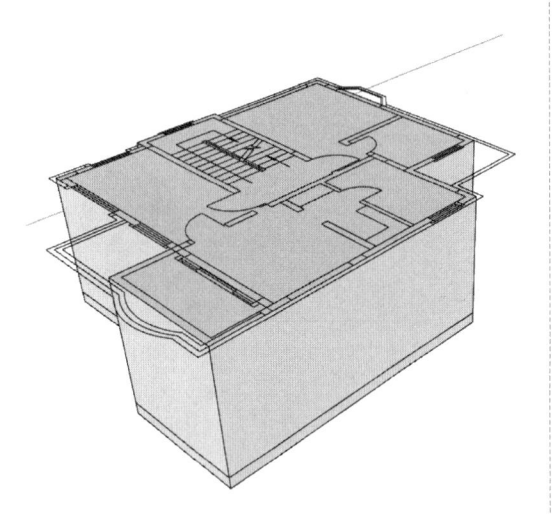

图 13-37　绘制外墙轮廓

（12）将二层平面图隐藏，然后单击"使用入门"工具栏中的"删除"按钮，将绘制的矩形轮廓中的多余平面和直线删除，如图 13-38 所示。

（13）单击"编辑"工具栏中的"推/拉"按钮 并按住 Ctrl 键，参照立面图的标高尺寸可以推断出二层的层高为 3000mm，因此将墙体推拉 3000mm，绘制二层墙体，如图 13-39 所示。

（14）单击"绘图"工具栏中的"直线"按钮，绘制直线，将阳台平面分割，如图 13-40 所示。

（15）单击"使用入门"工具栏中的"删除"按钮，删除多余的平面和直线，露出阳台，如图 13-41 所示。

（16）单击"绘图"工具栏中的"直线"按钮，补全竖向的墙体平面，选中下侧的墙体右击，在弹出的快捷菜单中选择"反转平面"命令，将阳台的底面进行反转，如图 13-42 所示。

341

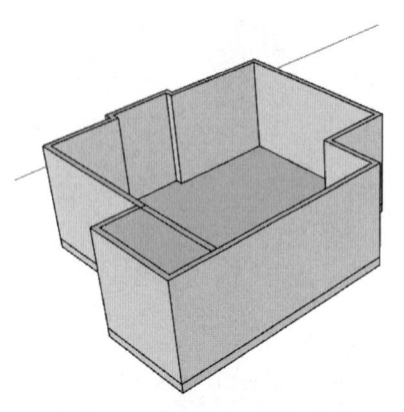

图 13-38 删除多余平面和直线　　图 13-39 创建出二层墙体

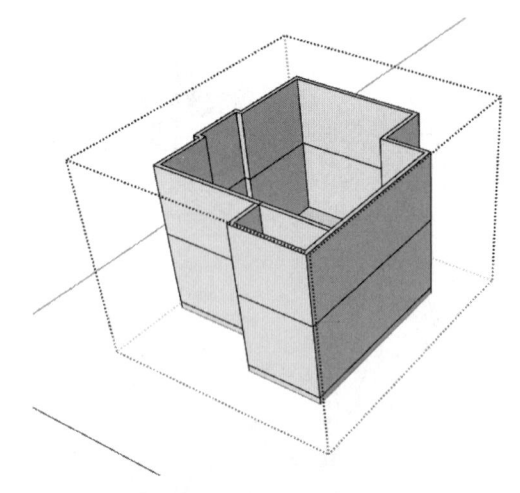

图 13-40 分割平面　　图 13-41 露出阳台

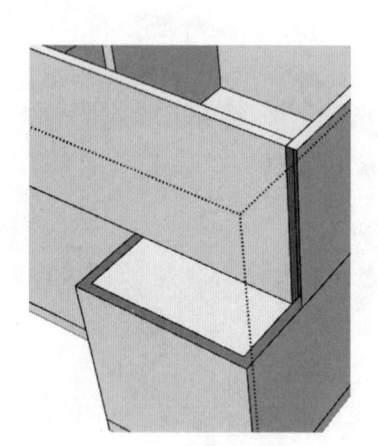

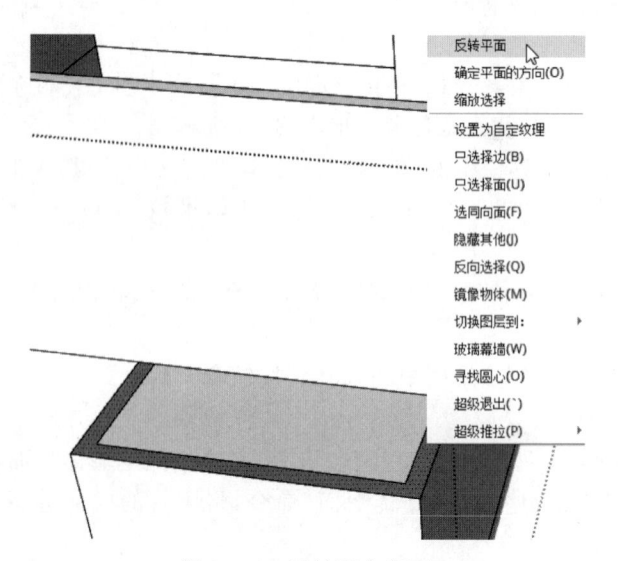

图 13-42 反转阳台底面

第13章　高层住宅小区建模实例

（17）单击"使用入门"工具栏中的"删除"按钮，将群组内的多余直线删除，形成贯通的墙体并退出群组，如图 13-43 所示。

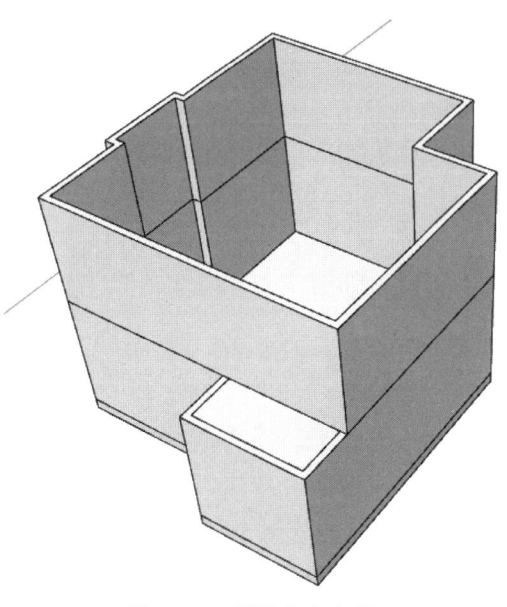

图 13-43　删除多余直线

（18）在场景中显示标准层平面图，如图 13-44 所示。

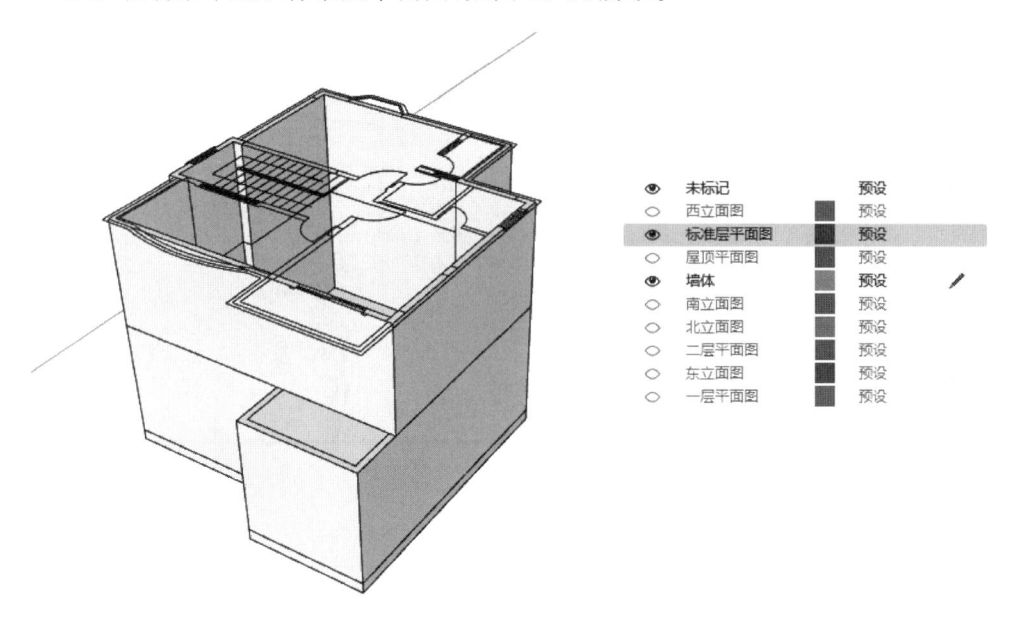

图 13-44　显示标准层平面图

（19）单击"绘图"工具栏中的"矩形"按钮，捕捉三层平面图，在二层墙体模型的基础上将三层的外墙轮廓勾画出来，如图 13-45 所示。

（20）单击"绘图"工具栏中的"直线"按钮 和"使用入门"工具栏中的"删除"按钮，将平面分割，并删除多余直线，如图 13-46 所示。

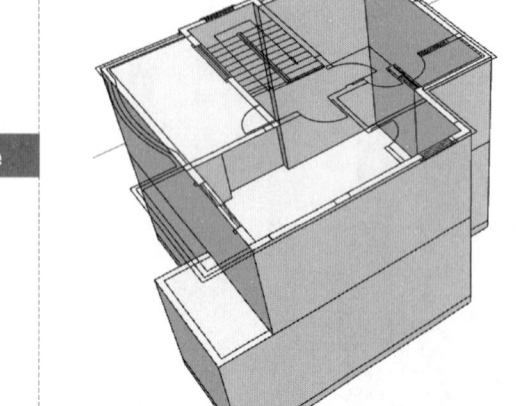

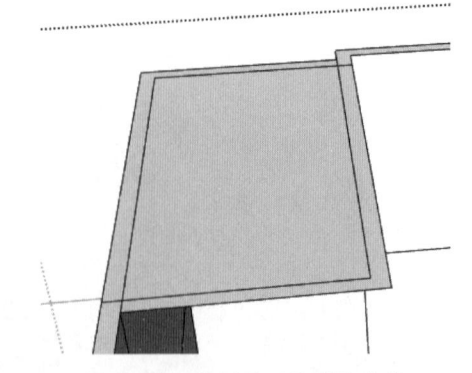

图 13-45 绘制外墙轮廓　　　　图 13-46 分割平面并删除直线

（21）将标准层平面图隐藏,然后单击"编辑"工具栏中的"推/拉"按钮 ◆ 并按住 Ctrl 键,参照立面图的标高尺寸可以推断出三层的层高为 3000mm,因此将墙体推拉 3000mm,绘制标准层墙体。单击"使用入门"工具栏中的"删除"按钮 ◆ ,删除多余直线,形成贯通的墙体,如图 13-47 所示。

（22）将除标准层以外的墙体隐藏,如图 13-48 所示。

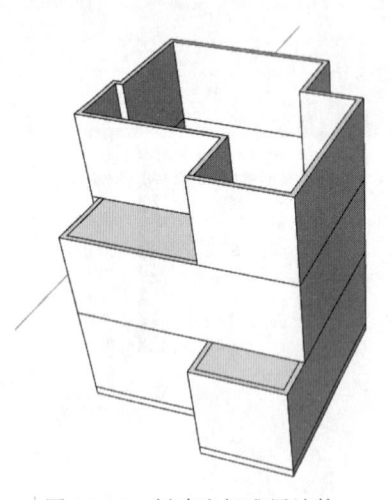

图 13-47 创建出标准层墙体　　　　图 13-48 隐藏墙体

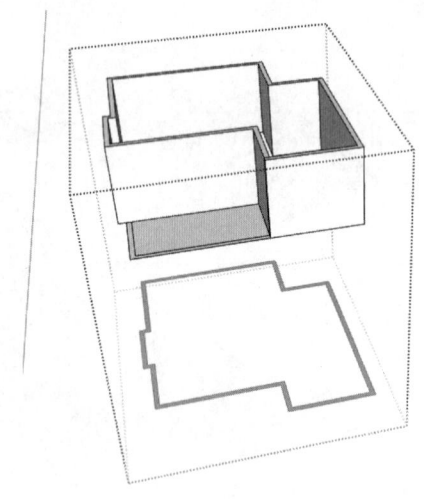

（23）单击"编辑"工具栏中的"移动"按钮 ❖ 并按住 Ctrl 键,将标准层的墙体沿着蓝轴进行移动复制,复制的间距为 3000mm,个数为 9＊,系统自动绘制 3 层到 12 层的墙体。

（24）选择菜单栏中的"编辑"→"撤销隐藏"→"全部"命令,如图 13-49 所示,将之前隐藏的墙体显示出来,如图 13-50 所示。最后退出群组。

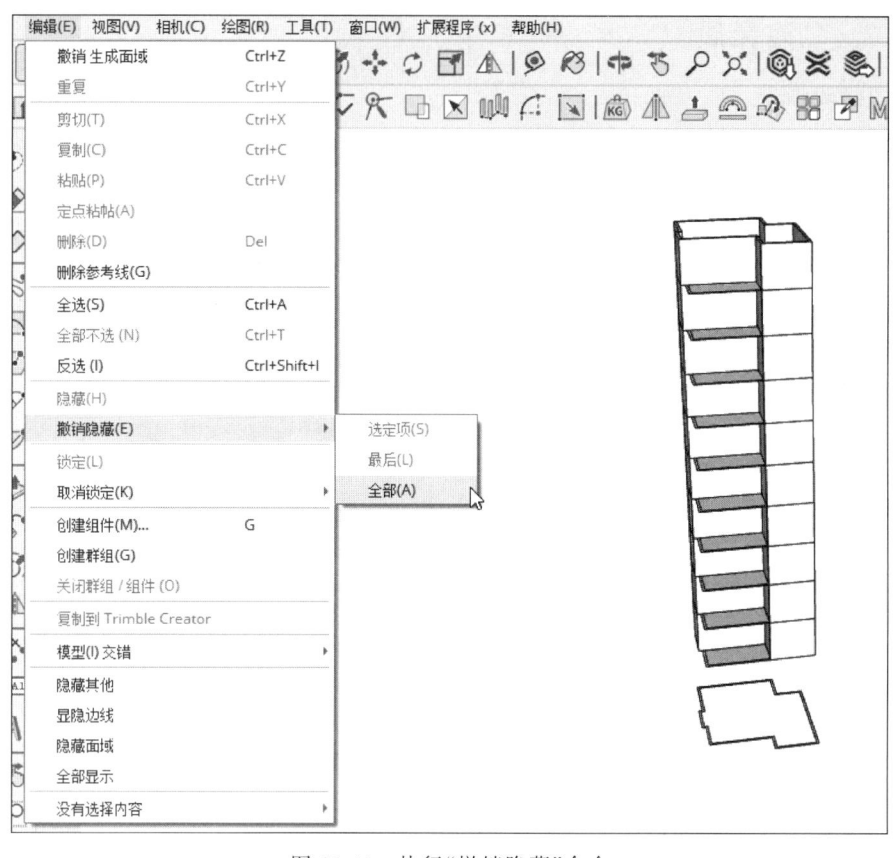

图 13-49 执行"撤销隐藏"命令

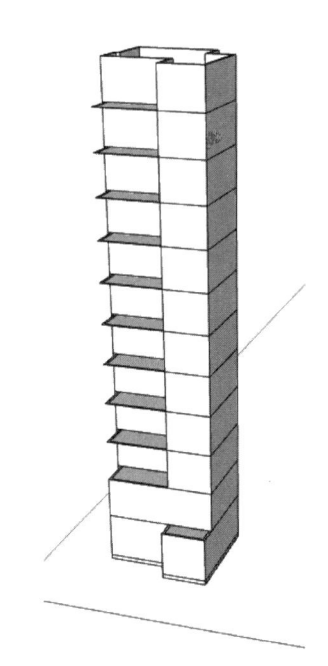

图 13-50 显示所有墙体

13.2.2 创建屋顶

本节绘制屋顶，步骤如下：

(1) 创建"屋顶"标记并将其设为当前标记，如图 13-51 所示。

(2) 打开"屋顶平面图"标记，根据墙体的位置调整屋顶平面图的位置，如图 13-52 所示。

(3) 单击"绘图"工具栏中的"直线"按钮，沿着屋顶的外边缘绘制屋顶轮廓线，关闭"墙体"和"屋顶平面图"标记，如图 13-53 所示。

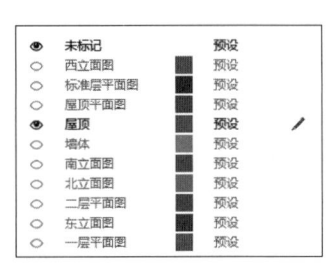

图 13-51 创建"屋顶"标记并设为当前标记

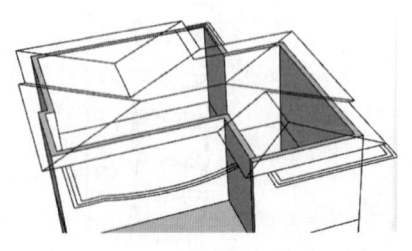

图 13-52 调整屋顶平面图的位置

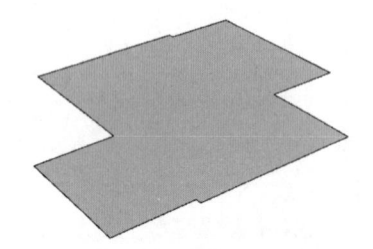

图 13-53 绘制屋顶轮廓线

(4) 单击"绘图"工具栏中的"选择"按钮，选择屋顶。选择菜单栏中的"扩展程序"→"房间屋顶"→"生成屋顶"→"坡屋顶"命令，系统弹出"参数设置"对话框，设置屋顶坡度为 30°，屋檐厚度为 0mm，檐口出挑长度为 0mm，不需要设置图层和材质，如图 13-54 所示。设置完毕后，单击"好"按钮，系统根据参数自动生成屋顶并创建为群组，如图 13-55 所示。

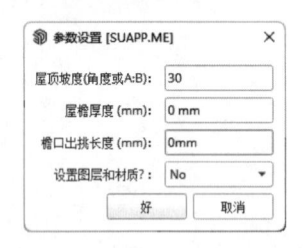

图 13-54 "参数设置"对话框

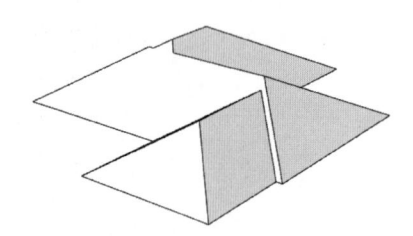

图 13-55 创建屋顶

13.2.3 绘制窗洞和门洞

本节在之前章节绘制的墙体模型的基础上绘制窗洞和门洞。

(1) 本实例的门窗表如表 13-1 所示。

表 13-1 门窗表

名称	尺寸(单位:mm×mm)	名称	尺寸(单位:mm×mm)
C1	2100×2350	C2a	1800×1600
C2	2100×1880(2500)	C3	1800×2200

续表

名称	尺寸(单位:mm×mm)	名称	尺寸(单位:mm×mm)
C3a	1800×2050	C9	1650×1035
C3b	1800×1550	LM1	2400×2600
C4	1200×1750	LM2	1800×2500
C4a	1200×1600	LM2	1800×2500
C5	900×1600	MC1	1650×2650
C5a	900×1850	MC2	1650×2500
C5b	900×1750	M1	1300×2200
C6	700×1600	M3	750×2100
C7	2610×2200		
C8	1750×1035		

(2)在场景中显示南立面图和墙体,将"墙体"标记设为当前标记。

(3)单击"编辑"工具栏中的"移动"按钮✥,将南立面图移动至外墙处,如图13-56所示。

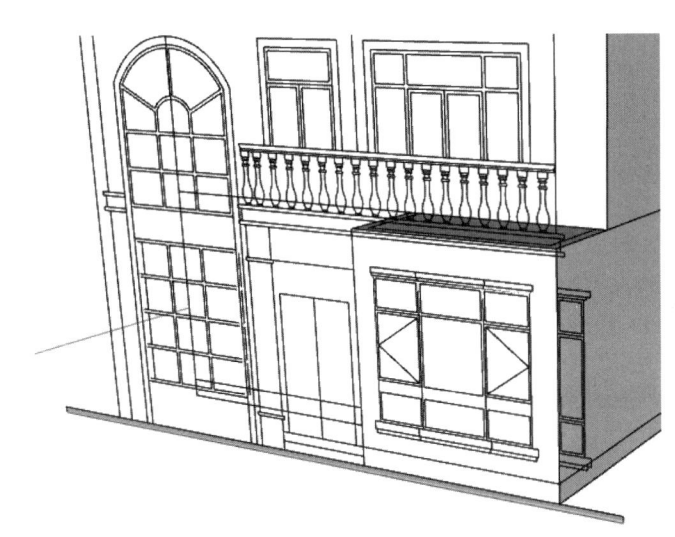

图13-56 移动南立面图

(4)双击墙体进入墙体群组进行编辑。单击"绘图"工具栏中的"矩形"按钮,捕捉一层平面图C7的外轮廓线,绘制矩形。一层平面图中C7的长度为2580mm,但是南立面图中C7的长度为2610mm,这里以立面图为准,绘制2610mm×2200mm的矩形,如图13-57所示。

(5)单击"编辑"工具栏中的"推/拉"按钮,将墙体向内侧推拉180mm,绘制窗洞,如图13-58所示。

(6)使用相同的方法绘制2100mm×2350mm的C1窗洞,如图13-59所示。

(7)双击墙体进入墙体群组进行编辑。单击"绘图"工具栏中的"矩形"按钮,捕捉一层平面图M1的外轮廓线,绘制矩形,然后将墙体向内侧推拉180mm,绘制1300mm×2200mm的M1门洞,如图13-60所示。最后退出墙体群组。

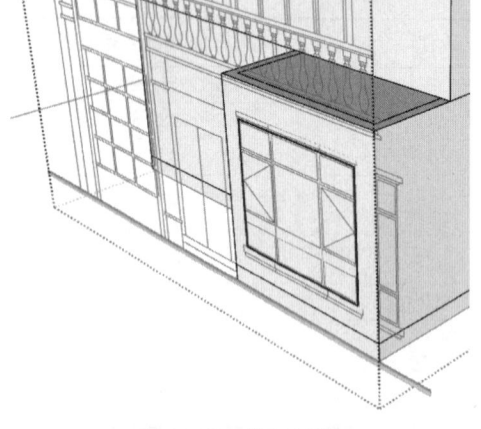

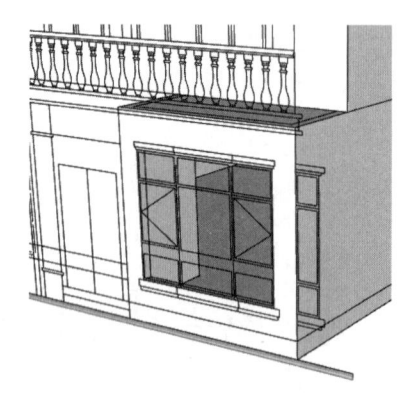

图 13-57　绘制矩形　　　　　　　　　图 13-58　绘制 C7 窗洞

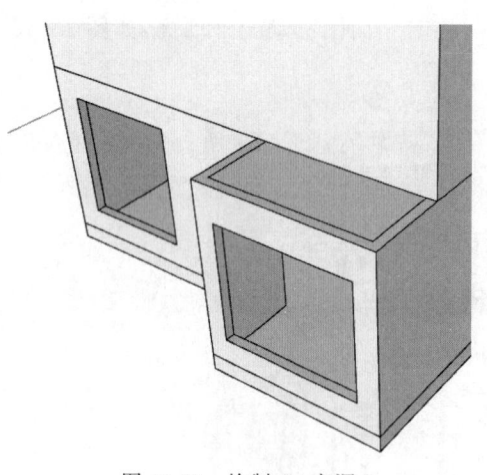

图 13-59　绘制 C1 窗洞　　　　　　　图 13-60　绘制 M1 门洞

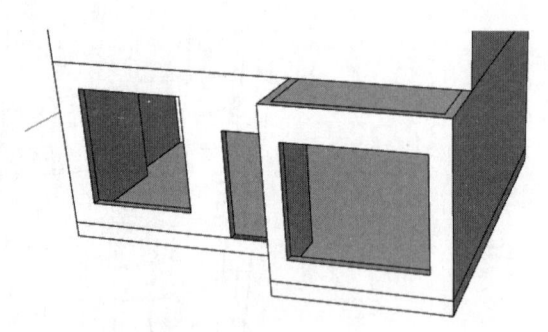

（8）观察南立面图，可以看到二层右侧的窗户外侧有一段阳台将窗户挡住了，通过二层平面图确认窗户为 C4a 和 LM1，门窗表中 C4a 和 LM1 的尺寸分别为 1200mm×1600mm 和 2400mm×2600mm。单击"绘图"工具栏中的"矩形"按钮，绘制左右两个矩形，按 Enter 键。单击"编辑"工具栏中的"推/拉"按钮，推拉墙体 180mm，如图 13-61 所示。

（9）单击"绘图"工具栏中的"直线"按钮和"两点圆弧"按钮，绘制 C2 的轮廓，如图 13-62 所示。单击"编辑"工具栏中的"推/拉"按钮，推拉墙体 180mm，得到 C2 的窗洞，如图 13-63 所示。

（10）利用上述方法完成图形中标准层南立面图窗洞和门洞的绘制，通过标准层平面图和门窗表可以确认 C2a 的尺寸为 1800mm×1600mm，LM2 的尺寸为 1800mm×2500mm，M3 的尺寸为 750mm×2100mm，绘制结果如图 13-64 所示。

（11）单击"绘图"工具栏中的"选择"按钮并按住 Ctrl 键，选择标准层门窗的所有外边线。单击"编辑"工具栏中的"移动"按钮并按住 Ctrl 键，复制标准层的层高为 3000mm，个数为 9＊。单击"编辑"工具栏中的"推/拉"按钮，将复制的轮廓线向内推拉 180mm，绘制出南立面图的所有门洞，如图 13-65 所示。

348

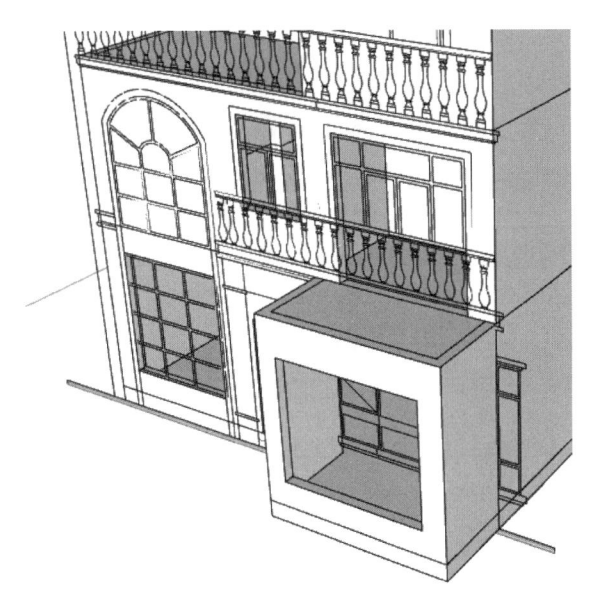

图 13-61 绘制 C4a 和 LM1 窗洞

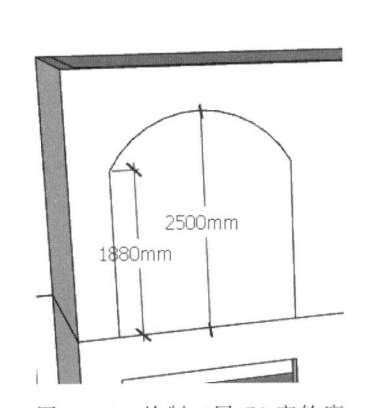

图 13-62 绘制二层 C2 窗轮廓

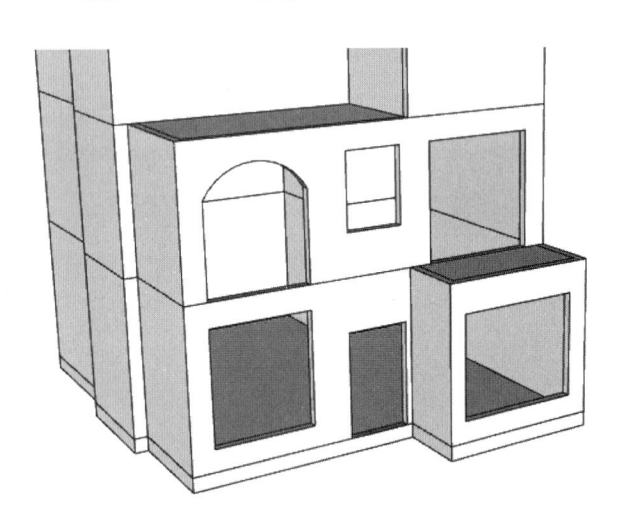

图 13-63 绘制二层 C2 窗洞

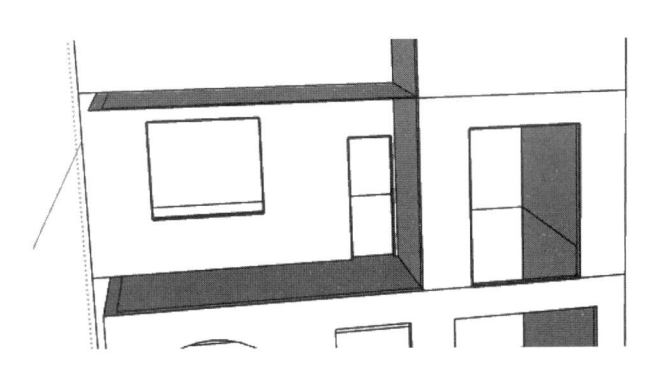

图 13-64 绘制标准层门洞

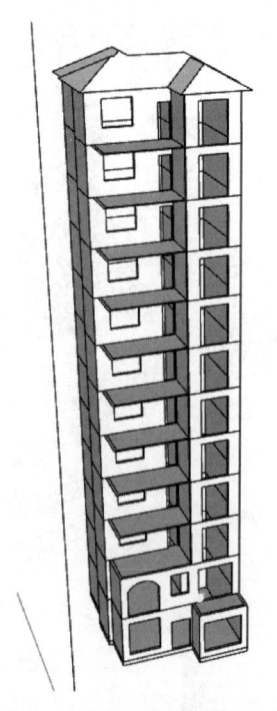

图 13-65 绘制南立面图的所有门洞

（12）将东立面 CAD 图、墙体和屋顶模型在场景中显示出来，并调整 CAD 图的位置，将 CAD 图放置在外墙上，如图 13-66 所示。

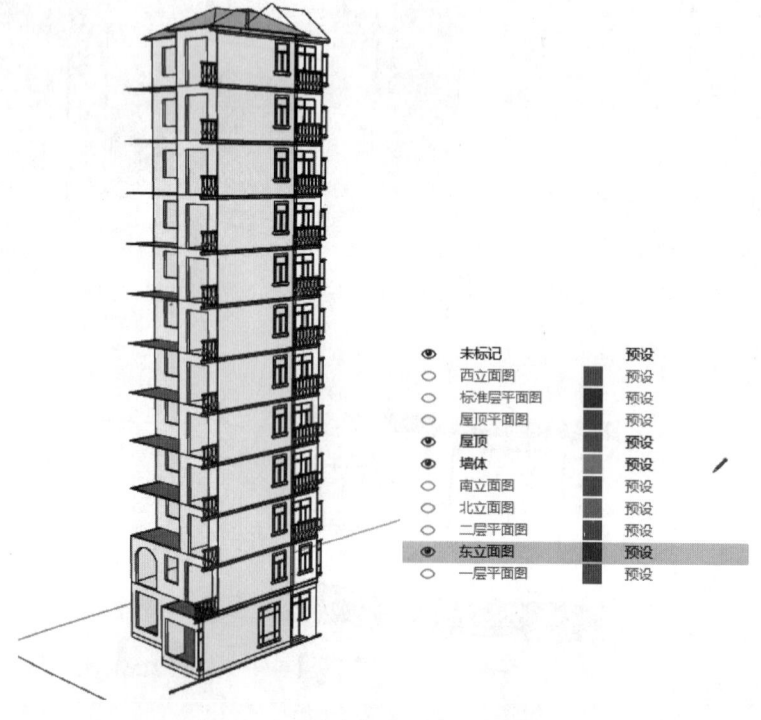

图 13-66 显示东立面图和墙体模型

（13）双击群组进入墙体群组，利用之前学过的方法，绘制一层的 C3 和 MC1 洞口、二层的 C5 洞口，标准层的 C5 和 MC2 洞口，如图 13-67 所示。最后，将东立面图隐藏。

（14）双击墙体进入墙体群组，利用之前学过的方法，绘制北侧的窗洞，如图 13-68 所示。

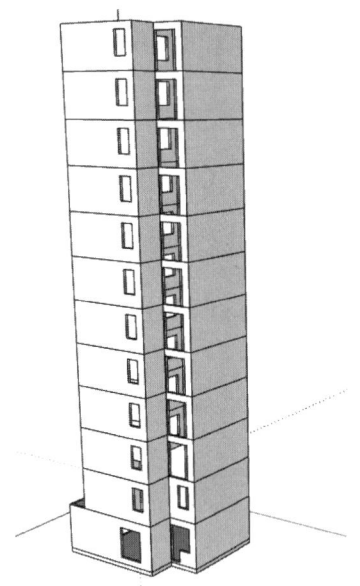

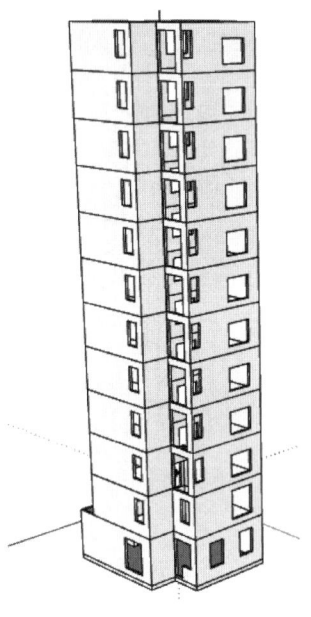

图 13-67　绘制东立面图的窗洞　　　图 13-68　绘制北立面图的窗洞

（15）将西立面 CAD 图和墙体模型在场景中显示出来，并调整 CAD 图的位置，将 CAD 图放置在外墙上，如图 13-69 所示。

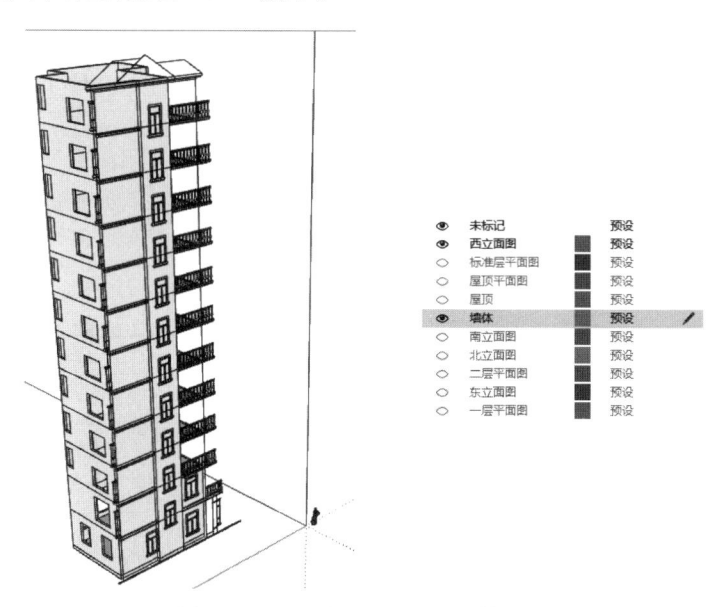

图 13-69　显示西立面图和墙体模型

西立面图上的 C5a 窗户既可以使用之前学过的方法绘制，也可以采用"创建组件"命令进行绘制。这两种方法创建出来的洞口最大的区别是推拉命令创建的洞口外侧面和内侧面均会被自动删除,如图13-70所示;而采用"创建组件"命令创建的洞口外侧面和内侧面均会被保留,外侧面需要手动删除,内侧面将被保留下来,如图13-71所示,但是均不影响后续窗户的绘制。这里重点介绍采用"创建组件"命令绘制窗洞。

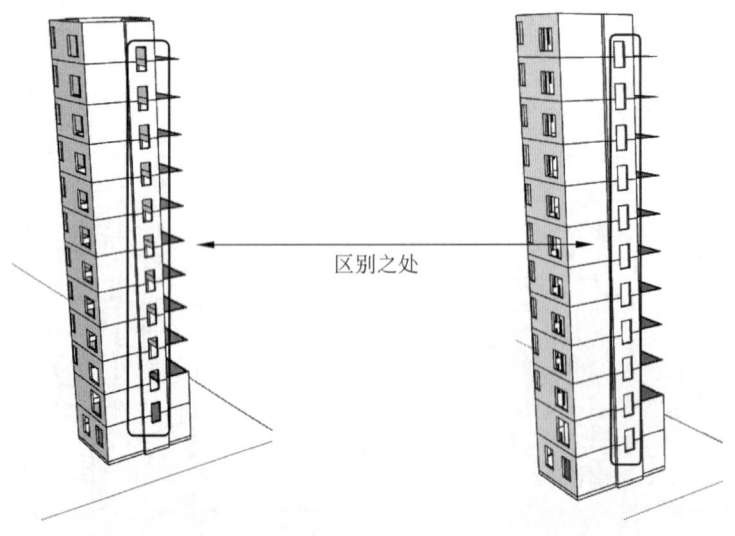

图13-70 推拉命令创建的洞口   图13-71 "创建组件"命令创建的洞口

（16）双击墙体进入墙体群组,单击"绘图"工具栏中的"矩形"按钮,绘制C5a窗户,尺寸为900mm×1850mm。单击"使用入门"工具栏中的"删除"按钮,将分割线删除,如图13-72所示。

（17）双击步骤（16）绘制的矩形,这样可以将矩形面和矩形的边线均选中,然后右击,在弹出的快捷菜单中选择"创建组件"命令,如图13-73所示,系统弹出"创建组件"对话框。输入定义名称为"窗洞",选中"切割开口"复选框,用于在墙上开洞口,创建组件,如图13-74所示。单击"创建"按钮,创建的洞口如图13-75所示。

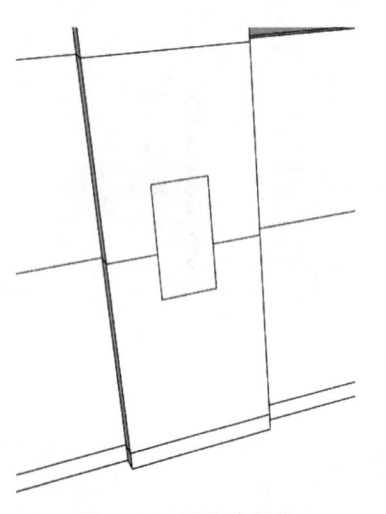

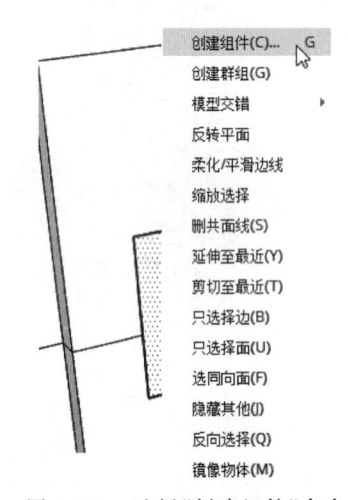

图13-72 删除分割线   图13-73 选择"创建组件"命令

图 13-74 "创建组件"对话框   图 13-75 创建洞口

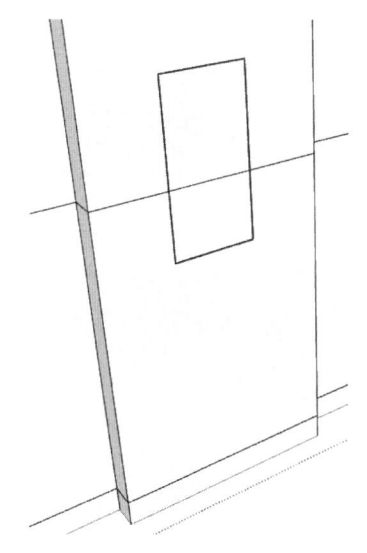

（18）观察创建的洞口，发现洞口的外侧面和洞口上删除的直线都没有自动删除。需要手动删除。双击洞口进入组件内部，单击"使用入门"工具栏中的"删除"按钮 ，删除洞口上的外侧面以及组件中的多余面和线。单击"编辑"工具栏中的"推/拉"按钮 ，将墙体推拉 180mm，结果如图 13-76 所示。

（19）观察创建的洞口，发现洞口上的四个侧面现在是反面朝上。在洞口处右击，利用快捷菜单中的"反转平面"和"确定平面方向"两个命令将四个反面反转。

（20）单击"使用入门"工具栏中的"删除"按钮 ，删除其他楼层需要布置 C5a 窗洞的楼层内外分割线，避免影响窗洞组件的布置。

（21）选中窗洞组件，单击"编辑"工具栏中的"移动"按钮 并按住 Ctrl 键进行移动复制，复制的间距为 3000mm，个数为 10＊，绘制其他楼层的窗洞，系统将自动开洞，不需要再推拉，如图 13-77 所示。

（22）单击"绘图"工具栏中的"直线"按钮 ，绘制楼层分割线。单击"编辑"工具栏中的"移动"按钮 并按住 Ctrl 键进行移动复制，复制的间距为 3000mm，个数为 10＊，绘制其他楼层的分割线。

（23）使用组件命令绘制的洞口的两个侧面均会被保留，之前的外侧平面已经删除，但是内部的侧面被保留下来，不会影响后续窗户的布置。观察模型，可以看到侧面现在是反面朝上，因此选中侧面右击，在弹出的快捷菜单中选择"反转平面"命令，将所有的内侧面进行反转，结果如图 13-78 所示。

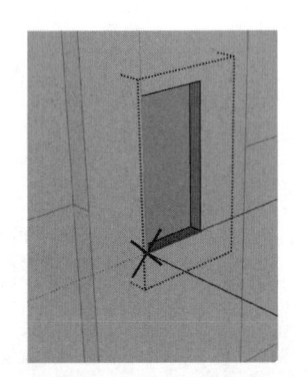

图 13-76　删除多余的线和面

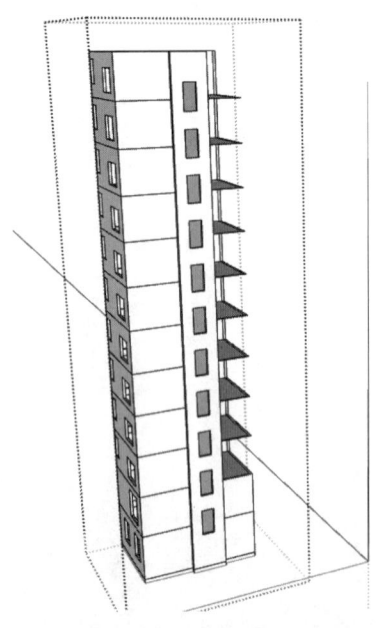

图 13-77　绘制其他楼层的窗洞

（24）双击墙体进入墙体群组，利用之前学过的方法绘制西立面图上的窗洞。将这里的二层平面图的 C8 改为 C9，尺寸为 1650mm×1035mm，如图 13-79 所示；最后，将西立面图隐藏。

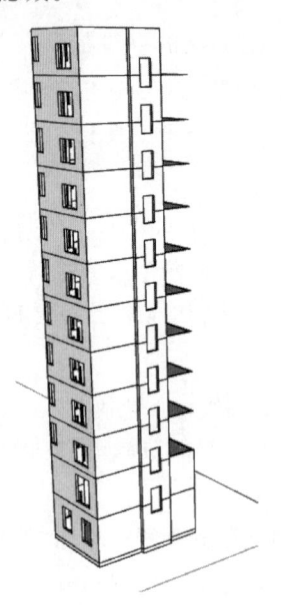

图 13-78　反转内侧面

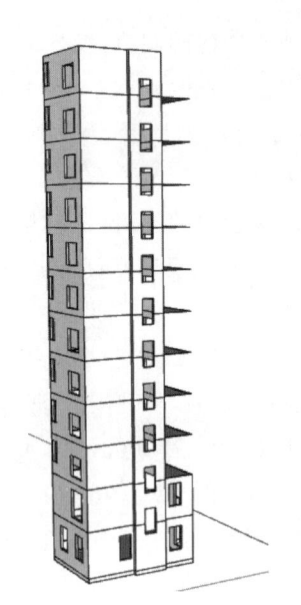

图 13-79　绘制西立面图上的窗洞

13.2.4　创建窗户和门

窗洞和门洞绘制完毕之后，接下来绘制窗洞和门洞上的窗户与门图形。本节的重点和难点是凸形窗的绘制，并且凸形窗不止一种，它们的上侧和下侧均带有窗台，绘制过程较烦琐。

（1）新建"门窗"标记，将其设为当前标记，显示"南立面图""东立面图"和"墙体"标记，如图 13-80 所示。

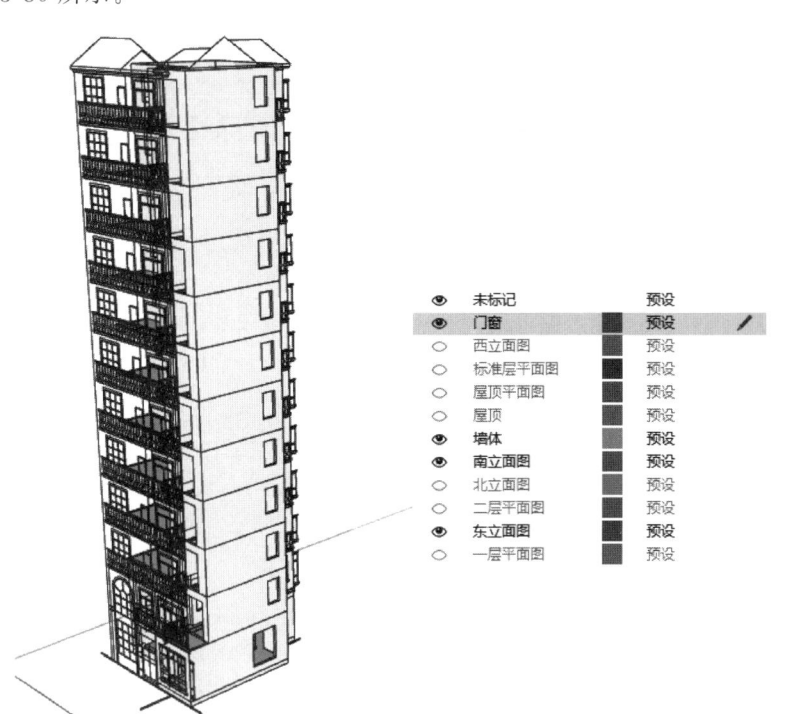

图 13-80　显示"南立面图""东立面图"和"墙体"

（2）单击"编辑"工具栏中的"移动"按钮，将东立面图移动至东侧墙体，如图 13-81 所示。观察东立面图，发现凸窗在这里没有对齐，东立面图上的凸窗和实际的墙体模型对应不上。双击东立面图群组进入群组内部，调整凸窗的位置，结果如图 13-82 所示。

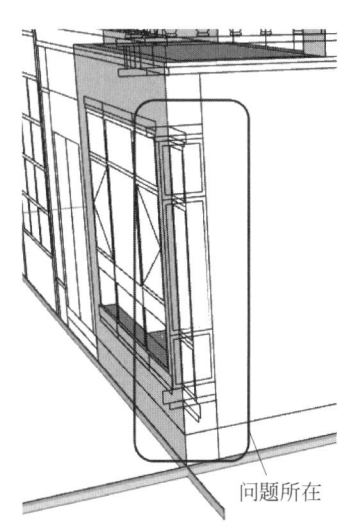

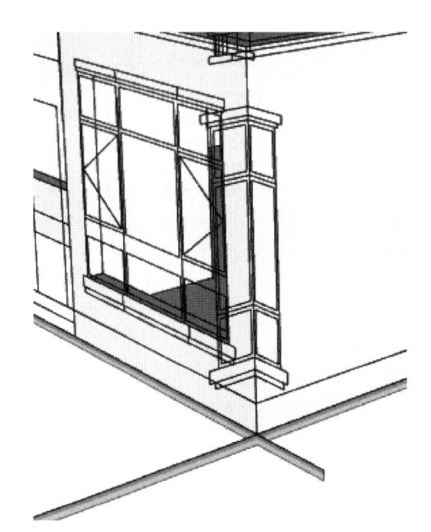

图 13-81　凸窗对应不上　　　　　图 13-82　调整凸窗的位置

（3）单击"绘图"工具栏中的"矩形"按钮和"直线"按钮，根据南立面图的凸窗的轮廓线创建图形，如图 13-83 所示。

（4）观察一层平面图，发现这里的凸窗是由两侧的三棱柱和中间的长方体三部分组成的。单击"编辑"工具栏中的"推/拉"按钮，捕捉东立面图凸窗的外轮廓线绘制中间的长方体，如图 13-84 所示。

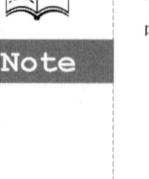

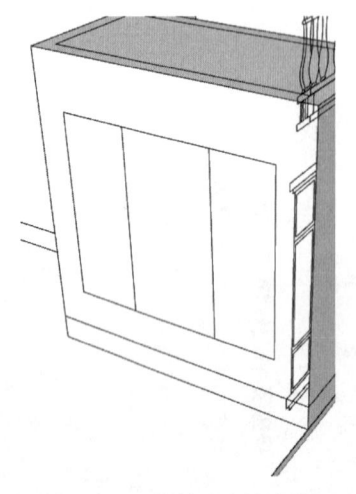

图 13-83 绘制凸窗轮廓线　　　　　　图 13-84 绘制中间长方体

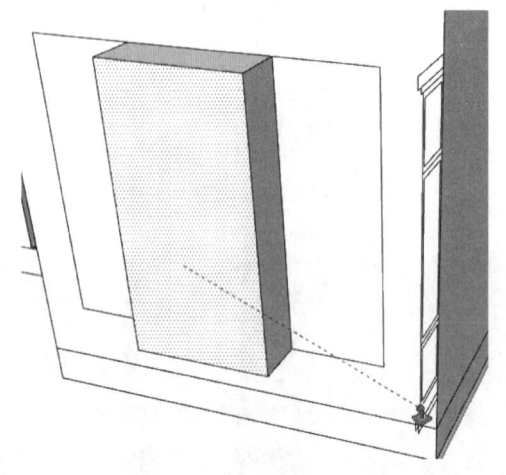

（5）单击"绘图"工具栏中的"直线"按钮，根据南立面图的凸窗的轮廓线绘制底部的三角形。单击"编辑"工具栏中的"推/拉"按钮，将三角形推拉至与长方体等高，如图 13-85 所示。

（6）单击"编辑"工具栏中的"移动"按钮，将南立面图移动至矩形面上。单击"绘图"工具栏中的"矩形"按钮，根据南立面图上的轮廓线绘制矩形，如图 13-86 所示。

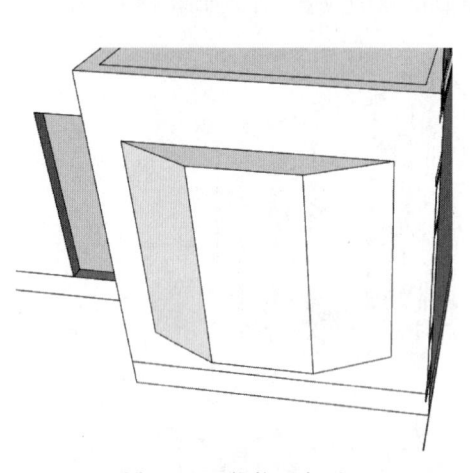

图 13-85 推拉三角形　　　　　　图 13-86 绘制矩形

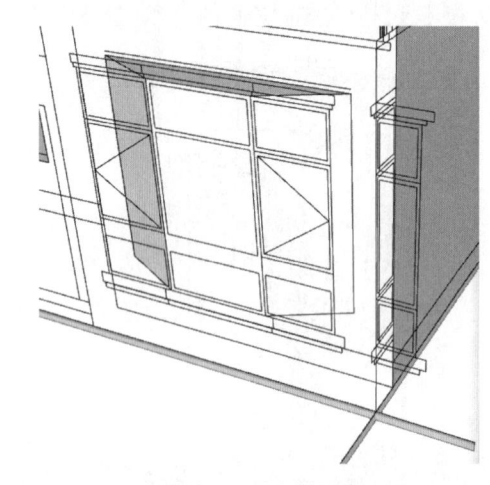

（7）使用相同的方法绘制两侧的窗户，如图 13-87 所示。

（8）三击选中窗户图形，然后右击，在弹出的快捷菜单中选择"创建群组"命令，将窗户创建为群组。

图 13-87　绘制两侧的窗户轮廓

（9）新建"门窗套"标记，并将其设为当前标记，将"南立面图"标记打开，如图 13-88 所示。

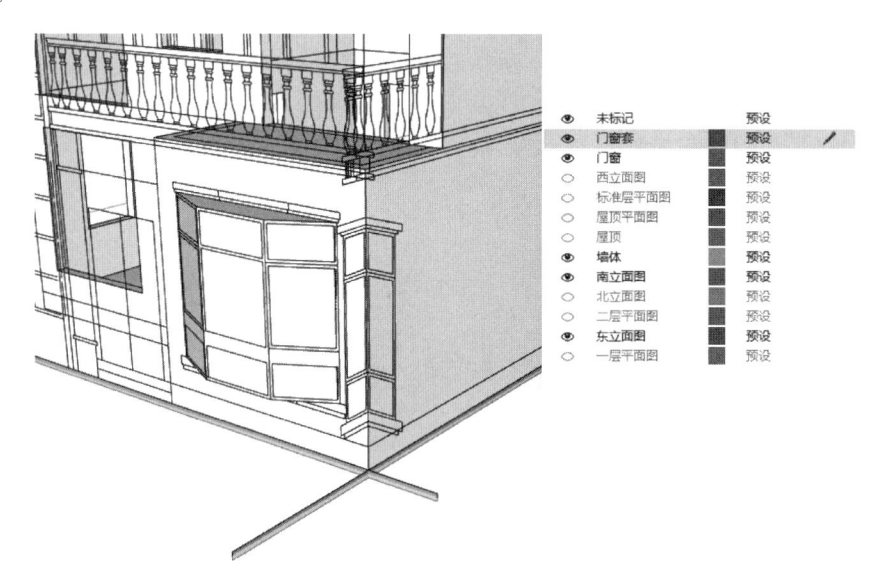

图 13-88　新建和打开标记

（10）单击"绘图"工具栏中的"矩形"按钮▢和"直线"按钮╱，绘制上侧的窗套轮廓线，如图 13-89 所示。

（11）单击"编辑"工具栏中的"推/拉"按钮，捕捉东立面图中的外边缘，将中间的矩形窗套向外侧推拉，如图 13-90 所示。

（12）单击"绘图"工具栏中的"直线"按钮╱，绘制窗套轮廓线，如图 13-91 所示。

（13）单击"编辑"工具栏中的"推/拉"按钮，将侧面的窗套推拉，捕捉长方体窗套的顶面为推拉的顶面，如图 13-92 所示。

· 357 ·

图 13-89　绘制窗套轮廓线　　　　图 13-90　推拉矩形窗套

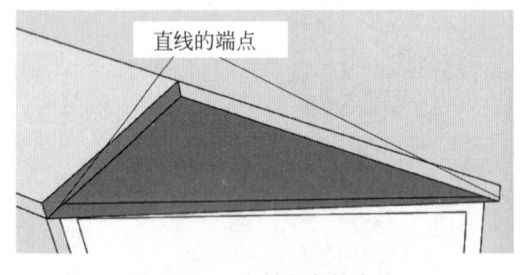

直线的端点

图 13-91　绘制窗套轮廓线　　　　图 13-92　推拉侧面窗套

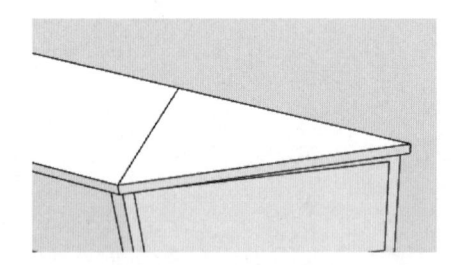

（14）使用相同的方法绘制左侧的窗套，如图 13-93 所示。

（15）三击选中本层的窗套图形，然后右击，在弹出的快捷菜单中选择"创建群组"命令，将窗套创建为群组。

（16）使用相同的方法绘制最上侧的窗套，如图 13-94 所示。

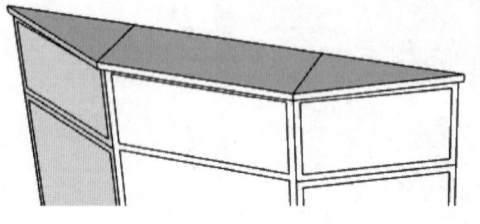

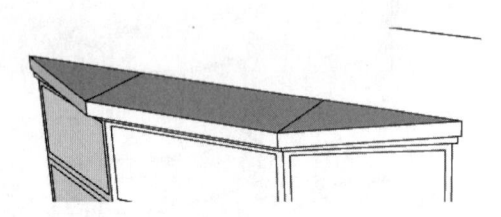

图 13-93　绘制左侧的窗套　　　　图 13-94　绘制最上侧的窗套

（17）三击选中最上侧的窗套图形，然后右击，在弹出的快捷菜单中选择"创建群组"命令，将其创建为群组。

（18）使用相同的方法绘制下侧的两个窗套，并分别将其创建为群组，如图 13-95 所示。

（19）双击窗套群组进入群组内部，选择窗套上的多余直线将其隐藏。单击"大工具集"工具栏中的"颜料桶"按钮 ，将所有窗框和窗套均赋予"瓦片"→"大理石 Carrera 地板砖"材质，将所有的玻璃赋予"玻璃和镜子"→"半透明的玻璃蓝"材质，如图 13-96 所示。

（20）单击"绘图"工具栏中的"矩形"按钮 和"直线"按钮 ，绘制 M1 的轮廓线。

（21）单击"编辑"工具栏中的"推/拉"按钮 ，分别推拉 60mm 和 30mm，绘制造型。

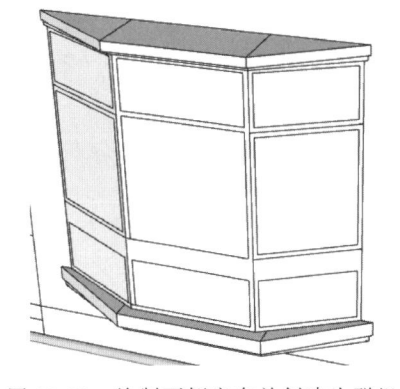

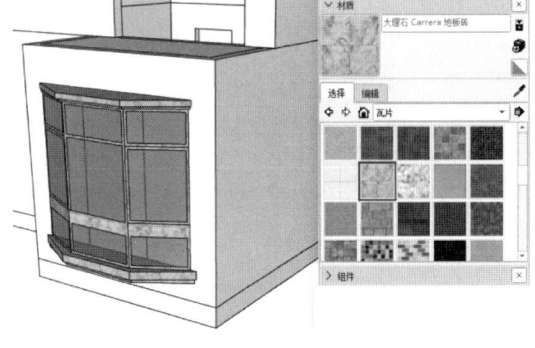

图 13-95　绘制下侧窗套并创建为群组　　　　　图 13-96　添加材质

（22）单击"大工具集"工具栏中的"颜料桶"按钮，将所有的玻璃赋予"玻璃和镜子"→"半透明的玻璃蓝"材质，如图 13-97 所示。

（23）删除门中的多余直线，并将其创建为群组。

（24）观察南立面图，发现这里的 C1 窗户和窗洞对应不上，有部分绘制错误。单击"编辑"工具栏中的"移动"按钮 和"绘图"工具栏中的"直线"按钮，调整南立面图一层左侧窗户的位置，如图 13-98 所示。

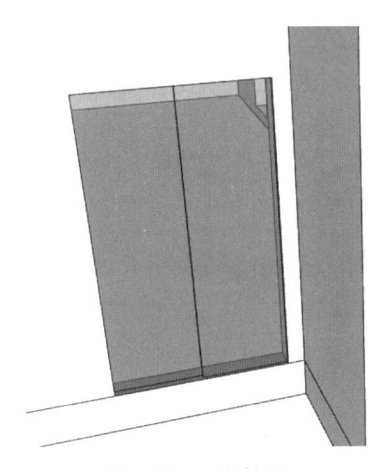

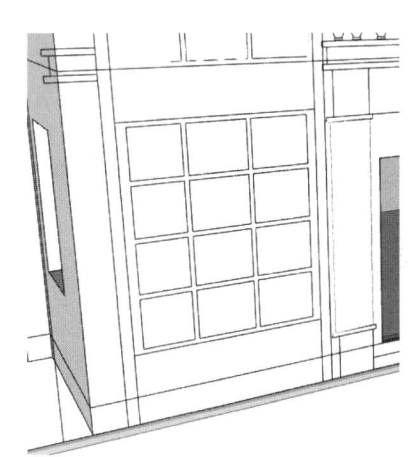

图 13-97　绘制 M1　　　　　　　　　图 13-98　编辑窗户轮廓

（25）单击"绘图"工具栏中的"矩形"按钮，绘制 C1 和 C2 窗户轮廓。单击"编辑"工具栏中的"推/拉"按钮，将窗框向外推拉 10mm。单击"编辑"工具栏中的"移动"按钮，将窗户向内侧移动 70mm。单击"大工具集"工具栏中的"颜料桶"按钮，赋予材质并分别创建群组，结果如图 13-99 所示。

（26）单击"绘图"工具栏中的"矩形"按钮、"两点圆弧"按钮 和"大工具集"工具栏中的"颜料桶"按钮，绘制 C1 和 C2 窗套，创建群组，结果如图 13-100 所示。

（27）将一层平面图打开，单击"编辑"工具栏中的"推/拉"按钮，捕捉窗套的轮廓线，将窗套进行推拉，结果如图 13-101 所示。

（28）使用相同的方法绘制一层水平方向上的窗套，结果如图 13-102 所示。

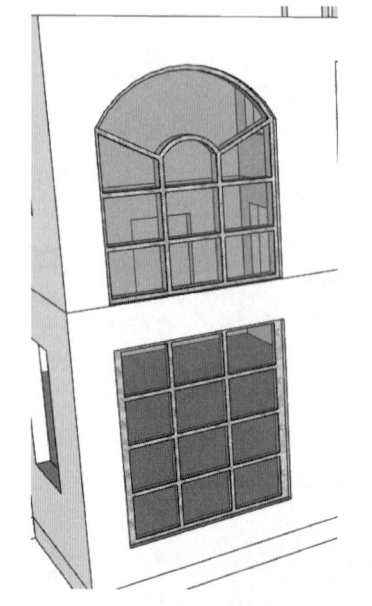

图 13-99 绘制 C1 和 C2 窗户

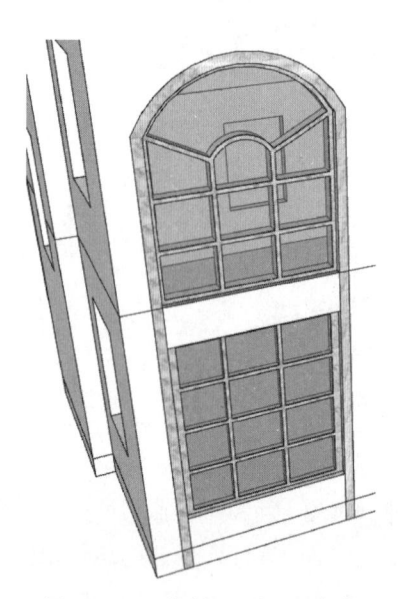

图 13-100 绘制 C1 和 C2 窗套

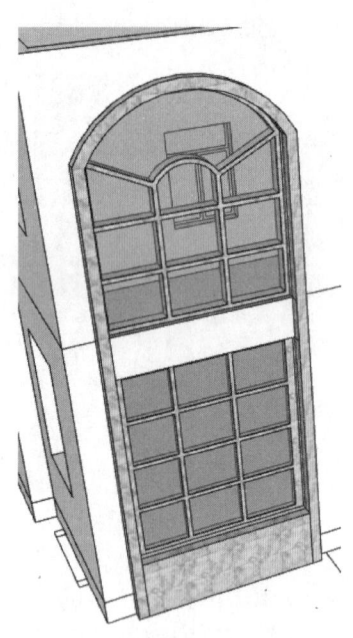

图 13-101 推拉窗套

图 13-102 绘制水平方向的窗套

（29）打开南立面图，观察图中画圈的部分，发现南立面图和墙体图形对应不上，它们之间相差 100mm，如图 13-103 所示。墙体模型一层的层高加室外标高的尺寸为 3600mm，而南立面图中一层层高加室外标高的尺寸为 3500mm。双击南立面图图形，进入群组内部，单击"编辑"工具栏中的"移动"按钮，将阳台连同阳台上的栏杆向上侧移动 100mm，如图 13-104 所示。

（30）单击"绘图"工具栏中的"直线"按钮 和"使用入门"工具栏中的"删除"按

钮 ◊，将多余直线删除并补全图形，如图 13-105 所示。

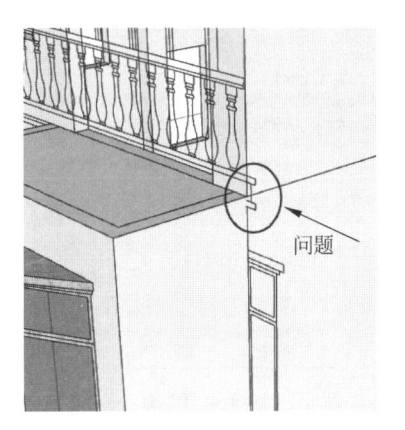

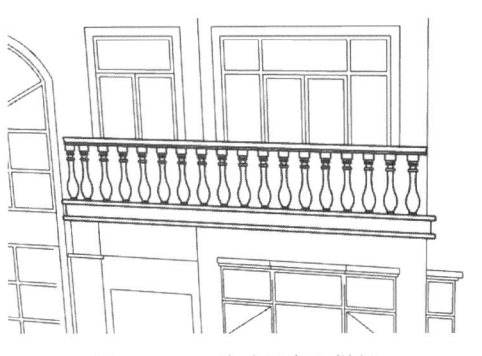

图 13-103　问题所在　　　　　　　　图 13-104　移动阳台和栏杆

图 13-105　补全图形

（31）使用相同的方法依次对其他平面的图形均进行修改，移动的距离均为 100mm，使墙体模型和各个方向的 CAD 图对应，如图 13-106 所示。

图 13-106　东立面图、西立面图和北立面图与墙体对应

（32）使用相同的方法，将"二层平面图"标记设为当前标记，修改 C2 的位置并补充直线，将二层平面图与墙体模型对应，如图 13-107 所示。

（33）新建"阳台"标记并设为当前标记，如图 13-108 所示。

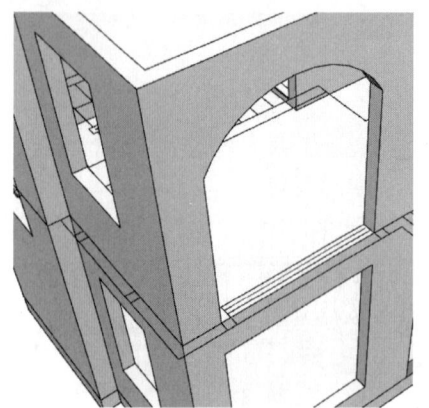

图 13-107　修改二层平面图　　　　　图 13-108　新建"阳台"标记

（34）单击"绘图"工具栏中的"直线"按钮 ，和"两点圆弧"按钮 ，绘制阳台平面，如图 13-109 所示。

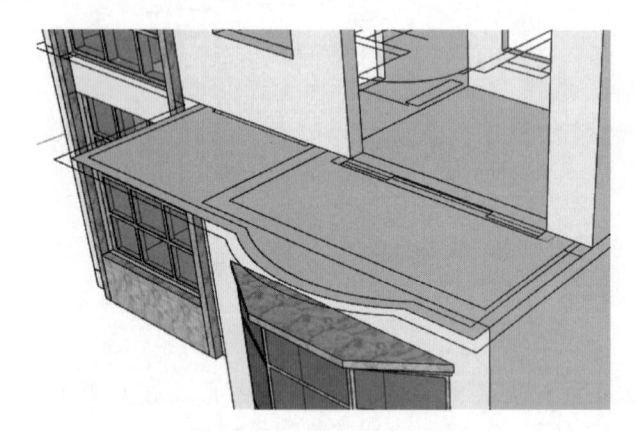

图 13-109　绘制阳台平面

（35）单击"编辑"工具栏中的"推/拉"按钮 ，将东立面图打开，捕捉阳台轮廓线，推拉阳台，如图 13-110 所示。

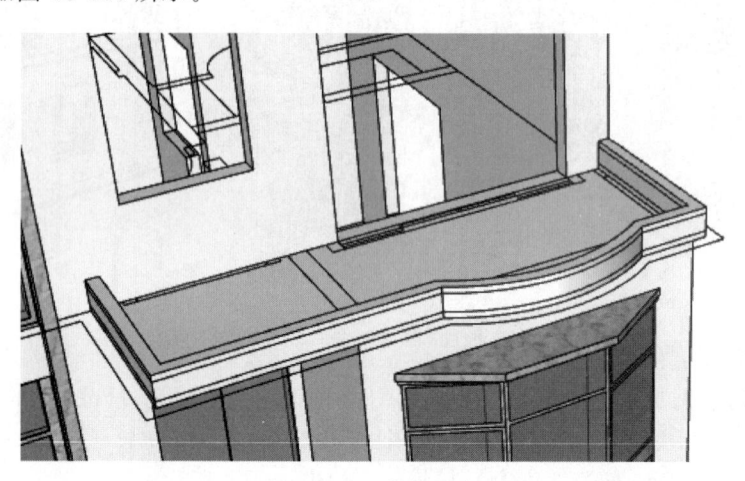

图 13-110　推拉阳台

· 362 ·

第13章 高层住宅小区建模实例

（36）三击阳台将其选中，然后右击，在弹出的快捷菜单中选择"创建群组"命令，将阳台创建为群组并关闭东立面图。

（37）将南立面图打开，单击"绘图"工具栏中的"直线"按钮 和"两点圆弧"按钮，绘制栏杆的侧面，如图13-111所示。

（38）关闭墙体和南立面图。单击"绘图"工具栏中的"圆"按钮，绘制与栏杆平面垂直的圆，如图13-112所示。

（39）单击"绘图"工具栏中的"选择"按钮，选择圆边线，如图13-113所示。

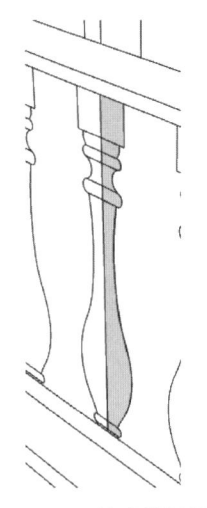

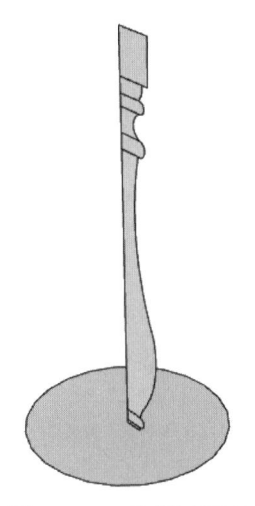

图13-111 创建栏杆侧面　　图13-112 绘制圆平面　　图13-113 选择圆边线

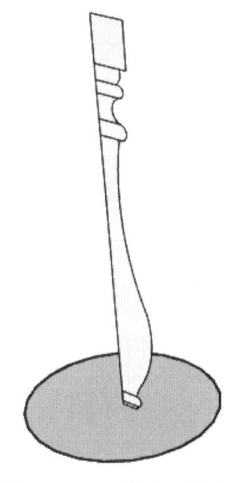

（40）单击"编辑"工具栏中的"路径跟随"按钮，选择矩形平面，如图13-114所示，进行路径跟随，结果如图13-115所示。

（41）由于路径跟随一次仅支持选择一个平面，因此需要重复上述操作。单击"绘图"工具栏中的"选择"按钮 和单击"编辑"工具栏中的"路径跟随"按钮，分别选择路径跟随的路径和平面，进行路径跟随并关闭南立面图，结果如图13-116所示。

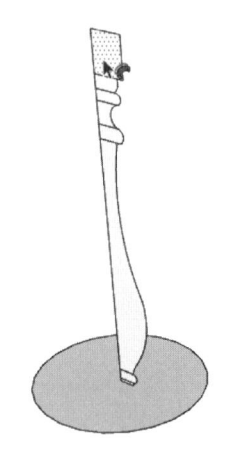

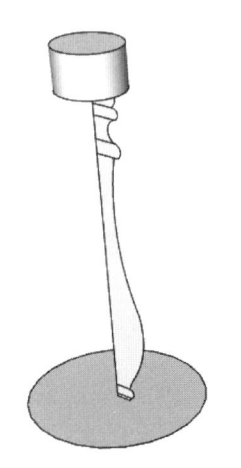

图13-114 选择矩形平面　　图13-115 路径跟随矩形平面　　图13-116 路径跟随栏杆

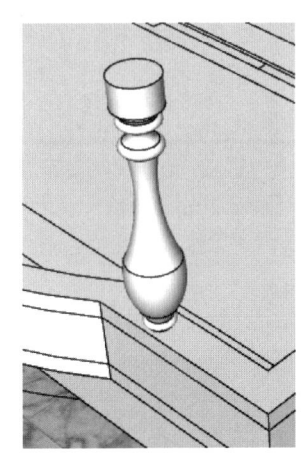

(42)单击"绘图"工具栏中的"直线"按钮 ✐ 和"两点圆弧"按钮 ⌒,沿着阳台的中间位置绘制路径,结果如图 13-117 所示。

(43)单击"建筑施工"工具栏中的"尺寸"按钮 ⟂,捕捉两个栏杆之间的中点,测量间距为 305mm。

(44)单击"绘图"工具栏中的"选择"按钮 ▸,选择右侧的直线作为路径,如图 13-118 所示。单击 SUAPP 基本工具栏中的"路径阵列"按钮 ⊞,选择栏杆作为阵列的对象,进行阵列,阵列的间距为 305mm,结果如图 13-119 所示。

图 13-117 绘制路径 图 13-118 选择右侧的直线

(45)将东立面图打开,观察阵列后的栏杆,发现多了一个。单击"使用入门"工具栏中的"删除"按钮 ✐,将墙上的栏杆删除。单击"编辑"工具栏中的"移动"按钮 ✥,以东立面图为参照,将栏杆移动,布置在阳台边线中间,结果如图 13-120 所示。

图 13-119 阵列出右侧的栏杆 图 13-120 移动栏杆

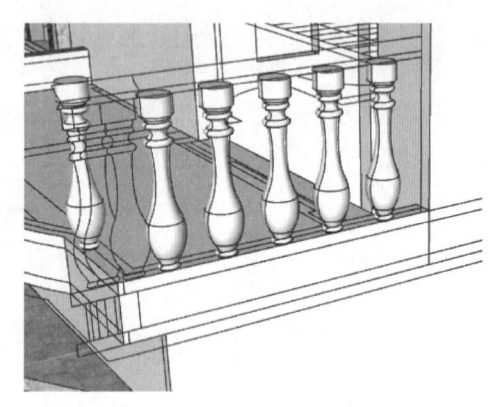

(46)使用相同的方法,以南立面图和东立面图为参照,绘制剩余的栏杆,删除辅助路径,结果如图 13-121 所示。

(47)选择其中一个栏杆并按住 Ctrl 键选中所有栏杆图形右击,在弹出的快捷菜单中选择"创建群组"命令,将栏杆创建为嵌套群组。

(48)依据东立面图和二层平面图绘制上侧的阳台,如图 13-122 所示。选中上侧阳台右击,在弹出的快捷菜单中选择"创建群组"命令,将上侧阳台创建为群组。

图 13-121　绘制剩余栏杆

图 13-122　绘制上侧阳台

（49）将"门窗"标记设为当前标记。单击"绘图"工具栏中的"直线"按钮和"矩形"按钮，绘制窗框和门框，单击"编辑"工具栏中的"推/拉"按钮，将其推拉 10mm。单击"编辑"工具栏中的"移动"按钮，将窗户向内侧移动 80mm。单击"大工具集"工具栏中的"颜料桶"按钮，将窗框和门框赋予"粗糙金属"材质，如图 13-123 所示。

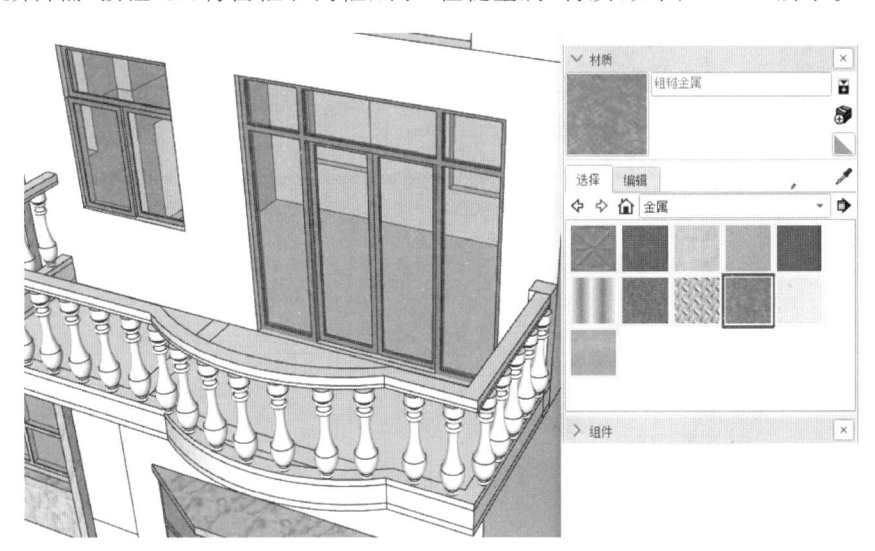

图 13-123　赋予材质

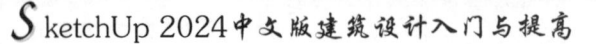

(50）打开二层平面图，发现这里的窗户是带有窗套的，不过窗户的位置绘制得不对，如图 13-124 所示。单击"编辑"工具栏中的"移动"按钮，调整位置。单击"编辑"工具栏中的"推/拉"按钮，根据此处窗户线的位置调整窗户的厚度。

（51）将"门窗套"标记设为当前标记。单击"绘图"工具栏中的"矩形"按钮，依据南立面图绘制窗套和门套。单击"编辑"工具栏中的"推/拉"按钮，依据二层平面图将窗套和门套进行推拉。

（52）单击"大工具集"工具栏中的"颜料桶"按钮，将窗套和门套赋予"粗糙金属"材质，如图 13-125 所示。

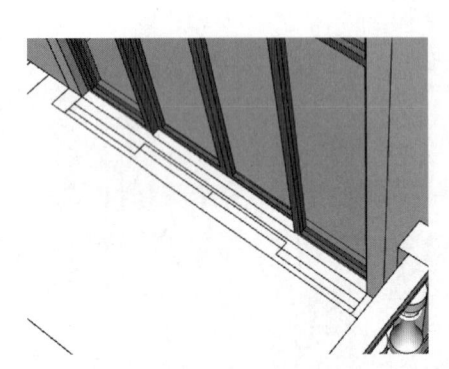

图 13-124　问题所在　　　　　　　图 13-125　赋予材质

（53）使用相同的方法绘制标准层的阳台和门窗图形，如图 13-126 所示。

图 13-126　绘制标准层图形

（54）单击"大工具集"工具栏中的"颜料桶"按钮，选择"指定色彩"→"0096 天蓝"材质，赋予阳台，如图 13-127 所示。

（55）单击"绘图"工具栏中的"选择"按钮 并按住 Ctrl 键，选择标准层的门窗、门窗套和阳台所有图形，然后单击"编辑"工具栏中的"移动"按钮 并按住 Ctrl 键移动复制，复制的间距为 3000mm，个数为 9＊，绘制结果如图 13-128 所示。

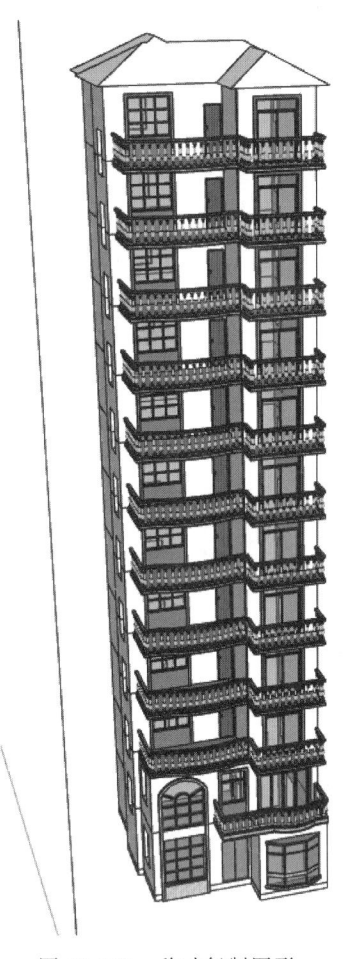

图 13-127　赋予材质　　　　图 13-128　移动复制图形

（56）使用相同的方法绘制东立面模型。将标准层平面图打开，发现墙体的位置有误，墙体和窗洞的位置都需要调整，如图 13-129 所示。

（57）单击"绘图"工具栏中的"矩形"按钮，以标准层平面图为依据，绘制墙体轮廓。单击"编辑"工具栏中的"推/拉"按钮，推拉至顶层，如图 13-130 所示。

（58）单击"使用入门"工具栏中的"删除"按钮，删除多余的墙体和门洞，如图 13-131 所示。在删除的过程中观察各个方向上的墙体模型，避免误删。

（59）使用相同的方法绘制东立面的剩余图形，绘制过程中发现有错误的地方及时进行更改，结果如图 13-132 所示。

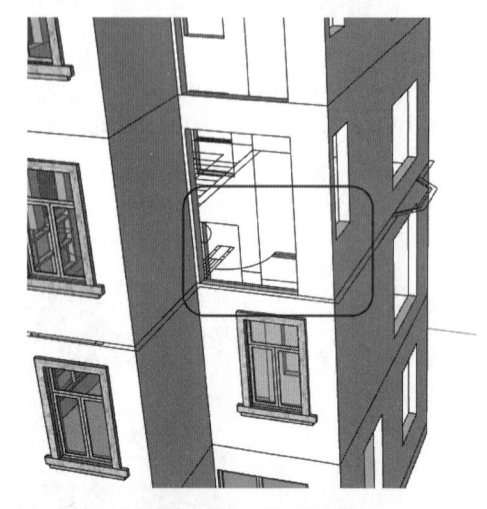

图 13-129　发现问题　　　　　　　图 13-130　绘制墙体

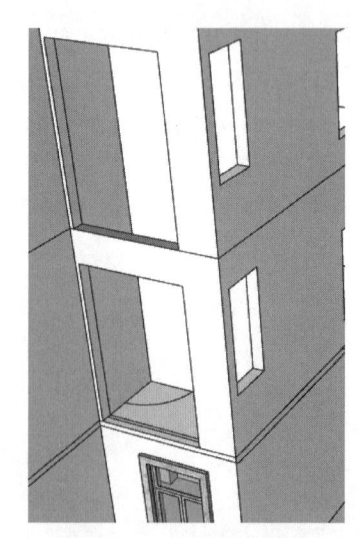

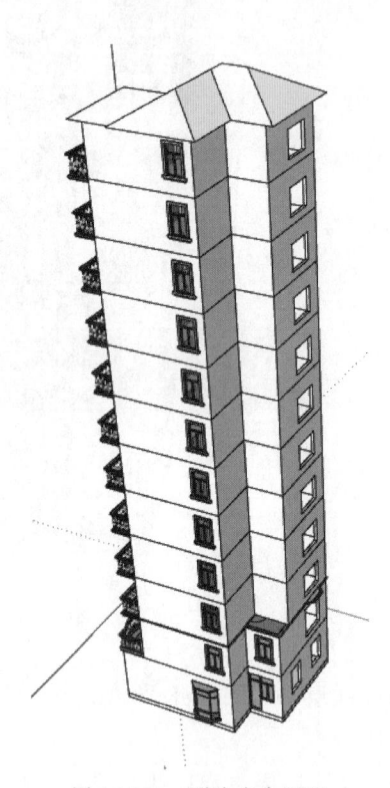

图 13-131　删除多余图形　　　　　图 13-132　绘制东立面剩余图形

（60）使用相同的方法绘制北立面造型，如图 13-133 所示。
（61）使用相同的方法绘制西立面造型，如图 13-134 所示。

13.2.5　室外台阶和柱子的创建

模型的大体轮廓绘制完毕之后，下面进行室外台阶和柱子的绘制。

第13章 高层住宅小区建模实例

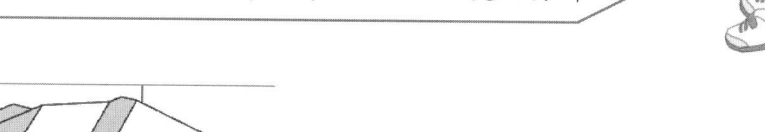

图 13-133 绘制北立面造型

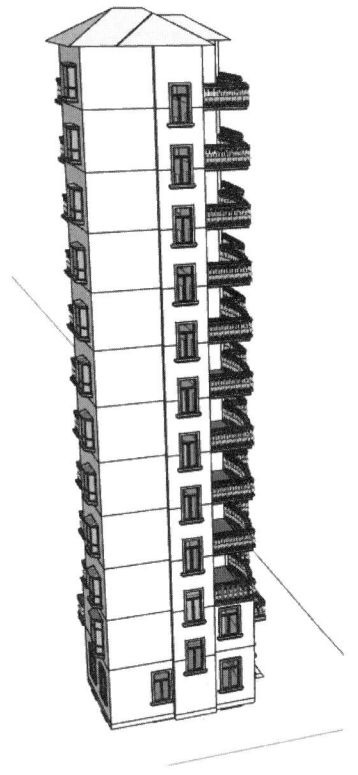

图 13-134 绘制西立面造型

（1）新建"台阶"标记并设为当前标记，打开"东立面图"和"一层平面图"标记，如图 13-135 所示，将它们移动至墙体台阶位置。

（2）单击"绘图"工具栏中的"矩形"按钮 ▱ 和"直线"按钮 ∕，捕捉一层平面图中台阶的轮廓，绘制台阶。

（3）单击"编辑"工具栏中的"推/拉"按钮 ◈，根据东立面图中台阶的位置绘制最内侧的台阶，如图 13-136 所示。

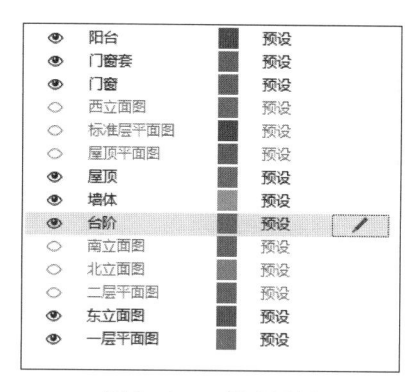

图 13-135 新建标记

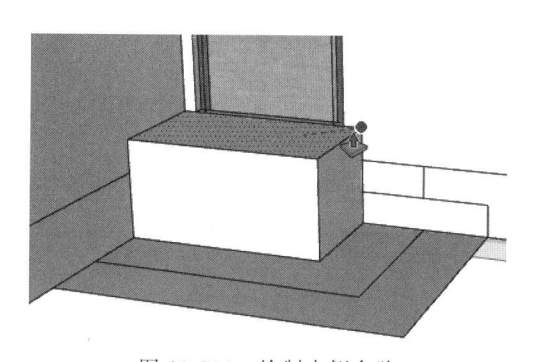

图 13-136 绘制内侧台阶

(4) 单击"编辑"工具栏中的"推/拉"按钮 ◆,根据东立面图中台阶的位置绘制外侧的台阶,如图 13-137 所示。

(5) 单击"大工具集"工具栏中的"颜料桶"按钮 ◎,将台阶赋予"砖、覆层和壁板"→"粗糙正方形混凝土块"材质,如图 13-138 所示。

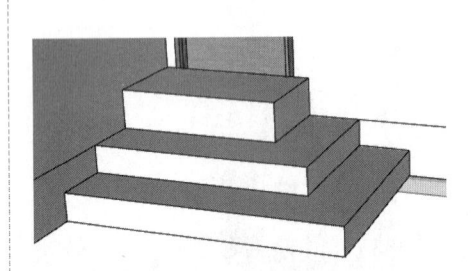

图 13-137　绘制外侧台阶

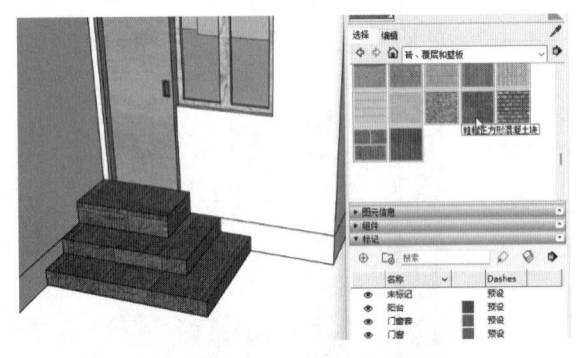

图 13-138　赋予材质

(6) 使用相同的方法绘制另外一侧的台阶和墙体,如图 13-139 所示。

(7) 新建"柱子"标记并设为当前标记。单击"绘图"工具栏中的"矩形"按钮 ▱,绘制矩形底面,如图 13-140 所示。

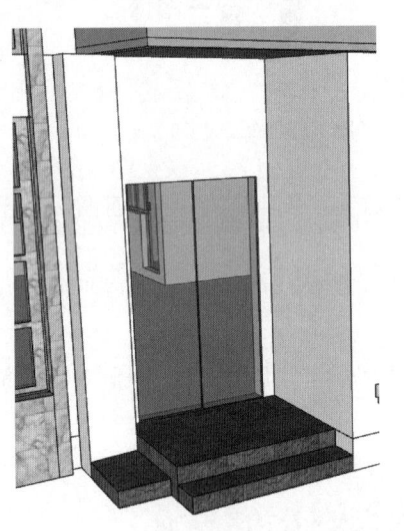

图 13-139　绘制台阶和墙体

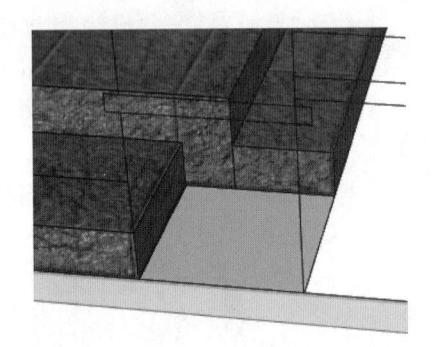

图 13-140　绘制矩形

(8) 单击"编辑"工具栏中的"推/拉"按钮 ◆,根据西立面图台阶的示意图,捕捉关键点进行推拉。

(9) 单击"编辑"工具栏中的"偏移"按钮 ⌒,根据西立面图台阶的示意图,捕捉关键点进行偏移,如图 13-141 所示。

(10) 利用上述方法绘制剩余柱子,如图 13-142 所示。

(11) 单击"大工具集"工具栏中的"颜料桶"按钮 ◎,将柱子和墙体赋予材质,如图 13-143 所示。

第13章 高层住宅小区建模实例

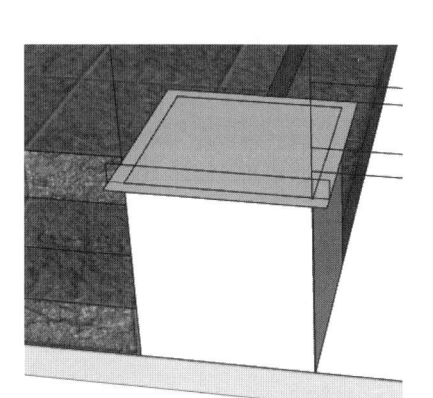

图 13-141 偏移柱子

图 13-142 绘制剩余柱子

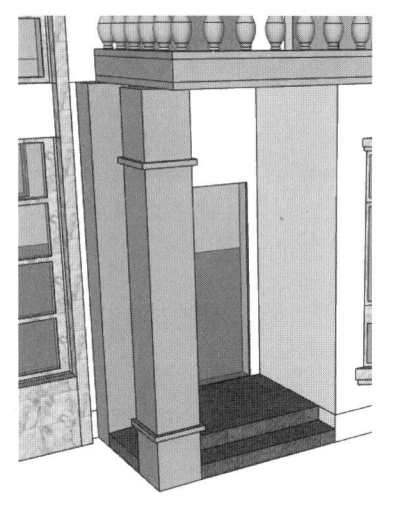

图 13-143 赋予材质

图 13-144 创建新标记并设为当前标记

13.2.6 创建装饰线

为了使模型更加美观,可以在层与层之间绘制装饰线。

(1) 在场景中显示南立面图和东立面图,创建"装饰线"标记并设为当前标记,如图 13-144 所示。

(2) 依据二层平面图绘制的阳台和南立面图在此处对应不上,以二层平面图为准,因此模型不需要更改,如图 13-145 所示。只是在绘制装饰线时需要加宽,用于挡住柱子的顶端。

(3) 单击"绘图"工具栏中的"直线"按钮 、"矩形"按钮 和"编辑"工具栏中的"推/拉"按钮 ,绘制装饰线。单击"大工具集"工具栏中的"颜料桶"按钮 ,添加材质,如图 13-146 所示。

· 371 ·

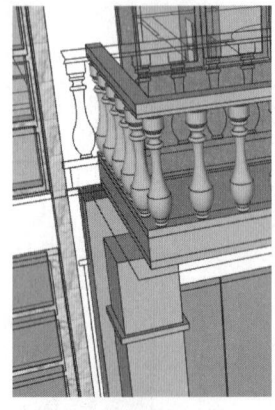

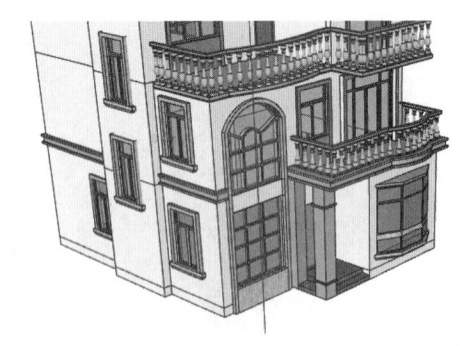

图 13-145　发现问题　　　　　　图 13-146　绘制装饰线并添加材质

（4）使用相同的方法绘制剩余楼层的装饰线，如图 13-147 所示。

13.2.7　绘制其他楼

一个小区一般有多栋楼，接下来利用绘制的模型绘制其他楼。

（1）单击"大工具集"工具栏中的"颜料桶"按钮 ，为墙体和屋顶添加材质，如图 13-148 所示。

图 13-147　绘制其他楼层装饰线　　　　　　图 13-148　添加材质

(2)新建"编号"标记,并将其设为当前标记,如图 13-149 所示。

(3)单击"绘图"工具栏中的"圆"按钮⊙,绘制半径为 150mm 的圆。单击"编辑"工具栏中的"偏移"按钮⁊,将圆向内侧偏移 30mm,绘制内侧圆,如图 13-150 所示。

(4)单击"编辑"工具栏中的"推/拉"按钮♦,将外侧的圆环推拉 20mm,内侧的小圆推拉 10mm,如图 13-151 所示。

(5)选择图形将其创建为群组。

图 13-149　复制金属构件　　　　　图 13-150　绘制圆

(6)单击"建筑施工"工具栏中的"3D 文本"按钮 A,打开"放置三维文本"对话框,输入文字"1 号楼",如图 13-152 所示,放置文字。

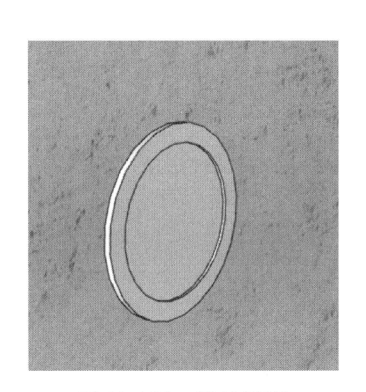

图 13-151　推拉图形　　　　　图 13-152　"放置三维文本"对话框

(7)单击"编辑"工具栏中的"比例"按钮,将文字缩放,如图 13-153 所示。

(8)单击"大工具集"工具栏中的"颜料桶"按钮,将楼牌背景赋予"水纹"→"波光粼粼的水",如图 13-154 所示;将楼牌号赋予"颜色"→"I08 色",如图 13-155 所示。最终的结果如图 13-156 所示。

(9)选择所有模型并将其创建为群组。

(10)单击"编辑"工具栏中的"移动"按钮 并按住 Ctrl 键,将模型前后错位布置,如图 13-157 所示。这样楼与楼之间空出来的位置可以用来制作景观和游乐场等,此处不再赘述。

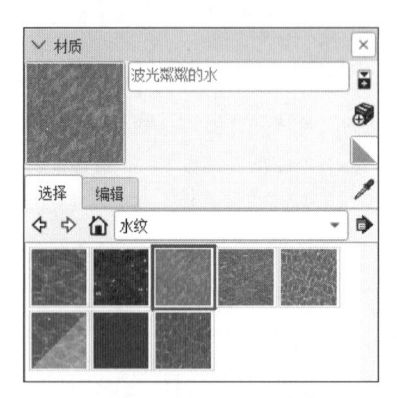

图 13-153　缩放文字

图 13-154　选择楼牌背景

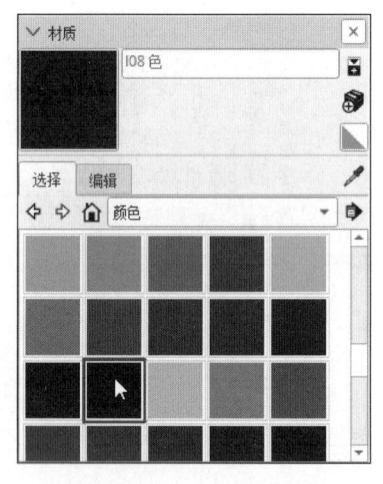

图 13-155　选择楼牌号

图 13-156　最终效果

（11）双击群组进入群组内部，单击"使用入门"工具栏中的"删除"按钮，删除原有的楼号。

（12）单击"建筑施工"工具栏中的"3D 文本"按钮，打开"放置三维文本"对话框，输入文字"2 号楼"，放置文字，如图 13-158 所示。

（13）使用相同的方法修改剩下几栋楼的文字。

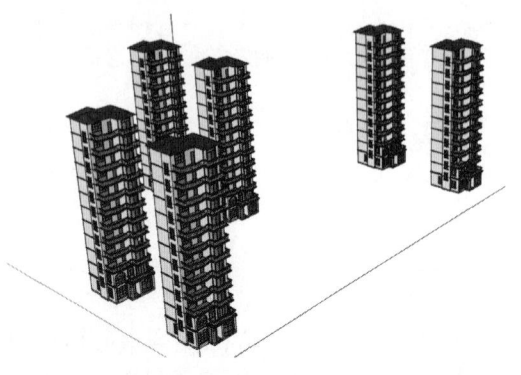

图 13-157　复制模型

图 13-158　放置文字

13.3 小区生长动画

小区绘制完毕后,接下来简单制作小区建造的过程,以两栋楼为一组进行建设。

(1) 选中 3 号至 6 号楼右击,在弹出的快捷菜单中选择"隐藏"命令,将这 4 栋楼隐藏。

(2) 单击菜单栏中的"视图"→"工具栏"命令,打开"工具栏"对话框,选中"截面"复选框,如图 13-159 所示,将"截面"工具栏调出。

图 13-159 "工具栏"对话框

(3) 单击"截面"工具栏中的"剖切面"按钮 ⊕,绘制蓝色的水平剖切面,如图 13-160 所示。在适当位置单击,系统打开"命名剖切面"对话框,输入名称为"一层",符号为 1,如图 13-161 所示。单击"好"按钮。

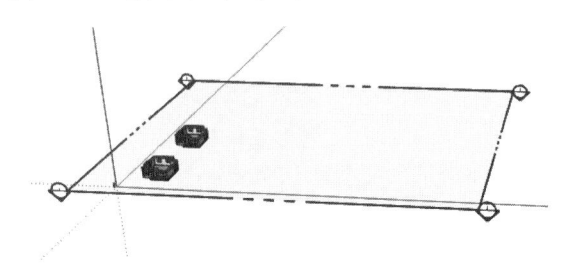

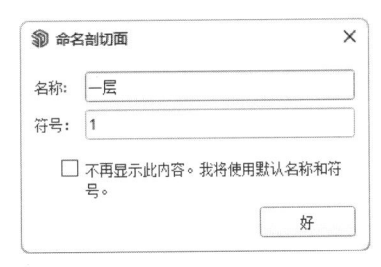

图 13-160 绘制剖切面　　图 13-161 "命名剖切面"对话框

(4) 单击"绘图"工具栏中的"选择"按钮 ▸,选择剖切面,然后单击"编辑"工具栏中的"移动"按钮 ✥,将剖切面移动,仅显示一层模型。

(5) 单击"截面"工具栏中的"显示剖切面"按钮 ▨,将剖切面隐藏,如图 13-162 所示。

(6) 单击"场景"面板中的"添加场景"按钮 ⊕,系统打开"警告-场景和风格"对话框,选择"另存为新的样式"单选按钮,如图 13-163 所示。单击"创建场景"按钮,新建一个新的场景 1,如图 13-164 所示。

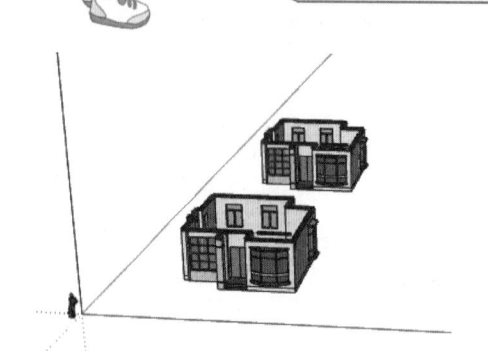

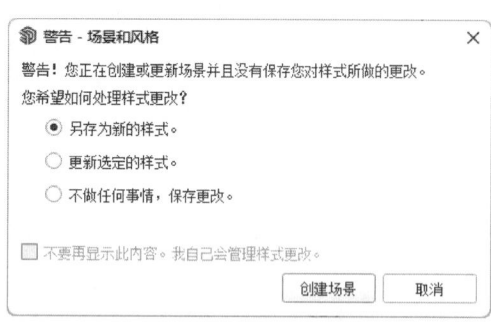

图 13-162　隐藏剖切面　　　　　　　　图 13-163　"警告-场景和风格"对话框

（7）绘图区左上方显示当前场景的名称为场景号 1，在此处右击，在弹出的快捷菜单中选择"重命名"命令，如图 13-165 所示。输入新的名称为"一层"，按 Enter 键确认，结果如图 13-166 所示。

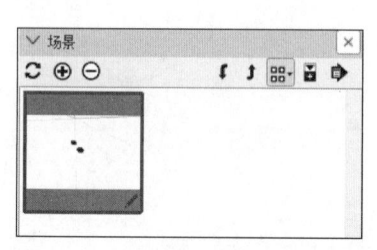

图 13-164　新建场景 1　　　　　　　　图 13-165　重命名场景

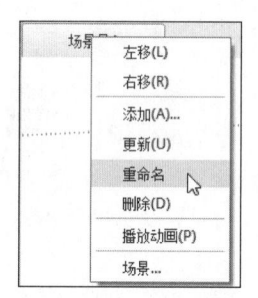

（8）单击"截面"工具栏中的"显示剖面"按钮，显示整个模型，如图 13-167 所示。

图 13-166　一层场景　　　　　　　　图 13-167　显示模型

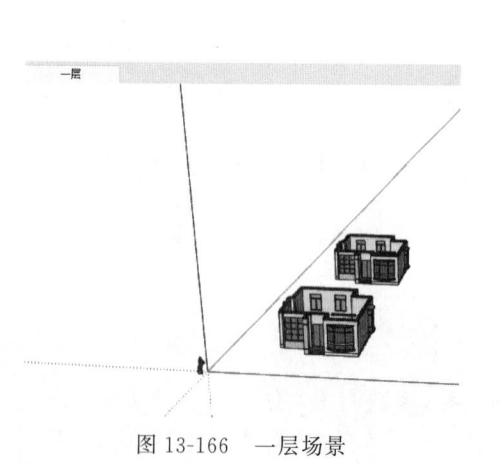

第13章 高层住宅小区建模实例

(9) 单击"截面"工具栏中的"剖切面"按钮，绘制第二个蓝色的水平剖切面。在适当位置单击，打开"命名剖切面"对话框，输入名称为"二层"，符号为2，如图13-168所示。单击"好"按钮。

(10) 单击"绘图"工具栏中的"选择"按钮，选择剖切面，然后单击"编辑"工具栏中的"移动"按钮，将剖切面移动，仅显示到二层模型。

(11) 单击"截面"面板中的"显示剖切面"按钮，将剖切面隐藏，如图13-169所示。

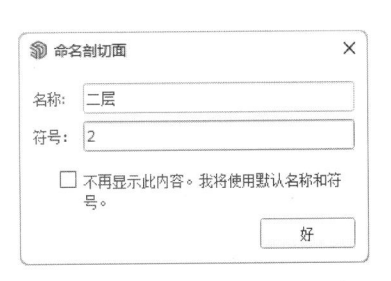

图 13-168 "命名剖切面"对话框

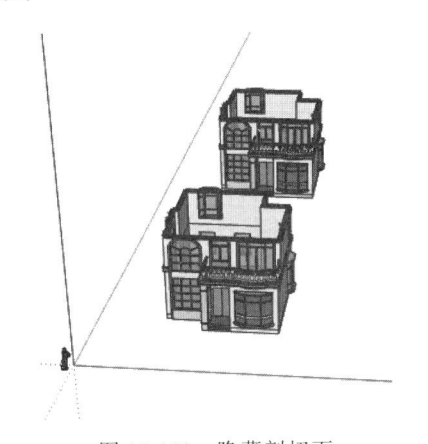

(12) 单击"场景"面板中的"添加场景"按钮，系统新建一个新的场景2，如图13-170所示。

图 13-169 隐藏剖切面

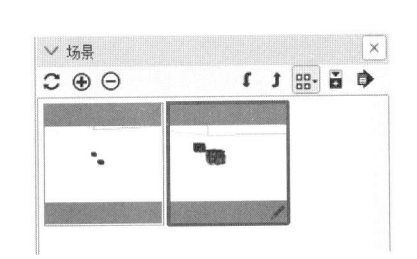

图 13-170 新建场景 2

(13) 模型中绘图区的左上方显示当前场景的名称为场景号2，在此处右击，在弹出的快捷菜单中选择"重命名"命令，输入新的名称为"二层"，按 Enter 键确认，结果如图 13-171 所示。

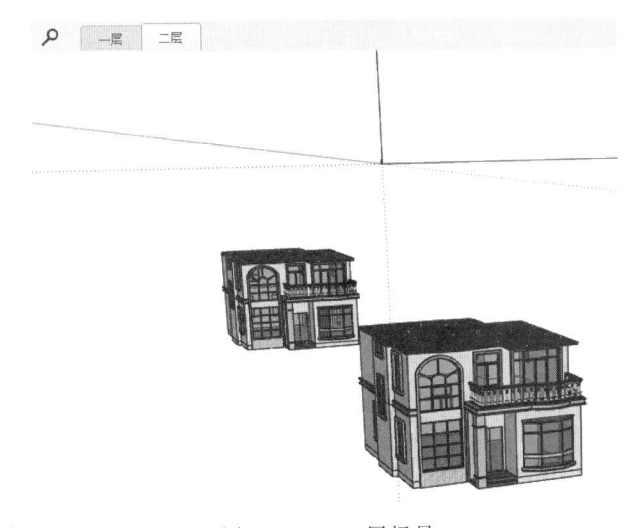

图 13-171 二层场景

（14）单击"截面"工具栏中的"显示剖面"按钮，显示整个模型，如图 13-172 所示。

（15）单击"场景"面板中的"添加场景"按钮，系统新建一个新的场景 3，如图 13-173 所示。

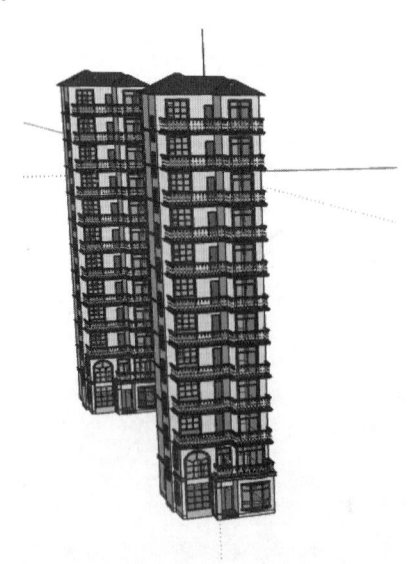

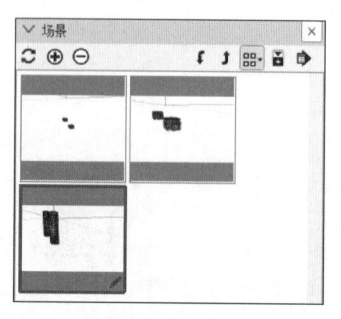

图 13-172　显示模型

图 13-173　新建场景 3

（16）模型中绘图区的左上方显示当前场景的名称为场景号 3，在此处右击，在弹出的快捷菜单中选择"重命名"命令，输入新的名称为"1 号和 2 号楼"，按 Enter 键确认，结果如图 13-174 所示。

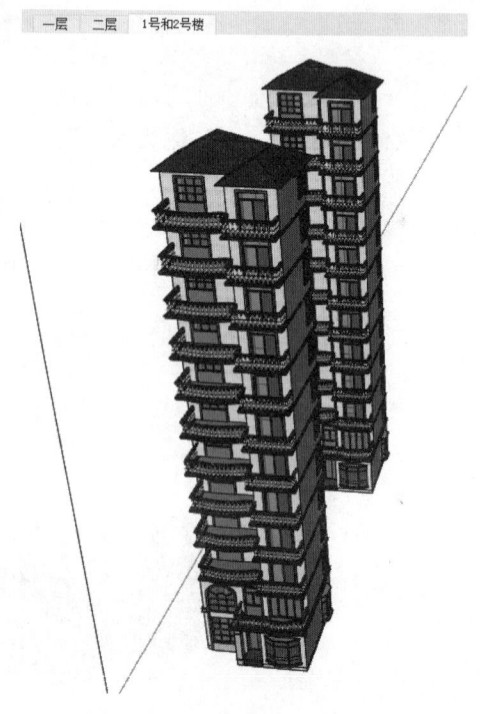

图 13-174　1 号和 2 号楼场景

378

（17）使用相同的方法分别新建场景 4 和场景 5，对应依次显示 3 号和 4 号楼以及 5 号和 6 号楼，如图 13-175 所示。

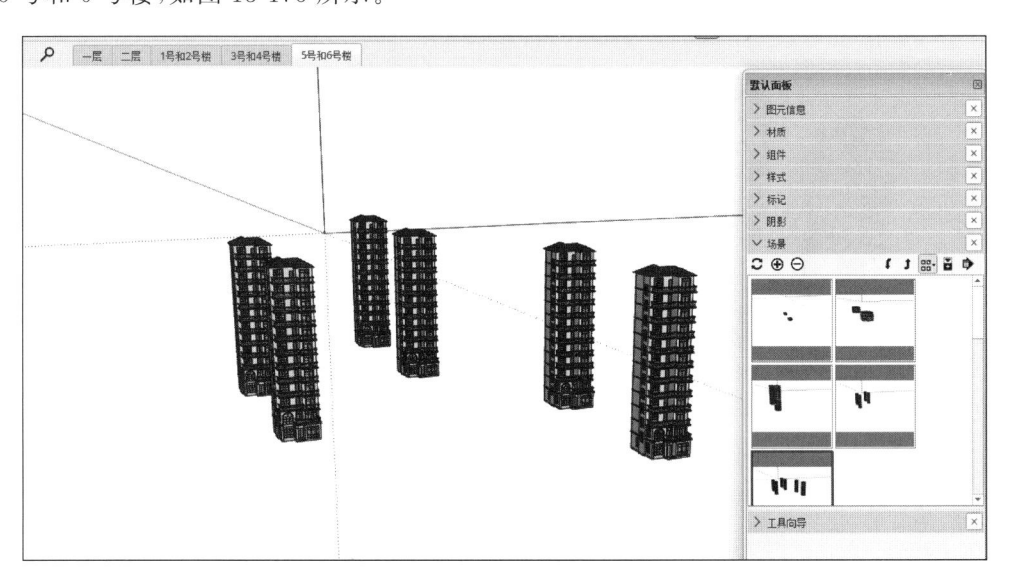

图 13-175　新建剩余场景

（18）单击菜单栏中的"视图"→"动画"→"设置"命令，打开"模型信息"对话框中的"动画"选项卡，选中"开启场景过渡"复选框，时间长度设置为 1 秒，这样每个场景显示的时间为 1 秒，场景暂停长度设置为 1 秒，这样场景和场景之间暂停 1 秒，如图 13-176 所示。

（19）单击菜单栏中的"视图"→"动画"→"播放"命令，打开"动画"对话框，用于控制动画的暂停和停止，页面上显示当前场景，如图 13-177 所示。

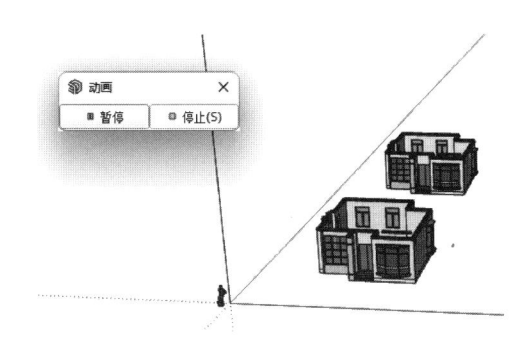

图 13-176　"动画"选项卡　　　　　图 13-177　显示当前场景

（20）此时系统会以动画的方式自动循环播放当前的几个场景，单击"动画"对话框中的"关闭"按钮，退出动画。

（21）选择菜单栏中的"视图"→"坐标轴"命令，隐藏坐标系，仅显示模型，如图 13-178 所示。

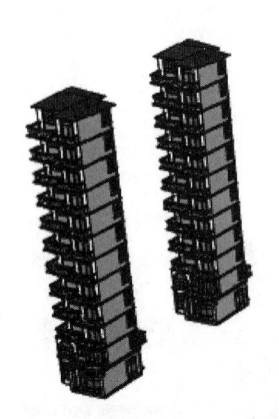

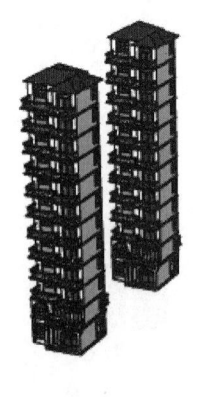

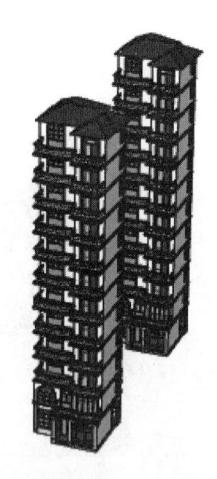

图 13-178　隐藏坐标系

二维码索引

0-1	源文件	II
1-1	动手学——设置"标准"工具栏	2
2-1	实例——绘制地板砖	37
2-2	实例——绘制手绘花	40
2-3	实例——绘制书柜	44
2-4	实例——绘制紫荆花	45
2-5	实例——绘制哈哈猪	47
2-6	实例——绘制勺子	50
3-1	实例——绘制花朵	55
3-2	实例——绘制沙发	59
3-3	实例——绘制圆形桌椅	64
3-4	实例——绘制喇叭	68
3-5	实例——绘制门	70
3-6	实例——绘制台阶	74
3-7	实例——绘制栏杆	77
4-1	实例——绘制凉亭-1	87
4-2	实例——绘制凉亭-2	87
4-3	综合实例——绘制鱼缸	97
5-1	实例——绘制小房子	103
5-2	实例——绘制小台灯	108
5-3	实例——标注小房子	114
5-4	实例——绘制保温桶	118
6-1	实例——绘制茶几	127
6-2	实例——绘制小花园	136
6-3	实例——修改餐厅桌椅标记-1	143
6-4	实例——修改餐厅桌椅标记-2	143
7-1	实例——利用CAD图形绘制住宅模型-1	154
7-2	实例——利用CAD图形绘制住宅模型-2	154
7-3	实例——导出住宅模型的建筑图	164
8-1	实例——绘制住宅墙体-1	171
8-2	实例——绘制住宅墙体-2	171
8-3	实例——绘制玻璃通道	180
8-4	实例——绘制住宅门窗洞口	185
8-5	实例——绘制方形楼梯	190

8-6	实例——绘制公园	193
9-1	实例——绘制圆形拱顶	203
9-2	实例——绘制异形顶	207
9-3	实例——绘制墙体	209
9-4	实例——绘制池塘	214
10-1	实例——绘制廊架	220
10-2	实例——绘制彩色标志	223
10-3	实例——绘制方向盘	227
10-4	实例——绘制垃圾桶	230
11-1	建模准备	235
11-2	插入CAD图-1	238
11-3	插入CAD图-2	238
11-4	勾画并拉伸墙体	244
11-5	绘制窗洞和门洞	247
11-6	创建窗户和门-1	250
11-7	创建窗户和门-2	250
11-8	楼板踏步以及栏杆的创建-1	256
11-9	楼板踏步以及栏杆的创建-2	256
11-10	创建楼板	262
11-11	创建坡顶层	263
11-12	创建屋顶层	268
11-13	创建正立面入口处造型和屋顶管道造型-1	268
11-14	创建正立面入口处造型和屋顶管道造型-2	268
11-15	创建正立面入口处造型和屋顶管道造型-3	268
11-16	创建正立面入口处造型和屋顶管道造型-4	268
12-1	单位设定并导入CAD图	279
12-2	管理标记	282
12-3	勾画并拉伸墙体-1	287
12-4	勾画并拉伸墙体-2	287
12-5	勾画并拉伸墙体-3	287
12-6	勾画并拉伸墙体-4	287
12-7	绘制窗洞和门洞-1	300
12-8	绘制窗洞和门洞-2	300
12-9	创建窗户和门-1	309
12-10	创建窗户和门-2	309
12-11	创建窗户和门-3	309
12-12	创建窗户和门-4	309
12-13	室外台阶和柱子的创建	316
12-14	阳台以及栏杆的创建-1	317

12-15	阳台以及栏杆的创建-2	317
12-16	创建屋顶	323
12-17	创建雨篷	323
12-18	细化图形	325
13-1	单位设定、导入CAD图	329
13-2	管理标记	333
13-3	勾画并拉伸墙体-1	338
13-4	勾画并拉伸墙体-2	338
13-5	创建屋顶	346
13-6	绘制窗洞和门洞-1	346
13-7	绘制窗洞和门洞-2	346
13-8	创建窗户和门-1	354
13-9	创建窗户和门-2	354
13-10	创建窗户和门-3	354
13-11	创建窗户和门-4	354
13-12	创建窗户和门-5	354
13-13	创建窗户和门-6	354
13-14	创建窗户和门-7	354
13-15	室外台阶和柱子的创建	368
13-16	创建装饰线	371
13-17	绘制其他楼	372
13-18	小区生长动画	375